## はじめに

　我が国においては、科学技術創造立国の理念の下、産業競争力の強化を図るべく「知的創造サイクル」の活性化を基本としたプロパテント政策が推進されております。

　「知的創造サイクル」を活性化させるためには、技術開発や技術移転において特許情報を有効に活用することが必要であることから、平成9年度より特許庁の特許流通促進事業において「技術分野別特許マップ」が作成されてまいりました。

　平成13年度からは、独立行政法人工業所有権総合情報館が特許流通促進事業を実施することとなり、特許情報をより一層戦略的かつ効果的にご活用いただくという観点から、「企業が新規事業創出時の技術導入・技術移転を図る上で指標となりえる国内特許の動向を分析」した「特許流通支援チャート」を作成することとなりました。

　具体的には、技術テーマ毎に、特許公報やインターネット等による公開情報をもとに以下のような分析を加えたものとなっております。
　・体系化された技術説明
　・主要出願人の出願動向
　・出願人数と出願件数の関係からみた出願活動状況
　・関連製品情報
　・課題と解決手段の対応関係
　・発明者情報に基づく研究開発拠点や研究者数情報　など

　この「特許流通支援チャート」は、特に、異業種分野へ進出・事業展開を考えておられる中小・ベンチャー企業の皆様にとって、当該分野の技術シーズやその保有企業を探す際の有効な指標となるだけでなく、その後の研究開発の方向性を決めたり特許化を図る上でも参考となるものと考えております。

　最後に、「特許流通支援チャート」の作成にあたり、たくさんの企業をはじめ大学や公的研究機関の方々にご協力をいただき大変有り難うございました。

　今後とも、内容のより一層の充実に努めてまいりたいと考えておりますので、何とぞご指導、ご鞭撻のほど、宜しくお願いいたします。

独立行政法人工業所有権総合情報館

理事長　藤原　譲

## ビルドアップ多層プリント配線板　エグゼクティブサマリー

## 電子機器の小型化を進展させたビルドアップ多層プリント配線板

### ■ 画期的な層間接続技術を生んだビルドアップ多層プリント配線板

　電子機器の高機能化、高密度化に対応した実装回路を提供する多層プリント配線板の分野では、ドリルで接続用の穴あけをする従来技術のめっきスルーホール法では対応に限界が生じていた。

　ビルドアップ多層プリント配線板でのビルドアップ方式は、一層ずつ絶縁層を形成、導体パターンを作り、層間接続をして導体層を多層化を実現する新しいプロセスである。

　革新的なビルドアップ方式の中核技術は、層間接続用のビア（微小径の穴）の形成技術にある。従来の機械的なドリル法に代わって、フォト法やレーザ法を用いて、多層配線板を立体的に接続する穴の微細化が進歩し、同一面積での層間接続穴の数を、大幅に増やすことができるようになった。

　これにより、ファインライン化や導体・絶縁層厚みの薄膜化技術も進み、さらに、ビアを層ごとに異なる位置に開けることができるため、層間接続穴を合理的に配置でき、パターン設計上大きな利点をもたらした。

### ■ 携帯電話、ノートパソコンなど小型電子機器を中心に本格普及へ

　ビルドアップ方式では、それまでの配線板の装置やプロセス技術が適用できる。また、各分野の企業からのビルドアップ方式の分野への参入により絶縁材料・導体材料などの材料、レーザ装置や製造技術の開発・改良が進んだため、ビルドアップ方式のプロセス技術には数多くの工法が開発・実用化された。

　ここ数年で、携帯電話、ノートパソコンなどの小型電子機器の分野で、小型化・軽量化・薄型化を先導するビルドアップ方式のプロセスの実用化・工業化が急速に進展してきている。

### ■ ビルドアップ方式の技術は電機メーカーの他に素材メーカーも保有

　ビルドアップ方式の技術は、配線板の形状・構造の面から高密度化を追求した技術である。ビアの構造など多層の形状・構造に関係した多重層間の接続技術とコア基板の高密度化配線技術がその中心で、特許出願が多い。その他、導体回路形成面の平坦化技術、回路との接着技術などが性能上重視され、特許出願が多い。これらの技術には、材料開発の面も大きく、電機メーカーの他、素材メーカーも特許を保有している。

ビルドアップ多層プリント配線板　エグゼクティブサマリー

# 電子機器の小型化を進展させたビルドアップ多層プリント配線板

## ■ プリント配線板の市場でのウエイトが高まる

　ビルドアップ方式のプロセスは技術的難易度が高いが、高付加価を生み出す技術として、まず大手の多層配線板メーカーが参入し先導してきた。ほぼ同時期に、MPUなど半導体を搭載するパッケージ基板市場において、セラミック基板から有機基板へシフトし始めた転換期に主要パッケージ基板メーカーも参入した。また、関連材料や装置の分野でも、従来からの基板関連材料メーカーをはじめ、化学材料メーカーやレーザなどの装置メーカーなどの新規参入が続き、市場の底辺が拡大してきている。

　多層プリント配線板市場におけるビルドアップ多層プリント配線板の占める比率は、1998年度の13.0％から2000年度の21.4％へと上昇している。

　日本のビルドアップ多層プリント配線板は、現在、世界市場でリーダーシップを握っている。業界では、ビルドアップ多層プリント配線板を日本の先端技術・製品と位置付け、今後の生き残りに期待をかけている。しかし、日本企業の海外拠点へのシフトや台湾、韓国などの追い上げにより、今後は徐々にシェアを落としていくと予想される。

## ■ 技術開発の課題

　ビルドアップ多層プリント配線板技術は、電子機器の進化とともに、接続部品としてのプリント配線板の一層の高密度化を図るとともに、電気特性、機械的特性、化学的特性を向上させ、小型化・薄型化・軽量化を実現するために開発され、製品性能の向上、コスト低減を課題としている。

　これらの課題を解決するビルドアップ方式の主要な技術要素は、
- ◆　多層の形状・構造と製造方法
- ◆　絶縁材料とスルーホールを含む絶縁層形成法
- ◆　導体材料と導体回路・層間接続形成法

である。この3つの技術要素を組み合わせて、それぞれの課題を解決する手段の開発・改良が必要である。特に、多重層間接続技術や全層ビルドアップ法などコア基板の高密度化配線技術における歩留向上を図るための設備や製造技術の改良などである。その他、ビアやファインラインの微細化を実現するめっき法や導電ペースト充填などの非めっき法などの技術改良、絶縁層と導体回路の密着性向上のための絶縁材料や導体材料の開発、環境や鉛フリー化に対応した難燃化や耐熱性の絶縁材料の開発などが、今後も継続される技術開発の課題である。

# ビルドアップ多層プリント配線板に関する特許分布

　ビルドアップ多層プリント配線板技術は、1.多層の形状・構造と製造方法、2.絶縁材料とスルーホールを含む絶縁層形成法、3.導体材料と導体回路・層間接続形成法からなる。これらの技術に関連する出願は1.が259件、2.が483件、3.が423件、1990年から2001年8月までに主要企業から公開されている。

　このうち1.では形成法に関するものが約57％、構造に関するものが約33％、材料に関するものが約10％含まれている。2.では形成法に関するものが約63％、材料に関するものが約35％、構造に関するものが約2％含まれている。3.では形成法に関するものが約80％、材料に関するものが約17％、構造に関するものが約3％含まれている。

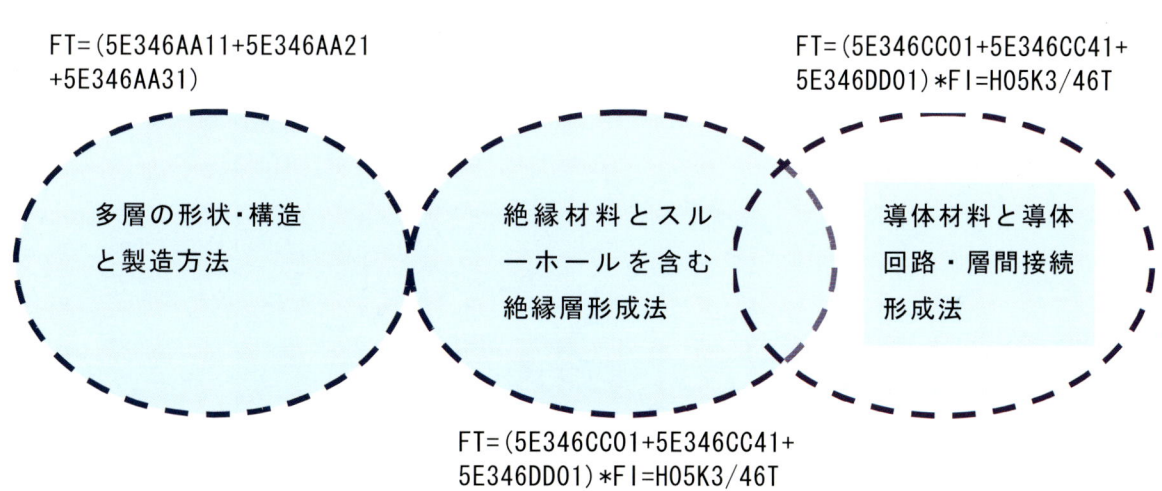

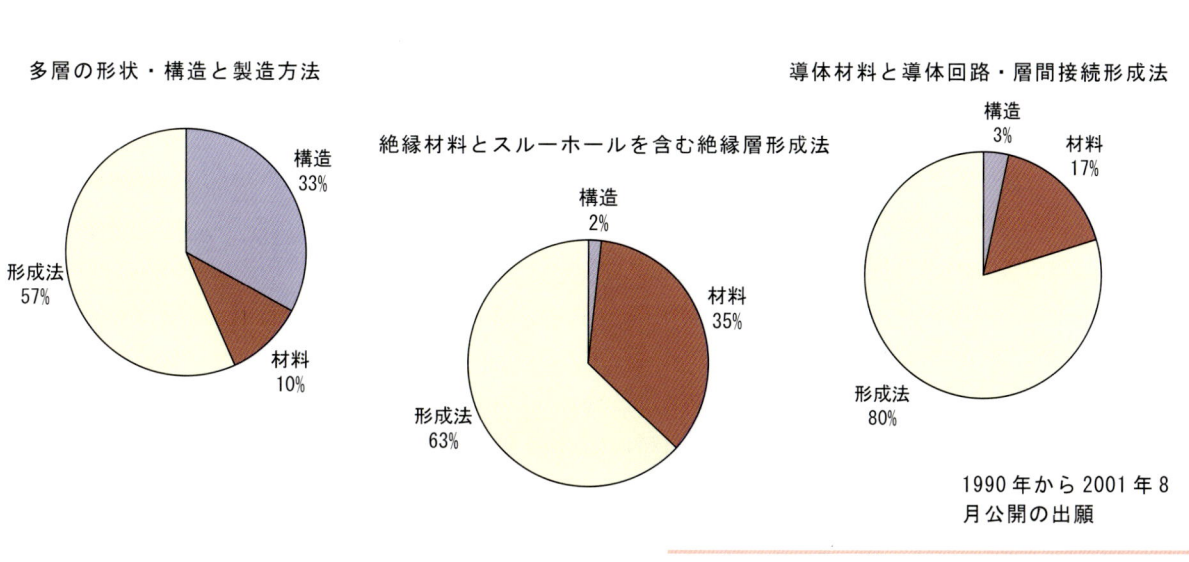

1990年から2001年8月公開の出願

## ビルドアップ多層プリント配線板　技術の動向

# 増加した参入企業と特許出願

　ビルドアップ多層プリント配線板の開発は、1995年頃までは特定の配線板メーカーによる開発が行われていたが、96年以降電機メーカーや材料メーカーで開発されるようになり、出願数が次第に増加した。98年以降に実用化が進んでいる。半導体回路の集積度の進展に合わせ、ビルドアップ多層プリント配線板は、高密度配線、高多層化の方向に進んでいる。このため、製造プロセスの革新が必要で、各種の製造プロセスの提案やその改良などに関して、多重層間の接続技術、ビルドアップ層の平坦化技術、絶縁層と導体回路の接着技術などの出願が多い。

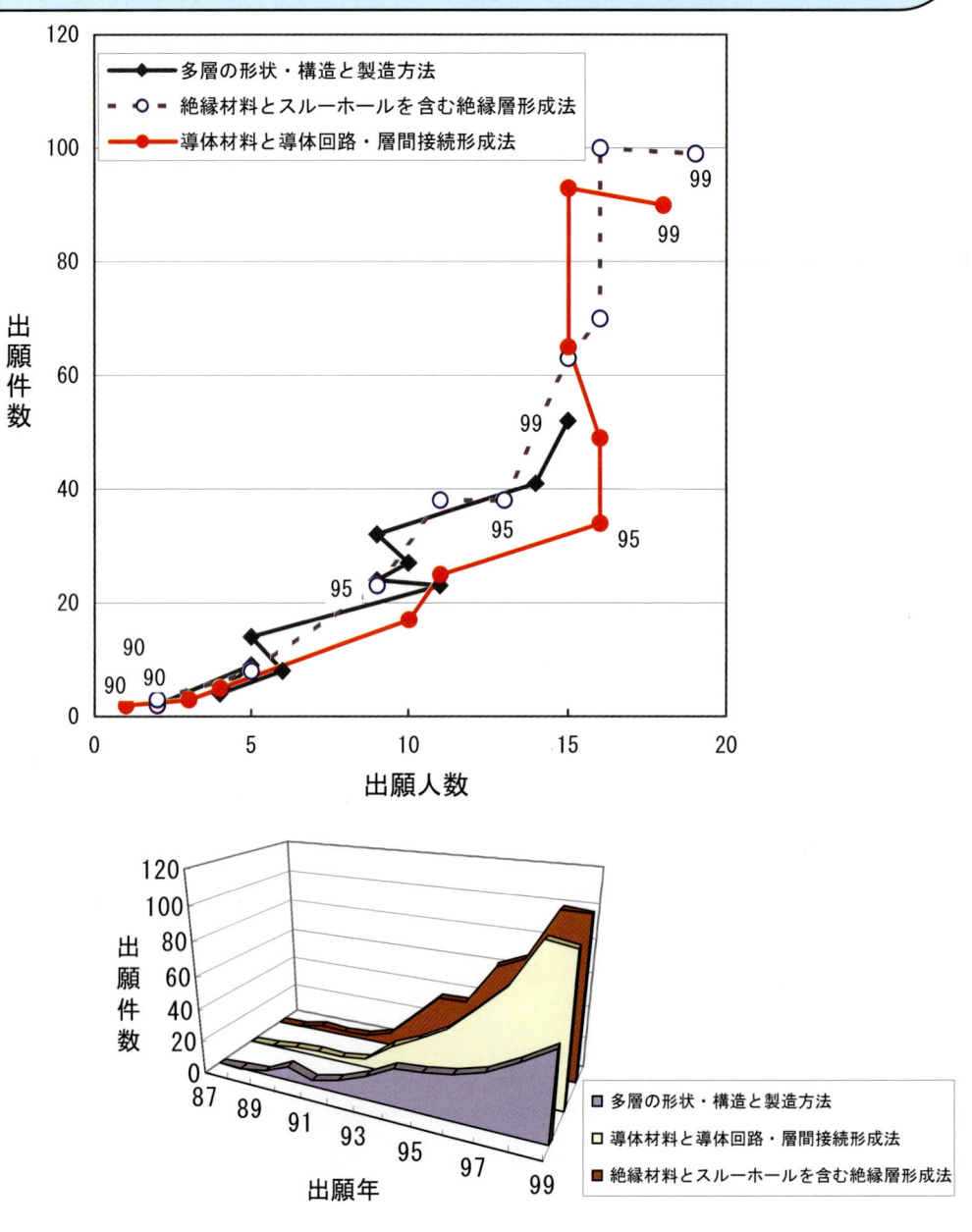

## ビルドアップ多層プリント配線板 — 課題・解決手段対応の出願人

# 製造方法や歩留・生産性の向上が課題

> 導体材料と導体回路・層間接続形成法の技術開発は、導体層形成や接続についての製造方法に関するものが多い。この分野の特許は電機メーカー、材料メーカーとも多くある。

### 課題×解決手段 件数表（1990年から2001年8月公開の出願）

| 課題 \ 解決手段 | 層の形状・構造が特定されたもの | 基板と基板・層相互の形状・構造が特定されたもの | 層相互の形状・構造が特定されたもの | スルーホールの形状・構造が特定されたもの | 設計 | 絶縁材料 | 導体材料 | 処理剤 | 絶縁層形成の方法 | 導体層形成の方法 | 配線パターン形成の方法 | 積層型のもの（主に加熱圧着による） | 穴あけによるもの（スルーホール等） | 導体層同志を接続するもの | 製造工程・製造装置 |
|---|---|---|---|---|---|---|---|---|---|---|---|---|---|---|---|
| 小型化・軽量化・薄膜化 | | 1 | | 1 | 1 | 2 | 1 | | 1 | 1 | | 2 | | | 3 |
| 高配線 収容性 | 2 | | | 2 | 1 | 6 | 2 | 1 | 5 | 8 | 5 | 1 | 8 | 11 | 1 |
| 微細配線化 | | | | 2 | | 5 | 10 | | 5 | 4 | 9 | 4 | 10 | 3 | 10 |
| 製造・生産関係 | 3 | 2 | 2 | 1 | | 22 | 15 | 19 | 34 | 155 | 23 | 8 | 26 | 103 | 23 |
| 工程数の削減・簡略化 | | | | 1 | | 10 | 3 | 1 | 4 | 7 | 4 | 10 | 7 | 6 | 6 |
| 歩留・生産性の向上 | 1 | | 1 | 2 | | 10 | 4 | 2 | 15 | 10 | 17 | 13 | 10 | 4 | 21 |
| 特性インピーダンスの整合 | | | | | | | 2 | | | | | | 1 | 1 | 2 |
| 伝播遅延時間の低減化 | | | | | | | | | | | | | | | |
| 高周波性能の向上・クロストークの低減 | | | | | | | | | | | | | | | |
| 電気的接続性 | 1 | | | | | | | | | | | | | | |
| 電気特性（その他） | | | | | | | | | | | | | | | |
| 機械的特性 | | | | | | | | | | | | | | | |
| 化学的特性 | | | | | | | | | | | | | | | |
| 熱伝導性 | | | | | | | | | | | | | | | |
| 耐熱性 | | | | | | | | | | | | | | | |
| 熱的特性（その他） | | | | | | | | | | | | | | | |

### 形成法 出願人別内訳

| 課題 | 絶縁層形成の方法 | 導体層形成の方法 | 配線パターン形成の方法 | 積層型のもの（主に加熱圧着による） | 穴あけによるもの（スルーホール等） | 導体層同志を接続するもの |
|---|---|---|---|---|---|---|
| **製品性能：小型化・軽量化・薄膜化** | 日立化成 1件 | 日立化成 1件 | | 日立化成 1件<br>松下電工 1件 | | |
| **製品性能：高配線収容性** | イビデン 2件<br>日立化成 3件 | イビデン 4件<br>富士通 1件<br>日立製作所 2件<br>日本特殊陶業 1件 | 日立化成 2件<br>日本特殊陶業 2件<br>旭化成 1件 | 日立化成 1件 | イビデン 1件<br>日本特殊陶業 1件<br>旭化成 1件 | イビデン 3件<br>日立化成 2件<br>京セラ 1件<br>日本特殊陶業 4件<br>新光電気 1件 |
| **製品性能：微細配線化** | 日立化成 4件<br>松下電工 1件 | イビデン 1件<br>日立化成 1件<br>IBM 1件<br>味の素 1件 | 日立化成 6件<br>IBM 1件<br>旭化成 1件<br>三井金属鉱業 1件 | 日立化成 3件<br>松下電工 1件 | イビデン 1件<br>日立化成 8件<br>三井金属鉱業 1件 | 日立化成 2件<br>IBM 1件 |
| **製造生産：製造・生産関係** | イビデン 13件<br>日立製作所 3件<br>日立化成 2件<br>日本電気 1件<br>京セラ 4件<br>松下電器 1件<br>松下電工 1件<br>東芝 1件<br>日本特殊陶業 3件<br>IBM 1件<br>沖電気 3件<br>住友ベークライト 1件 | イビデン 87件<br>日立製作所 14件<br>日立化成 5件<br>日本電気 3件<br>京セラ 7件<br>松下電器 2件<br>東芝 4件<br>日本特殊陶業 10件<br>ソニー 5件<br>IBM 5件<br>新光電気 4件<br>シャープ 2件<br>日本CMK 1件<br>日本ビクター3件<br>沖電気 5件<br>住友ベークライト 1件<br>味の素 1件 | イビデン 5件<br>日立化成 1件<br>日本電気 1件<br>松下電器 2件<br>東芝 1件<br>日本特殊陶業 1件<br>ソニー 1件<br>新光電気 3件<br>シャープ 2件<br>日本ビクター1件<br>沖電気 1件<br>住友ベークライト 1件 | 日立化成 3件<br>松下電工 1件<br>新光電気 1件<br>住友ベークライト 2件<br>旭化成 1件 | イビデン 6件<br>日立製作所 1件<br>日立化成 3件<br>日本電気 2件<br>京セラ 1件<br>松下電器 3件<br>日本特殊陶業 3件<br>IBM 1件 | イビデン 37件<br>日立製作所 12件<br>日本電気 4件<br>京セラ 9件<br>松下電器 2件<br>東芝 6件<br>日本特殊陶業 9件<br>ソニー 5件<br>IBM 4件<br>新光電気 4件<br>シャープ 5件<br>日本CMK 2件<br>日本ビクター1件<br>沖電気 3件 |
| **製造生産：工程数の削減・簡略化** | 日立化成 1件<br>住友ベークライト 2件<br>味の素 1件 | 日立製作所 1件<br>松下電工 3件<br>住友ベークライト 1件<br>味の素 1件<br>三井金属鉱業 1件 | 日立化成 3件<br>松下電工 1件 | 日立化成 3件<br>松下電工 2件<br>住友ベークライト 2件<br>旭化成 2件<br>三井金属鉱業 1件 | 日立化成 4件<br>松下電工 3件 | 日立製作所 1件<br>日立化成 2件<br>松下電工 1件<br>日本CMK 1件<br>住友ベークライト 1件 |
| **製造生産：歩留・生産性の向上** | 日立化成 8件<br>松下電工 4件<br>IBM 1件<br>住友ベークライト 1件<br>旭化成 1件 | イビデン 1件<br>富士通 1件<br>日立製作所 2件<br>日立化成 2件<br>松下電工 2件<br>凸版印刷 1件 | 富士通 1件<br>日立化成 12件<br>松下電工 5件<br>日本特殊陶業 1件<br>IBM 1件<br>三井金属鉱業 1件 | 日立化成 6件<br>松下電工 5件<br>旭化成 1件 | 日立化成 8件<br>松下電工 2件 | 富士通 1件<br>日立製作所 3件 |

ビルドアップ多層プリント配線板　　技術開発の拠点の分布

## 技術開発の拠点は関東甲信越と東海に集中

技術要素である導体材料と導体回路・層間接続形成法に関する出願上位22社の開発拠点を発明者の住所・居所でみると、関東甲信越地方、東海地方が主であり、他に大阪府などにある。

図3.1 技術開発拠点図

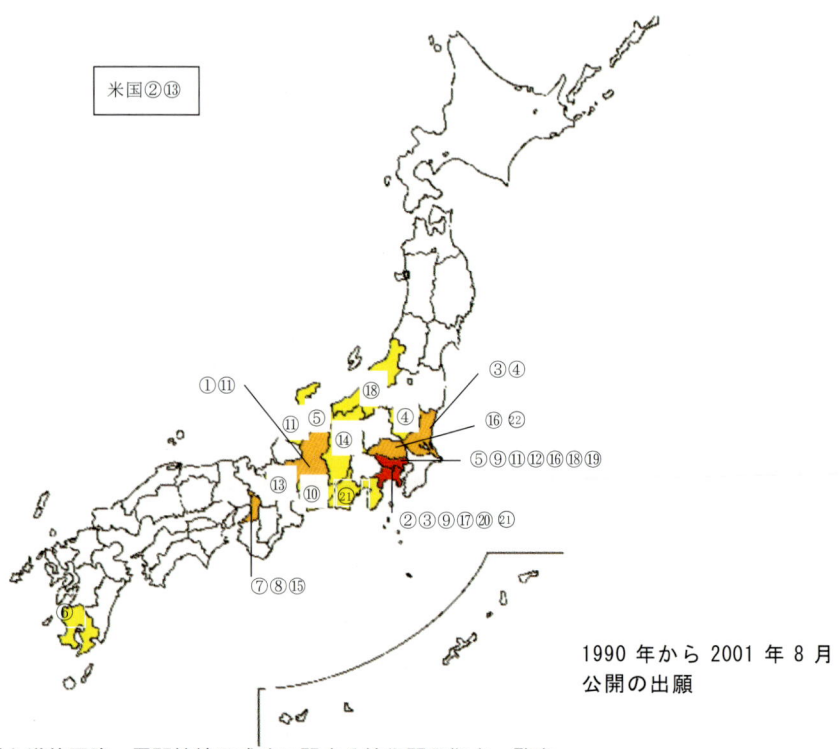

1990年から2001年8月公開の出願

表3.1 導体材料と導体回路・層間接続形成法に関する技術開発拠点一覧表

| No. | 企業名 | 住　　所 |
|---|---|---|
| 1 | イビデン | 岐阜県大垣市木戸町905　イビデン株式会社大垣北工場内 |
| 2 | 富士通 | 神奈川県川崎市中原区上小田中1015　富士通株式会社内 |
|   |  | 米国　595 Lawrence Expressway, Sunnyvale, CA 94085, 富士通米国研究所内 |
| 3 | 日立製作所 | 茨城県日立市久慈町4026　株式会社日立製作所日立研究所内 |
|   |  | 神奈川県横浜市戸塚区吉田町292　株式会社日立製作所生産技術研究所内 |
| 4 | 日立化成工業 | 茨城県つくば市和台48　株式会社日立化成工業総合研究所内 |
|   |  | 栃木県芳賀郡二宮町大字久下田413　株式会社日立エーアイシー栃木事業所内 |
| 5 | 日本電気 | 東京都港区芝5-33-1　日本電気株式会社内 |
|   |  | 富山県下新川郡入善町入善560　富山日本電気株式会社内 |
| 6 | 京セラ | 鹿児島県国分市山下町1-4　京セラ株式会社総合研究所内 |
| 7 | 松下電器産業 | 大阪府門真市大字門真1006　松下電器産業株式会社内 |
| 8 | 松下電工 | 大阪府門真市大字門真1048　松下電工株式会社内 |
| 9 | 東芝 | 神奈川県川崎市幸区小向東芝町1　株式会社東芝小向工場内 |
| 10 | 日本特殊陶業 | 愛知県名古屋市瑞穂区高辻町　日本特殊陶業株式会社内 |
| 11 | ソニー | 東京都品川区北品川6-7-35　ソニー株式会社内 |
|   |  | 石川県能美郡根上町赤井町は86番　ソニー根上株式会社内 |
|   |  | 岐阜県美濃加茂市本郷町9-15-22　ソニー美濃加茂株式会社内 |
| 12 | 凸版印刷 | 東京都台東区台東1-5-1　凸版印刷株式会社内 |
| 13 | IBM | 米国　New Orchard Road  Armonk, NY 10504．IBM本社内 |
|   |  | 滋賀県野洲郡野洲町市三宅800　日本アイ・ビー・エム株式会社野洲事業所内 |
| 14 | 新光電気工業 | 長野県長野市大字栗田字舎利田711　新光電気工業株式会社内 |
| 15 | シャープ | 大阪府大阪市阿倍野区長池町22-22　シャープ株式会社内 |
| 16 | 日本CMK | 埼玉県入間郡三芳町藤久保1106　日本シイエムケイ株式会社SEセンター内 |
| 17 | 日本ビクター | 神奈川県横浜市神奈川区守屋町3-12　日本ビクター株式会社内 |
| 18 | 沖電気工業 | 東京都港区虎ノ門1-7-12　沖電気工業株式会社内 |
|   |  | 新潟県上越市福田町1番地　沖プリンテッドサーキット株式会社内 |
| 19 | 住友ベークライト | 東京都品川区東品川2-5-8　住友ベークライト株式会社内 |
| 20 | 味の素 | 神奈川県川崎市川崎区鈴木町1-1　味の素株式会社アミノサイエンス研究所内 |
| 21 | 旭化成 | 神奈川県川崎市川崎区夜光1-3-1　旭化成株式会社川崎支社内 |
|   |  | 静岡県富士市鮫島2-1　旭化成株式会社富士支社内 |
| 22 | 三井金属鉱業 | 埼玉県上尾市鎌倉橋656-2　三井金属鉱業株式会社銅箔事業部内 |

## ビルドアップ多層プリント配線板 — 主要企業の状況

# 主要企業22社で7割の出願件数

出願件数の多い企業は
イビデン、日立化成工業、日立製作所、日本電気、松下電工である。

| No. | 出願人 | 89年以前 | 90 | 91 | 92 | 93 | 94 | 95 | 96 | 97 | 98 | 99 | 合計 |
|---|---|---|---|---|---|---|---|---|---|---|---|---|---|
| 1 | イビデン | 2 | 0 | 4 | 4 | 19 | 8 | 14 | 19 | 44 | 79 | 81 | 274 |
| 2 | 日立化成工業、日立エーアイシー | 1 | 5 | 2 | 11 | 12 | 24 | 17 | 15 | 24 | 40 | 19 | 170 |
| 3 | 日立製作所 | 2 | 5 | 2 | 3 | 10 | 13 | 4 | 5 | 9 | 11 | 11 | 75 |
| 4 | 日本電気、富山日本電気 | 1 | 4 | 8 | 0 | 9 | 5 | 7 | 11 | 6 | 9 | 15 | 75 |
| 5 | 松下電工 | 0 | 0 | 1 | 2 | 0 | 4 | 8 | 17 | 4 | 13 | 11 | 60 |
| 6 | 富士通 | 3 | 6 | 2 | 6 | 5 | 6 | 3 | 3 | 4 | 8 | 5 | 51 |
| 7 | 京セラ | 0 | 0 | 0 | 1 | 0 | 0 | 0 | 9 | 20 | 9 | 5 | 44 |
| 8 | 日本特殊陶業 | 1 | 0 | 0 | 0 | 0 | 0 | 0 | 0 | 12 | 6 | 17 | 36 |
| 9 | 松下電器産業 | 0 | 2 | 3 | 3 | 3 | 5 | 3 | 1 | 2 | 7 | 5 | 34 |
| 10 | 凸版印刷 | 0 | 0 | 0 | 1 | 4 | 1 | 7 | 10 | 3 | 4 | 4 | 34 |
| 11 | 東芝 | 1 | 0 | 0 | 4 | 3 | 7 | 7 | 1 | 3 | 3 | 5 | 34 |
| 12 | 住友ベークライト | 0 | 0 | 0 | 0 | 1 | 8 | 6 | 4 | 8 | 1 | 3 | 31 |
| 13 | 新光電気工業 | 0 | 0 | 0 | 0 | 1 | 0 | 1 | 6 | 2 | 2 | 13 | 25 |
| 14 | ソニー | 0 | 0 | 0 | 1 | 4 | 6 | 1 | 4 | 2 | 3 | 2 | 23 |
| 15 | シャープ | 0 | 1 | 1 | 0 | 0 | 0 | 2 | 1 | 6 | 7 | 5 | 23 |
| 16 | 沖電気工業、沖プリンテッドサーキット | 0 | 1 | 0 | 1 | 1 | 5 | 6 | 5 | 0 | 2 | 0 | 21 |
| 17 | 東芝ケミカル | 0 | 0 | 0 | 0 | 0 | 0 | 2 | 2 | 1 | 7 | 9 | 21 |
| 18 | IBM | 0 | 2 | 0 | 1 | 1 | 2 | 2 | 0 | 3 | 2 | 5 | 18 |
| 19 | 富士写真フィルム | 0 | 1 | 0 | 0 | 0 | 0 | 0 | 0 | 4 | 5 | 6 | 16 |
| 20 | 東亜合成化学工業 | 0 | 0 | 0 | 0 | 0 | 4 | 2 | 1 | 2 | 6 | 0 | 15 |
| 21 | 三菱電機 | 0 | 0 | 1 | 2 | 1 | 0 | 0 | 1 | 0 | 2 | 6 | 13 |
| 22 | 住友金属エレクトロデバイス | 0 | 0 | 0 | 0 | 0 | 0 | 0 | 0 | 1 | 3 | 9 | 13 |
| 23 | 日本アビオニクス | 0 | 0 | 0 | 0 | 0 | 0 | 1 | 2 | 4 | 1 | 5 | 13 |
| 24 | 大日本印刷 | 0 | 0 | 1 | 2 | 0 | 1 | 1 | 0 | 0 | 6 | 1 | 12 |
| 25 | 日本CMK | 0 | 0 | 0 | 0 | 1 | 4 | 1 | 0 | 1 | 3 | 1 | 11 |
| 26 | 味の素 | 0 | 0 | 0 | 0 | 0 | 1 | 0 | 1 | 2 | 1 | 6 | 11 |
| 27 | 日本ビクター | 0 | 0 | 0 | 1 | 0 | 0 | 0 | 5 | 1 | 1 | 1 | 9 |
| 28 | 太陽インキ製造 | 0 | 0 | 0 | 0 | 0 | 2 | 2 | 1 | 1 | 2 | 1 | 9 |
| 29 | 旭化成 | 0 | 0 | 0 | 0 | 0 | 1 | 2 | 2 | 1 | 2 | 1 | 9 |
| 30 | 三井金属鉱業 | 0 | 0 | 0 | 0 | 0 | 0 | 1 | 1 | 0 | 1 | 3 | 6 |

主要企業22社の出願件数に占める割合

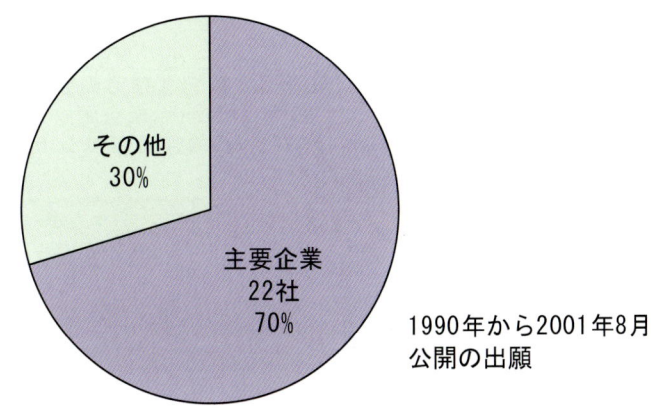

1990年から2001年8月
公開の出願

## ビルドアップ多層プリント配線板　主要企業

# イビデン　株式会社

### 出願状況

イビデン（株）の保有する出願は295件である。
そのうち登録になった特許が41件あり、係属中の特許が274件ある。
製造プロセスの改善の他、めっき密着性向上のための粗面化の形成や絶縁樹脂の改善に関する特許を多く保有している。

### 課題・解決手段対応の出願特許の分布

技術要素：多層の形状・構造と製造方法

課題：
- 電気特性：特性インピーダンスの整合／伝播遅延時間の低減化／高周波特性能の向上・クロストークの低減／電気的持続性／電気特性（その他）
- 機械的特性
- 化学的特性
- 熱的特性：熱伝導性／耐熱性／熱的特性（その他）
- 製品性能：小型化・軽量化・薄膜化／高配線収容性／ファインライン化
- 製造・生産関係：製造・生産一般／工程数の削減・簡略化／歩留・生産性の向上

解決手段：
- 構造：層の形状・構造／基板と基板・層相互の形状・構造／設計
- 材料：絶縁材料／導体材料／処理剤
- 形成法：絶縁層形成の方法／導体層形成の方法／配線パターン形成の方法／積層型（主に加熱圧着）／穴あけ（スルーホール等）／導体層同志の接続／製造工程・製造装置

### 保有特許リスト例

| 技術要素 | 課題 | 解決手段 | 特許番号 出願日 主IPC | 発明の名称、概要 |
|---|---|---|---|---|
| 絶縁材料とスルーホールを含む絶縁層形成法 | 機械的特性および製造・生産一般 | 絶縁材料 | 特開平6-215623 93.6.25 H05K 3/38 | **感光性樹脂絶縁材** ビルドアップの絶縁層中に耐熱樹脂の粒子直径2〜10μmのものと直径2μm以下の無機粒子を混合。 |
| 多層の形状・構造と製造方法 | 製造・生産一般 | 基板と基板・層相互の形状・構造および導体層同志を接続する形成法 | 特開2000-315866 99.4.30 H05K 3/46 | **多層配線板およびその製造方法** プリント配線板を個々に製作、その板の接合部に柱状または突起状の導体でプリント配線板相互を接続し、剥離やノイズを防止する。 |

## ビルドアップ多層プリント配線板　主要企業

# 日立化成工業　株式会社

| 出願状況 | 課題・解決手段対応の出願特許の分布 |
|---|---|
| 日立化成工業（株）の保有（日立エーアイシー含む）する出願は173件である。<br>そのうち登録になった特許が6件あり、係属中の特許が122件ある。<br>配線板基材、絶縁材料に関する特許を多く保有している。 | 技術要素：絶縁材料とスルーホールを含む絶縁層形成法<br><br>課題軸：電気特性（特性インピーダンスの整合、伝播遅延時間の低減化、高周波特性能の向上・クロストークの低減、電気的持続性、電気特性（その他））、機械的特性、化学的特性、熱的特性（熱伝導性、耐熱性、熱的特性（その他））、製品性能（小型化・軽量化・薄膜化、高配線収容性、ファインライン化）、製造・生産関係（製造・生産一般、工程数の削減・簡略化、歩留・生産性の向上）<br>解決手段軸：構造（層の形状、基板と基板・層相互の形状・構造、スルーホールの形状・構造、設計）、材料（処理剤、導体材料、絶縁材料）、形成法（絶縁層形成の方法、導体層形成の方法、導体パターン形成の方法、積層型（主に加熱圧着）の形成法、穴あけ（スルーホール等）による形成法、導体層同志の接続、製造工程・製造装置） |

### 保有特許リスト例

| 技術要素 | 課題 | 解決手段 | 特許番号<br>出願日<br>主IPC | 発明の名称、概要 |
|---|---|---|---|---|
| 導体材料と導体回路・層間接続形成法 | 電気的接続性およびファインライン化 | 積層型（主に加熱圧着）の形成法および同導体志による形成法 | 特開<br>平5-152764<br>91.11.29<br>H05K 3/46 | **多層配線板の製造法**<br>あらかじめキャリア金属箔に配線パターンを転写して形成し、絶縁基板に埋め込み、キャリア金属箔をエッチングして、層間接続用柱を形成する。 |
| 多層の形状・構造と製造方法 | 薄膜化および高配線収容性および工程数の削減・簡略化 | 穴あけ（スルーホール等）による形成法および製造工程・製造装置 | 特開<br>平9-246728<br>96.3.6<br>H05K 3/46 | **多層配線板用材料、その製造方法およびそれを用いた多層配線板の製造方法**<br>金属箔付き接着層に剥離可能な有機フィルムを設け、有機フィルム側より金属箔で止まるようレーザで穴あけし非貫通穴に導電性ペーストを充填し、加圧加熱により層間接着する。 |

ix

## ビルドアップ多層プリント配線板　主要企業

# 株式会社　日立製作所

### 出願状況

（株）日立製作所の保有する出願は77件である。
そのうち登録になった特許が11件あり、係属中の特許が63件ある。

層構造の改善など生産技術の特許や無電解めっき技術の特許を多く保有している。

### 課題・解決手段対応の出願特許の分布

技術要素：絶縁材料とスルーホールを含む絶縁層形成法

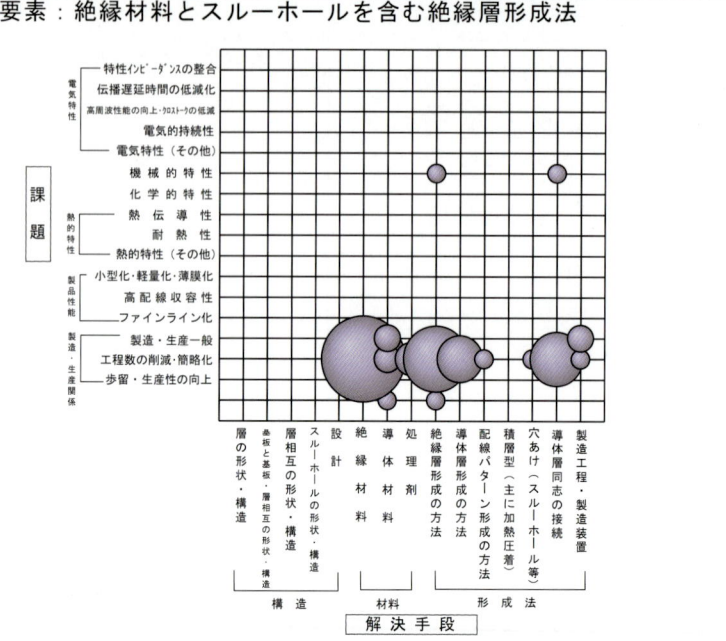

### 保有特許リスト例

| 技術要素 | 課題 | 解決手段 | 特許番号 出願日 主IPC | 発明の名称、概要 |
|---|---|---|---|---|
| 多層の形状・構造と製造方法 | 製造・生産一般 | 絶縁層形成の方法 | 特開 平10-270859 97.3.27 H05K 3/46 | **多層配線基板の製造方法** パターンを持つ基板上に樹脂をコーティングし、ビアの穴あけ、触媒化、無電解銅めっき、パネルめっき、パターン作成をした後、プラズマで樹脂表面をエッチングし、パターン間の絶縁性を向上させる方法。 |
| 導体材料と導体回路・層間接続形成法 | 製造・生産一般および歩留・生産性の向上 | 導体層形成の方法 | 特開 平6-260766 93.3.3 H05K 3/46 | **多層配線板の製法** Cuの表面の黒化処理を還元処理した後、ビアをあけ、底部を活性化、次いで、樹脂面を粗化し、めっき、表面導体パターンの作成を行う方法。 |

## ビルドアップ多層プリント配線板　主要企業

# 日本電気　株式会社

| 出願状況 | 課題・解決手段対応の出願特許の分布 |
|---|---|
| 日本電気（株）の保有（富山日本電気含む）する出願は76件である。そのうち登録になった特許が51件あり、係属中の特許が60件ある。<br><br>レーザビアなどに関する製造プロセスやめっき密着性に関する特許を多く保有している。 | 技術要素：絶縁材料とスルーホールを含む絶縁層形成法 |

### 保有特許リスト例

| 技術要素 | 課題 | 解決手段 | 特許番号<br>出願日<br>主IPC | 発明の名称、概要 |
|---|---|---|---|---|
| 導体材料と導体回路・層間接続形成法 | 機械的特性 | 導体層形成の方法および製造工程・製造装置 | 特開<br>平7-202431<br>93.12.28<br>H05K 3/46 | **プリント配線板の製造方法**<br>研磨した樹脂にZnコロイドをコートして樹脂に埋込み、埋め込まれたZnを触媒に無電解銅めっきを折出させるもので、Znをパラジウムに替える方法。 |
| 多層の形状・構造と製造方法 | 特性インピーダンスの整合 | 層相互の形状・構造および絶縁層形成の方法 | 特開<br>2001-119111<br>99.10.20<br>H05K 1/03<br>630 | **プリント配線板及びその製造方法**<br>絶縁層をエポキシと低誘電率材により多層化したマイクロストリップの構造を持つビルドアップ板。 |

## ビルドアップ多層プリント配線板　主要企業

# 松下電工 株式会社

| 出願状況 | 課題・解決手段対応の出願特許の分布 |
|---|---|
| 　松下電工（株）の保有する出願は59件である。<br>　そのうち登録になった特許が2件あり、係属中の特許が54件ある。<br>　ガラス布入りプリプレグなどビルドアップ関連材料や製造プロセス技術の特許を多く保有している。 | 技術要素：絶縁材料とスルーホールを含む絶縁層形成法<br>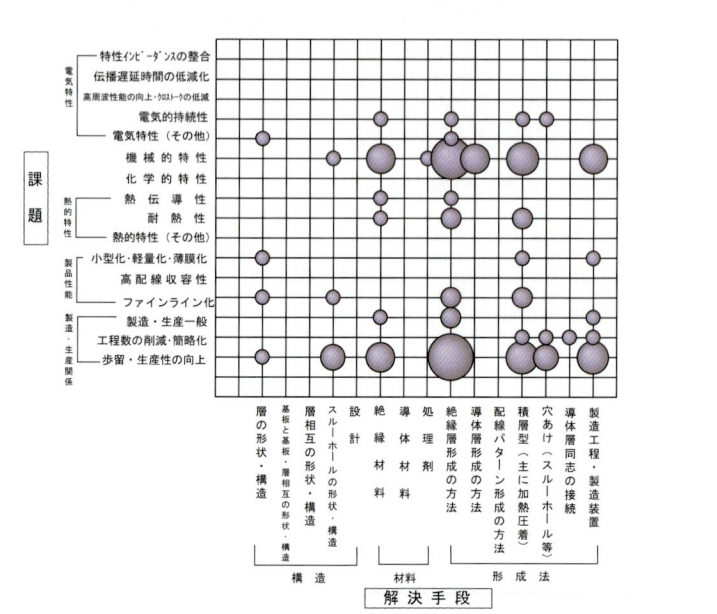 |

### 保有特許リスト例

| 技術要素 | 課題 | 解決手段 | 特許番号<br>出願日<br>主IPC | 発明の名称、概要 |
|---|---|---|---|---|
| 導体材料と導体回路・層間接続形成法 | 歩留・生産性の向上 | 導体層形成の方法および穴あけ（スルーホール等）による形成法 | 特開<br>2000-286527<br>99.8.26<br>H05K 3/00 | **プリント配線板の製造方法**<br>　銅箔表面を粗化しレーザ光の反射を防ぐことで、レーザで直接銅箔の穴あけ加工を可能にした。 |
| 絶縁材料とスルーホールを含む絶縁層形成法および導体材料と導体回路・層間接続形成法 | 工程数の削減・簡略化 | 穴あけ（スルーホール等）による形成法および製造工程・製造装置 | 特開<br>平9-289379<br>96.4.23<br>H05K 3/46 | **プリント配線板の製造方法**<br>　エッチング耐性のある保護フィルムを金属箔表面に設けてマスクし、レーザ穴あけ後、金属箔をエッチングで穴あけし、その開口部からレーザで絶縁樹脂層を穴あけする。 |

# 目次

ビルドアップ多層プリント配線板

1. 技術の概要
    1.1 ビルドアップ多層プリント配線板技術と市場概況 ....... 3
        1.1.1 電子機器の高密度配線・小型化が飛躍的に進展 ..... 3
        1.1.2 高まるビルドアップ多層プリント配線板の
              市場ウエイト ....................................... 5
        1.1.3 ビルドアップ多層プリント配線板の特徴と変遷 ...... 6
        1.1.4 各種ビルドアップ多層プリント配線板の
              プロセスの特徴 ..................................... 8
            (1) シーケンシャル積層法を用いたプロセス ........... 9
            (2) 一括積層法を用いたプロセス ..................... 21
        1.1.5 ビルドアップ多層プリント配線板を
              構成する技術要素 .................................. 23
        1.1.6 ビルドアップ多層プリント配線板の実用化の状況 ... 27
    1.2 ビルドアップ多層プリント配線板技術の
        特許情報へのアクセス ................................... 28
        1.2.1 ビルドアップ多層プリント配線板技術の特許 ...... 28
        1.2.2 ビルドアップ多層プリント配線板技術の要素技術 ... 30
        1.2.3 ビルドアップ多層プリント配線板技術の範囲と
              特許出願件数 ...................................... 31
            (1) 本書で扱うビルドアップ多層プリント配線板技術 ... 31
            (2) 調査対象の出願件数 .............................. 31
    1.3 技術開発活動の状況 ..................................... 32
        1.3.1 ビルドアップ多層プリント配線板における
              技術開発活動の状況 ................................ 32
            (1) ビルドアップ多層プリント配線板全体 ............. 32
            (2) 多層の形状・構造と製造方法 ..................... 35
            (3) 絶縁材料とスルーホールを含む絶縁層形成法 ...... 37
            (4) 導体材料と導体回路・層間接続形成法 ............ 39
    1.4 技術開発の課題と解決手段 .............................. 41

### Contents

1.4.1 技術要素と課題、解決手段の関連性 .............. 41
  (1) 多層の形状・構造と製造方法の課題と解決手段 ..... 43
  (2) 絶縁材料とスルーホールを含む絶縁層形成法の技術の
      課題と解決手段 ........................ 47
  (3) 導体材料と導体回路・層間接続形成法の技術の
      課題と解決手段 ........................ 51
1.4.2 ビルドアップ多層プリント配線板の各プロセスの課題
      と解決手段 ........................... 55
  (1) シーケンシャル積層法によるビルドアップ方式の課題と
      解決手段 ............................ 55
  (2) 一括積層法によるビルドアップ方式による
      課題と解決手段 ........................ 58
1.4.3 ビルドアップ方式のプロセスに共通する技術課題と
      解決手段 ............................. 58
  (1) 多重層間の接続技術 ..................... 58
  (2) コア基板の高密度配線化技術 ............... 60
  (3) 導体回路形成面の平坦化技術 ............... 61
  (4) 絶縁層と導体回路との接着技術 .............. 61

2．主要企業等の特許活動
2.1 イビデン .................................. 66
  2.1.1 企業の概要 ........................... 66
  2.1.2 ビルドアップ多層プリント配線板に
      関連する製品・技術 ..................... 66
  2.1.3 技術開発課題対応保有特許の概要 ........... 67
  2.1.4 技術開発拠点 ......................... 82
  2.1.5 研究開発者 .......................... 82
2.2 日立化成工業 ............................... 83
  2.2.1 企業の概要 ........................... 83
  2.2.2 ビルドアップ多層プリント配線板に
      関連する製品・技術 ..................... 83
  2.2.3 技術開発課題対応保有特許の概要 ........... 84
  2.2.4 技術開発拠点 ......................... 92
  2.2.5 研究開発者 .......................... 92

## Contents

- 2.3 日立製作所 ........................................... 93
  - 2.3.1 企業の概要 ...................................... 93
  - 2.3.2 ビルドアップ多層プリント配線板に
    関連する製品・技術 ................................ 93
  - 2.3.3 技術開発課題対応保有特許の概要 ............ 94
  - 2.3.4 技術開発拠点 ................................... 101
  - 2.3.5 研究開発者 ..................................... 101
- 2.4 ＮＥＣ .................................................. 102
  - 2.4.1 企業の概要 ...................................... 102
  - 2.4.2 ビルドアップ多層プリント配線板に
    関連する製品・技術 ................................ 102
  - 2.4.3 技術開発課題対応保有特許の概要 ........... 103
  - 2.4.4 技術開発拠点 ................................... 109
  - 2.4.5 研究開発者 ..................................... 109
- 2.5 松下電工 .............................................. 110
  - 2.5.1 企業の概要 ...................................... 110
  - 2.5.2 ビルドアップ多層プリント配線板に
    関連する製品・技術 ................................ 110
  - 2.5.3 技術開発課題対応保有特許の概要 ........... 111
  - 2.5.4 技術開発拠点 ................................... 116
  - 2.5.5 研究開発者 ..................................... 116
- 2.6 富士通 ................................................. 117
  - 2.6.1 企業の概要 ...................................... 117
  - 2.6.2 ビルドアップ多層プリント配線板に
    関連する製品・技術 ................................ 117
  - 2.6.3 技術開発課題対応保有特許の概要 ........... 118
  - 2.6.4 技術開発拠点 ................................... 124
  - 2.6.5 研究開発者 ..................................... 124
- 2.7 京セラ ................................................. 125
  - 2.7.1 企業の概要 ...................................... 125
  - 2.7.2 ビルドアップ多層プリント配線板に
    関連する製品・技術 ................................ 125
  - 2.7.3 技術開発課題対応保有特許の概要 ........... 126
  - 2.7.4 技術開発拠点 ................................... 131
  - 2.7.5 研究開発者 ..................................... 131

## Contents

- 2.8 日本特殊陶業 ........................................ 132
  - 2.8.1 企業の概要 ..................................... 132
  - 2.8.2 ビルドアップ多層プリント配線板に
       関連する製品・技術 ............................... 132
  - 2.8.3 技術開発課題対応保有特許の概要 .................. 133
  - 2.8.4 技術開発拠点 .................................... 138
  - 2.8.5 研究開発者 ...................................... 138
- 2.9 松下電器産業 ........................................ 139
  - 2.9.1 企業の概要 ..................................... 139
  - 2.9.2 ビルドアップ多層プリント配線板に
       関連する製品・技術 ............................... 139
  - 2.9.3 技術開発課題対応保有特許の概要 .................. 141
  - 2.9.4 技術開発拠点 .................................... 143
  - 2.9.5 研究開発者 ...................................... 143
- 2.10 凸版印刷 ........................................... 144
  - 2.10.1 企業の概要 .................................... 144
  - 2.10.2 ビルドアップ多層プリント配線板に
        関連する製品・技術 .............................. 144
  - 2.10.3 技術開発課題対応保有特許の概要 ................. 145
  - 2.10.4 技術開発拠点 ................................... 149
  - 2.10.5 研究開発者 ..................................... 149
- 2.11 東芝 ............................................... 150
  - 2.11.1 企業の概要 .................................... 150
  - 2.11.2 ビルドアップ多層プリント配線板に
        関連する製品・技術 .............................. 150
  - 2.11.3 技術開発課題対応保有特許の概要 ................. 152
  - 2.11.4 技術開発拠点 ................................... 156
  - 2.11.5 研究開発者 ..................................... 156
- 2.12 住友ベークライト ................................... 157
  - 2.12.1 企業の概要 .................................... 157
  - 2.12.2 ビルドアップ多層プリント配線板に
        関連する製品・技術 .............................. 157
  - 2.12.3 技術開発課題対応保有特許の概要 ................. 158
  - 2.12.4 技術開発拠点 ................................... 162
  - 2.12.5 研究開発者 ..................................... 162

## 目次

- 2.13 新光電気工業 .................................................. 163
  - 2.13.1 企業の概要 ................................................ 163
  - 2.13.2 ビルドアップ多層プリント配線板に
    関連する製品・技術 ........................................... 163
  - 2.13.3 技術開発課題対応保有特許の概要 .............................. 164
  - 2.13.4 技術開発拠点 ............................................... 168
  - 2.13.5 研究開発者 ................................................. 168
- 2.14 ソニー ........................................................ 169
  - 2.14.1 企業の概要 ................................................ 169
  - 2.14.2 ビルドアップ多層プリント配線板に
    関連する製品・技術 ........................................... 169
  - 2.14.3 技術開発課題対応保有特許の概要 .............................. 170
  - 2.14.4 技術開発拠点 ............................................... 174
  - 2.14.5 研究開発者 ................................................. 174
- 2.15 シャープ ...................................................... 175
  - 2.15.1 企業の概要 ................................................ 175
  - 2.15.2 ビルドアップ多層プリント配線板に
    関連する製品・技術 ........................................... 175
  - 2.15.3 技術開発課題対応保有特許の概要 .............................. 176
  - 2.15.4 技術開発拠点 ............................................... 180
  - 2.15.5 研究開発者 ................................................. 180
- 2.16 沖電気工業 .................................................... 181
  - 2.16.1 企業の概要 ................................................ 181
  - 2.16.2 ビルドアップ多層プリント配線板に
    関連する製品・技術 ........................................... 181
  - 2.16.3 技術開発課題対応保有特許の概要 .............................. 182
  - 2.16.4 技術開発拠点 ............................................... 186
  - 2.16.5 研究開発者 ................................................. 186
- 2.17 IBM .......................................................... 187
  - 2.17.1 企業の概要 ................................................ 187
  - 2.17.2 ビルドアップ多層プリント配線板に
    関連する製品・技術 ........................................... 187
  - 2.17.3 技術開発課題対応保有特許の概要 .............................. 188
  - 2.17.4 技術開発拠点 ............................................... 192
  - 2.17.5 研究開発者 ................................................. 192

## Contents

- 2.18 味の素 ................................................. 193
  - 2.18.1 企業の概要 ........................................ 193
  - 2.18.2 ビルドアップ多層プリント配線板に
    関連する製品・技術 .................................. 193
  - 2.18.3 技術開発課題対応保有特許の概要 ............. 194
  - 2.18.4 技術開発拠点 ...................................... 197
  - 2.18.5 研究開発者 ........................................ 197
- 2.19 日本ＣＭＫ ............................................ 198
  - 2.19.1 企業の概要 ........................................ 198
  - 2.19.2 ビルドアップ多層プリント配線板に
    関連する製品・技術 .................................. 198
  - 2.19.3 技術開発課題対応保有特許の概要 ............. 199
  - 2.19.4 技術開発拠点 ...................................... 202
  - 2.19.5 研究開発者 ........................................ 202
- 2.20 日本ビクター ......................................... 203
  - 2.20.1 企業の概要 ........................................ 203
  - 2.20.2 ビルドアップ多層プリント配線板に
    関連する製品・技術 .................................. 203
  - 2.20.3 技術開発課題対応保有特許の概要 ............. 204
  - 2.20.4 技術開発拠点 ...................................... 206
  - 2.20.5 研究開発者 ........................................ 206
- 2.21 旭化成 .................................................. 207
  - 2.21.1 企業の概要 ........................................ 207
  - 2.21.2 ビルドアップ多層プリント配線板に
    関連する製品・技術 .................................. 207
  - 2.21.3 技術開発課題対応保有特許の概要 ............. 208
  - 2.21.4 技術開発拠点 ...................................... 211
  - 2.21.5 研究開発者 ........................................ 211
- 2.22 三井金属鉱業 ......................................... 212
  - 2.22.1 企業の概要 ........................................ 212
  - 2.22.2 ビルドアップ多層プリント配線板に
    関連する製品・技術 .................................. 212
  - 2.22.3 技術開発課題対応保有特許の概要 ............. 213
  - 2.22.4 技術開発拠点 ...................................... 215
  - 2.22.5 研究開発者 ........................................ 215

## 3. 主要企業の技術開発拠点

3.1 技術要素「多層の形状・構造と製造方法」の
技術開発拠点 ............................................. 219

3.2 技術要素「絶縁材料とスルーホールを含む絶縁層形成法」の
技術開発拠点 ............................................. 222

3.3 技術要素「導体材料と導体回路・層間接続形成法」の
技術開発拠点 ............................................. 224

## 資 料

1. 工業所有権総合情報館と特許流通促進事業 ........... 229
2. 特許流通アドバイザー一覧 ........................ 232
3. 特許電子図書館情報検索指導アドバイザー一覧 ....... 235
4. 知的所有権センター一覧 .......................... 237
5. 平成13年度25技術テーマの特許流通の概要 ........ 239
6. 特許番号一覧 .................................... 255
7. ライセンス提供の用意のある特許 .................. 261

# 1. 技術の概要

1.1 ビルドアップ多層プリント配線板技術と市場概況
1.2 ビルドアップ多層プリント配線板技術の特許情報へのアクセス
1.3 技術開発活動の状況
1.4 技術開発の課題と解決手段

> 特許流通
> 支援チャート
>
> # 1. 技術の概要
>
> ビルドアップ多層プリント配線板技術の出現で高密度化が進展し、
> 電子機器の高機能化・小型化・軽量化に貢献している。

## 1.1 ビルドアップ多層プリント配線板技術と市場概況

**1.1.1 電子機器の高密度配線・小型化が飛躍的に進展**

　電子機器はLSIを中心に高機能化が進み、MPU (Micro Processing Unit)、DSP(Digital Signal Processor)や、各種のメモリ、あるいは、システムオンチップ（SoC：system on a chip、シリコン半導体ウエハ上にシステムを構成するCPU、メモリその他の回路を構成、接続したチップ）、システムインパッケージ（SiP：system in a package、CPU、メモリその他のチップをパッケージとなる基板上に搭載、配線により接続し、システムとしての機能を持たせたパッケージ）などの開発が行われている。シリコンチップは機能が向上し、微細化、集積度が進んでいる。

　このことは実装方式、プリント回路、プリント配線板に大きく影響してきている。

　実装とはこのような微細回路を持つLSIチップの入出力信号を、実際に使用できる大きさまで機能を落とさずに拡大する手法である。実装は回路素子を接続して電子回路モジュールを構成し、ニーズに合った電子機器としている。回路は、この間できる限り短距離配線とするため、高密度配線を用い、小型化している。このため、プリント配線板は、高密度配線、高多層化の方向に進んでいる。さらに、半導体素子を収容するパッケージ基板も有機樹脂ベースのものとなり、プリント配線板の技術分野が拡大している。

　多層プリント配線板は図1.1.1-1のように分類される。その中にビルドアップ多層プリント配線板は位置づけられる。

　高機能化、高密度化に対応するためには、多層プリント配線板やパッケージ基板の分野では、ドリルで穴あけする従来技術のめっきスルーホール法では限界が生じた。そこで、一層ずつ絶縁基板上に絶縁層を形成、導体パターンを作り、層間接続をして導体層を積み上げることにより多層化を実現するという、時代を画す新方式プロセスであるビルドアップ方式が生まれた。ビルドアップ多層プリント配線板の作成には既存の設備の基本的な部分を使用できるので、急速に実用化が進み、そのプロセスには数多くのものが提案されてきている。

図1.1.1-1 多層プリント配線板の主な種類

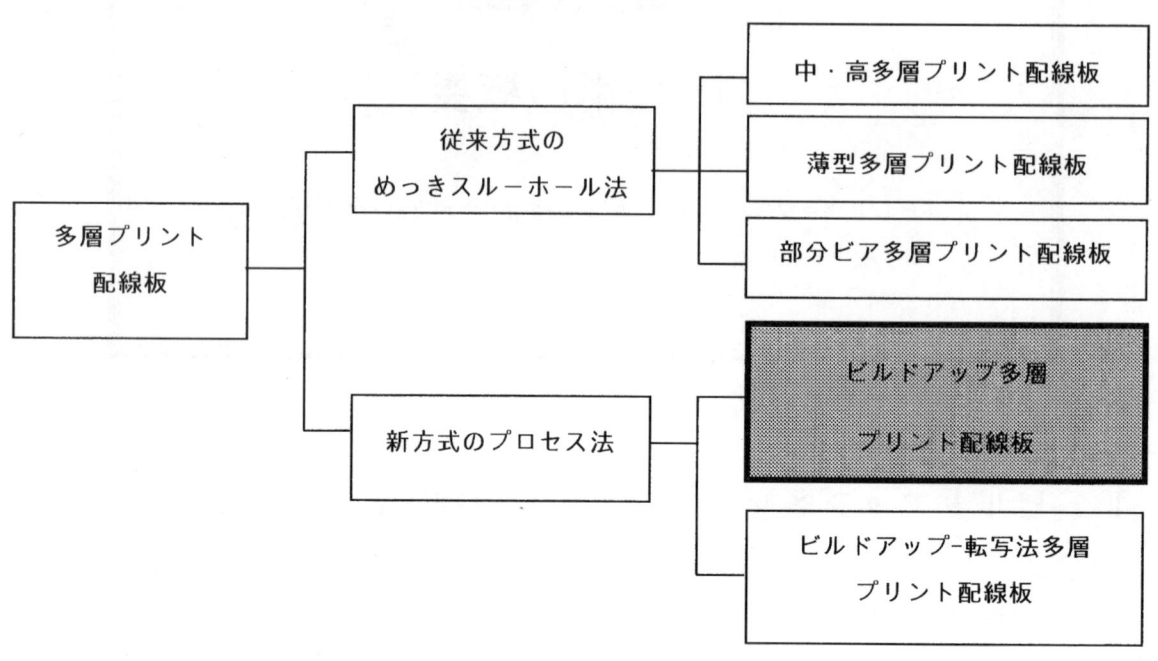

　ビルドアップ多層プリント配線板は一般的には、ベースとなるコア基板として両面めっきスルーホール板、多層プリント配線板を用い、その上に絶縁材料とめっきを組み合わせ、絶縁層と導体・層間接続を形成し、1層ずつ積み上げて作る多層プリント配線板をいう。
　しかし、層間接続に導電性ペーストを用いる方式や、それぞれの層を別個に作成し、一括積層する方式も開発されている。
　ビルドアップ方式は1967年ごろより考え出されている。セラミック系の薄膜回路分野では早くから適用されていたが、プリント配線板の分野ではインフラストラクチャーが発達せず、実用化が遅れた。しかし、1988年頃にジーメンス社がMicrowiring Technologyとして、大型コンピュータへの適用、また、91年にIBM社がSurface laminar Circuit(SLC)として、ノートパソコンへの実用化を発表して以来、各方面で材料、装置、プロセスの開発が進んでいる。
　このような状況は、薄膜回路を除くプリント配線板の特許出願の急増に表れている。
　主要企業で発表されている製品・技術を見ても、ここ数年で携帯電話、ノートパソコンなどの小型電子機器分野で、小型化・軽量化・薄型化を先導するビルドアップ方式のプロセスの実用化・工業化が進展してきているのがわかる。
　ビルドアップ方式のプロセス技術は難易度が高いため、まず大手多層配線板メーカーの一部が参入・主導し、ほぼ同時期、MPUなど半導体を搭載するパッケージ基板市場でセラミック基板から有機基板への大きくシフトし始めた転換期にパッケージ基板メーカーも参入している。
　日本のビルドアップ多層プリント配線板は、世界市場でリーダーシップを握っており、

2000年における世界シェアは70%強を維持したと見られる(出典:JPCA Show'99 スペシャル「高密度実装に対応して急成長するビルドアップ配線板」日経BP社、1999年5月)。

しかし、日本企業の海外拠点へのシフトや台湾、韓国などのビルドアップ技術のレベルアップにより、今後は徐々にシェアを落としていくと予想される。ビルドアップ多層プリント配線板は、日本が今後も生き残りに期待をかけている先端技術・製品である。

### 1.1.2 高まるビルドアップ多層プリント配線板の市場ウエイト

このような業界状況を背景に、表1.1.2-1に示すように日本プリント回路工業会(JPCA)でも「電子基板の生産額」の年度統計に1998年度より正式に「ビルドアップ配線板」として集計している。

また、図1.1.2-1に示すようにJPCAの2000年度の生産額実績では「ビルドアップ配線板」の「多層プリント配線板」に占める比率は1998年度の13.0%から21.4%と急成長している。

表1.1.2-1. プリント配線板の国内生産額推移

| 品種 | | | 年度 | 1996 | 1997 | 1998 | 1999 | 2000 |
|---|---|---|---|---|---|---|---|---|
| プリント配線板 | 片面プリント配線板 | | | 1,016 | 975 | 882 | 740 | 648 |
| | 両面プリント配線板 | | | 2,525 | 2,693 | 2,314 | 2,111 | 2,190 |
| | 多層プリント配線板 | | 4層 | 2,151 | 2,180 | 1,963 | 1,979 | 1,922 |
| | | | 6層 | 1,899 | 2,612 | 2,596 | 2,762 | 1,869 |
| | | | 8層以上 | | | | | 1,770 |
| | | | 計 | 4,050 | 4,792 | 4,558 | 4,741 | 5,562 |
| | | (上記内数) ビルドアップ配線板 | 4層 | | | 73 | 27 | 40 |
| | | | 6層 | | | 520 | 764 | 653 |
| | | | 8層以上 | | | | | 497 |
| | | | 計 | | | 593 | 790 | 1,190 |
| | | | 伸び率(%) | | | — | 33.2 | 50.6 |
| | | | 構成比(多層配線板における)(%) | | | 13.0 | 16.7 | 21.4 |
| | ビルドアップパッケージ基板 | MCM-L | | | | 232 | 169 | 182 |
| | フレキシブルプリント配線板 | | | 1,316 | 1,470 | 1,462 | 1,546 | 1,769 |
| | フレックスリジット配線板 | | | 3 | 14 | 18 | 42 | 56 |
| | セラミックス配線板 | | | 81 | 95 | 157 | 158 | 171 |
| | メタルコアプリント配線板 | | | 18 | 42 | 45 | 65 | 38 |
| | その他のプリント配線板 | | | 66 | 56 | 151 | 206 | 221 |
| 合　計 | | | | 9,075 | 10,137 | 9,820 | 9,776 | 10,837 |

(単位:億円/年)

出典：日本プリント回路工業会
　　　「電子回路産業の現状－2001年版」(2001.6)に基づき作成

図1.1.2-1 多層プリント配線板とそれに占めるビルドアップ多層プリント配線板の
生産額（実績）の推移

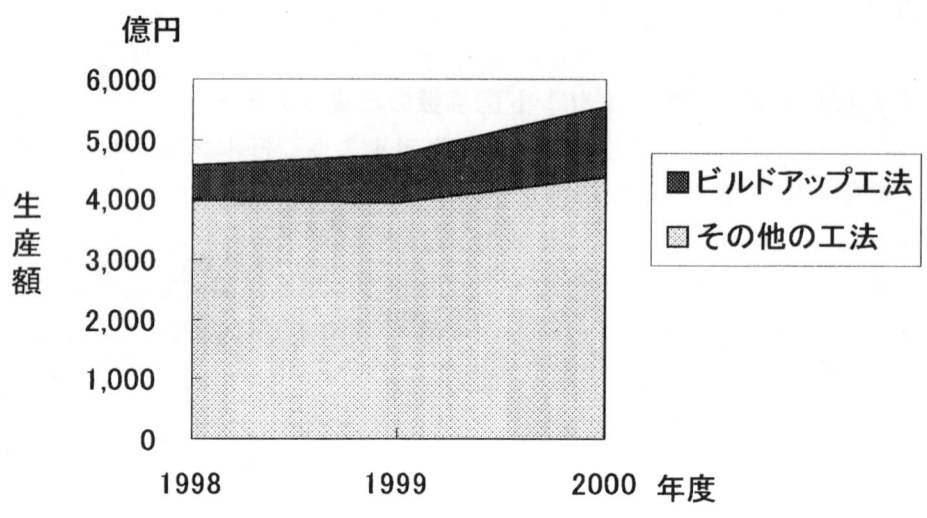

### 1.1.3 ビルドアップ多層プリント配線板の特徴と変遷

　基板の上に絶縁層と導体層を順に積み上げてプリント配線板とする考えは1967年ころよりあった。しかし、インフラストラクチャーが未整備で、プリント配線板の高密度化はもっぱらパターンのファイン化と層数の増加、微小径のめっき貫通スルーホールによるZ方向（配線板の垂直方向）の接続を行うことで発展してきた。

　一方、絶縁層と導体層を順に積み上げ、ブラインドビアで接続する方式は、1985年ごろより、セラミック基板に感光性ポリイミド樹脂や感光性ベンゾシクロブテンを絶縁層とし、銅薄膜で配線する、いわゆる銅ポリイミド方式の開発が最初と考えられている。半導体素子の内部での配線も同じようなものとなっている。

　その後、プリント配線板はより高密度なものを求め、ファインパターン化とともに、Z方向の接続するビア（バイアともいう。本書ではビアに統一した。）の数が増加し、不必要な空間を占有するめっきスルーホールでは対処できなくなった。

　そこで、銅ポリイミド方式をプリント配線板に適用することが考えられた。1988年ごろ、微小なビアを持つビルドアップ方式がジーメンス社から発表された。その後、91年にIBM社において、感光性樹脂を絶縁層に用いたものが開発された。

　ビルドアップ方式により開発された革新的な技術の1つとして、穴あけ加工がある。

　従来の機械的なドリル法に代わって、写真法またはレーザ法を用いることにより、多層配線板を立体的に接続する穴の微細化が格段に進歩し、数多くの微小径の穴をあけることができるようになった。これにより、配線ライン・間隙（L/S：Line/Space）の微細化や導体・絶縁層厚みの薄膜化技術が進んでいる。例えば、層間接続用穴径は、従来技術では100μm程度が限界とされていたが、ビルドアップ方式のプロセス技術では50μmまで可能と

なっている。

さらに、ビルドアップ方式ではビアを層ごとに異なる位置に開けることができる。このため、立体的な接続穴を合理的に配置でき、パターン設計上での利点をもたらしており、高密度配線による電子機器の小型化の実現につながっている。

従来からの基板材料メーカーや新規な化学材料メーカーもビルドアップ方式の関連材料の面で特許出願が数多く見られる。従来の銅張積層板とプリプレグ（補強材のガラス布に未硬化の熱硬化性樹脂を含浸させ、半硬化状態にした接着シート）を用いた多層板の材料と異なる各種の特徴のある絶縁・導体材料が開発され、ビルドアップ方式の発達に寄与している。めっき法を用いたビルドアップ方式のプロセスでは、絶縁材料として、その適用と穴あけ法に大きな特徴がある感光性絶縁樹脂、熱硬化性樹脂、樹脂付き銅箔の3種類に関連した特許出願が集中している。この他に、層間接続をめっきの代わりに、導電ペーストを用いる方法、あるいは一括積層で行う方法などが特許化され、実用化されている。

表1.1.3-1に従来方式によるプリント配線板とビルドアップ多層プリント配線板の高密度化の現在レベルと将来の動向を示した。また、図1.1.3-1にはプリント配線板の項目を図示した。今後も、ビルドアップ多層プリント配線板がより高密度化に寄与する可能性が高い。

表1.1.3-1 プリント配線板の配線ルール

| 項　　目 | 従来方式 | ビルドアップ方式 ||
|---|---|---|---|
| | | 現状レベル | 将来レベル |
| 導体幅 | 200〜100μm | 100〜50μm | 50〜10μm |
| 導体間隙 | 200〜100μm | 100〜50μm | 50〜10μm |
| 導体厚 | 20〜15μm | 20〜15μm | 15〜10μm |
| ビア径 | 350〜100μm | 150〜50μm | 70〜20μm |
| ランド径 | 800〜300μm | 400〜130μm | 200〜60μm |
| 層間間隙 | 200〜100μm | 80〜40μm | 50〜20μm |

図1.1.3-1 プリント配線板の項目

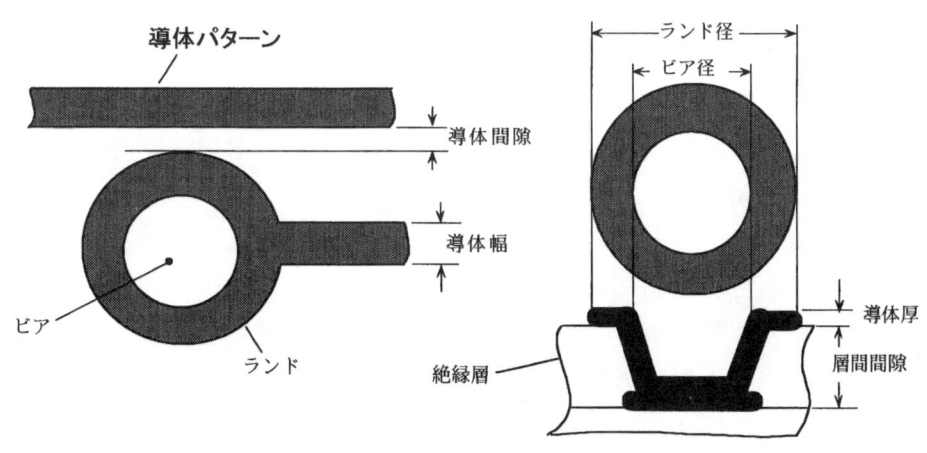

## 1.1.4 各種ビルドアップ多層プリント配線板のプロセスの特徴

　ビルドアップ多層プリント配線板のプロセスの特徴は、絶縁層と導体層を1層ごとに形成し、順次積み上げることである。その積層方法には、表1.1.4-1に示すように、コア基板の上にビルドアップ層を積み上げるシーケンシャル積層法と個別に作成したビルドアップ層を一括して積層する一括積層法に大別される。現状はシーケンシャル積層法が主流である。シーケンシャル積層法は導体層の接続において、めっき法と非めっき法に分けられる。

表1.1.4-1 ビルドアップ多層プリント配線板のプロセスの種類

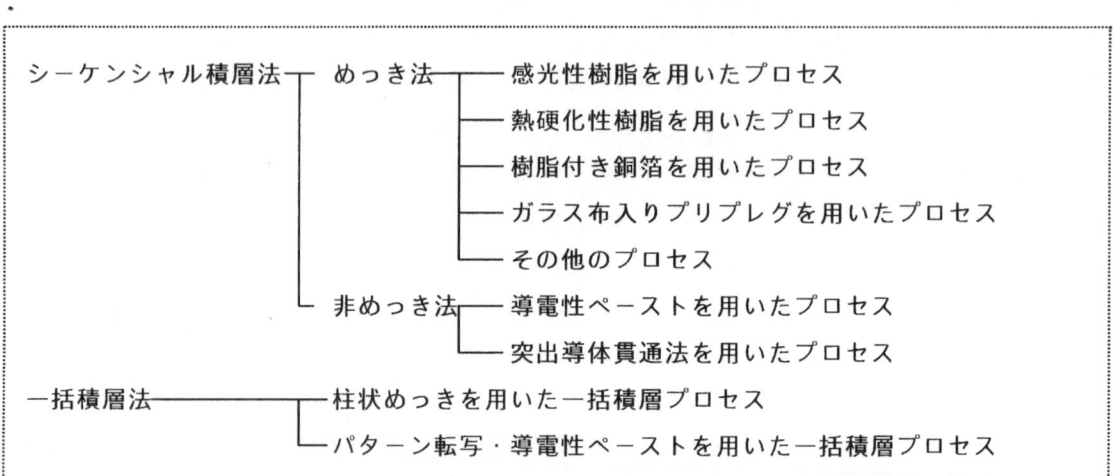

　ビルドアップ多層プリント配線板のプロセスは、主に絶縁材料とビア形成法（ビアの穴あけ）、および層間接続法（ビアの導体形成）からなる。
　絶縁材料は、めっき法では感光性樹脂、熱硬化性樹脂、樹脂付き銅箔などである。
　ビア形成法では、紫外線によるもの（フォト法）とレーザ法などがある。
　層間接続法では、めっきによるものと導電性ペーストによるものなどがある。
　今回調査した10年間の特許出願では、前半の期間は感光性樹脂を用いたプロセスの特許が多い。しかし、感光性樹脂に絶縁性と感光性を持たせながら、電気特性や耐めっき性、熱的特性などの化学的特性を同時に満足させるには限界が見られるようになってきた。
　その間、熱硬化性樹脂を用いたプロセスが開発、実用化され、絶縁層の機械的や化学的特性が向上した。当初、材料形態は液状であったが、取扱いの簡便さで、フィルム状・シート状が開発された。またビアの一括形成という感光性による高い生産効率性の特徴と絶縁層としての良好な特性をもつ熱硬化性の両者の特徴を生かした絶縁材料も開発されている。
　熱硬化性樹脂を用いたプロセスは、感光性樹脂に比べ、ビア形成の効率性に劣る。しかし、ファインパターン作成に効果があるので、高密度のビルドアップ多層プリント配線板やパッケージ基板への適用が進んでいる。
　熱硬化性樹脂を用いたプロセスの実用化時期とほぼ時を同じくして、樹脂付き銅箔を用いたプロセスが生まれた。銅箔に半硬化（Bステージ）の熱硬化性樹脂をコートしたもので、取扱いの簡便さ、作業性の良さで、普及し、現状ではビルドアップ方式のプロセスの主流となっている。当初、厚膜の銅箔を用いるため、めっき法によるファインパターン形成に制約があった。銅箔厚さの問題はエッチングにより薄くする（ハーフエッチング）こ

とで対応する方法や極薄銅箔を用いる方法がある。

　他方、基板に高い剛性を求めるニーズに対応するため、ガラス布入りプリプレグを用いるプロセスも適用されるようになった。ガラス布入りプリプレグと銅箔を積層することで、樹脂付き銅箔と同等の効果を持たせられる。以上のそれぞれの方法は、めっき法になる。

　他方、非めっき法があり、開発・実用化されている。厚膜集積回路などセラミック多層配線板で導電性ペーストを用いる技術をビルドアップ多層プリント配線板にも応用したものである。導電性ペーストを用いるプロセスでは、絶縁層のビアの穴に導電性ペーストを充填し、これを圧接して、多層プリント配線板とする方法である。また、突出導体貫通法プロセスでは、導電性ペーストで形成した突起でプリプレグを貫通させる方法である。

　また、一括積層法には、柱状めっきによる一括積層法、パターン転写・導電性ペーストによる一括積層法がある。以下、個々のプロセスの特徴を記述する。

(1) シーケンシャル積層法を用いたプロセス
a. めっき法を用いたプロセス

　図1.1.4-1は絶縁樹脂として感光性絶縁樹脂、熱硬化性絶縁樹脂、樹脂付き銅箔、および、銅箔+プリプレグ を用いたビルドアップ方式のプロセスを一括して示している。

図1.1.4-1　めっき法のプロセスにおける材料とビア作成プロセスの比較

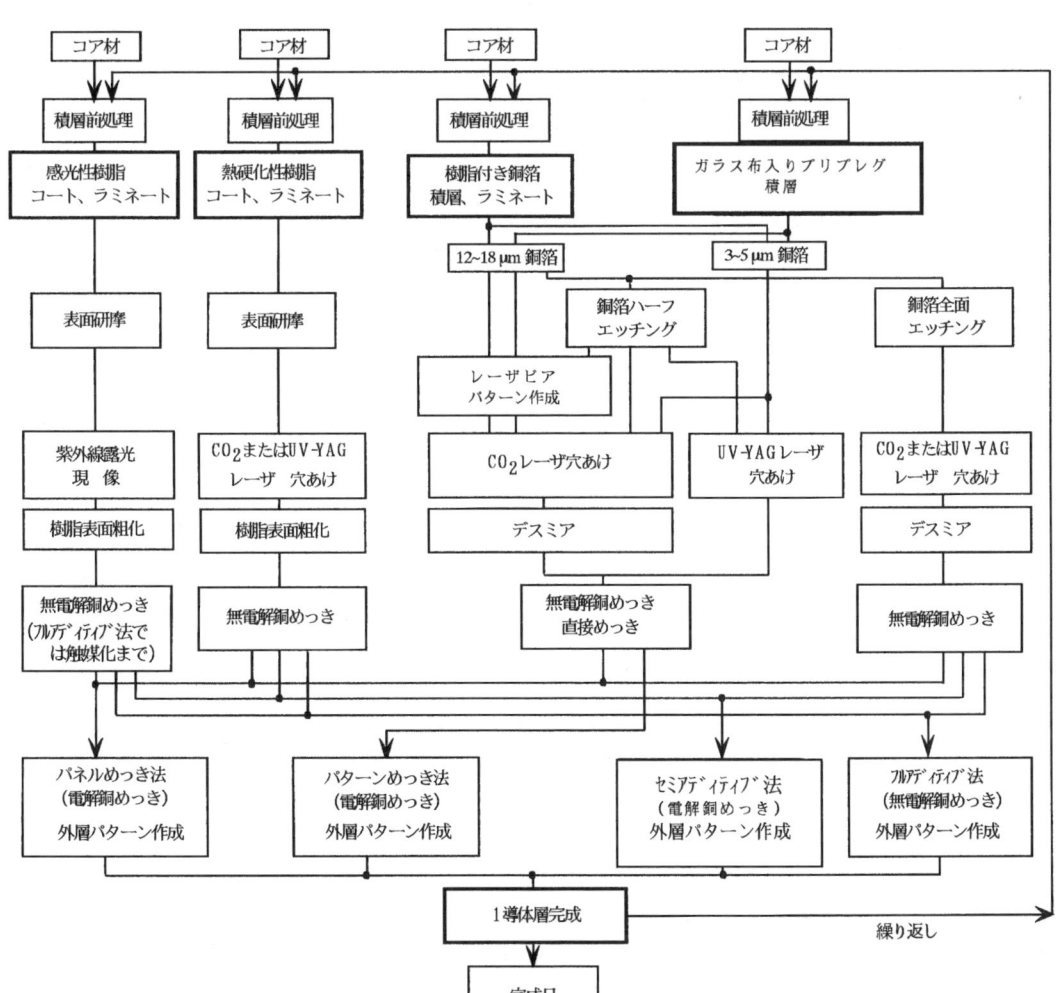

図1.1.4-1ではめっき法における同じような処理工程を横に並べてあり、処理工数を比較できる。ビルドアップ層形成の始めは、コア基板上に形成する。図1.1.4-1では、ビルドアップ層の1層を形成する1工程を示した。

　図1.1.4-1において、出発材料は、ビルドアップの担体（ベース基板）となるコア材、あるいはビルドアップ層を形成した基板である。コア材は従来製法により回路が形成された両面、多層板で、貫通しているめっきスルーホール内に樹脂または導電性ペーストを充填したものを用いる。コア材、または、ビルドアップ層を形成した表面の導体回路は樹脂との接着を向上させるために、めっきまたはエッチングにより粗化を行う。このベース基板上にビルドアップ層として、絶縁層と導体を形成する。接着を向上させる積層前処理までは共通である。

　感光性樹脂を用いたプロセスの場合は、積層前処理後、液状の樹脂をコートするかフィルム状のものをラミネートし、絶縁層を形成後、穴のマスクを通して穴部を紫外線で露光、現像することで、絶縁層にビアの穴を開ける。この後は、無電解銅めっきを密着させるために粗面化を行い、めっき法のいずれかで、表面に配線パターン形成を行う。

　熱硬化性樹脂を用いたプロセスの場合は、積層前処理後、液状の樹脂をコートするかフィルム状のものをラミネートし、$CO_2$レーザで穴を開ける。無電解銅めっきとの密着性を向上させるため、樹脂の表面粗化を行い、めっき、表面パターンを形成する。めっき法には全面に無電解銅めっき後、電解銅めっきをするパネルめっき法、全面に無電解銅めっき後、配線パターン部とビア内のみ電解銅めっきするセミアディティブ法、配線パターンとビア内をすべてを無電解銅めっきで構成するフルアディティブ法の3種の選択となる。ファインパターンを必要とする場合、パターン間隙の無電解銅めっき層のみクイックエッチングするのでエッチング量が少ないセミアディティブ法を用いることが多い。

　樹脂付き銅箔を用いたプロセスは、現在最も広範囲に使用されている方法である。この場合、この材料を積層プレス、または、ロールラミネータなどでベース基板の上に接着成型する。銅箔は12～18.mの厚さのものを使用しているので、通常はレーザでビアを開けるため、銅箔に穴位置となるところにエッチングで穴パターンを形成したマスク（コンフォーマルマスクという）を用いてレーザ穴あけを行う。厚い銅箔を使用した樹脂付き銅箔を使うとその後のパターン作成においてファイン化が困難になるので、3～5.mの極薄銅箔を使うか、または12～18.mの厚さの銅箔をエッチングにより3～5.mに薄くするハーフエッチングする場合が多い。これに代わり3～5.mの銅箔を使う場合もある。また、最近では、$CO_2$レーザ、UV-YAGレーザを用い、直接、銅箔を通して絶縁層に穴を同時に開ける場合もある。この時、銅箔は薄いものがよく、ハーフエッチング、または、極薄銅箔を用いる。ファインライン化に対応し、銅箔の全面エッチングを行い、銅箔のマット面を転写した微細な凹凸により、めっき層の密着性を向上させる方法もある。全面エッチング後は、熱硬化性樹脂プロセスと同じようなプロセスとなる。レーザで穴を明けた後、デスミア（穴内部の導体パターン上の樹脂残渣の除去）の工程を経てめっきを行う。めっき後、表面に配線パターンを形成し、1つの導体層が完成する。これを繰り返すことにより、ビルドアップ層を重ねることができる。

　なお、層間接続のためのめっき法（めっきスルーホール法）には、表1.1.4-2に示すような4つの分類がある。

表1.1.4-2 めっきスルーホール法の分類

```
サブトラクティブ法（製造パネル表面に銅箔を持つもので製造する方法）
  1)  パネルめっき法
  2)  パターンめっき法
アディティブ法（製造パネル表面に銅箔がなく樹脂表面のもので製造する方法）
  3)  セミアディティブ法
  4)  フルアディティブ法
```

パネルめっき法はビア穴壁を含め全面にめっきが析出するので、プロセスは比較的容易となる。反面、銅厚が大きく、表面パターン作成でエッチング量が大きい。パターン幅の変動が大きくなり、ファインパターン化が困難になる。パターンめっき法においてもベースにある銅箔の厚さが障害となって、ファインパターン作成が困難になることがある。

現在、日本ではパネルめっき法が多い。ファインパターンに対応するには、パネルめっき法によるパターン形成では銅箔のエッチングによるパターン形状の変動が問題となり、今後は、パターンめっき法、またはセミアディティブ法が導入されると考えられる。

また、図1.1.4-2に実際のビルドアップ多層プリント配線板の断面写真例を示す。左はスキップビア（層間接続が隣接した層にないもの）、右はビルドアップ層が片側3層あるものであり、典型的なビルドアップ多層プリント配線板の断面である。

図1.1.4-2　ビルドアップ多層プリント配線板の例（断面写真）

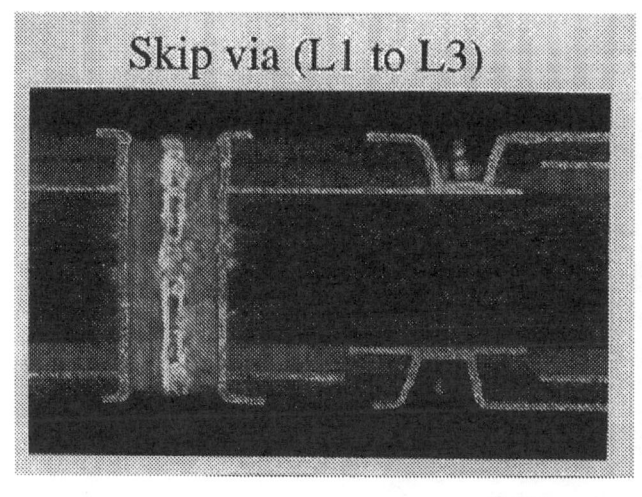
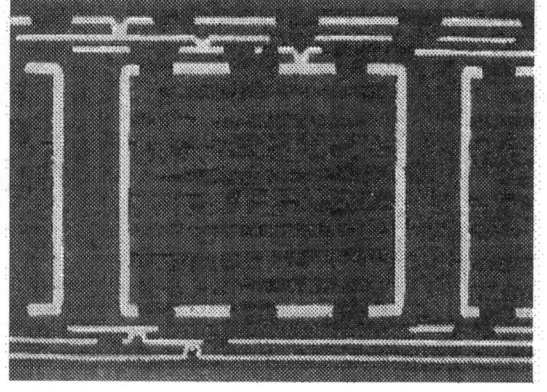

約250μm　　　　　　　　　　　　約400μm

以上のようにめっき法のプロセスは、層間接続をどのように形成するか技術を中心に開発が進められてきた。すなわち、絶縁材料（感光性樹脂、熱硬化性樹脂、樹脂付き銅箔など）、ビア形成法（フォト法、レーザ法など）、さらに層間接続法などの組み合わせにより、プロセスの特徴が見出される。

以下に、めっき法を用いたプロセスについて、開発の流れにより、個別に説明する。

① 感光性樹脂を用いたプロセス
　感光性樹脂を用いたプロセスは、IBM社により1991年に開発・実用化され、ビルドアップ方式として最初のプロセスである。図1.1.4-3のように、積層前処理後、液状の樹脂をコーティングするか、フィルム状のものをラミネートし、絶縁層を形成後、マスクを通して穴部を紫外線で露光、現像するフォト法によって、絶縁層にビアを開ける。この方法で形成されたビアを「フォトビア」と呼ぶ。

図1.1.4-3 感光性樹脂を用いたビルドアップ多層プリント配線板プロセス
（フォトビア／パネルめっき法）

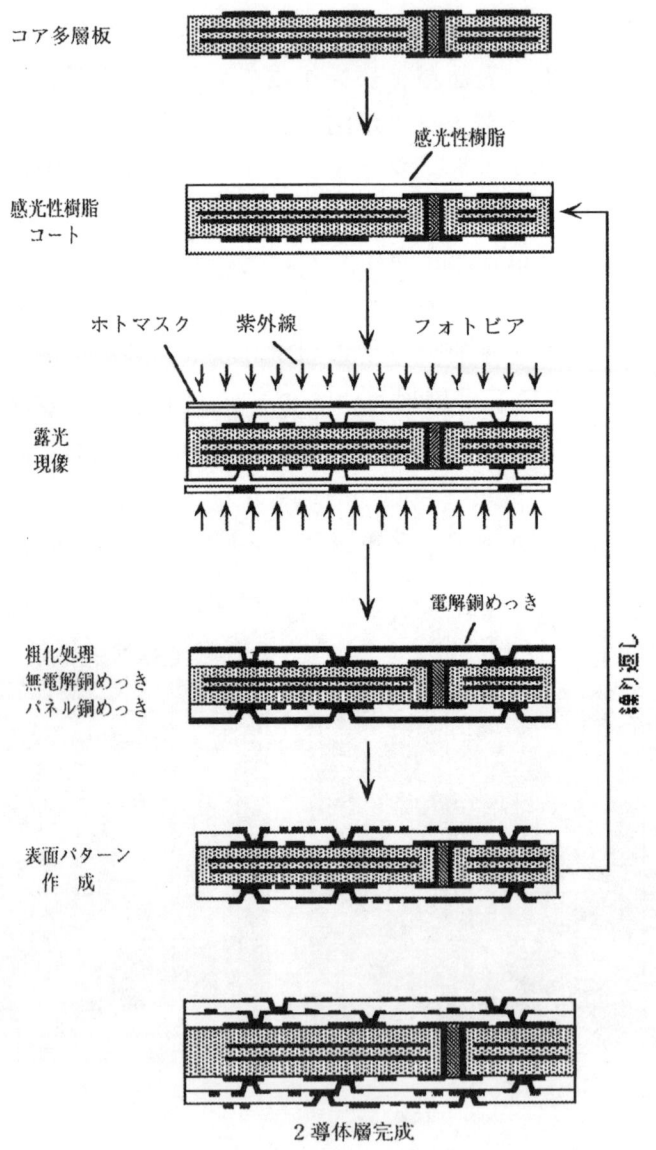

　感光性樹脂を用いたプロセスでは、一括して穴を開けられるので穴あけの生産効率は高い。ビア作成後は、表面の粗化処理を行い、層表面とビア内壁に無電解めっきを施し、パターン作成と層間接続用ビアを同時に作成する。これで1導体層が完成する。さらに積み

上げる場合は、繰り返し行う。

　感光性樹脂付き銅箔は製品化されてないので、感光性樹脂では無電解銅めっきとの密着性を向上させるため、樹脂表面の粗化を行う。粗化処理技術は重要である。ついで、めっきスルーホール法が選択される。ファインパターンを必要とする場合、セミアディティブ法が多い。

　このプロセスでは、電気的・化学的特性、導体回路との密着性や作業性などに課題があり、樹脂特性に関するさまざまな改良が試みられている。感光性樹脂の素材や組成の改良のほか、感光性と熱硬化性の両方の特性を付与し、写真法プロセスの後、熱硬化処理をする方法などが開発されている。しかし、改良に限界があり、レーザ穴あけ技術の開発を背景として、特性設計の自由度の高い熱硬化性樹脂を用いたプロセスへ主流が移行している。

② 熱硬化性樹脂を用いたプロセス

　図1.1.4-4に熱硬化性樹脂を用いたプロセスを示す。このプロセスでは、積層前処理後、液状の樹脂をスクリーン印刷法やカーテンコータなどでコーティングするか、フィルム状のものをラミネートしたものを用いる。

図1.1.4-4　熱硬化性樹脂を用いたビルドアップ多層プリント配線板プロセス
（レーザビア／セミアディティブ法）

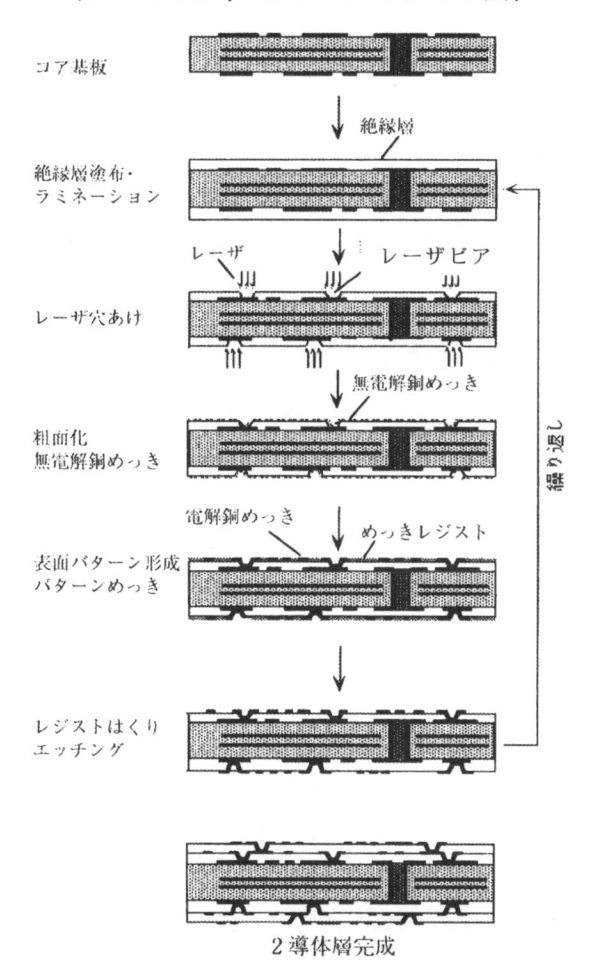

コア基板に絶縁層を形成後、$CO_2$ レーザ、UV-YAG レーザでビアを形成する。この場合には、樹脂の選択範囲は広く、また、ファインパターンへの適用と取扱いの簡便さで、フィルム状のものが開発されている。無電解銅めっきとの密着性を向上させるため、樹脂の表面粗化のめっき前処理を行い、ついで、無電解、電解めっきを行い、表面パターンを形成する。

感光性樹脂プロセスと同様、導体と絶縁層の密着性を向上させる表面粗化技術は重要な要素技術である。絶縁樹脂の粗面化については無機質粉末の混入、溶解度の異なるエポキシ粉末の混入、あるいは、樹脂の熱重合過程での層分離などで微粒子を析出させる方法や、化学処理で表面に微細な凹凸を形成させる方法が開発されている。

図 1.1.4-4 はセミアディティブ法で示してあり、無電解銅めっきは 3.m 前後の厚付けめっきが多い。

めっき法は前出の感光性絶縁樹脂と同じく、全面にめっきをするパネルめっき法、セミアディティブ法、および無電解銅めっきで構成するフルアディティブ法が選択される。ファインパターンを必要とする場合、セミアディティブ法かフルアディティブ法が適するが、実用面ではセミアディティブ法を用いることが多い。この後、表面にめっきレジストでパターンを形成、パターンめっき、レジスト金属（はんだやスズなど）のめっきを行うのは従来技術と同じである。レジストを剥離、薄い無電解銅めっきをエッチング(これをクイックエッチングという)、レジスト金属剥離を行い、1 導体層を完成させる。

この熱硬化性樹脂を用いるプロセスでは、感光性樹脂に比べて、絶縁材料を比較的自由に選択することができるため、電気的特性、化学的特性（耐めっき性など）、熱的特性や作業性などのさまざまな特性ニーズ・課題に対応した解決手段の幅が広い。

③ 樹脂付き銅箔を用いたプロセス

図 1.1.4-5 に樹脂付き銅箔を用いたプロセスを示す。

樹脂付き銅箔を用いるプロセスは、96 年ごろから開発され、樹脂付き銅箔は、絶縁材料や導体材料を専門とするほとんどの企業の製品・技術にラインアップされている。

この材料を用いる場合、積層プレス、または、ロールラミネータなどでコア基板の上に加熱加圧により接着を行う。従来の多層プリント配線板とほぼ同じ装置で製造することができる。12～18.m（最近では、9.m 品が開発されている）の厚さの銅箔の取扱いが容易となり、作業性が簡略され、絶縁層・導体層が同時に形成できるので、現在最も広範囲に使用されている方法である。樹脂付き銅箔に使用される樹脂は熱硬化性のもので、樹脂の選択範囲は広い。

ビルドアップ層のビアとなる穴あけは、ビアの位置に銅箔をエッチングして作成したマスク（コンフォーマルマスクという）により作成する方法が最初に開発され、実用化された。その後、$CO_2$ レーザ、UV-YAG レーザなどの装置の発達よりこの作業を省略し、薄い銅箔を通して絶縁層までの直接レーザ穴あけに関する方法が開発され、最近実用化されてきている。3～5.m に薄くするハーフエッチング法や 3～5.m 厚の極薄銅箔を用いると、直接穴あけが容易になり、同時に、次の表面パターンを作成するときにファインライン形成にも有利となる。

図 1.1.4-5 樹脂付き銅箔を用いたビルドアップ多層プリント配線板プロセス
（銅箔マスク・レーザ／パネルめっき法）

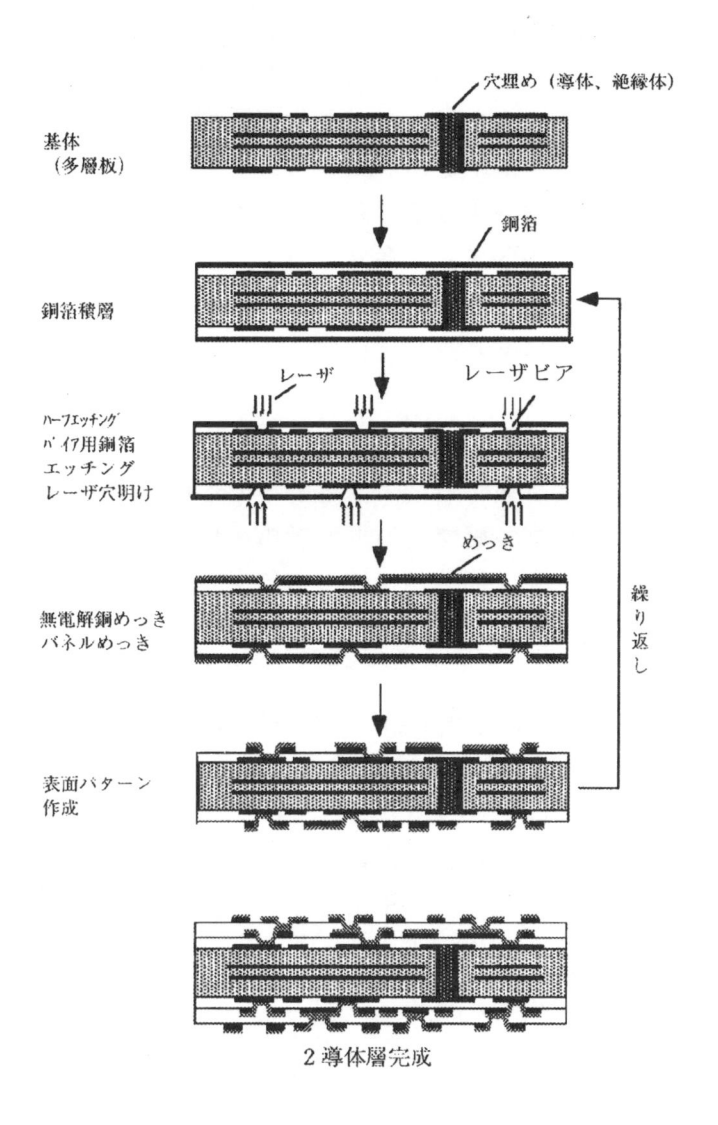

　レーザで穴をあけた後、層間接続・パターン形成用めっきを行うが、レーザ加工時に穴底部の導体パターン上に絶縁層樹脂の残留（スミア）が生じやすく、めっきの不具合を生ずるので、デスミア（樹脂残渣除去）が重要となる。デスミア処理を行った後、樹脂付き銅箔を用いる場合のめっきは銅箔を除去するサブトラクティブ法となり、パネルめっき法、パターンめっき法のいずれかを用い、無電解銅めっきと、電解銅めっきを行い、導体が形成されたビルドアップ1層ができあがる。さらにこの上に樹脂付き銅箔を積層し、これまでのプロセスを繰り返すことにより多層のビルドアップ層ができる。

　パネルめっき法は全面にめっきが析出し、プロセスは比較的容易となるので、現在、日本ではパネルめっき法が主流である。反面、銅厚が大きく、表面パターン作成でエッチング量が大きい。パターン幅の変動が大きくなり、配線の細線化（ファインパターン化）に

不利となる。

　ファインライン化に対応し、銅箔の全面エッチングを行い、銅箔のマット面を転写した微細な凹凸により、めっき層の密着性を向上させる方法も見られる。全面エッチング後は、熱硬化性樹脂プロセスと同じようなプロセスとなる。

　なお、樹脂付き銅箔を用いたプロセスをはじめ、ビルドアップ多層プリント配線板では、多くの場合、そり・ねじれを防止のため、コア基板の両面に対称になるようにビルドアップ層を形成する。これは樹脂付き銅箔を用いたプロセスに限らず、他のプロセスでも同じである。特殊なものでは片面に積み上げることもあるが、非対称となるので、そり・ねじれの対策がとられる。通常、ビルドアップ多層プリント配線板の製造企業の製品カタログには、例えば、2＋4＋2などと表記しており、これはコア基板4層の両面に片側2層のビルドアップ層を形成していることを示している。

④　ガラス布入りプリプレグを用いたプロセス

　ビルドアップ方式の絶縁層は補強材のない樹脂のみで形成していたので、基板としての強度・剛性が劣り、ビルドアップ多層プリント配線板の応用用途も配線板サイズに制約があった。この対策として、レーザ穴加工が可能なガラス布に樹脂を含浸したプリプレグを銅箔とともに積層した絶縁層を用いたガラス布入りプリプレグを用いたプロセスが最近開発されている。

　絶縁層の強度が増すので、大型の基板向けなど、用途に応じて実用化されている。

　このプロセスは樹脂付き銅箔と同様な構造となり、絶縁材料は従来の多層プリント配線板の材料とほぼ同じである。

　課題はレーザ加工性や穴の品質である。レーザによる加工は樹脂、銅箔、ガラス布を同時に穴あけするので、ガラス切断に大きなエネルギーが必要となる。そのため、穴内部をきれいな面に仕上げるなど穴品質を良好なものとするために条件の設定、管理が重要となる。材料面からの対応策の1つが、プリプレグのガラス布の薄膜化（～20.m）である。また、ガラス布の織り目が不均一で穴加工精度に差が出るので、最近ではレーザが均一に当たるように改善されたガラス布が開発されている。

⑤　その他のめっき法プロセス

ア．フィルドビアおよび柱状めっきビアによるプロセス

　ビルドアップ多層プリント配線板の微小径のビア（マイクロビア）は、はじめは穴壁面へのめっきであったが、その後、接続信頼性を向上するという課題に対し、穴空間をめっきで充填するフィルドビアによるプロセスの開発が多くなり、特許も多く出願されている。

　一方、柱状めっきビアによるプロセスも数多くの特許がある。柱状めっきビアによるプロセスはレーザなどの穴あけを必要としない方式である。めっき法で柱状めっきビア形成し、熱硬化性樹脂をコートして柱状めっきを埋設することで、層間接続を行うものである。そのプロセスを図1.1.4-6に示す。

図1.1.4-6 柱状めっきビアによるビルドアップ多層プリント配線板プロセス

|  | |
|---|---|
| コア基板（4層板） | |
| 全面導通化（無電解銅めっき） | |
| 第1層<br>めっきレジスト<br>パターン作成<br>電解銅めっき | |
| レジスト剥離<br>無電解銅めっき層<br>　　　エッチング<br>絶縁樹脂コート | |
| 表面研摩・粗面化 | |
| 第2層<br>無電解銅めっき<br>パターン用めっきレジスト<br>電解銅めっき<br>レジストはく離<br>めっき柱用めっきレジスト<br>電解銅めっき | |
| レジスト剥離<br>無電解銅めっき層<br>　　　エッチング<br>絶縁樹脂コート<br>表面研摩・粗面化 | |
| 無電解銅めっき<br>パターン用めっきレジスト<br>電解銅めっき<br>レジストはく離<br>電解銅めっき<br>無電解銅めっき層<br>　　　エッチング | |

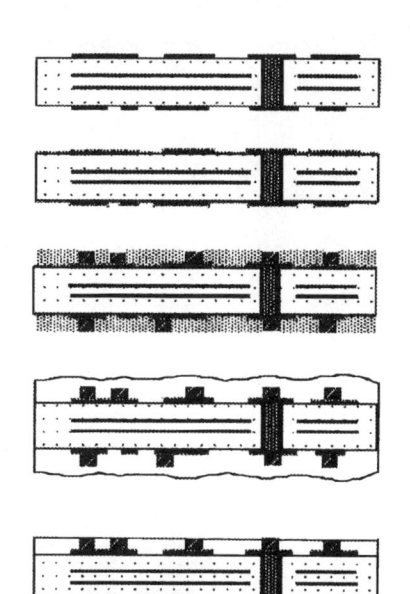

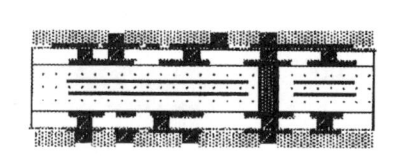

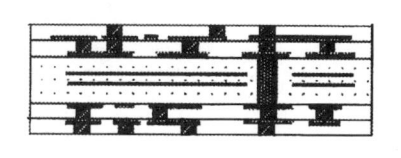

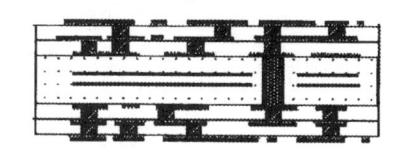

　柱状めっきビアによるプロセスはフォト法を用い、表面パターンとビアとなる柱状めっきをパターンめっき法あるいはセミアディティブ法の手法で形成する。
　配線パターンはファイン化が可能であり、ビアも細い柱状とすることができる。プロセスはやや複雑であるが、従来の設備の改良で応用できる利点がある。古典的な技術ともいえるが、配線ルール、材料などの進歩により、配線のファインライン化、高密度化の更なる進展に対応可能な技術として特許出願が見られる。柱状めっきの代わりに、パネルめっきを行いエッチングにより、ビア柱を作成する方法もある。また、このプロセスは、多重層間の接続が容易にできる利点がある。

イ．転写法を用いたプロセス

ビルドアップ多層プリント配線板のプロセスの1つの変形として図1.1.4-7に示すような転写法を用いたプロセスがある。変形であるため、多層プリント配線板の種類を示した図1.1.1-1ではビルドアップ-転写法多層プリント配線板に相当する。

図1.1.4-7 転写法を用いたビルドアップ多層プリント配線板プロセス

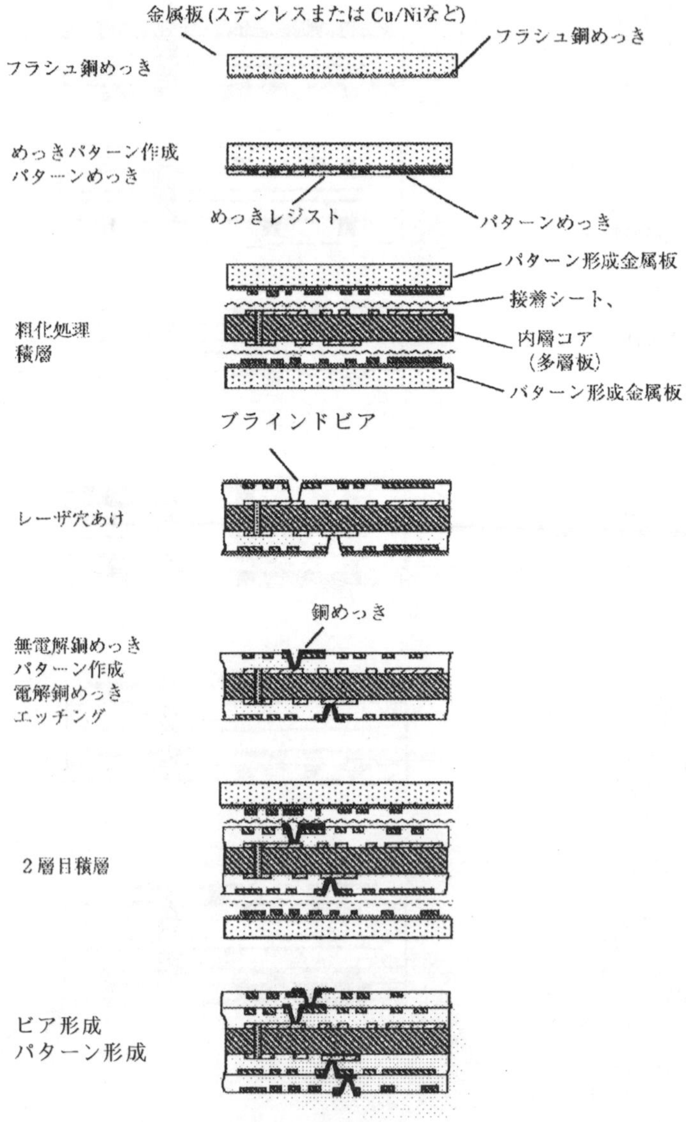

ステンレス板、ニッケル板などの片面に薄い銅をめっきし、ここにレジストパターンを写真法により形成、パターンめっき行い、回路パターンを形成する。この導体回路を、接着シートとともにプレス積層してコア基板に転写し、レーザで穴あけし、めっきで層間接続するのが転写法を用いたプロセスである。

パターンめっき法と積層を繰り返すことで導体層を積み上げることができる。ファインパターンが樹脂に埋め込まれ、導体の3方が接着され、導体の表面が絶縁層と同じ高さとなる平坦な回路基板（フラッシュサーキットと呼ばれる）を形成することができる。基板

表面が平坦なので、この上に次のビルドアップ用絶縁層を形成・積層することが容易となる。また、多層の最外層では導体パターン上にソルダーレジストを精度よく形成することも容易で、接続パッドに対しては、ソルダーレジストの位置ずれのないものが形成できる。

なお、ステンレス板、ニッケル板などの上で、接続パッドとビアのポストとなる柱状めっきを形成し、導電性ペーストを接続パッドに印刷し、あるいは、はんだめっきを行うことで、積み上げる方法も開発されている。

**b．非めっき法を用いたプロセス**

① 導電性ペーストを用いたプロセス

図1.1.4-8に導電性ペーストを用いたプロセスを示す。

図1.1.4-8　導電性ペーストを用いたビルドアップ多層プリント配線板プロセス

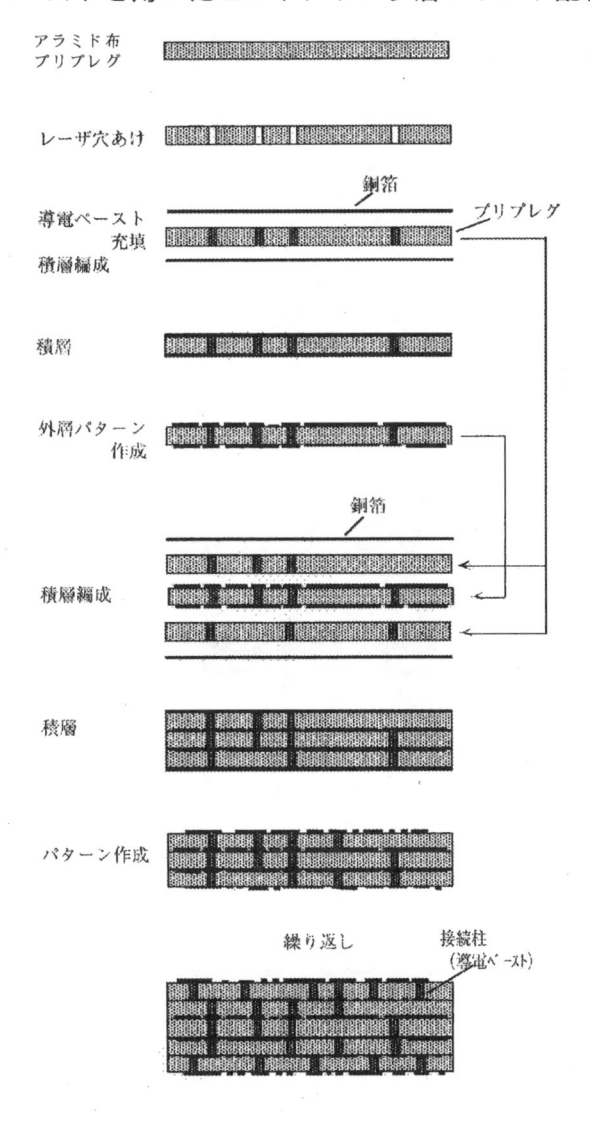

このプロセスは、松下電器産業と松下電子部品により1995年頃に開発・発表され、翌96年に携帯電話に実用化された（ALIVH法）。

コア基板を用いず、レーザ加工が容易なアラミド不織布入りプリプレグ、層間接続に導

電性ペーストを用い、回路形成は銅箔のエッチングで行い、めっき法を用いないプロセスである。なお、このプロセスの開発・実用化により、レーザ穴あけ加工法は、感光性樹脂プロセスに代わって、穴あけ加工技術の主流となった。

　このプロセスは高強度・低線膨張率のアラミド繊維の不織布にエポキシ樹脂を含浸したプリプレグを用いる。レーザによる穴あけを行い、穴に銅の導電性ペーストを充填し、これを銅箔とともに積層する。これで導電性ペーストにより層間接続された両面板ができるので、表面銅箔をフォト法によりパターンを形成し、エッチングで導体パターンを形成する。これをベース基板とし、この上下に導電性ペーストを充填したプリプレグ、銅箔とともに積層、表面パターン作成を行うと4層板となる。これを繰り返すことにより、任意の層数を持つビルドアップ多層プリント配線板となる。

　このプロセスの課題は、絶縁層の薄膜化である。そのため、アラミド不織布プリプレグの薄膜化技術やアラミド不織布に代わってアラミドフィルムを用いる方法などが開発されている。（注：ALIVH（アリブ）は松下電子部品の登録商標）

② 突出導体貫通法を用いたプロセス

　このプロセスは、東芝により1996年に開発・発表され、98年に携帯電話に実用化された（B$^2$it法）。図1.1.4-9に突出導体貫通法を用いたプロセスを示す。

図1.1.4-9　突出導体貫通法を用いたビルドアップ多層プリント配線板プロセス

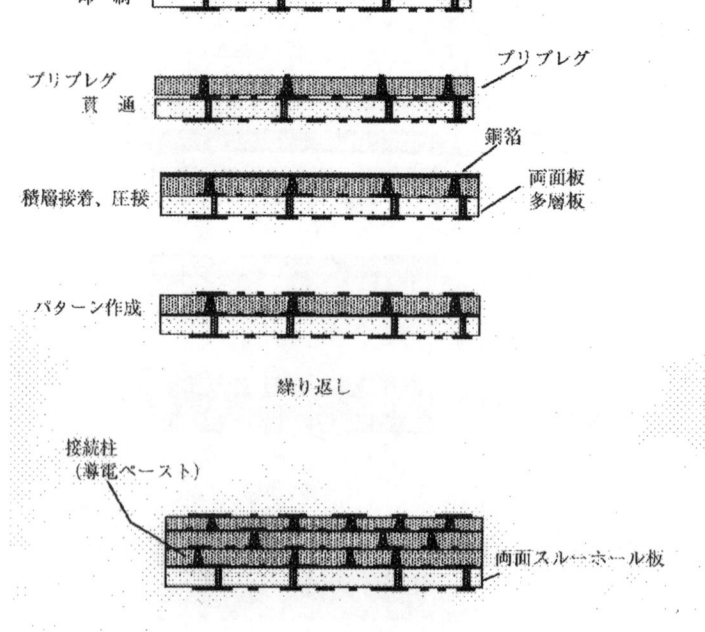

　銅箔上に銀の導電性ペーストを円錐状に印刷・硬化して、ペースト柱形成し、この突出ペースト柱でガラス布入りプリプレグを貫通させた後、コア基板に重ね、積層プレスで、

プリプレグによる接着とペースト柱の銅箔への圧接を行う。これを繰り返すことにより、層数を増加できる。コア基板の両面にビルドアップ層を形成する方法やビルドアップ層のみで全層を構成する方法など各種の組合せによる多層構造が開発されている。

この方法では、プリプレグとしてガラス布基材ばかりでなく、種々の接着シートを使用でき、また、材質を選ばないなどの利点がある。しかし、今後の配線高密度化への対応としては、導電性ペーストの柱径の微小化や絶縁層の厚さへの対応などが課題となる。対策として、銅箔上にエッチングとめっきでバンプ状の突起を形成したシートを作成し、圧接する方法も開発されている。

（注：B²it（ビースクエアイット）は東芝の登録商標）

### (2) 一括積層法を用いたプロセス

ビルドアップ方式のプロセスの一つの新しい形態として、一括積層法を用いたプロセスが1999年頃より提案されるようになった。これらはスタート用のベース基板を用いず、異なるパターンを持つ層を一括して積層するプロセスで、次のような方法が開発されている。

#### a. 柱状めっきを用いた一括積層のプロセス

図 1.1.4-10 に柱状めっきによる一括積層法を用いたビルドアップ多層プリント配線板のプロセスを示す。

図 1.1.4-10 柱状めっきを用いた一括積層のビルドアップ多層プリント配線板プロセス

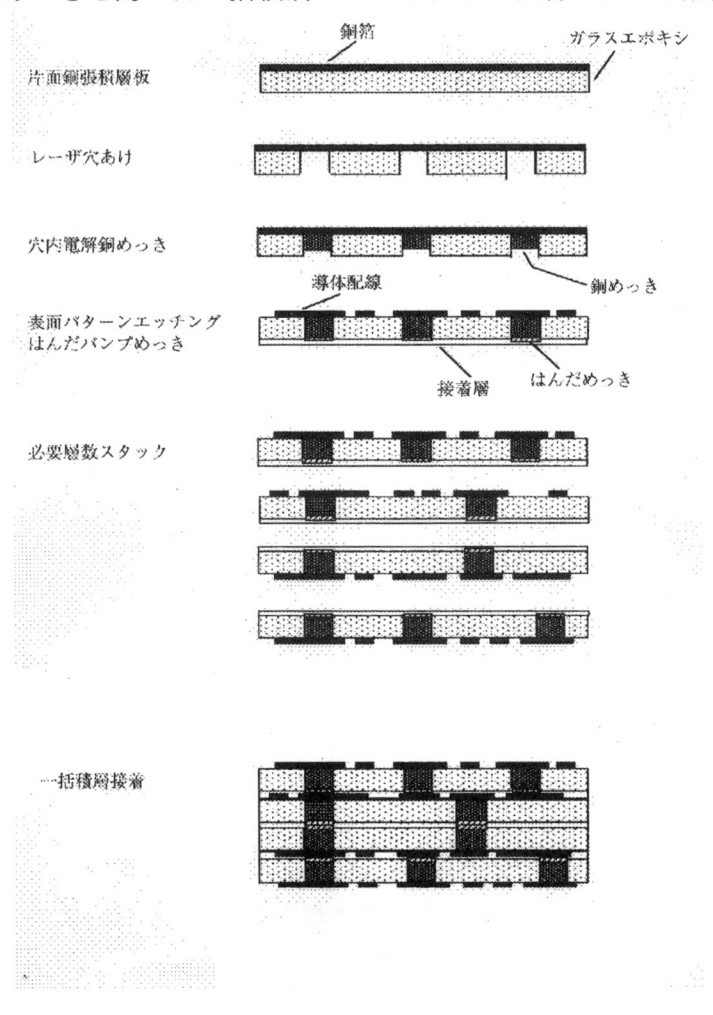

柱状めっきを用いたプロセスは、薄葉の片面銅張積層板を用い、樹脂側よりレーザで穴をあけ、この中に、銅箔を利用して柱状のめっきを形成する。その後、銅箔をエッチングでパターンを作成する。めっき柱の先端に導電性ペースト塗布するか、あるいは、はんだめっきをする。この回路と層間接続導体が形成された表面に接着剤を塗布した基板を必要数重ねて、一括して積層接着することにより、任意にビアを設けたビルドアップ層を形成することができる。

　特長として、ビア穴の内壁へのめっき法に比べ、柱状めっきを形成することで層間接続の信頼性が高まる。突出導体貫通法を用いたプロセスと同様に、多層の高密度化構造を実現するビア・オン・ビア（ビアの上にビアを形成する）が容易である。一括積層によるため、多層の形成工程が簡略化されるが、反面、絶縁樹脂コート後の表面研磨やめっき柱先端の導電ペーストやはんだめっきなど、柱状めっき形成の前後の工程が加わり、煩雑となる。

b．パターン転写・導電性ペーストを用いた一括積層のプロセス

　図1.1.4-11にパターン転写・導電性ペーストを用いた一括積層のプロセスを示す。

図1.1.4-11 パターン転写・導電性ペーストを用いた一括積層の
　　　　　　ビルドアップ多層プリント配線板のプロセス

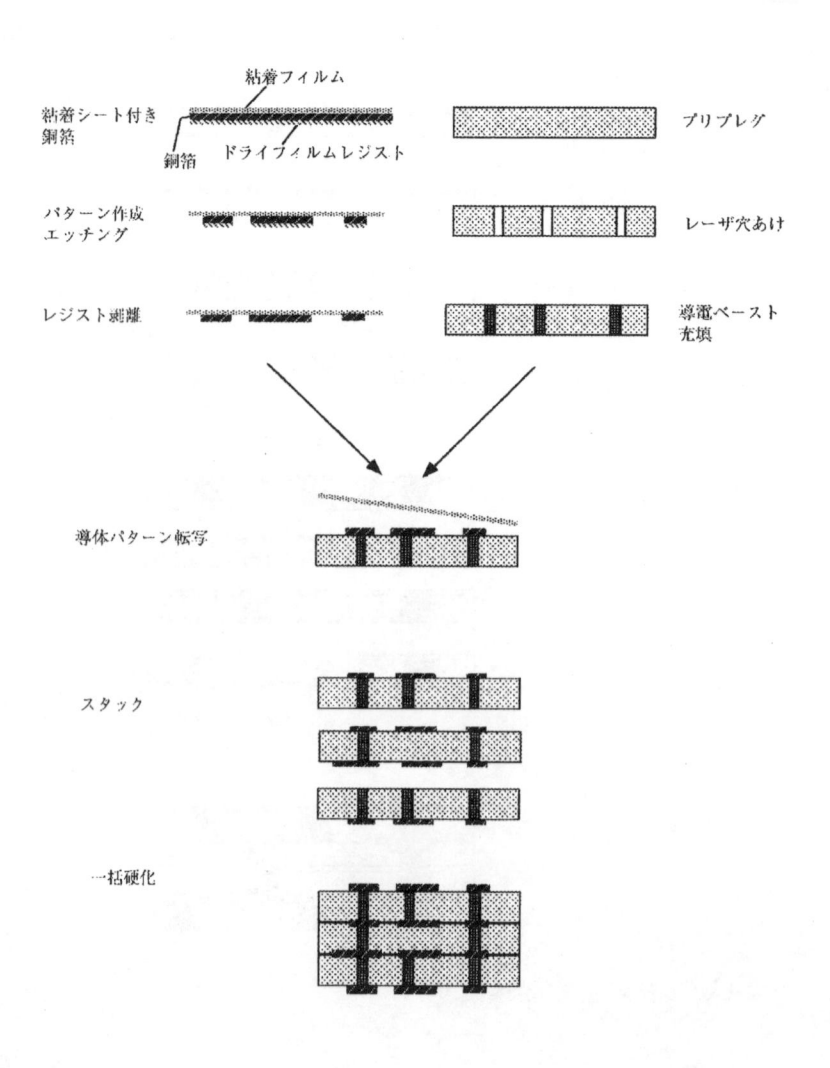

パターン転写・導電性ペーストを用いた一括積層のプロセスは、シリカなど無機質系フィラーを含む熱硬化性樹脂の接着シートにレーザで穴を開け、この穴に導電性ペーストを充填したシートを作成するものである。別に用意した特殊な粘着フィルムをキャリアとした銅箔をフォトエッチングでパターンを作成し、前記接着シートに圧力をかけてパターンを転写、埋込みを行う。これで1導体層が完成する。これを必要数重ね、積層プレスにより一括積層し、接着シートを硬化させることで配線板を得る方法である。

　このプロセスは、ビア・オン・ビア法や多層形成工程の簡略化が可能となる他に、ファインパターンが樹脂に埋め込まれ、導体の3方が接着され、導体の表面が絶縁層と同じ平坦な回路基板を形成できることが特長である。基板表面が平坦なので、この上に次の絶縁層を形成・積層することが容易となる。また、多層の最外層では、導体パターン上にソルダーレジストを精度よく形成することも容易で、特に、部品接続用パッドに対して、ソルダーレジストの位置ずれのないものが形成できる。反面、圧接積層する導電性ペーストによるビア形成シートと導体パターン形成シートを精度良く位置あわせし圧接するため、高度な技術を必要とする。そのため、ステンレス板、ニッケル板などの上で、接続パッドとビアのポストとなる柱を形成し、導電性ペーストを接続パッドに印刷し、あるいは、はんだめっきを行うことで、積み上げる方法も開発されている。しかし工程が煩雑となる。

## 1.1.5　ビルドアップ多層プリント配線板を構成する技術要素

　ビルドアップ多層プリント配線板は、電子機器の進化に対応して、その接続部品としての多層プリント配線板のより一層の高密度化を図ることを目的として開発された。同時に、電気特性、機械的特性、化学的特性を一層向上させ、小型化・薄型化・軽量化を実現するために開発され、絶えざる製品性能の向上、さらに工程や作業の簡略化および歩留・生産性向上によるコスト低減を課題としている。

　ビルドアップ多層プリント配線板における技術開発の課題に対して、構成される技術要素を大きくまとめると、次の3つになる。

　　①多層の形状・構造と製造方法
　　②絶縁材料とスルーホールを含む絶縁層形成法
　　③導体材料と導体回路・層間接続形成法

　技術開発においては、1つの課題あるいは2つ以上の課題を同時に解決するため、技術要素を単独または2つ以上組み合わせて、解決手段を選択している。すなわち、課題や解決手段に対し、この3つの技術要素を重複して組み合わしている特許の出願が多い。

　図1.1.5-1に、ビルドアップ多層プリント配線板における課題と解決手段の関係を示す。

図 1.1.5-1 ビルドアップ多層プリント配線板における課題と解決手段の関係

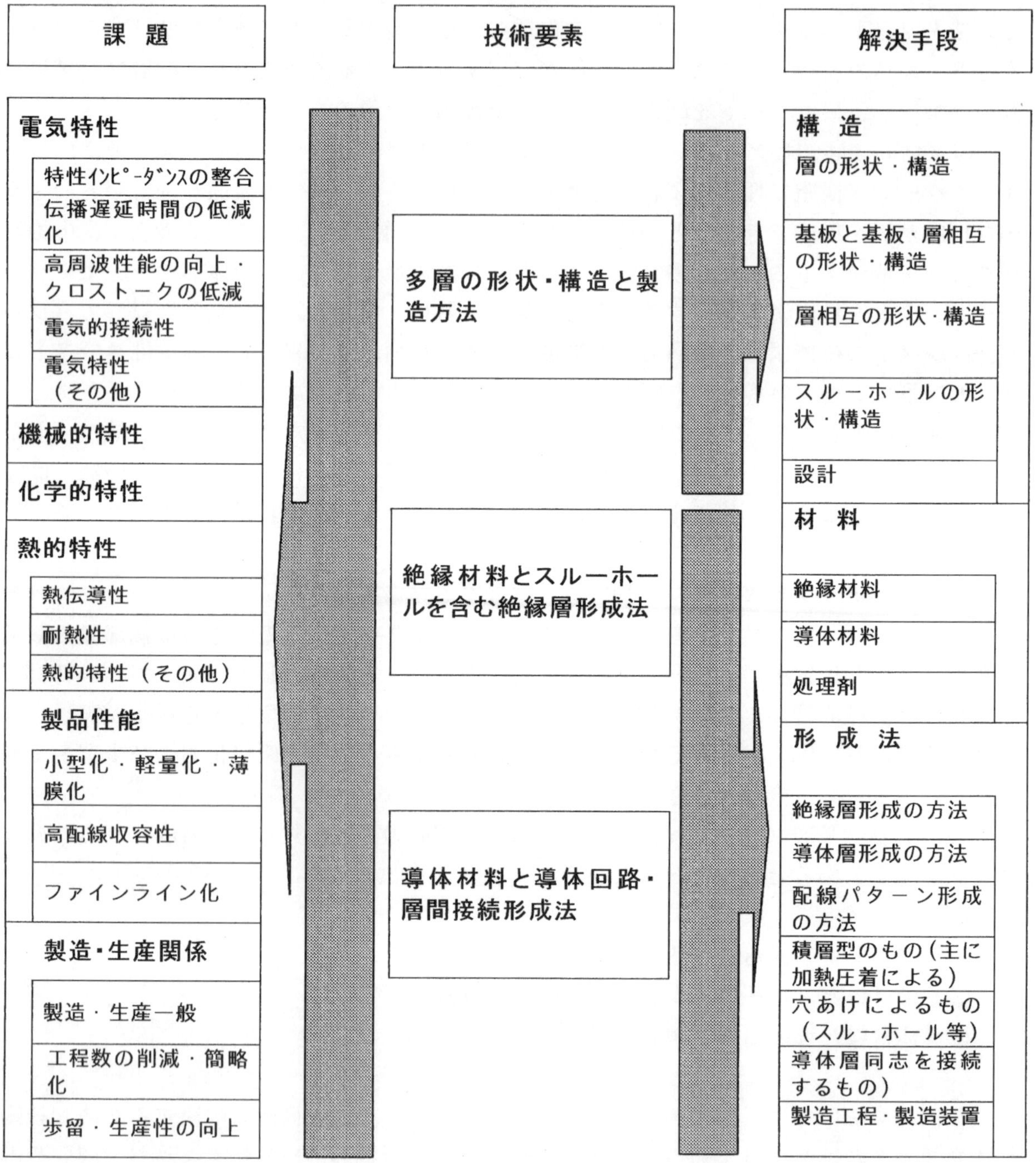

| 課 題 | 技術要素 | 解決手段 |
|---|---|---|
| **電気特性**<br>　特性インピーダンスの整合<br>　伝播遅延時間の低減化<br>　高周波性能の向上・クロストークの低減<br>　電気的接続性<br>　電気特性（その他）<br>**機械的特性**<br>**化学的特性**<br>**熱的特性**<br>　熱伝導性<br>　耐熱性<br>　熱的特性（その他）<br>**製品性能**<br>　小型化・軽量化・薄膜化<br>　高配線収容性<br>　ファインライン化<br>**製造・生産関係**<br>　製造・生産一般<br>　工程数の削減・簡略化<br>　歩留・生産性の向上 | 多層の形状・構造と製造方法<br><br>絶縁材料とスルーホールを含む絶縁層形成法<br><br>導体材料と導体回路・層間接続形成法 | **構　造**<br>　層の形状・構造<br>　基板と基板・層相互の形状・構造<br>　層相互の形状・構造<br>　スルーホールの形状・構造<br>　設計<br>**材　料**<br>　絶縁材料<br>　導体材料<br>　処理剤<br>**形 成 法**<br>　絶縁層形成の方法<br>　導体層形成の方法<br>　配線パターン形成の方法<br>　積層型のもの（主に加熱圧着による）<br>　穴あけによるもの（スルーホール等）<br>　導体層同志を接続するもの）<br>　製造工程・製造装置 |

ビルドアップ方式は、絶縁層と導体層を1層ごとに形成し、導体層間を接続し、順次積み上げていく方式である。

　課題として、電気特性、機械的特性、化学的特性、熱的特性の向上や製品性能の向上（高密度化、小型化・薄型化・軽量化など）や製造・生産関係などの課題がある。

　また、それらの課題の解決手段は、構造、材料、形成法の組合せにある。そこに従来のプリント配線板の多層化技術と差別性・革新性が見出される。ビアを形成する穴あけ加工法（フォト法、レーザ法）、その加工法と密接に関連する絶縁材料（感光性樹脂、熱硬化性樹脂、樹脂付き銅箔）、さらに導体層形成の方法（ビア内のめっきや柱状めっきビアによるめっき法および導電性ペーストや突出導体貫通法などの非めっき法）などの組み合わせにより、各種ビルドアップ方式のプロセスの特徴がある。

　現在、実用化されている各種のビルドアップ工法を特徴づけるプロセスは、下記の通りである。

［シーケンシャル積層法］　　　　　　　　　　［ビルドアップ方式のプロセス番号］
　めっき法を用いたプロセス
　　a．感光性樹脂を用いたプロセス……………………………①
　　b．熱硬化性樹脂を用いたプロセス…………………………②
　　c．樹脂付き銅箔を用いたプロセス…………………………③
　　d．ガラス布入りプリプレグを用いたプロセス……………④
　　e．その他のプロセス（柱状めっきビアによるプロセス）……⑤
　非めっき法を用いたプロセス
　　a．導電性ペーストを用いたプロセス………………………⑥
　　b．突出導体貫通法を用いたプロセス………………………⑦
［一括積層法］
　　a．柱状めっきビアによる一括積層のプロセス……………⑧
　　b．パターン転写・導電性ペーストを用いた一括積層のプロセス……⑨

　図 1.1.5-2 に各種ビルドアップ方式のプロセスの種類を「絶縁材料」、「ビア形成法」、「層間接続法」の3つに分け、各種プロセスとの関係を示した。

図 1.1.5-2 ビルドアップ方式のプロセスの主な種類と分類

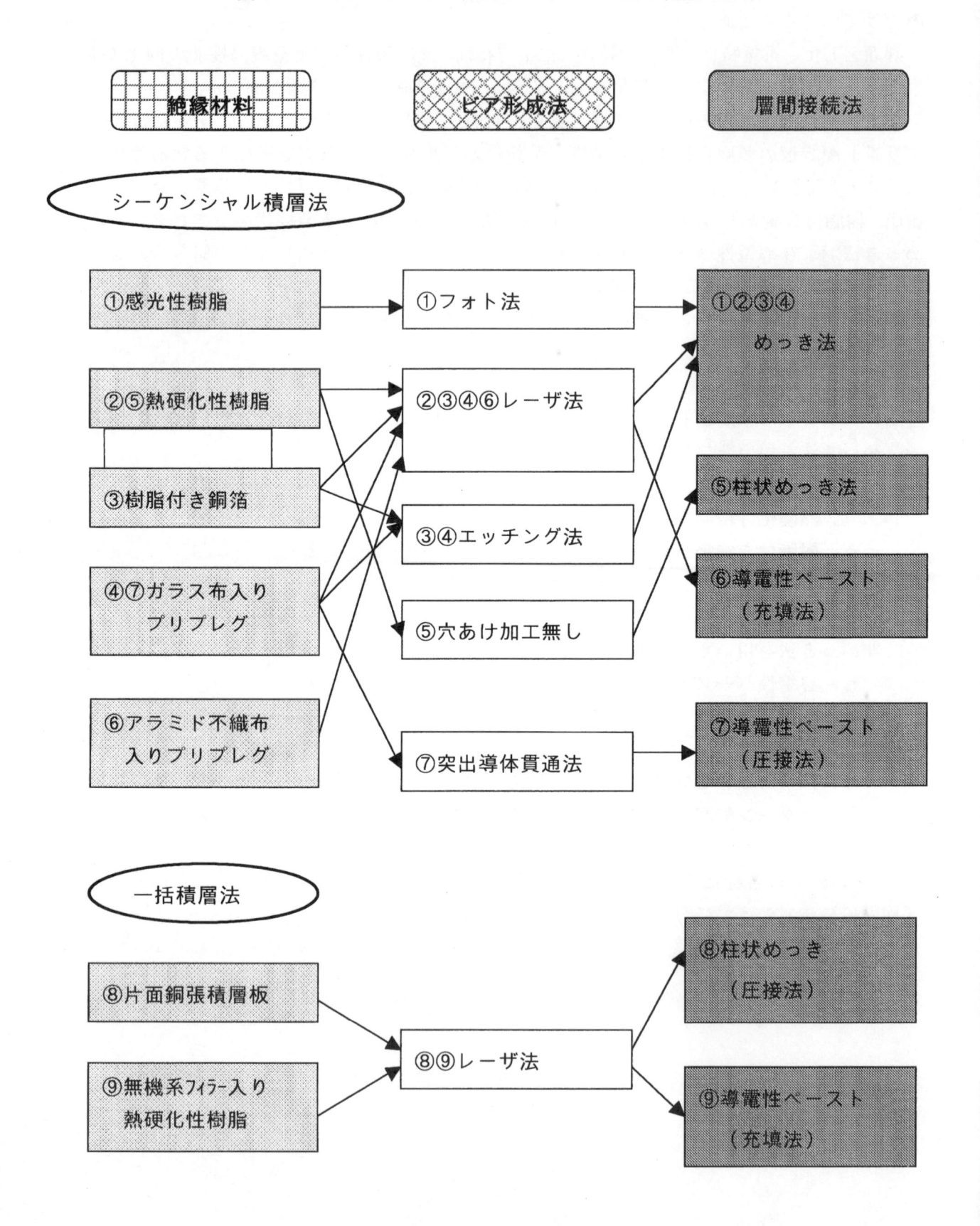

**絶縁材料** / **ビア形成法** / **層間接続法**

**シーケンシャル積層法**

- ①感光性樹脂
- ②⑤熱硬化性樹脂
- ③樹脂付き銅箔
- ④⑦ガラス布入りプリプレグ
- ⑥アラミド不織布入りプリプレグ

ビア形成法:
- ①フォト法
- ②③④⑥レーザ法
- ③④エッチング法
- ⑤穴あけ加工無し
- ⑦突出導体貫通法

層間接続法:
- ①②③④ めっき法
- ⑤柱状めっき法
- ⑥導電性ペースト（充填法）
- ⑦導電性ペースト（圧接法）

**一括積層法**

- ⑧片面銅張積層板
- ⑨無機系フィラー入り熱硬化性樹脂

ビア形成法:
- ⑧⑨レーザ法

層間接続法:
- ⑧柱状めっき（圧接法）
- ⑨導電性ペースト（充填法）

（注：○内の数字は、前頁の各種のビルドアップ方式のプロセス番号に対応．）

## 1.1.6 ビルドアップ多層プリント配線板の実用化の状況

ビルドアップ多層プリント配線板は 1990 年半ばから開発が進んで、多くの製造プロセスが実用化されている。表 1.1.6-1 に現在実用化されているビルドアップ方式のプロセスの状況と採用企業を示した。

表 1.1.6-1 実用化されている主なビルドアップ方式のプロセスと実用化企業

| | 各種ビルドアップ方式のプロセスの種類 | | | 実用化している企業（工法名） |
|---|---|---|---|---|
| | 絶縁材料 | ビア形成法（穴あけ加工） | 層間接続形成法（ビア導体形成） | |
| シーケンシャル積層法 | 感光性樹脂 | フォト法 | めっき法 | 日本IBM（SLC）、イビデン（AAP/10）、シャープ（アドバンスト・フォトマルチ）、NEC（DVマルチ）、富士通、日立製作所、沖プリンテッドサーキット |
| | 熱硬化性樹脂 | 穴あけ加工無し | 柱状めっき（埋設法） | 沖プリンテッドサーキット（ビアポスト） |
| | 熱硬化性樹脂 | レーザ法 | めっき法 | NEC（DVマルチ）、日本ビクター（VIL）、日本CMK（CLLAVIS：クラビス）、イビデン、富士通、京セラ（HDBU）、大日本印刷、ソニー根上（ESP）、新光電気工業 |
| | 樹脂付き銅箔 | エッチング法またはレーザ法 | めっき法 | |
| | ガラス布入りプリプレグ | 突出導体貫通法 | 導電性ペースト（圧接法） | 東芝（B²it：ビースクエアイット） |
| | ガラス布入りプリプレグ | レーザ法 | めっき法 | 凸版印刷 |
| | アラミド不織布入りプリプレグ | レーザ法 | 導電性ペースト（充填法） | 松下電子部品（ALIVH：アリブ）、日本CMK（ALIVH：アリブ） |
| 一括積層法 | 片面銅張積層板 | レーザ法 | 柱状めっき（圧接法） | イビデン |
| | 無機系フィラー入り熱硬化性樹脂 | レーザ法 | 導電性ペースト（充填法）（転写法回路形成） | 京セラ（CPC） |

（注）記載されている各製品の名称は、各メーカーの（登録）商標です。

1.1 節の出典： 1.1.4 の各図
　①高木　清：ビルドアップ多層プリント配線板技術、日刊工業新聞社、2000.06
　②プリント回路技術用語辞典　第2版、日刊工業新聞社、2002.01

## 1.2 ビルドアップ多層プリント配線板技術の特許情報への アクセス

### 1.2.1 ビルドアップ多層プリント配線板技術の特許

ここでは、ビルドアップ多層プリント配線板技術について特許調査を行う場合のアクセスツールとなるIPC分類（国際特許分類）、FI（File Index）、Fタームを紹介する。IPC分類は、発明の技術内容を示す国際的に統一された特許分類である。FIは、特許庁内の審査官のサーチファイルの編成に用いる分類で、IPCをさらに細かく展開したものである。また、Fタームは、特許庁審査官の審査資料検索のために開発されたもので、約2,200の技術分野について、Fターム記号を付したものである。ビルドアップ多層プリント配線板技術の特許情報へのアクセスはFIとFタームで示され、その関係を図1.2.1-1に示す。

図1.2.1-1 ビルドアップ多層プリント配線板技術のIPCとFIの関係

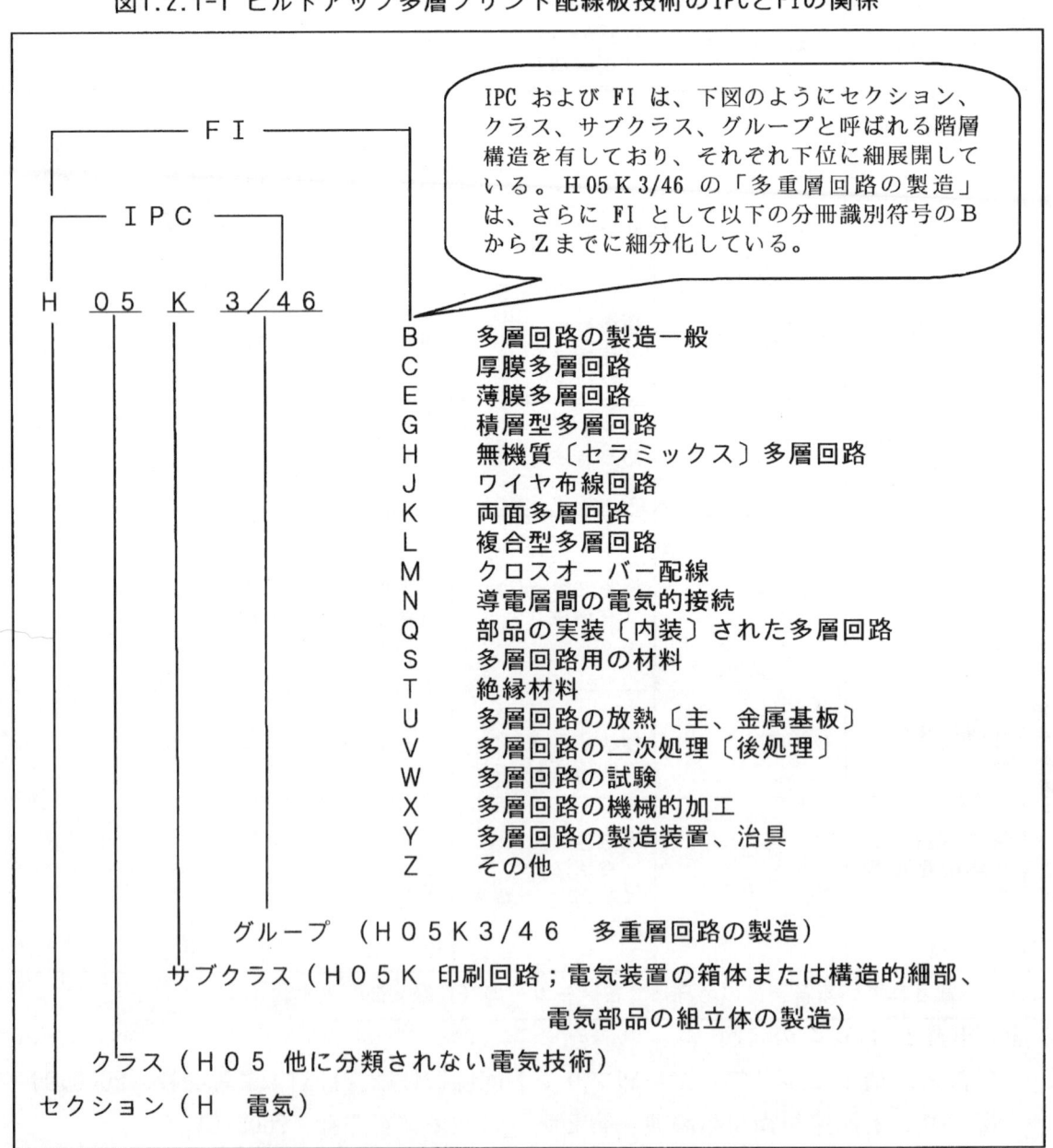

```
          ┌─── F I ───┐
          ┌── IPC ──┐
          H 05 K 3/46
```

IPC および FI は、下図のようにセクション、クラス、サブクラス、グループと呼ばれる階層構造を有しており、それぞれ下位に細展開している。H05K3/46 の「多重層回路の製造」は、さらに FI として以下の分冊識別符号のBからZまでに細分化している。

| | |
|---|---|
| B | 多層回路の製造一般 |
| C | 厚膜多層回路 |
| E | 薄膜多層回路 |
| G | 積層型多層回路 |
| H | 無機質〔セラミックス〕多層回路 |
| J | ワイヤ布線回路 |
| K | 両面多層回路 |
| L | 複合型多層回路 |
| M | クロスオーバー配線 |
| N | 導電層間の電気的接続 |
| Q | 部品の実装〔内装〕された多層回路 |
| S | 多層回路用の材料 |
| T | 絶縁材料 |
| U | 多層回路の放熱〔主、金属基板〕 |
| V | 多層回路の二次処理〔後処理〕 |
| W | 多層回路の試験 |
| X | 多層回路の機械的加工 |
| Y | 多層回路の製造装置、治具 |
| Z | その他 |

グループ（H05K3/46　多重層回路の製造）
サブクラス（H05K　印刷回路；電気装置の箱体または構造的細部、電気部品の組立体の製造）
クラス（H05　他に分類されない電気技術）
セクション（H　電気）

プリント基板の多層化技術に関するIPCの最も細分化された分類はH05K3/46（多重層回路の製造）である。電子機器の高機能化や小型化に対応するために、最近急成長しているビルドアップ多層プリント配線板に関する分類はない。

FIは、IPCの記号と1桁のアルファベットまたはIPCの記号と3桁の数字および1桁のアルファベットで表されている。このFI=H05K3/46B：多層回路の製造一般は、それ以下のFIに分類できない製造技術、ビルドアップ型となっており、ビルドアップ多層プリント配線板技術はここに含まれる。

Fタームは、FIの展開では文献の絞り込みが不十分なものについて、技術内容や応用分野について多観的かつ横断的に細分化したものである。ビルドアップ多層プリント配線板に関するFTは5E346であり、その概略を図1.2.1-2に示す。

図1.2.1-2 ビルドアップ多層プリント配線板に関するFT

```
テーマコード　 ５Ｅ３４６　多層プリント配線板の製造
ＦＩカバー範囲　 Ｈ０５Ｋ３／４６～３／４６Ｚ

  5E346AA00    多層の形状・構造
  5E346AA01    ・基台の形状・構造が特定されたもの
  5E346AA11    ・層の形状・構造が特定されたもの
  5E346AA12    ・・絶縁層
  5E346AA15    ・・導体層
  5E346AA21    ・基板と基板・層相互の形状・構造が特定されたもの
  5E346AA31    ・層相互の形状・構造が特定されたもの
  5E346AA41    ・スルーホールの形状・構造が特定されたもの
  5E346BB00    配線パターンの形状・構造
  5E346CC00    多層の材料・材質
  5E346CC01    ・絶縁材料
  5E346CC31    ・導体材料
  5E346CC41    ・接着剤材料
  5E346DD00    各層形成の方法
  5E346DD01    ・絶縁層形成の方法
  5E346DD11    ・導体層形成の方法
  5E346DD31    ・配線パターン形成の方法
  5E346EE00    多層形成の方法
  5E346EE01    ・積層型のもの（主に加熱圧着による）
  5E346EE31    ・ビルドアップ型のもの
  5E346FF00    導体層間接続の方法
  5E346FF01    ・孔あけによるもの（スルーホール等）
  5E346FF21    ・導電層同志を接続するもの
  5E346GG00    製造・加工・処理手段
  5E346HH00    目的・課題・効果
```

ビルドアップ多層プリント配線板技術に関するFTは5E346EE31であり、技術範囲を検索する式はFIとFTで示すと次のようになる。

検索式　FI=H05K3/46B＋FT=5E346EE31

なお、先行技術調査を完全に漏れなく行うためには、調査目的に応じて上記以外の分類も調査しなければならないこともあるので注意する必要がある。

### 1.2.2 ビルドアップ多層プリント配線板技術の要素技術

ビルドアップ法はめっき、プリント（印刷）などによって、順次導体層、絶縁層を積み上げて多層プリント配線板を製造する方法である。技術の要素としては、①多層の形状・構造と製造方法、②絶縁材料とスルーホールを含む絶縁層形成法、③導体材料と導体回路・層間接続法である。これらに対応するアクセスツールを表1.2.2-1に示す。

表1.2.2-1 ビルドアップ多層プリント配線板技術のアクセスツール

| 技術要素 | 検索式 | 概要 |
| --- | --- | --- |
| 1）多層の形状・構造と製造方法 | A*FT=(5E346AA11+5E346AA21+5E346AA31) | 多層を形成する基板、各層の形状・構造およびその製造方法 |
| 2）絶縁材料とスルーホールを含む絶縁層形成法 | A*FT=(5E346CC01+5E346CC41+5E346DD01)*FI=H05K3/46T | 絶縁材料、接着剤材料などおよび絶縁層形成の方法 |
| 3）導体材料と導体回路・層間接続法 | A*FT=(5E346CC31+5E346DD11+5E34DDC31+5E346FF01+5E346FF21)*FI=(H05K3/46N+H05K3/46S) | 導体材料、導体層形成の方法、導体層同志の接続方法など |

注）A=（FI=H05K3/46B＋FT=5E346EE31）

ビルドアップ多層プリント配線板技術の技術要素は上記のとおりであるが、ビルドアップ多層プリント配線板をつくるにはいずれの要素も必要であり、1つの発明にそれぞれのFTが付与されているケースが多い。したがって、どの技術要素が主に関係しているかは、明細書を読み込んで調査する必要がある。

また、ビルドアップ多層プリント配線板に関連する技術のアクセスツールを表1.2.2-2に示す。

表 1.2.2-2 関連技術のアクセスツール

| 関 連 分 野 | 関 連 FI |
|---|---|
| 積層体の製造一般 | B32B |
| 薄膜または厚膜回路 | H01L27/01、H01L27/13 |
| 基板材料 | H05K1/03 |
| 導体材料 | H05K1/09 |
| スルーホールの形成 | H05K3/40 |
| 基板の孔あけ一般 | H05K3/00K |
| 基板のレーザー加工 | H05K3/00N |
| レーザー加工一般 | B23K |

## 1.2.3 ビルドアップ多層プリント配線板技術の範囲と特許出願件数
**(1) 本書で扱うビルドアップ多層プリント配線板技術**

　多層プリント配線板の先端技術がビルドアップ方式に変化したことにより、より高密度化し、同時に、半導体のパッケージがセラミックより有機樹脂材料へと変化する中で、高密度のパッケージ基板にもビルドアップ方式が適用されようになった。しかしながら、一般のビルドアップ多層プリント配線板と有機樹脂系パッケージ基板との間には、ビルドアップ方式のプロセスにおける本質的な差はない。

　そこで本書では、ビルドアップ多層プリント配線板技術として有機基材系パッケージ基板を含めている。他方、薄膜集積回路および厚膜集積回路からなる混成集積回路（ハイブリッド IC ともいう）はビルドアップ多層プリント配線板とは、プロセスが本質的に異なるので、ここでは除外している。

（注）①薄膜集積回路：　ガラスやセラミック基板上に真空蒸着やスパッタリングにより、1～10μm 程度の薄膜導体でパターンを形成、さらに、抵抗体や誘電体膜などを形成した受動回路に半導体デバイスやコンデンサなどのチップ部品を混載したもの。
　　　②厚膜集積回路：　ガラスやセラミック基板上に、金属粉、ガラス粉を樹脂、有機溶剤とともに混合した導電性ペーストを印刷、焼成して 10～80μm の厚膜回路を形成し、半導体デバイスやコンデンサなどのチップ部品を混載したもの。ハイブリッド IC 市場の大部分を占める。

**(2) 調査対象の出願件数**

　1991 年 1 月から 2001 年 8 月までに公開されたビルドアップ多層プリント配線板（有機基材ビルドアップパッケージ基板を含む）の特許・実用新案を調査対象とした。

　全体で出願件数の多い上位 11 社と主要技術要素分野毎に出願件数が多くビルドアップ多層プリント配線板および関連材料の市場シェアの高い企業 11 社を加えた 22 社において、ビルドアップ多層プリント配線板に係わる特許出願は、1,118 件であった。

## 1.3 技術開発活動の状況

### 1.3.1 ビルドアップ多層プリント配線板における技術開発活動の状況
(1) ビルドアップ多層プリント配線板全体

図1.3.1-1に、ビルドアップ多層プリント配線板の出願人数と出願件数の推移を示す。（注：ビルドアップ多層プリント配線板の出願特許・実用新案の件数の多い上位50社を母集団とし、ノイズとなる検索式に含まれるビルドアップでない特許を削除し、係属中のもの、係属中でないものすべてを対象とした。）

図1.3.1-1 ビルドアップ多層プリント配線板の出願人数と出願件数の推移

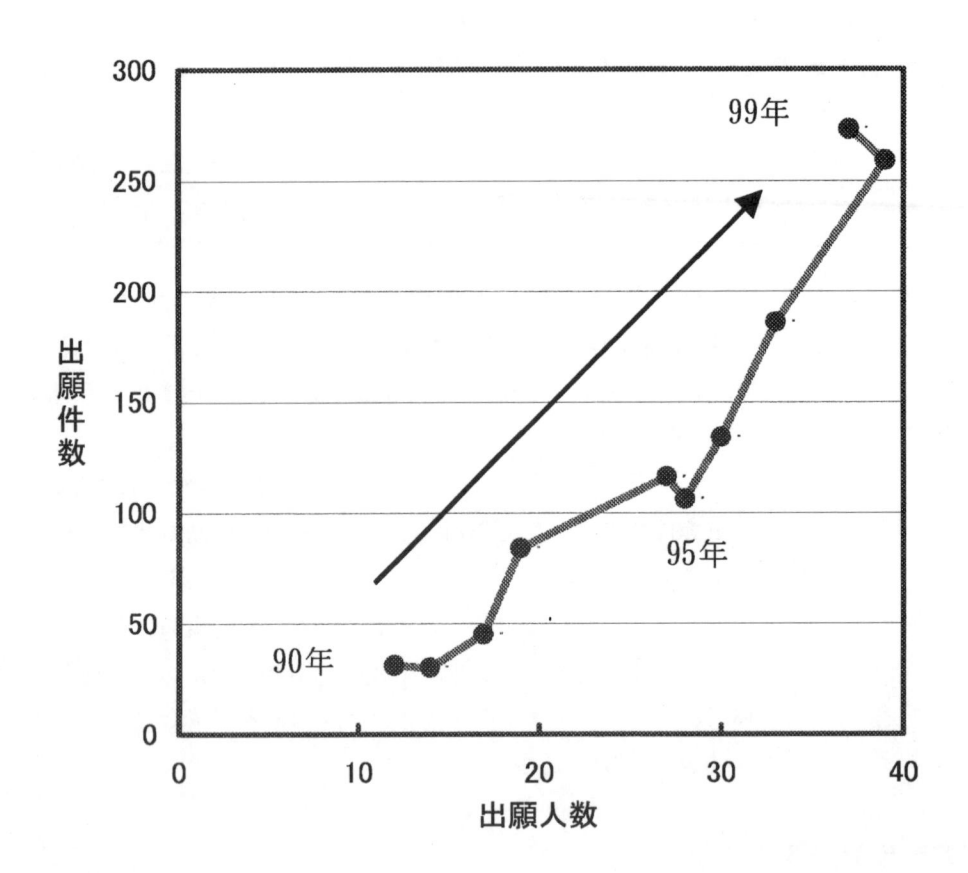

表1.3.1-1に主要出願人の出願状況を示す。90年代前半は、富士通、日立製作所、日本電気、松下電器産業などの電機メーカーの出願が多かったが、近年は、イビデンの出願の増加が顕著であり、その他、日立化成工業、松下電工、日本特殊陶業などの出願が近年、増加傾向にある。

表 1.3.1-1 主要出願人の出願状況

| 出願人名 \ 出願年 | 90 | 91 | 92 | 93 | 94 | 95 | 96 | 97 | 98 | 99 | 計 |
|---|---|---|---|---|---|---|---|---|---|---|---|
| イビデン | 0 | 4 | 4 | 19 | 8 | 14 | 19 | 44 | 79 | 81 | 272 |
| 日立化成工業、日立エーアイシー | 5 | 2 | 11 | 12 | 24 | 17 | 15 | 24 | 40 | 19 | 169 |
| 日立製作所 | 5 | 2 | 3 | 10 | 13 | 4 | 5 | 9 | 11 | 11 | 73 |
| 日本電気、富山日本電気 | 4 | 8 | 0 | 9 | 5 | 7 | 11 | 6 | 9 | 15 | 74 |
| 松下電工 | 0 | 1 | 2 | 0 | 4 | 8 | 17 | 4 | 13 | 11 | 60 |
| 富士通 | 6 | 2 | 6 | 5 | 6 | 3 | 3 | 4 | 8 | 5 | 48 |
| 京セラ | 0 | 0 | 1 | 0 | 0 | 0 | 9 | 20 | 9 | 5 | 44 |
| 日本特殊陶業 | 0 | 0 | 0 | 0 | 0 | 0 | 0 | 12 | 6 | 17 | 35 |
| 松下電器産業 | 2 | 3 | 3 | 3 | 5 | 3 | 1 | 2 | 7 | 5 | 34 |
| 凸版印刷 | 0 | 0 | 1 | 4 | 1 | 7 | 10 | 3 | 4 | 4 | 34 |
| 東芝 | 0 | 0 | 4 | 3 | 7 | 7 | 1 | 3 | 3 | 5 | 33 |
| 住友ベークライト | 0 | 0 | 0 | 1 | 8 | 6 | 4 | 8 | 1 | 3 | 31 |
| 新光電気工業 | 0 | 0 | 0 | 1 | 0 | 1 | 6 | 2 | 2 | 13 | 25 |
| ソニー | 0 | 0 | 1 | 4 | 6 | 1 | 4 | 2 | 3 | 2 | 23 |
| シャープ | 1 | 1 | 0 | 0 | 0 | 2 | 1 | 6 | 7 | 5 | 23 |
| 沖電気工業、沖プリンテッドサーキット | 1 | 0 | 1 | 1 | 5 | 6 | 5 | 0 | 2 | 0 | 21 |
| ＩＢＭ | 2 | 0 | 1 | 1 | 2 | 2 | 0 | 3 | 2 | 5 | 18 |
| 味の素 | 0 | 0 | 0 | 0 | 1 | 0 | 1 | 2 | 1 | 6 | 11 |
| 日本ＣＭＫ | 0 | 0 | 0 | 1 | 4 | 1 | 0 | 1 | 3 | 1 | 11 |
| 日本ビクター | 0 | 0 | 1 | 0 | 0 | 0 | 5 | 1 | 1 | 1 | 9 |
| 旭化成 | 0 | 0 | 0 | 0 | 1 | 1 | 2 | 2 | 1 | 2 | 9 |
| 三井金属鉱業 | 0 | 0 | 0 | 0 | 0 | 1 | 1 | 0 | 1 | 3 | 6 |

※日立化成工業のプリント配線板は日立エーアイシーで製造。日本電気のプリント配線板は主に富山日本電気で製造。沖電気工業のプリント配線板は沖プリンテッドサーキットで製造。これらのため、それぞれの企業は一緒に掲載した。

表 1.3.1-2 に主要企業 22 社と上位 50 社における出願年別の特許・実用新案の件数を示す。また、参考のため、同表の中に 1.2 節で取り上げた検索式による出願件数、出願人数などを示した。

表1.3.1-2 ビルドアップ多層プリント配線板技術の出願件数推移

| 項　目 | 出願年 | 90 | 91 | 92 | 93 | 94 | 95 | 96 | 97 | 98 | 99 | 合計 |
|---|---|---|---|---|---|---|---|---|---|---|---|---|
| ビルドアップ多層プリント配線板技術の特許 | 主要企業22社の出願件数 | 26 | 23 | 39 | 74 | 100 | 91 | 120 | 158 | 213 | 219 | 1,063 |
| | 上位50社までの出願件数 | 31 | 30 | 45 | 84 | 116 | 106 | 134 | 186 | 259 | 273 | 1,264 |
| 検索式による出願件数 | | 258 | 228 | 244 | 273 | 229 | 209 | 220 | 288 | 347 | 370 | 2,666 |
| | 主要企業22社の出願件数 | 179 | 152 | 171 | 188 | 175 | 149 | 175 | 219 | 244 | 264 | 1,916 |
| | うち係属中 | 53 | 45 | 48 | 96 | 118 | 130 | 158 | 205 | 234 | 256 | 1,343 |
| | うちビルドアップ型 | 14 | 9 | 17 | 50 | 72 | 76 | 115 | 146 | 205 | 215 | 919 |
| 検索式による出願人の数 | | 78 | 57 | 56 | 73 | 59 | 63 | 63 | 70 | 74 | 82 | ― |

## （2）多層の形状・構造と製造方法

　図 1.3.1-3 に、ビルドアップ多層プリント配線板における第1の技術要素"多層の形状・構造と製造方法"における出願人数と出願件数の推移を示す（ただし、出願人数は主要出願人の内数）。出願件数は 96 年から安定して年間 10 件以上増加しており、99 年には 52 件の出願件数となっている。

　　図 1.3.1-3　"多層の形状・構造と製造方法"における出願人数と出願件数の推移

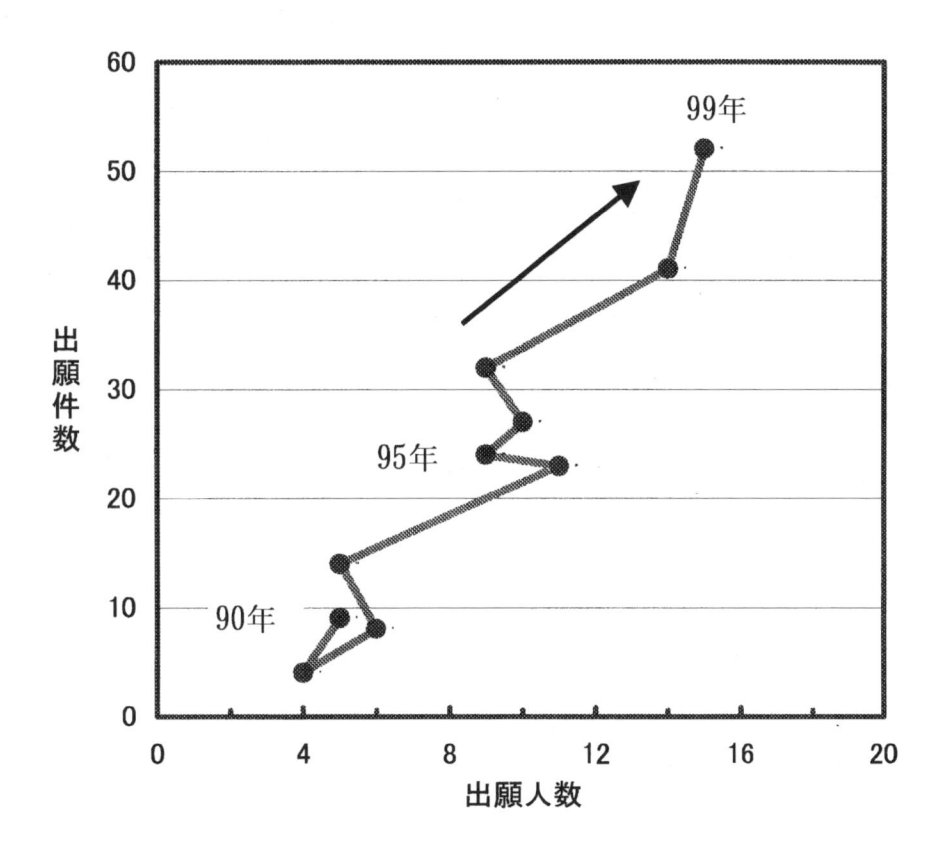

　表 1.3.1-3 に"多層の形状・構造と製造方法"における主要出願人の出願状況を示す。90 年代前半は、多層の形状・構造と製造方法の要素技術の出願は全体的に少なかったが、94 年頃を境にして、東芝、沖電気工業、イビデン、日本電気などから出願が出始めた。さらに 90 年代後半にかけてはイビデンの出願増が目覚しい。また、日立化成工業、新光電気工業なども増加している。

表1.3.1-3 "多層の形状・構造と製造方法"における主要出願人の出願状況

| 出願人名＼出願年 | 90 | 91 | 92 | 93 | 94 | 95 | 96 | 97 | 98 | 99 | 計 |
|---|---|---|---|---|---|---|---|---|---|---|---|
| イビデン | 0 | 1 | 1 | 6 | 3 | 7 | 4 | 14 | 18 | 18 | 72 |
| 東芝 | 0 | 0 | 1 | 0 | 5 | 5 | 0 | 1 | 3 | 3 | 18 |
| 日立化成工業、日立エーアイシー | 0 | 0 | 0 | 0 | 1 | 1 | 3 | 5 | 6 | 1 | 17 |
| 日本電気、富山日本電気 | 5 | 0 | 0 | 1 | 1 | 4 | 0 | 0 | 1 | 5 | 17 |
| 富士通 | 1 | 1 | 2 | 2 | 2 | 1 | 1 | 0 | 2 | 1 | 13 |
| 凸版印刷 | 0 | 0 | 0 | 2 | 0 | 2 | 5 | 1 | 1 | 2 | 13 |
| 新光電気工業 | 0 | 0 | 0 | 0 | 0 | 0 | 2 | 2 | 2 | 7 | 13 |
| 日立製作所 | 1 | 1 | 2 | 3 | 2 | 0 | 0 | 1 | 0 | 2 | 12 |
| 京セラ | 0 | 0 | 0 | 0 | 0 | 0 | 3 | 3 | 2 | 3 | 11 |
| 日本特殊陶業 | 0 | 0 | 0 | 0 | 0 | 0 | 0 | 4 | 1 | 3 | 8 |
| 沖電気工業、沖プリンテッドサーキット | 0 | 0 | 0 | 0 | 4 | 1 | 2 | 0 | 1 | 0 | 8 |
| 松下電工 | 0 | 0 | 0 | 0 | 1 | 2 | 3 | 0 | 0 | 1 | 7 |
| シャープ | 1 | 1 | 0 | 0 | 0 | 1 | 1 | 1 | 1 | 1 | 7 |
| 松下電器産業 | 0 | 0 | 1 | 0 | 2 | 0 | 0 | 0 | 1 | 2 | 6 |
| ソニー | 0 | 0 | 0 | 0 | 0 | 0 | 3 | 0 | 1 | 2 | 6 |
| IBM | 1 | 0 | 1 | 0 | 0 | 0 | 0 | 0 | 0 | 1 | 3 |
| 日本CMK | 0 | 0 | 0 | 0 | 1 | 0 | 0 | 0 | 1 | 0 | 2 |
| 住友ベークライト | 0 | 0 | 0 | 0 | 1 | 0 | 0 | 0 | 0 | 0 | 1 |

※日立化成工業のプリント配線板は日立エーアイシーで製造。日本電気のプリント配線板は主に富山日本電気で製造。沖電気工業のプリント配線板は沖プリンテッドサーキットで製造。これらのため、それぞれの企業は一緒に掲載した。

**(3) 絶縁材料とスルーホールを含む絶縁層形成法**

　図1.3.1-4に、ビルドアップ多層プリント配線板における第2の技術要素"絶縁材料とスルーホールを含む絶縁層形成法"における出願人数と出願件数の推移を示す（ただし、出願人数は主要出願人の内数）。

図1.3.1-4　"絶縁材料とｽﾙｰﾎｰﾙを含む絶縁層形成法"における出願人数と出願件数の推移

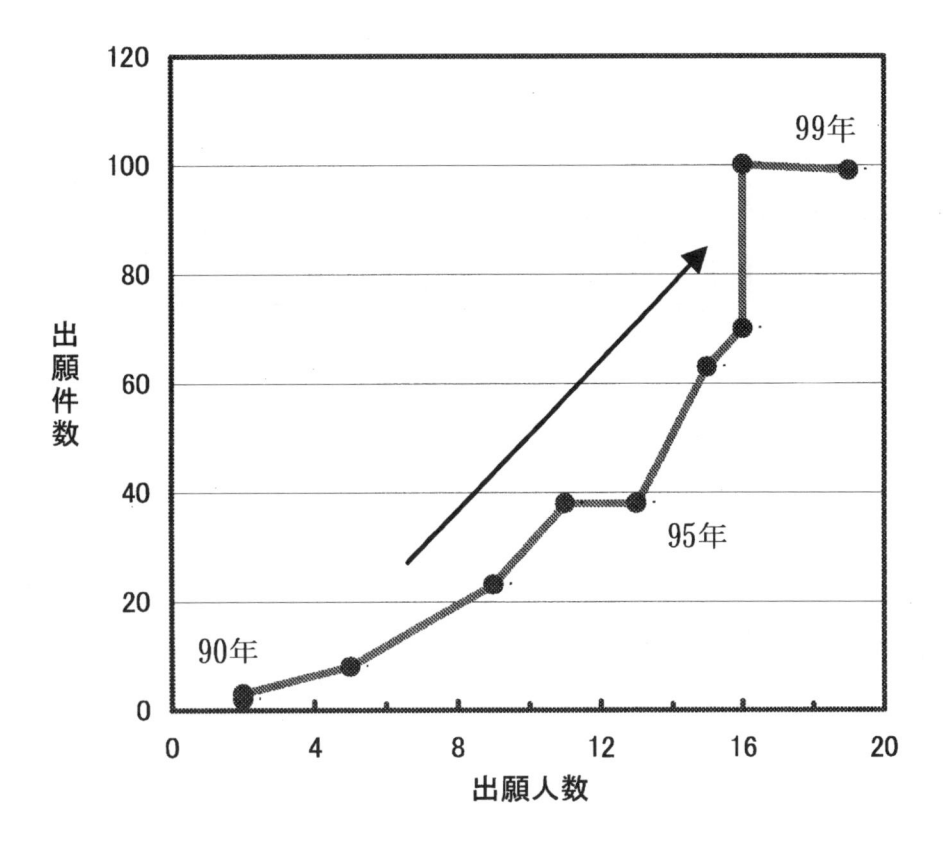

　表1.3.1-4に"絶縁材料とスルーホールを含む絶縁層形成法"における主要出願人の出願状況を示す。90年代前半は、絶縁材料とスルーホールを含む絶縁層形成法の要素技術の出願は全体的に少なかったが、93年頃を境にして、イビデン、日本電気などから出願が出始めた。90年代後半にかけてはさらに出願増加が著しく、日立化成工業、住友ベークライト、松下電工、イビデンの出願が目覚しい。

表1.3.1-4 "絶縁材料とスルーホールを含む絶縁層形成法"における主要出願人の出願状況

| 出願人名 \ 出願年 | 90 | 91 | 92 | 93 | 94 | 95 | 96 | 97 | 98 | 99 | 計 |
|---|---|---|---|---|---|---|---|---|---|---|---|
| イビデン | 0 | 2 | 3 | 7 | 2 | 0 | 8 | 13 | 30 | 32 | 97 |
| 日立化成工業、日立エーアイシー | 0 | 0 | 1 | 2 | 11 | 11 | 10 | 16 | 28 | 17 | 96 |
| 日立製作所 | 1 | 0 | 0 | 2 | 6 | 2 | 2 | 6 | 8 | 6 | 33 |
| 松下電工 | 0 | 0 | 1 | 0 | 2 | 2 | 11 | 1 | 8 | 6 | 31 |
| 住友ベークライト | 0 | 0 | 0 | 1 | 7 | 6 | 3 | 7 | 1 | 3 | 28 |
| 日本電気、富山日本電気 | 0 | 0 | 0 | 4 | 2 | 2 | 7 | 3 | 2 | 5 | 25 |
| 京セラ | 0 | 0 | 1 | 0 | 0 | 0 | 5 | 10 | 4 | 2 | 22 |
| 富士通 | 0 | 0 | 1 | 0 | 1 | 1 | 2 | 3 | 4 | 2 | 14 |
| 凸版印刷 | 0 | 0 | 0 | 0 | 0 | 3 | 5 | 0 | 3 | 1 | 12 |
| 日本特殊陶業 | 0 | 0 | 0 | 0 | 0 | 0 | 0 | 2 | 2 | 7 | 11 |
| 味の素 | 0 | 0 | 0 | 0 | 1 | 0 | 1 | 2 | 1 | 6 | 11 |
| 松下電器産業 | 0 | 1 | 0 | 2 | 0 | 2 | 0 | 1 | 3 | 1 | 10 |
| ソニー | 0 | 0 | 0 | 2 | 3 | 0 | 0 | 0 | 2 | 0 | 7 |
| IBM | 1 | 0 | 0 | 2 | 0 | 0 | 0 | 1 | 1 | 2 | 7 |
| 沖電気工業、沖プリンテッドサーキット | 0 | 0 | 0 | 0 | 0 | 5 | 2 | 0 | 0 | 0 | 7 |
| 新光電気工業 | 0 | 0 | 0 | 0 | 0 | 0 | 2 | 0 | 0 | 4 | 6 |
| 日本CMK | 0 | 0 | 0 | 1 | 2 | 0 | 0 | 1 | 1 | 1 | 6 |
| 日本ビクター | 0 | 0 | 1 | 0 | 0 | 0 | 3 | 0 | 0 | 1 | 5 |
| 旭化成 | 0 | 0 | 0 | 0 | 0 | 1 | 1 | 2 | 0 | 1 | 5 |
| シャープ | 0 | 0 | 0 | 0 | 0 | 1 | 0 | 1 | 2 | 1 | 5 |
| 東芝 | 0 | 0 | 0 | 0 | 1 | 1 | 0 | 1 | 0 | 0 | 3 |
| 三井金属鉱業 | 0 | 0 | 0 | 0 | 0 | 1 | 1 | 0 | 0 | 1 | 3 |

※日立化成工業のプリント配線板は日立エーアイシーで製造。日本電気のプリント配線板は主に富山日本電気で製造。沖電気工業のプリント配線板は沖プリンテッドサーキットで製造。これらのため、それぞれの企業は一緒に掲載した。

## (4) 導体材料と導体回路・層間接続形成法

図1.3.1-5に、ビルドアップ多層プリント配線板における第3の技術要素"導体材料と導体回路・層間接続形成法"における出願人数と出願件数の推移を示す（ただし、出願人数は主要出願人の内数）。

図1.3.1-5 "導体材料と導体回路・層間接続形成法"における出願人数と出願件数の推移

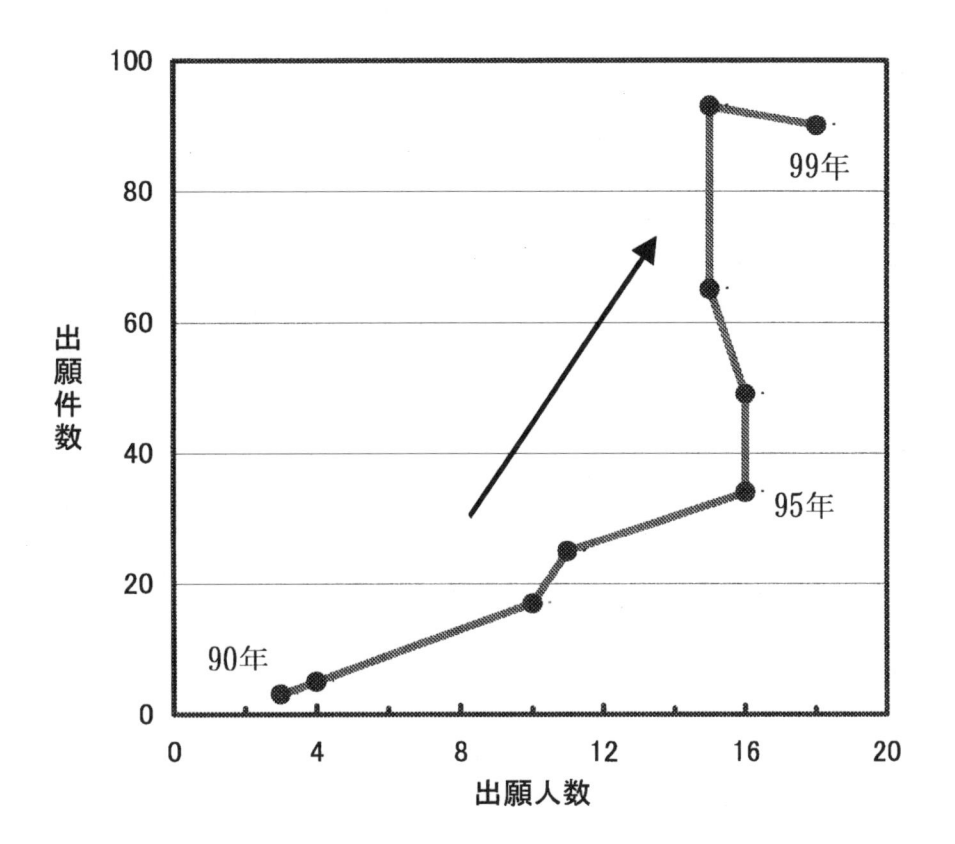

表1.3.1-5に"導体材料と導体回路・層間接続形成法"における主要出願人の出願状況を示す。90年代前半は、導体材料と導体回路・層間接続形成法の要素技術の出願は全体的に少なかったが、93年頃を境にして、出願が出始めた。90年代後半にかけてはさらに出願増加がイビデン、日立化成工業、松下電工などで著しいが、主要出願人のほとんどが90年代後半に出願している。

表 1.3.1-5 "導体材料と導体回路・層間接続形成法"における主要出願人の出願状況

| 出願人名 ＼ 出願年 | 90 | 91 | 92 | 93 | 94 | 95 | 96 | 97 | 98 | 99 | 計 |
|---|---|---|---|---|---|---|---|---|---|---|---|
| イビデン | 0 | 1 | 2 | 3 | 1 | 3 | 7 | 12 | 37 | 32 | 98 |
| 日立化成工業、日立エーアイシー | 0 | 1 | 1 | 0 | 5 | 9 | 8 | 8 | 15 | 9 | 56 |
| 松下電工 | 0 | 0 | 0 | 0 | 0 | 3 | 9 | 2 | 9 | 6 | 29 |
| 日立製作所 | 1 | 0 | 0 | 3 | 5 | 1 | 3 | 2 | 4 | 5 | 24 |
| 日本電気、富山日本電気 | 0 | 0 | 0 | 2 | 0 | 1 | 4 | 4 | 5 | 5 | 21 |
| 日本特殊陶業 | 0 | 0 | 0 | 0 | 0 | 0 | 0 | 6 | 3 | 9 | 18 |
| 京セラ | 0 | 0 | 0 | 0 | 0 | 0 | 1 | 10 | 4 | 1 | 16 |
| 松下電器産業 | 1 | 0 | 0 | 2 | 3 | 2 | 1 | 1 | 3 | 3 | 16 |
| 住友ベークライト | 0 | 0 | 0 | 1 | 2 | 2 | 3 | 5 | 0 | 1 | 14 |
| 富士通 | 0 | 0 | 1 | 1 | 2 | 1 | 0 | 1 | 4 | 2 | 12 |
| ＩＢＭ | 0 | 1 | 1 | 0 | 1 | 2 | 0 | 2 | 1 | 3 | 11 |
| シャープ | 0 | 0 | 0 | 0 | 0 | 0 | 0 | 4 | 4 | 2 | 10 |
| 東芝 | 0 | 0 | 0 | 1 | 2 | 2 | 1 | 1 | 0 | 2 | 9 |
| ソニー | 0 | 0 | 0 | 2 | 2 | 1 | 1 | 2 | 0 | 0 | 8 |
| 旭化成 | 0 | 0 | 0 | 0 | 1 | 1 | 2 | 2 | 0 | 2 | 8 |
| 新光電気工業 | 0 | 0 | 0 | 1 | 0 | 1 | 3 | 0 | 0 | 2 | 7 |
| 沖電気工業、沖プリンテッドサーキット | 1 | 0 | 0 | 0 | 0 | 2 | 3 | 0 | 1 | 0 | 7 |
| 凸版印刷 | 0 | 0 | 0 | 1 | 0 | 2 | 1 | 2 | 0 | 1 | 7 |
| 三井金属鉱業 | 0 | 0 | 0 | 0 | 0 | 0 | 0 | 0 | 1 | 3 | 4 |
| 日本ビクター | 0 | 0 | 0 | 0 | 0 | 0 | 1 | 1 | 1 | 0 | 3 |
| 日本ＣＭＫ | 0 | 0 | 0 | 0 | 1 | 1 | 0 | 0 | 1 | 0 | 3 |
| 味の素 | 0 | 0 | 0 | 0 | 0 | 0 | 1 | 0 | 0 | 2 | 3 |

※日立化成工業のプリント配線板は日立エーアイシーで製造。日本電気のプリント配線板は主に富山日本電気で製造。沖電気工業のプリント配線板は沖プリンテッドサーキットで製造。これらのため、それぞれの企業は一緒に掲載した。

## 1.4 技術開発の課題と解決手段

### 1.4.1 技術要素と課題、解決手段の関連性

ビルドアップ多層プリント配線板の技術要素は、
- （１）多層の形状・構造と製造方法
- （２）絶縁材料とスルーホールを含む絶縁層形成法
- （３）導体材料と導体回路・層間接続形成法

に分類されることはこれまでにも述べた。

ビルドアップ多層プリント配線板の技術開発においては、電気特性、機械的特性、化学的特性、熱的特性を一層向上させること、あるいは、さらなる高密度化や小型化・軽量化・薄型化という製品特性、さらには工程や作業の簡略化、歩留・生産性の向上などの製造・生産関係の改良などを課題としている。

また、それらの解決手段として、構造（多層の構造や積層法など）、材料（ビア形成に関連する絶縁材料、導体材料など）、形成法（導体層や絶縁層の形成の方法、穴あけや層間接続の工程・装置など）がある。

図1.4.1-1にここ10年間におけるビルドアップ多層プリント配線板の主要企業の特許出願における、技術要素、課題、解決手段の関連性を示した。

主要企業におけるビルドアップ多層プリント配線板技術の特許出願において、まず３つの技術要素に分け、そのうえで、それぞれの技術要素がどの課題、どの解決手段で構成されている割合が高いかを線の太さで示している。

特許出願においては、それぞれの技術要素に対し、単独または２つ以上の課題に取り組んでおり、さらにそれらの課題に対して、単独または２つ以上の解決手段を考案して、特許出願されている例が多くみられる。

図 1.4.1-1 ビルドアップ多層プリント配線板技術の特許出願の
課題、技術要素、解決手段の関連性

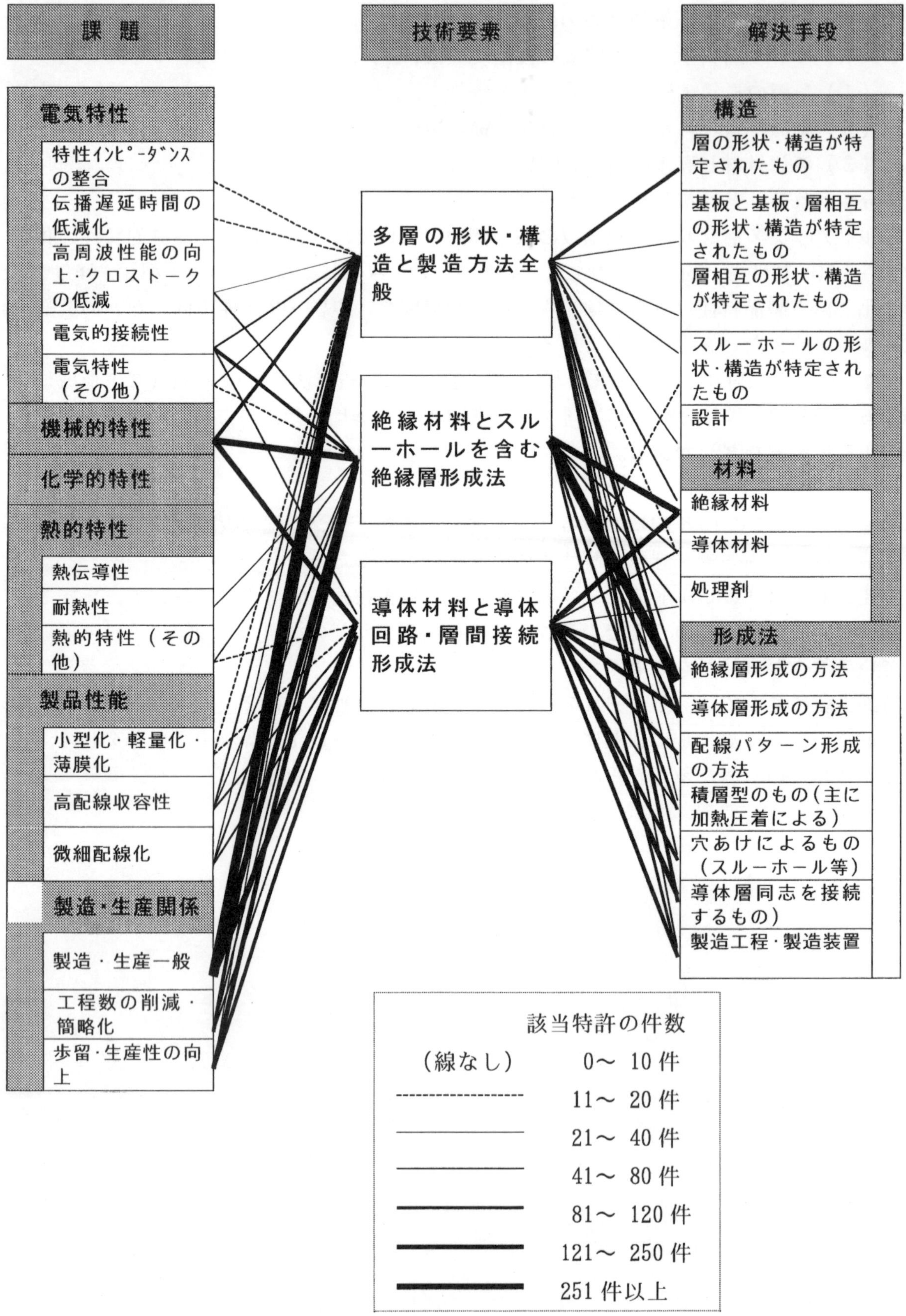

(1) 多層の形状・構造と製造方法の技術の課題と解決手段

　技術要素の多層の形状・構造と製造方法を含んだ特許出願において、多く出現した課題を図1.4.1-2にまとめた。

図1.4.1-2 多層の形状・構造と製造方法の技術の課題別内訳

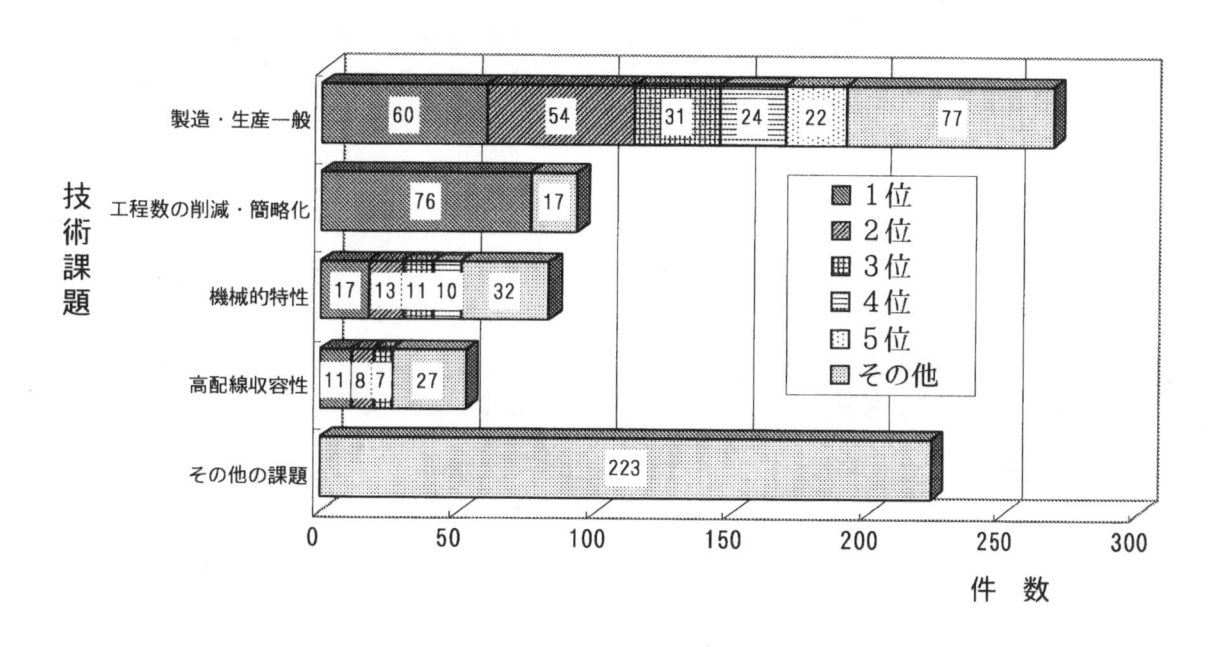

製造・生産一般　268件
　　うち解決手段の上位
　　　1位：導体層同志を接続するもの（60件）
　　　2位：導体層形成の方法（54件）
　　　3位：絶縁材料（31件）
　　　4位：絶縁層形成の方法（24件）
　　　5位：基板と基板・層相互の形状・構造が特定されたもの（22件）
工程数の削減・簡略化　93件
　　うち解決手段の上位
　　　1位：層の形状・構造が特定されたもの（76件）
　　（その他の解決手段は数件程度）
機械的特性　83件
　　うち解決手段の上位
　　　1位：導体層形成の方法（17件）
　　　2位：導体層同志を接続するもの（13件）
　　　3位：層の形状・構造が特定されたもの（11件）
　　　4位：絶縁層形成の方法（10件）
高配線収容性　53件
　　うち解決手段の上位
　　　1位：導体層形成の方法（11件）

2位：穴あけによるもの（8件）
　　　3位：導体層同志を接続するもの（7件）

　技術要素の多層の形状・構造と製造方法を扱った特許においては、圧倒的に製造・生産一般の技術課題が多い。また、その解決手段としては導体層同志の接続をどのような構成にするかや形成の方法をどのようにするかに集中している。（全件数720件）
　表1.4.1-1に多層の形状・構造と製造方法全般の技術課題と解決手段の対応表を示す。
　多層の形状・構造と製造方法の技術要素では、製造・生産関係の課題が多く、その解決手段として、層の形状・構造や導体層同志を接続する形成法などが重要であり、特許出願が多い。導体層の接続をどのように形成して、どのような層を構成するかという内容である。
　課題と解決手段の組合せの中で最も多いのは、工程数の削減・簡略化の課題に対して、層の形状・構造が特定された構造を解決手段にしている特許である。工程数の削減・簡略化の課題に対し、層の形状・構造が特定された構造として、ビルドアップ層を支持するコア基板の構造などに関する特許が多く、その中にはスルーホールへの樹脂または導電性ペーストの充填、スルーホール上部への接続パッドの形成法などがある。
　課題と解決手段の組合せの中で次いで多いのは、製造・生産一般の課題に対して、導体層同志を接続する形成法を解決手段にしている特許である。ここでいう導体層同志を接続する形成法の例としては、層間を接続するビア径の微細化に伴う信頼性の高い層間接続とするための穴あけ技術、めっき技術や位置合わせ技術、あるいは導電性ペースト接続などの非めっき技術など各種の生産技術を指しており、それらに関する特許出願が多い。なお、ビアの多重層間接続法（同軸上にビア形成）、全層ビルドアップ層による一括積層法、転写法、ビア内部にチップ搭載用キャビティ形成など多く出現する各種のプロセスに共通するものとして、上下層のビア同志の位置合わせやその検査方法（基準マーク、検出装置）、設計されたビアの形状・構造の実現、さらに半導体素子、抵抗体・誘電体のビア内や配線内での形成なども多い。さらに、フィルドビア方式、柱状めっき方式や導電性ペースト充填法、導電性ペーストバンプ接続方式などの導体層同志を接続する形成法に関した特許もある。
　また、製造・生産一般の課題に対して、導体層形成の方法を解決手段にした特許は3番目に多い。導体層形成の方法の例としては、パターン作成法についてのめっき法（セミアディティブ法など）やフォトエッチング技術の特許が多くなっている。例えば、同一面積での導体間の接続ビアの数、ビア径と配線パターンの微細化技術に基づく設計、コア基板スルーホール部の利用のための樹脂充填とスルーホール上部への接続パッド形成法、導電性ペーストの埋め込みとビア導体先端のめっき処理、めっき柱の形成によるビア導体の機械的強度向上、あるいはスルーホールの2分割利用など導体層形成に関する方法などである。
　さらに、製造・生産一般の課題に対して、絶縁材料を解決手段にした特許は4番目に多い。絶縁材料では、配線板としての特性インピーダンス整合のため、絶縁層と導体層の厚さ、誘電率の選択などが重要で、それらに関連する特許が多い。

表1.4.1-1 多層の形状・構造と製造方法全般の技術課題と解決手段の対応表（その１）

| 課題 | 解決手段 | 構造 ||||| 材料 |||
|---|---|---|---|---|---|---|---|---|---|
| | | 層の形状・構造が特定されたもの | 基板と基板・層相互の形状・構造が特定されたもの | 層相互の形状・構造が特定されたもの | スルーホールの形状・構造が特定されたもの | 設計 | 絶縁材料 | 導体材料 | 処理剤 |
| 電気特性 | 特性インピーダンスの整合 | 日本電気 1件<br>沖電気 1件 | | 富士通 1件<br>京セラ 3件 | | | | 京セラ2件 | |
| | 伝播遅延時間の低減化 | 京セラ 1件<br>新光電気 1件 | イビデン 1件 | | | イビデン 1件 | 日本電気 1件<br>京セラ 1件<br>新光電気 1件 | | |
| | 高周波性能の向上・クロストークの低減 | イビデン 2件<br>松下電工 1件<br>新光電気 1件<br>沖電気 1件 | 日本特殊陶業 1件 | ソニー 1件 | 沖電気 1件 | イビデン 2件 | イビデン 1件<br>日本電気 1件<br>松下電工 1件<br>日本特殊陶業 1件<br>新光電気 1件 | イビデン 1件 | |
| | 電気的接続性 | 富士通 1件<br>新光電気 1件 | | 富士通 1件 | 富士通 1件<br>日立化成 2件<br>凸版印刷 1件 | イビデン 4件<br>日立化成 3件 | 日立化成 1件<br>新光電気 1件 | | イビデン 1件 |
| | 電気特性（その他） | イビデン 3件 | イビデン 3件<br>日本特殊陶業 1件<br>新光電気 1件 | 新光電気 1件 | | イビデン 6件 | イビデン 3件<br>新光電気 1件 | | |
| 機械的特性 | | イビデン 1件<br>富士通 1件<br>日本電気 1件<br>松下電器 1件<br>松下電工 1件<br>東芝 2件<br>日本特殊陶業 1件<br>凸版印刷 1件<br>シャープ 1件<br>沖電気 1件 | イビデン 2件<br>富士通 1件<br>凸版印刷 1件 | 富士通 1件<br>凸版印刷 1件<br>シャープ 1件 | 松下電器 1件<br>沖電気 1件 | イビデン 1件 | 日立化成 2件<br>日本電気 1件<br>松下電工 1件<br>新光電気 1件 | 富士通1件<br>東芝 2件 | |
| 化学的特性 | | | | | | | | | |
| 熱的特性 | 熱伝導性 | 松下電工 1件 | | イビデン 1件 | | 日立化成 1件 | 松下電工 1件 | | |
| | 耐熱性 | | | | | | 住友ベークライト 1件 | | |
| | 熱的特性（その他） | | | | | | | | |
| 製品性能 | 小型化・軽量化・薄膜化 | 富士通 1件 | | イビデン 2件 | 松下電工 2件 | | | | |
| | 高配線収容性 | 日本特殊陶業 2件<br>ソニー 1件<br>新光電気 1件 | 日立製作所 1件<br>東芝 1件<br>新光電気 1件 | イビデン 2件<br>日立化成 1件 | 富士通 1件<br>日立化成 2件 | イビデン 1件<br>日立化成 2件 | | | |
| | ファインライン化 | 日本特殊陶業 1件 | | 日立化成 1件 | | イビデン 1件<br>日立化成 3件 | | | |
| 製造・生産関係 | 製造・生産一般 | イビデン 1件 | イビデン 7件<br>日立製作所 3件<br>東芝 6件<br>ソニー 1件<br>ＩＢＭ 1件<br>新光電気 4件 | 日立製作所 3件<br>京セラ 1件<br>松下電工 1件<br>ソニー 1件<br>シャープ 1件 | イビデン 4件<br>日立製作所 1件<br>シャープ 1件<br>沖電気 2件 | イビデン 15件 | イビデン 13件<br>日立製作所 8件<br>京セラ 4件<br>松下電工 1件<br>東芝 1件<br>ソニー 1件<br>新光電気 2件<br>シャープ 1件 | イビデン 3件<br>日立製作所 2件<br>東芝 4件<br>ソニー 1件 | イビデン 1件 |
| | 工程数の削減・簡略化 | イビデン 29件<br>日立製作所 6件<br>日本電気 1件<br>京セラ 4件<br>松下電工 1件<br>東芝 13件<br>日本特殊陶業 4件<br>ソニー 2件<br>ＩＢＭ 3件<br>新光電気 6件<br>シャープ 5件<br>日本ＣＭＫ 1件<br>沖電気 1件 | ソニー 1件 | | 松下電器 1件 | | 富士通 1件<br>日立化成 1件 | | |
| | 歩留・生産性の向上 | | | | イビデン 1件<br>日立化成 1件<br>松下電工 3件 | | 日立化成 1件<br>松下電工 1件<br>住友ベークライト 1件 | | |

表1.4.1-1 多層の形状・構造と製造方法全般の技術課題と解決手段の対応表（その2）

| 課題 | 解決手段 | 形成法 ||||||| 
|---|---|---|---|---|---|---|---|---|
| | | 絶縁層形成の方法 | 導体層形成の方法 | 配線パターン形成の方法 | 積層型のもの（主に加熱圧着による） | 穴あけによるもの（スルーホール等） | 導体層同志を接続するもの | 製造工程・製造装置 |
| 電気特性 | 特性インピーダンスの整合 | 日本電気 1件 | 京セラ 1件<br>沖電気 1件 | 沖電気 1件 | | | | 京セラ 2件 |
| | 伝播遅延時間の低減化 | 日本電気 1件 | イビデン 1件<br>日本電気 1件<br>京セラ 1件 | | | 日立化成 1件<br>日本電気 1件 | イビデン 1件<br>日本電気 1件 | 日立化成 1件 |
| | 高周波性能の向上・クロストークの低減 | 日本電気 1件 | イビデン 1件<br>日本電気 1件<br>松下電工 1件<br>ソニー 1件<br>沖電気 1件 | 沖電気 1件 | | 日本電気 1件 | 日本電気 1件<br>沖電気 2件 | 沖電気 1件 |
| | 電気的接続性 | 日本電気 2件 | 富士通 2件<br>日立化成 1件<br>日本電気 3件<br>凸版印刷 1件<br>新光電気 1件 | | 富士通 1件<br>日立化成 2件<br>日本電気 1件<br>凸版印刷 1件 | 日立化成 5件<br>凸版印刷 1件 | 日立化成 1件<br>新光電気 1件 | 日立化成 1件<br>日本電気 2件 |
| | 電気特性（その他） | イビデン 3件<br>日本電気 1件 | イビデン 2件<br>新光電気 1件 | | 松下電器 1件<br>沖電気 1件 | | イビデン 2件 | 富士通 1件<br>東芝 2件 |
| 機械的特性 | | 富士通 2件<br>日立化成 1件<br>日本電気 3件<br>松下電工 1件<br>日本特殊陶業 1件<br>シャープ 2件 | 富士通 7件<br>日立化成 3件<br>凸版印刷 3件<br>新光電気 1件<br>沖電気 2件 | イビデン 1件<br>富士通 1件<br>日立化成 1件<br>日本電気 1件 | | 日立化成 1件<br>日本電気 1件<br>松下電器 1件<br>シャープ 1件 | 富士通 1件<br>日本電気 4件<br>松下電器 2件<br>東芝 2件<br>凸版印刷 2件<br>新光電気 1件<br>沖電気 1件 | 日本電気 2件<br>松下電器 1件<br>凸版印刷 2件<br>沖電気 1件 |
| 化学的特性 | | | | | 日立化成 1件 | | | |
| 熱的特性 | 熱伝導性 | 松下電工 1件 | | | | 日立化成 1件 | | |
| | 耐熱性 | 日立化成 1件<br>住友ベークライト 1件 | 日立化成 1件 | | | 日立化成 1件 | | |
| | 熱的特性（その他） | | | | | | | |
| 製品性能 | 小型化・軽量化・薄膜化 | 松下電工 2件 | イビデン 2件<br>富士通 1件<br>日本電気 1件<br>松下電工 2件 | | | 日立化成 1件 | 日本電気 1件 | 日立化成 1件 |
| | 高配線収容性 | 日立化成 1件 | イビデン 4件<br>富士通 1件<br>日立製作所 1件<br>日立化成 1件<br>東芝 1件<br>日本特殊陶業 2件<br>ソニー 1件 | 日本特殊陶業 2件 | 日立化成 4件 | 日立化成 8件 | イビデン 2件<br>富士通 2件<br>東芝 1件<br>ソニー 1件<br>新光電気 1件 | イビデン 1件<br>日立化成 3件 |
| | ファインライン化 | | イビデン 1件<br>日本特殊陶業 1件 | | 日立化成 3件 | 日立化成 5件 | イビデン 1件 | イビデン 3件<br>日立製作所 2件<br>東芝 4件<br>ソニー 1件 |
| 製造・生産関係 | 製造・生産一般 | イビデン 10件<br>日立製作所 1件<br>富士通 1件<br>京セラ 2件<br>松下電器 2件<br>松下電工 1件<br>日本特殊陶業 1件<br>ソニー 2件<br>シャープ 2件<br>日本CMK 1件<br>沖電気 1件 | イビデン 22件<br>日立製作所 4件<br>京セラ 5件<br>松下電器 1件<br>松下電工 1件<br>東芝 3件<br>日本特殊陶業 4件<br>ソニー 3件<br>凸版印刷 1件<br>IBM 2件<br>新光電気 3件<br>シャープ 1件<br>日本CMK 1件<br>沖電気 3件 | イビデン 4件<br>日本特殊陶業 2件<br>新光電気 1件<br>沖電気 1件 | 凸版印刷 1件<br>シャープ 1件 | イビデン 1件<br>松下電器 1件<br>日本電工 1件<br>凸版印刷 1件<br>新光電気 1件<br>シャープ 3件<br>日本CMK 1件 | イビデン 12件<br>日立製作所 6件<br>日本電気 1件<br>京セラ 4件<br>松下電器 3件<br>東芝 16件<br>日本特殊陶業 1件<br>ソニー 4件<br>IBM 2件<br>新光電気 5件<br>シャープ 2件<br>沖電気 4件 | イビデン 7件<br>日本電気 1件<br>京セラ 2件<br>松下電器 1件<br>松下電工 1件<br>シャープ 1件<br>沖電気 4件 |
| | 工程数の削減・簡略化 | 富士通 1件 | | | 日立化成 1件 | 日立化成 2件 | 日立化成 3件<br>松下電器 1件 | 松下電器 1件<br>ソニー 1件 | イビデン 1件<br>日立化成 2件 |
| | 歩留・生産性の向上 | 日立化成 1件<br>住友ベークライト 1件 | 日立化成 1件 | 日立化成 2件<br>凸版印刷 3件 | 日立化成 2件<br>凸版印刷 2件 | 日立化成 1件<br>松下電工 2件 | | イビデン 2件<br>富士通 1件<br>松下電工 3件<br>凸版印刷 2件 |

（2）絶縁材料とスルーホールを含む絶縁層形成法の技術の課題と解決手段

技術要素の絶縁材料とスルーホールを含む絶縁層形成法を含んだ特許出願において、多く出現した課題を図1.4.1-3にまとめた。

図1.4.1-3 絶縁材料とスルーホールを含む絶縁層形成法の技術の課題別内訳

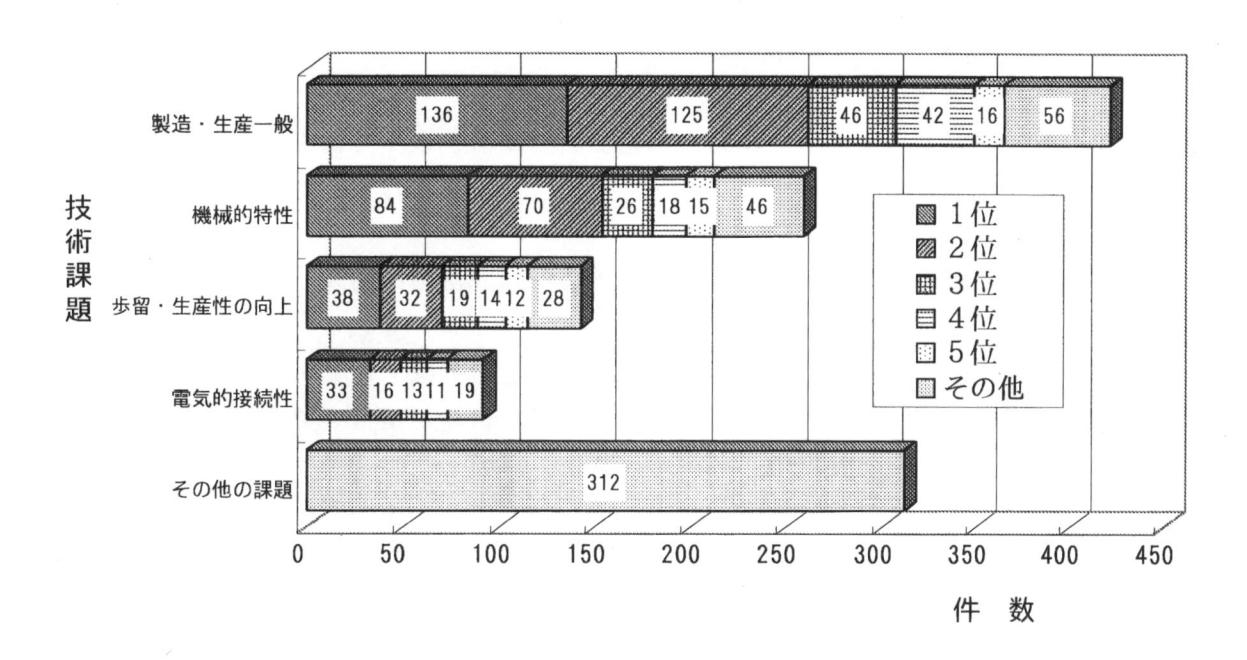

製造・生産一般　421件
　　うち解決手段の上位
　　　1位：絶縁層形成の方法（136件）
　　　2位：絶縁材料（125件）
　　　3位：導体層形成の方法（46件）
　　　4位：導体層同志を接続するもの（42件）
　　　5位：製造工程・製造装置（16件）

機械的特性　259件
　　うち解決手段の上位
　　　1位：絶縁材料（84件）
　　　2位：絶縁層形成の方法（70件）
　　　3位：積層型のもの（26件）
　　　4位：導体層形成の方法（18件）
　　　5位：配線パターン形成の方法（15件）

歩留・生産性の向上　143件
　　うち解決手段の上位
　　　1位：絶縁層形成の方法（38件）
　　　2位：絶縁材料（32件）
　　　3位：製造工程・製造装置（19件）
　　　4位：積層型のもの（14件）

　　　　5位：配線パターン形成の方法（12件）
　電気的接続性　92件
　　　うち解決手段の上位
　　　1位：絶縁材料（33件）
　　　2位：穴あけによるもの（16件）
　　　3位：絶縁層形成の方法（13件）
　　　4位：製造工程・製造装置（11件）

　技術要素の絶縁材料とスルーホールを含む絶縁層形成法を扱った特許においては、圧倒的に製造・生産一般の技術課題が多い。また、その解決手段としては絶縁層形成の方法や絶縁材料に集中している。（全件数1,227件）
　表1.4.1-2に絶縁材料とスルーホールを含む絶縁層形成法の技術課題と解決手段の対応表を示す。
　絶縁材料とスルーホールを含む絶縁層形成法の技術要素では、製造・生産一般の課題が多く、その解決手段として、絶縁層形成の方法や絶縁材料などが重要で、絶縁層形成工程をいかに簡便にするかに関心が集中している。
　課題と解決手段の組合せの中で最も多いのは、製造・生産一般の課題に対して、絶縁層形成の方法を解決手段にしている特許である。ここでいう絶縁層形成の方法の例としては、ロールツーロール方式（フレキシブルプリント配線板において、ロールに巻いてあるベースフィルムを他のロールに巻き取りながら連続的に製造する方法）、ビア開口部パット上の平滑化処理、樹脂による配線凹凸への埋込み技術、さらに、ビア内のめっき着き回り性向上をねらったビア内樹脂スミアの除去法やコア内壁の粗化処理、絶縁層形成における液状材のコーティング、フィルム状のラミネートなど、絶縁層形成の方法に関する特許は多くの主要企業から出願されており、きわめて多くなっている。
　課題と解決手段の組合せの中で次いで多いのは、製造・生産一般の課題に対して、絶縁材料を解決手段にしている特許である。ここでいう絶縁材料の例としては、粗化を実現する絶縁樹脂組成（表面粗化用酸可溶フィラー、ゴム成分、樹脂粒子などの配合）、絶縁樹脂層2層化（配線凹凸埋め込み性良好樹脂＋めっき密着性良好樹脂）、鉛フリーを実現する耐熱性樹脂などを指しており、その材料選択はプロセス構成や生産技術へ影響がある。
　また、機械的特性の課題に対して、絶縁材料を解決手段にした特許は3番目に多い。絶縁材料は、その材料選択で、絶縁層形成、ビア形成などへ大きな影響を持ち、その材料の機械的特性は、プリント配線板としたときの性能を左右するため、絶縁材料に関する特許が多い。
　さらに、機械的特性の課題に対して、絶縁層形成の方法を解決手段にした特許は4番目に多い。ここでいう絶縁層形成の方法の例としては、密着性向上のための接着フィルムなど樹脂層表面の処理（粗化処理、蒸着やスパッタリングなどによる薄膜めっき形成など）、層の厚み精度向上をねらった絶縁層平坦化技術などであり、絶縁層形成の方法はビア接続の信頼性や製造コストに影響するため、絶縁層形成の方法に関する特許が多い。

表1.4.1-2 絶縁材料とスルーホールを含む絶縁層形成法の技術の課題と解決手段の対応表（その1）

| 課題 | | 構造 | | | | | 材料 | | |
|---|---|---|---|---|---|---|---|---|---|
| | 解決手段 | 層の形状・構造が特定されたもの | 基板と基板・層相互の形状・構造が特定されたもの | 層相互の形状・構造が特定されたもの | スルーホールの形状・構造が特定されたもの | 設計 | 絶縁材料 | 導体材料 | 処理剤 |
| 電気特性 | 特性インピーダンスの整合 | | | | | | 日本電気 1件 | 京セラ 2件 | |
| | 伝播遅延時間の低減化 | | | | | | イビデン 2件<br>日本電気 1件<br>京セラ 1件 | | |
| | 高周波性能の向上・クロストークの低減 | | | 沖電気 1件 | | | イビデン 4件<br>日本電気 1件<br>京セラ 2件<br>東芝 1件<br>日本特殊陶業 1件<br>ソニー 1件<br>新光電気 2件<br>旭化成 4件 | イビデン 1件 | |
| | 電気的接続性 | | | | | | 富士通 1件<br>日立化成 15件<br>京セラ 1件<br>松下電器 2件<br>松下電工 1件<br>住友ベークライト 3件 | 住友ベークライト 1件 | 日立化成 6件 |
| | 電気特性（その他） | 松下電工 1件 | | | 松下電器 1件<br>沖電気 1件 | | イビデン 1件<br>松下電器 1件 | 富士通 1件<br>東芝 2件 | |
| 機械的特性 | | | | | 日立化成 1件<br>松下電工 1件 | | イビデン 8件<br>富士通 5件<br>日立化成 25件<br>日本電気 4件<br>京セラ 3件<br>松下電器 1件<br>松下電工 4件<br>ソニー 1件<br>凸版印刷 8件<br>日本CMK 1件<br>日本ビクター 1件<br>沖電気 1件<br>住友ベークライト 15件<br>味の素 3件<br>旭化成 3件<br>三井金属鉱業 1件 | 富士通 1件<br>日立化成 1件<br>日本電気 1件<br>松下電器 1件<br>凸版印刷 1件<br>味の素 1件 | イビデン 1件<br>日立化成 5件<br>松下電工 1件 |
| 化学的特性 | | | | | | | 日立化成 1件<br>味の素 1件 | | |
| 熱的特性 | 熱伝導性 | | | | | | 松下電工 1件 | | |
| | 耐熱性 | | | | | | 富士通 2件<br>日立化成 10件<br>松下電工 1件<br>凸版印刷 3件<br>住友ベークライト 2件<br>味の素 2件 | | |
| | 熱的特性（その他） | | | | | | 富士通 1件<br>日本電気 1件<br>住友ベークライト 7件 | | |
| 製品性能 | 小型化・軽量化・薄膜化 | 松下電工 1件 | | | | | 日立化成 2件 | 日立化成 1件 | |
| | 高配線収容性 | 新光電気 1件 | | | 日立化成 1件 | | イビデン 1件<br>日立化成 3件<br>京セラ 1件<br>新光電気 1件 | 京セラ 1件 | |
| | ファインライン化 | 松下電工 1件 | | | 日立化成 1件<br>松下電工 1件 | | イビデン 1件<br>日立化成 12件<br>住友ベークライト 3件 | イビデン 3件<br>日立製作所 2件<br>東芝 4件<br>ソニー 1件 | 日立化成 1件 |
| 製造・生産関係 | 製造・生産一般 | IBM 1件<br>新光電気 1件 | シャープ 1件 | 沖電気 1件 | | | イビデン 54件<br>富士通 1件<br>日立製作所 20件<br>日立化成 3件<br>京セラ 13件<br>松下電器 1件<br>松下電工 1件<br>東芝 2件<br>日本特殊陶業 5件<br>ソニー 4件<br>新光電気 4件<br>日本CMK 5件<br>日本ビクター 5件<br>沖電気 3件<br>住友ベークライト 2件<br>味の素 1件<br>旭化成 1件 | イビデン 4件<br>日立製作所 2件<br>京セラ 2件<br>東芝 1件<br>住友ベークライト 1件<br>味の素 1件 | イビデン 6件<br>日立製作所 3件<br>日立化成 3件<br>京セラ 1件<br>日本特殊陶業 2件<br>ソニー 1件 |
| | 工程数の削減・簡略化 | | | | | | 日立化成 5件<br>ソニー 1件<br>住友ベークライト 4件<br>旭化成 2件<br>三井金属鉱業 1件 | 日立化成 1件　住友ベークライト 2件 | |
| | 歩留・生産性の向上 | 松下電工 1件 | | 日立化成 1件 | 松下電工 3件 | | イビデン 2件<br>日立化成 20件<br>松下電工 4件<br>住友ベークライト 2件<br>味の素 3件<br>旭化成 1件 | イビデン 1件<br>日立製作所 1件<br>日立化成 1件 | 日立化成 4件 |

表1.4.1-2 絶縁材料とスルーホールを含む絶縁層形成法の技術課題と解決手段の対応表（その２）

| 課題 | 解決手段 | 形成法 |||||||
|---|---|---|---|---|---|---|---|---|
| | | 絶縁層形成の方法 | 導体層形成の方法 | 配線パターン形成の方法 | 積層型のもの（主に加熱圧着による） | 穴あけによるもの（スルーホール等） | 導体層同志を接続するもの | 製造工程・製造装置 |
| 電気特性 | 特性インピーダンスの整合 | 日本電気 1件 | | | | | | 京セラ 2件 |
| | 伝播遅延時間の低減化 | イビデン 1件 | イビデン 1件 | イビデン 1件 | | | 日本電気 1件 | 日本電気 1件 |
| | 高周波性能の向上・クロストークの低減 | イビデン 2件<br>ソニー 1件<br>新光電気 2件<br>旭化成 1件 | イビデン 2件<br>ソニー 1件 | イビデン 1件 | 旭化成 4件 | 沖電気 1件 | イビデン 2件<br>日本電気 1件<br>東芝 1件<br>日本特殊陶業 1件<br>沖電気 1件 | |
| | 電気的接続性 | 日立化成 10件<br>松下電工 1件<br>住友ベークライト 2件 | 日立化成 2件 | 日立化成 7件 | 日立化成 8件<br>松下電器 1件<br>松下電工 1件<br>住友ベークライト 1件 | 日立化成 11件<br>松下電器 1件<br>松下電工 1件<br>住友ベークライト 3件 | 日立化成 1件<br>新光電気 1件 | 日立化成 11件 |
| | 電気特性（その他） | 日立製作所 1件<br>日本電気 1件<br>松下電工 1件 | | | 松下電器 1件<br>沖電気 1件 | | 日立製作所 1件 | 富士通 1件<br>東芝 2件 |
| 機械的特性 | | イビデン 4件<br>日立化成 15件<br>日本電気 10件<br>京セラ 1件<br>松下電器 4件<br>松下電工 8件<br>日本特殊陶業 3件<br>ソニー 1件<br>凸版印刷 4件<br>日本ビクター 1件<br>沖電気 1件<br>住友ベークライト 13件<br>味の素 6件<br>旭化成 1件 | イビデン 2件<br>富士通 4件<br>日立化成 11件<br>日本電気 3件<br>松下電器 4件<br>凸版印刷 1件<br>味の素 2件 | 富士通 1件<br>日立化成 11件<br>日本電気 1件<br>住友ベークライト 2件 | 日立化成 7件<br>松下電工 5件<br>住友ベークライト 10件<br>味の素 1件<br>旭化成 3件 | 日立化成 3件<br>松下電器 1件<br>住友ベークライト 1件 | 日本電気 1件<br>日本特殊陶業 1件 | 日立化成 10件<br>日本電気 3件<br>松下電工 4件<br>住友ベークライト 1件<br>味の素 4件 |
| 化学的特性 | | | | | 日立化成 1件 | | | |
| 熱的特性 | 熱伝導性 | 松下電工 1件 | | | | | | |
| | 耐熱性 | 富士通 1件<br>日立化成 2件<br>日本電気 1件<br>松下電工 2件<br>住友ベークライト 1件<br>味の素 1件 | | 日立化成 3件 | 日立化成 1件<br>松下電工 1件<br>住友ベークライト 1件 | 日立化成 1件 | | 日立化成 2件 |
| | 熱的特性（その他） | 富士通 1件<br>日立化成 1件<br>日本電気 1件<br>住友ベークライト 4件 | 日立化成 1件 | 富士通 1件<br>住友ベークライト 4件 | 住友ベークライト 2件 | 日立化成 1件<br>住友ベークライト 2件 | | 住友ベークライト 1件 |
| 製品性能 | 小型化・軽量化・薄膜化 | 日立化成 1件 | 日立化成 1件 | 日立化成 1件<br>松下電工 1件 | | | | 松下電工 1件 |
| | 高配線収容性 | イビデン 2件<br>日立化成 3件<br>IBM 1件 | イビデン 2件 | 日立化成 1件 | 日立化成 1件 | イビデン 1件<br>日立化成 2件<br>IBM 1件 | イビデン 2件<br>京セラ 1件<br>新光電気 1件 | 日立化成 1件 |
| | ファインライン化 | 日立化成 6件<br>松下電工 1件<br>住友ベークライト 2件 | イビデン 1件<br>日立化成 1件<br>味の素 1件 | 日立化成 10件<br>住友ベークライト 2件 | 日立化成 2件<br>松下電工 1件 | イビデン 1件<br>日立化成 2件<br>住友ベークライト 1件 | 日立化成 1件 | イビデン 3件<br>日立製作所 2件<br>東芝 4件<br>ソニー 1件 |
| 製造・生産関係 | 製造・生産一般 | イビデン 63件<br>日立製作所 12件<br>日立化成 4件<br>日本電気 7件<br>京セラ 6件<br>松下電器 4件<br>松下電工 2件<br>東芝 1件<br>日本特殊陶業 6件<br>ソニー 4件<br>IBM 6件<br>新光電気 5件<br>シャープ 2件<br>日本CMK 3件<br>日本ビクター 3件<br>沖電気 5件<br>住友ベークライト 1件<br>味の素 2件 | イビデン 20件<br>日立製作所 6件<br>日立化成 4件<br>日本電気 2件<br>松下電器 2件<br>東芝 1件<br>IBM 1件<br>シャープ 1件<br>日本CMK 1件<br>日本ビクター 2件<br>沖電気 3件<br>住友ベークライト 1件<br>味の素 1件 | イビデン 2件<br>日立製作所 1件<br>住友ベークライト 1件 | 日立化成 3件<br>住友ベークライト 2件<br>味の素 2件 | イビデン 3件<br>日立製作所 2件<br>IBM 2件<br>日本CMK 2件<br>沖電気 1件 | イビデン 9件<br>日立製作所 8件<br>日本電気 1件<br>日立化成 2件<br>京セラ 7件<br>松下電器 3件<br>東芝 3件<br>日本特殊陶業 3件<br>IBM 1件<br>新光電気 1件<br>シャープ 3件<br>日本ビクター 1件<br>沖電気 2件 | イビデン 2件<br>日立製作所 2件<br>日立化成 2件<br>日本電気 3件<br>京セラ 1件<br>松下電器 1件<br>松下電工 1件<br>シャープ 1件<br>住友ベークライト 1件<br>味の素 2件<br>旭化成 1件 |
| | 工程数の削減・簡略化 | 日立化成 4件<br>ソニー 1件<br>住友ベークライト 2件<br>味の素 2件<br>三井金属鉱業 1件 | 味の素 1件<br>三井金属鉱業 1件 | 日立化成 3件 | 日立化成 4件<br>松下電工 1件<br>住友ベークライト 2件<br>旭化成 1件<br>三井金属鉱業 2件 | 日立化成 3件<br>松下電工 1件 | 日立化成 1件<br>住友ベークライト 1件 | 日立化成 1件<br>松下電工 1件<br>住友ベークライト 1件<br>三井金属鉱業 1件 |
| | 歩留・生産性の向上 | イビデン 2件<br>富士通 2件<br>日立製作所 1件<br>日立化成 14件<br>松下電工 10件<br>IBM 2件<br>住友ベークライト 2件<br>味の素 4件<br>旭化成 1件 | イビデン 1件<br>日立化成 3件<br>IBM 1件 | 日立化成 11件<br>IBM 1件 | 日立化成 4件<br>松下電工 5件<br>住友ベークライト 1件<br>旭化成 1件 | 日立化成 8件<br>松下電工 3件 | | 日立化成 9件<br>松下電工 5件<br>住友ベークライト 1件<br>味の素 4件 |

(3) 導体材料と導体回路・層間接続形成法の技術の課題と解決手段

技術要素の導体材料と導体回路・層間接続形成法を含んだ特許出願において、多く出現した課題を図1.4.1-4にまとめた。

図1.4.1-4 導体材料と導体回路・層間接続形成法の技術の課題別内訳

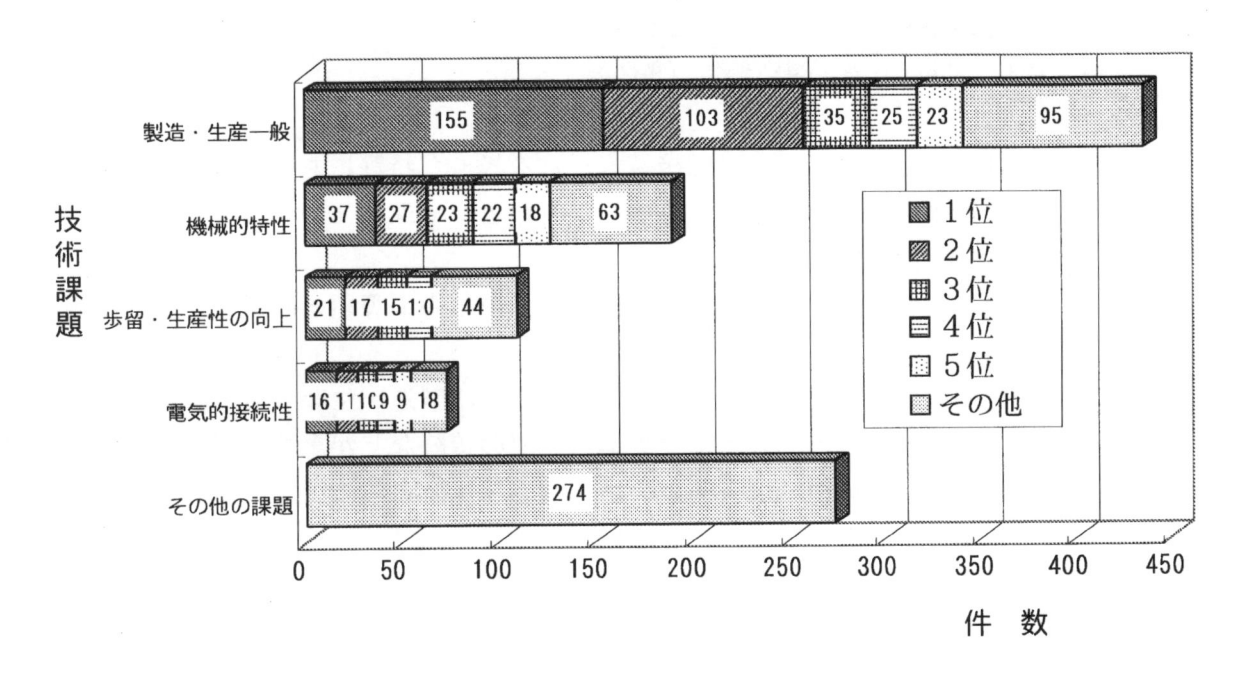

製造・生産一般　417件
　　うち解決手段の上位
　　　1位：導体層形成の方法（155件）
　　　2位：導体層同志を接続するもの（103件）
　　　3位：絶縁層形成の方法（34件）
　　　4位：穴あけによるもの（26件）
　　　5位：製造工程・製造装置（23件）

機械的特性　190件
　　うち解決手段の上位
　　　1位：導体層形成の方法（37件）
　　　2位：絶縁層形成の方法（27件）
　　　3位：絶縁材料（23件）
　　　4位：導体層同志を接続するもの（22件）
　　　5位：製造工程・製造装置（18件）

歩留・生産性の向上　110件
　　うち解決手段の上位
　　　1位：製造工程・製造装置（21件）
　　　2位：配線パターン形成の方法（17件）
　　　3位：絶縁層形成の方法（15件）
　　　4位：積層型のもの（13件）

電気的接続性　72件
　　うち解決手段の上位
　　　1位：穴あけによるもの（16件）
　　　2位：積層型のもの（11件）
　　　3位：導体層形成の方法（10件）
　　　4位：配線パターン形成の方法（9件）
　　　4位：製造工程・製造装置（9件）

　技術要素の導体材料と導体回路・層間接続形成法を扱った特許においては、圧倒的に製造・生産一般の技術課題が多い。また、その解決手段としては導体層の接続や形成の方法に集中している。（全件数1063件）

　表1.4.1-3に導体材料と導体回路・層間接続形成法の技術の課題と解決手段の対応表を示す。

　導体材料と導体回路・層間接続形成法の技術要素では、製造・生産一般の課題が多く、その解決手段として、導体層形成の方法や導体層同志の接続などが重要である。

　課題と解決手段の組合せの中で最も多いのは、製造・生産一般の課題に対して、導体層形成の方法を解決手段にしている特許である。ここでいう導体層形成の方法の例としては、パターン形成のためのめっき法やフォトエッチング法の技術、絶縁材料とめっき金属の密着性向上のための配線パターン表面の粗化処理など、導体層形成の方法に関する特許がたいへん多くなっている。また、樹脂付き極薄銅箔の利用による銅箔と樹脂層の同時レーザ穴あけとファインラインの形成、めっき液管理方法、銅箔の表面処理（粗度プロファイル）、導電性ペーストの充填法、さらに多重層間接続における上下ビア形成の位置合わせなどの導体層形成の方法に関する特許も多い。

　課題と解決手段の組合せの中で次いで多いのは、製造・生産一般の課題に対して、導体層同志を接続する形成法を解決手段にしている特許である。ここでいう導体層同志を接続する形成法は、ビア形成に関するものが中心である。ビア形成においては、めっき法によるか、非めっき法によるかの選択が重要である。めっき法ではセミアディティブ法、コンフォーマルビアやフィルドビアなどの選択がある。これらのビア形成で、めっきではその条件、添加剤など、導電性ペーストでは、その物性・充填法でビア物性が変化し、信頼性を左右するので、これに関する特許が多くなっている。例えば、特にめっき法における密着性向上に関するものが多い。また、接着フィルム表面の処理（蒸着やスパッタリングなどによる薄膜めっき）、アンダーコート材の塗布による下層配線凹凸の平坦化処理、絶縁層の表面粗化（プラズマエッチング、機械研磨など）や密着促進のための導体への化学処理、ビア内壁の粗化処理（めっき着き回り性）による信頼性の高い導体ビア形成法、導体ビアと上下配線との電気的接続性向上のため下層配線部のレーザ加工で発生する残渣の除去、絶縁樹脂からのめっき阻害成分の滲み出し防止処理など、また、フィルドビアによるプロセス、柱状めっきビアによるプロセス、導電性ペーストを用いたプロセス、突出導体貫通法を用いたプロセスなど非めっき法による導体層同志を接続する形成法は多種多様である。

表1.4.1-3 導体材料と導体回路・層間接続形成法の技術課題と解決手段の対応表（その1）

| 課題 | 解決手段 | 構造 | | | | | 材料 | | |
|---|---|---|---|---|---|---|---|---|---|
| | | 層の形状・構造が特定されたもの | 基板と基板・層相互の形状・構造が特定されたもの | 層相互の形状・構造が特定されたもの | スルーホールの形状・構造が特定されたもの | 設計 | 絶縁材料 | 導体材料 | 処理剤 |
| 電気特性 | 特性インピーダンスの整合 | | | | | | | 京セラ 2件 | |
| | 伝播遅延時間の低減化 | | | | | | イビデン 1件 | | |
| | 高周波性能の向上・クロストークの低減 | | | 沖電気 1件 | | | イビデン 1件<br>旭化成 4件 | | |
| | 電気的接続性 | 松下電器 1件 | | | 富士通 1件 | イビデン 1件 | 日立化成 1件<br>新光電気 1件 | 日立化成 1件<br>京セラ 1件<br>住友ベークライト 1件<br>旭化成 2件 | 日立化成 1件 |
| | 電気特性（その他） | | | | 松下電器 1件<br>沖電気 1件 | | | 富士通1件<br>東芝 2件 | |
| 機械的特性 | | | | 富士通 2件<br>日立化成 1件<br>松下電工 1件 | | 日立化成 1件 | イビデン 1件<br>富士通 1件<br>日立化成 8件<br>松下電器 1件<br>松下電工 1件<br>日本ビクター1件<br>住友ベークライト 7件<br>味の素 1件<br>旭化成 2件 | イビデン 1件<br>富士通 1件<br>日立化成 1件<br>日本電気 1件<br>京セラ 2件<br>松下電器 1件<br>凸版印刷 1件<br>味の素 1件<br>三井金属鉱業 1件 | イビデン 1件<br>日立化成 2件<br>松下電工 4件 |
| 化学的特性 | | | | | | | | 旭化成 1件 | 松下電工 1件 |
| 熱的特性 | 熱伝導性 | | | | | | 松下電工 1件 | | |
| | 耐熱性 | | | | | | 日立化成 2件<br>松下電工 1件 | | |
| | 熱的特性（その他） | | | | | | 住友ベークライト 3件 | | |
| 製品性能 | 小型化・軽量化・薄膜化 | 松下電工 1件 | | 松下電工 1件 | 松下電工 1件 | | 日立化成 2件 | 日立化成 1件 | |
| | 高配線収容性 | 日本特殊陶業 1件<br>新光電気 1件 | | | 富士通 1件<br>日立化成 1件 | 富士通 1件 | イビデン 1件<br>日立製作所 1件<br>日立化成 2件<br>京セラ 1件<br>新光電気 1件 | 京セラ 1件<br>旭化成 1件 | イビデン 1件 |
| | ファインライン化 | | | | 日立化成 1件<br>松下電工 1件 | | イビデン 1件<br>日立化成 4件 | イビデン 3件<br>日立製作所 2件<br>東芝 4件<br>ソニー 1件 | |
| 製造・生産関係 | 製造・生産一般 | 日本特殊陶業 1件<br>IBM 1件<br>新光電気 1件 | 東芝 2件 | 松下電工 1件<br>沖電気 1件 | 松下電工 1件 | | イビデン 6件<br>日立製作所 4件<br>日立化成 1件<br>京セラ 2件<br>松下電工 1件<br>東芝 2件<br>日本特殊陶業 1件<br>新光電気 1件<br>沖電気 1件<br>住友ベークライト 2件<br>旭化成 1件 | イビデン 7件<br>京セラ 4件<br>松下電器 1件<br>東芝 1件<br>住友ベークライト 1件<br>味の素 1件 | イビデン 8件<br>日立製作所 5件<br>日立化成 1件<br>松下電工 1件<br>日本特殊陶業 2件<br>シャープ 2件 |
| | 工程数の削減・簡略化 | | | | 松下電工 1件 | | 日立化成 3件<br>松下電工 1件<br>住友ベークライト 3件<br>旭化成 2件<br>三井金属鉱業 1件 | 日立化成 1件<br>住友ベークライト 2件 | 松下電工 1件 |
| | 歩留・生産性の向上 | 松下電工 1件 | | 日立化成 1件 | 松下電工 2件 | | イビデン 1件<br>日立化成 7件<br>住友ベークライト 1件<br>旭化成 1件 | イビデン 1件<br>日立化成 2件<br>三井金属鉱業 1件 | 日立化成 1件<br>松下電工 1件 |

表1.4.1-3 導体材料と導体回路・層間接続形成法の技術課題と解決手段の対応表（その2）

| 課題 | | 解決手段 形成法 | | | | | | |
|---|---|---|---|---|---|---|---|---|
| | | 絶縁層形成の方法 | 導体層形成の方法 | 配線パターン形成の方法 | 積層型のもの（主に加熱圧着による） | 穴あけによるもの（スルーホール等） | 導体層同志を接続するもの | 製造工程・製造装置 |
| 電気特性 | 特性インピーダンスの整合 | | | | | 日本特殊陶業 1件 | 日本特殊陶業 1件 | 京セラ 2件 |
| | 伝播遅延時間の低減化 | | イビデン 1件 | イビデン 1件 | | シャープ 1件 | シャープ 1件 | |
| | 高周波性能の向上・クロストークの低減 | 旭化成 1件 | イビデン 1件 | イビデン 1件 | 旭化成 3件 | 沖電気 1件 | 沖電気 1件 | |
| | 電気的接続性 | 日立化成 4件 | イビデン 4件<br>富士通 1件<br>日立化成 1件<br>京セラ 1件<br>松下電工 1件<br>IBM 1件<br>新光電気 1件 | 日立化成 8件<br>旭化成 1件 | 日立化成 9件<br>松下電工 1件<br>住友ベークライト 1件 | 日立化成 12件<br>松下電工 3件<br>旭化成 1件 | 日立化成 1件<br>新光電気 1件 | 日立化成 5件<br>松下電器 1件<br>松下電工 1件<br>住友ベークライト 2件 |
| | 電気特性（その他） | | イビデン 1件<br>新光電気 1件 | 新光電気 1件 | 松下電器 1件 沖電気 1件 | | | 富士通 1件<br>東芝 2件 |
| 機械的特性 | | イビデン 2件<br>日立化成 5件<br>日本電気 2件<br>松下電器 1件<br>松下電工 5件<br>京セラ 2件<br>凸版印刷 1件<br>沖電気 2件<br>住友ベークライト 6件<br>味の素 2件<br>旭化成 1件 | イビデン 6件<br>富士通 4件<br>日立化成 1件<br>日本電気 8件<br>京セラ 1件<br>松下電器 1件<br>松下電工 7件<br>凸版印刷 3件<br>IBM 1件<br>味の素 2件 | 富士通 1件<br>日立化成 5件<br>日本電気 1件<br>京セラ 1件<br>凸版印刷 1件<br>住友ベークライト 1件<br>三井金属鉱業 1件 | 日立化成 5件<br>松下電工 1件<br>住友ベークライト 6件<br>旭化成 3件 | 富士通 1件<br>イビデン 1件<br>日立化成 3件<br>日本電気 4件<br>京セラ 2件<br>凸版印刷 1件<br>住友ベークライト 1件<br>三井金属鉱業 1件 | イビデン 1件<br>富士通 1件<br>日本電気 8件<br>京セラ 4件<br>松下電器 5件<br>凸版印刷 1件<br>沖電気 1件 | 富士通 2件<br>日立化成 1件<br>日本電気 6件<br>松下電工 4件<br>ソニー 1件<br>味の素 2件 |
| 化学的特性 | | | | 旭化成 1件 | 松下電工 1件 | 日立化成 1件 | | 松下電工 1件 |
| 熱的特性 | 熱伝導性 | 松下電工 1件 | 日本電気 1件 | | | | | |
| | 耐熱性 | | | 日立化成 1件<br>松下電工 1件 | | 日立化成 1件<br>松下電工 1件 | 旭化成 1件 | 日立化成 1件 |
| | 熱的特性（その他） | 日立化成 1件<br>住友ベークライト 2件 | 日立化成 1件 | 住友ベークライト 1件 | 住友ベークライト 2件 | 日立化成 1件<br>住友ベークライト 1件 | | |
| 製品性能 | 小型化・軽量化・薄膜化 | 日立化成 1件 | 日立化成 1件 | | 日立化成 1件<br>松下電工 1件 | | | 松下電工 3件 |
| | 高配線収容性 | イビデン 2件<br>日立化成 3件 | イビデン 4件<br>富士通 1件<br>日立製作所 2件<br>日本特殊陶業 1件 | イビデン 2件<br>日本特殊陶業 2件<br>旭化成 1件 | 日立化成 1件 | イビデン 1件<br>日立化成 1件<br>日本特殊陶業 1件 | イビデン 3件<br>日立製作所 2件<br>京セラ 1件<br>日本特殊陶業 4件<br>新光電気 1件 | 日立化成 1件 |
| | ファインライン化 | 日立化成 4件<br>松下電工 1件 | イビデン 1件<br>日立化成 1件<br>IBM 1件<br>味の素 1件 | 日立化成 6件<br>IBM 1件<br>旭化成 1件<br>三井金属鉱業 1件 | 日立化成 3件<br>松下電工 1件 | イビデン 1件<br>日立化成 1件 | 日立化成 1件<br>IBM 1件 | イビデン 3件<br>日立製作所 2件<br>東芝 4件<br>ソニー 1件 |
| 製造・生産関係 | 製造・生産一般 | イビデン 13件<br>日立製作所 3件<br>日立化成 2件<br>日本電気 1件<br>京セラ 4件<br>松下電器 1件<br>松下電工 1件<br>東芝 1件<br>日本特殊陶業 3件<br>IBM 1件<br>沖電気 3件<br>住友ベークライト 1件 | イビデン 87件<br>日立製作所 14件<br>日立化成 1件<br>日本電気 3件<br>京セラ 1件<br>松下電器 2件<br>東芝 4件<br>日本特殊陶業 10件<br>ソニー 5件<br>IBM 5件<br>新光電気 1件<br>シャープ 2件<br>日本CMK 1件<br>日本ビクター 3件<br>沖電気 5件<br>住友ベークライト 1件<br>味の素 1件 | イビデン 5件<br>日立化成 1件<br>日本電気 1件<br>松下電器 1件<br>東芝 1件<br>日本特殊陶業 2件<br>ソニー 1件<br>新光電気 3件<br>シャープ 2件<br>日本ビクター 1件<br>住友ベークライト 1件 | 日立化成 3件<br>松下電工 1件<br>新光電気 1件<br>住友ベークライト 2件<br>旭化成 1件 | イビデン 6件<br>日立製作所 1件<br>日立化成 3件<br>日本電気 2件<br>京セラ 1件<br>松下電器 3件<br>日本特殊陶業 3件<br>ソニー 1件<br>シャープ 2件<br>沖電気 1件 | イビデン 37件<br>日立製作所 12件<br>日本電気 1件<br>京セラ 9件<br>松下電器 2件<br>東芝 6件<br>日本特殊陶業 9件<br>ソニー 1件<br>シャープ 4件<br>IBM 4件<br>新光電気 4件<br>日本ビクター 1件 | イビデン 4件<br>日立製作所 5件<br>日立化成 1件<br>日本電気 1件<br>松下電器 1件<br>松下電工 2件<br>東芝 1件<br>日本特殊陶業 2件<br>ソニー 2件<br>IBM 1件<br>シャープ 2件<br>住友ベークライト 1件<br>旭化成 1件 |
| | 工程数の削減・簡略化 | 日立化成 1件<br>住友ベークライト 2件 | 日立製作所 1件<br>松下電工 3件<br>日本CMK 1件<br>味の素 1件 | 日立化成 3件<br>松下電工 1件 | 日立化成 3件<br>松下電工 2件<br>旭化成 2件<br>三井金属鉱業 1件 | 日立化成 4件<br>松下電工 3件 | 日立製作所 1件<br>松下電工 1件<br>日本CMK 1件<br>住友ベークライト 1件 | 日立化成 2件<br>松下電工 3件<br>味の素 1件 |
| | 歩留・生産性の向上 | 日立化成 8件<br>松下電工 4件<br>IBM 1件<br>住友ベークライト 1件<br>旭化成 1件 | イビデン 1件<br>富士通 1件<br>日立製作所 2件<br>日立化成 2件<br>松下電工 2件<br>凸版印刷 1件<br>IBM 1件 | 富士通 1件<br>日立化成 12件<br>日本特殊陶業 1件<br>IBM 1件<br>三井金属鉱業 1件 | 日立化成 6件<br>松下電工 5件<br>旭化成 1件 | 日立化成 8件<br>松下電工 2件 | 富士通 1件<br>日立製作所 3件 | 富士通 2件<br>日立製作所 3件<br>日立化成 4件<br>松下電工 9件<br>住友ベークライト 2件<br>三井金属鉱業 1件 |

## 1.4.2 ビルドアップ多層プリント配線板の各プロセスの課題と解決手段

第1章1.1.4で概括した各種ビルドアップ方式のプロセスに対応して、今回調査した特許出願から多くみられる主な課題と解決手段についての概略を次にまとめた。

### (1) シーケンシャル積層法によるビルドアップ方式の課題と解決手段

#### ① 感光性樹脂を用いたプロセス

最近は出願数が減っているが、感光材を手がけている電子材料メーカーが主に特許出願している。

このプロセスでは樹脂に感光性を付与しているため、電気的・化学的特性、導体回路との密着性や作業性などに課題が残っており、表面粗化技術に関する数多く特許出願がなされている（例：特開平8-181438、特開2000-133936など）。

また、感光性樹脂のベース素材や組成の改良（例：特開2000-235260など）のほか、感光性と熱硬化性の両方の特性を付与し、写真法プロセスの後、熱硬化処理をするなどの特許出願もある（例：特許2908258、特開平8-157566、特開平9-148748など）。

しかしながら、感光性樹脂では、改良・向上に限界があり、レーザ穴あけ技術の開発を背景として、特性設計の自由度の高い熱硬化性樹脂を用いたプロセスへ移行している状況が特許出願でうかがえる。

#### ② 熱硬化性樹脂を用いたプロセス

出願数も多くあり、有機材料メーカーなどが多く特許出願している。

熱硬化性樹脂を用いたプロセスは、感光性樹脂を用いたプロセスと同様、導体と絶縁層の密着性を向上させることが課題であり、表面粗化技術に関する数多く特許出願がなされている（例：特開平11-1547など）。

絶縁樹脂の粗面化については、無機質粉末、ゴム成分、溶解度の異なるエポキシ粉末の混合・配合、あるいは、樹脂の熱重合過程での層分離などで微粒子を析出させる方法などがあり、化学処理で表面に微細な凹凸を形成させる組成（例：特開平11-1547など）、あるいは、エポキシ系絶縁樹脂自体の改質（例：特開2001-181375など）が数多く出願されている。

このプロセスでは、感光性樹脂に比べて、絶縁材料を比較的自由に選択できる。したがって、電気特性、機械的特性、化学的特性（耐めっき性など）、熱的特性や作業性などのさまざまな特性ニーズ・課題に対応した解決手段の幅が広い（例：特開平11-273456、特開2001-196743など）。最近では、絶縁層厚さを薄くする（20μm程度にまで）ことや、環境問題を反映してハロゲン系やリン系などの難燃性付与することなどに関する特許が出願されている（例：特許3108411、特許3155524など）。

#### ③ 樹脂付き銅箔を用いたプロセス

出願数も多くあり、有機・無機の電子材料メーカーなどが多く特許出願している。

樹脂付き銅箔を用いたプロセスは、1996年ごろ初めて特許出願が見られて以来、多くのビルドアップ方式のプロセスに関する特許にベース材料として取り上げられている。樹脂側から銅箔で止まるレーザ穴あけでビアを形成し、ビア内をめっきする方法

（例：特許 3037603）、あるいは導電性ペーストを充填する方法（例：特開平 9-246723 など）がある。

接着する導体層と絶縁層の接着性を向上させることも熱硬化性樹脂と同様な課題であり、種々解決策が提案されている（例：特開平 9-296156 など）。

熱硬化性樹脂を用いたプロセスと同様、絶縁材料を比較的自由に選択することができる。このため、電気的特性、化学的特性（耐めっき性など）、熱的特性や作業性などのさまざまな特性ニーズ・課題に対応した解決手段の幅が広い（例：特開平 7-226582、特開平 8-316631、特開 2000-244118 など）。また、従来のエポキシ系樹脂を中心にポリイミド、ビスマレイド・トリアジン、ポリアミドイミド、ポリフェニレンエーテル、液晶ポリマーなど各種の絶縁材料・絶縁層形成法に関する特許が多数出願されている（例：特開平 9-1728 など）。

ビルドアップ層のビアとなる穴あけは、ビアの位置に銅箔をエッチングして作成したマスク（コンフォーマルマスクという）により作成する方法が特許化されている。

その後、$CO_2$ レーザ、UV-YAG レーザなどの装置の発達よりこの作業を省略し、薄い銅箔を通して絶縁層まで直接レーザ穴あけに関する特許出願が見られ（例：特開平 11-346060、特開平 12-43188 など）、最近実用化されてきている。3～5μm に薄くするハーフエッチング法や 3～5μm 厚の極薄銅箔を用いると、直接穴あけが容易になり、同時に、次の表面パターンを作成するときにファインライン形成にも有利となる。銅箔に直接穴あけを可能とする樹脂付き極薄銅箔、および、レーザの吸収をよくするために、一般的な黒化処理のほか、様々な表面処理技術が開発されている。

レーザによる穴あけ加工技術の開発は比較的歴史が浅いため、課題が多く、その対策に関する各種の解決手段が特許出願されている。例えば、レーザの照射条件によって銅箔のオーバーハングを生じることがある。オーバーハングは、その程度により次工程のめっきで銅箔のオーバーハングの下部にめっき析出不良が起こることがあり、その対策に関する特許出願が見られる。レーザで穴をあけた後、層間接続・パターン形成用めっきを行うが、レーザ加工時に穴底部の導体パターン上に絶縁層樹脂の残留（スミア）が生じやすく、めっきの不具合を生ずるので、デスミア（樹脂残渣除去）技術に関する各種の特許出願が見られる。

このプロセス内の多層パターン作成におけるパネルめっき法は、全面にめっきが析出するので、プロセスは比較的容易となるが、反面、銅厚が大きく、表面パターン作成でエッチング量が大きいため、パターン幅の変動が大きくなり、配線の細線化（ファインパターン化）が困難になる。ファインライン化に対応し、銅箔の全面エッチングを行い、あるいは銅箔を引き剥がすことにより銅箔のマット面を転写した微細な凹凸により、めっき層の密着性を向上させる方法も見られる（例：特開平 10-27960 など）。

④ ガラス布入りプリプレグを用いたプロセス

配線板の大型化に対応して開発されたプロセスであるため、電機メーカーなどが出願している。

このプロセスでの課題は、レーザの加工性や穴の品質である。

レーザによる加工条件は樹脂、銅箔、ガラス布を同時に穴あけ加工するので、ガラ

スの切断に大きなエネルギーが必要となる。

　その解決手段の1つとして、プリプレグのガラス布の薄膜化（〜20μm）がある（例：特開平 11-233941 など）。また、穴内部をきれいな面に仕上げるなど穴品質を良好なものとするために条件の設定、管理がより重要となり、これに関する特許出願がみられる。ガラス布の織り目が不均一で穴加工精度に差が出るが、最近ではレーザが均一に当たるように改善されたガラス布が開発され、特許出願されている。


⑤ その他のめっき法を用いたプロセス
ア．フィルドビアおよび柱状めっきビアによるプロセス

　このプロセスでは、接続信頼性を向上するという課題に対し、穴空間をめっきで充填するフィルドビアに対する開発が多くなり、特許も多く出願されている。一方、柱状めっきビア方式も数多くの特許がある。プロセスはやや複雑であるが、従来の設備の改良で応用できる利点がある。配線のファインライン化、高密度化の更なる進展に対応可能な技術として特許出願が見られるようになった。柱状めっきの代わりに、パネルめっきを行いエッチングにより、ビア柱を作成する方法も見られる。このような方法を用いると多重層間の接続が容易にできる利点がある。

イ．転写法によるプロセス

　転写法によるプロセスでは、ステンレス板、ニッケル板などの上で、接続パッドとビアのポストとなる柱状めっきを形成し、導電性ペーストを接続パッドに印刷し、あるいは、はんだめっきを行うことで、積み上げることが可能である。このようなビルドアップ層の積層精度や作業性・歩留まり向上などのさまざまな課題に対応できるプロセスとして種々の特許が出願されている（例：特開 2001-177237 など）。

以下の⑥、⑦は非めっき法によるシーケンシャル積層法である。
⑥ 導電性ペーストを用いたプロセス

　このプロセスは、全層にアラミド不織布プリプレグを使用するので軽量化や全層 IVH 構造に有利である。課題は、アラミド不織布の吸湿性、加熱時寸法安定性および絶縁層の薄膜化であり、その解決手段として、ビアへの導電性ペーストを充填する方法（例：特開 2000-252631 など）、あるいはアラミド不織布プリプレグの薄膜化技術やアラミド不織布に代わってアラミドフィルムを用いる方法などが開発されている。

⑦ 突出導体貫通法を用いたプロセス

　コア基板の両面にビルドアップ層を形成する法やビルドアップ層のみで全層を構成する法など各種の組み合わせによる多層構造が提案・特許として出願されている。

　このプロセスでは、プリプレグとしてガラス布基材ばかりでなく、種々の接着シートを使用でき、また、材質を選ばないなどの利点がある（例：特開平 9-181452 など）。

　しかし、今後の配線高密度化への対応としては、導電性ペーストの柱径の微小化や絶縁層の厚さへの対応などが課題となる。これへの対策として、銅箔上にエッチングとめっきでバンプ状の突起を形成したシートを作成し、これを、同様に圧接する方法

も開発されている。

(2) 一括積層法によるビルドアップ方式による課題と解決手段
　① 柱状めっきによる一括積層のプロセス
　　このプロセスでは、多層積層した個々の導体層に、個別の穴を設けることができ、いわゆる、全層 IVH のプリント配線板とすることができる。しかし、製造パネルが大きい場合に、伸縮が大きくなり、接合する穴とパッドに位置の精度の向上が必要である。また、導体層に銅箔を用いるので、エッチングによるファインパターンの形成に課題が残る。

　② 導電性ペーストによる一括積層のプロセス
　　このプロセスでも、全層 IVH プリント配線板となるが、前項の柱状めっきによる一括積層法と同じく、層間の位置合わせ、銅箔のファイン化に課題がある。

1.4.3 ビルドアップ方式のプロセスに共通する技術課題と解決手段
　前節においては、各種のビルドアップ方式のプロセスに特有の課題と解決手段を概括した。
　それら各種のプロセスを全体的に見ると、共通する課題と解決手段が見いだせる。
　それらは技術的に重要性が高く、特許出願が集中しているところでもある。技術要素の観点からは、共通するものとして、下記にまとめられる。
　　a．技術要素（1）「多層の形状・構造と製造方法」に関連する技術：
　　　ビアの構造、位置関係など多層の形状・構造に関連して
　　　「多重層間の接続技術」および「コア基板の高密度配線化技術」
　　b．技術要素（2）「絶縁材料とスルーホールを含む絶縁層形成法」に関連する技術：
　　　コア基板（貫通スルーホールの利用を含む）およびビルドアップ層における
　　　「導体回路形成面の平坦化技術」
　　c．技術要素（2）「絶縁材料とスルーホールを含む絶縁層形成法」および技術要素（3）
　　　「導体材料と導体回路・層間接続形成法」に関連する技術：
　　　「絶縁層と導体回路との接着技術」

　以下、これら各種ビルドアップ方式のプロセスに共通する課題と解決手段についてまとめた。

(1) 多重層間の接続技術
　ビルドアップ多層配線板の形状・構造の面から高密度化を追及して、さまざまな構造が特許出願されている。多重層間の接続法は図 1.4.3-1(a)～(e)に示すような種類がある。
　ビルドアップ方式により層間を接続するビア径は飛躍的に微小化した。一般的に層間をまたがって接続する多重層間の接続の場合、図 1.4.3-1(a) のように千鳥状になる。

図 1.4.3-1 多重層間の接続法

(a) 一般的な接続（千鳥足接続）

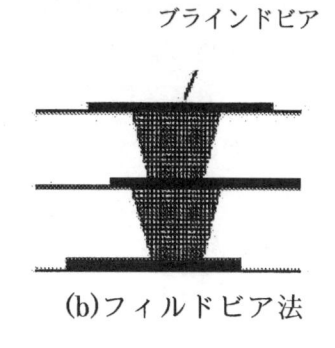

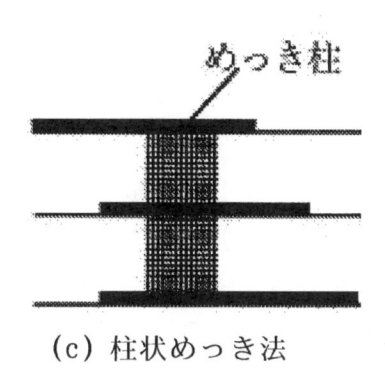

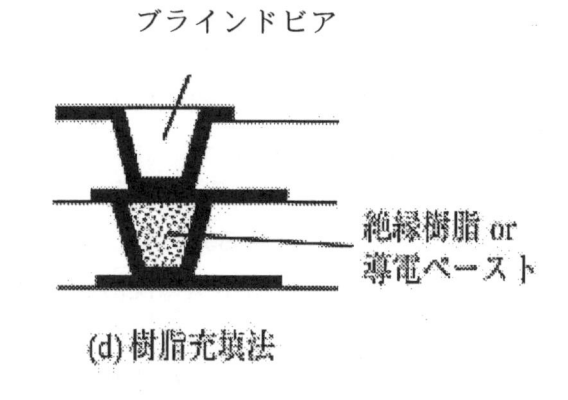

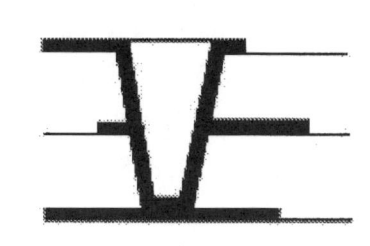

(b) フィルドビア法

(c) 柱状めっき法

(d) 樹脂充填法

(e) 層間貫通ビア法

しかし、配線エリアを拡大し、電気特性の劣化を小さくするために、図1.4.3-1(b)〜(e)のように直線上に接続する必要がある。

図1.4.3-1 (b)は、フィルドビア(Filled via)と呼ばれ、穴内をめっきにより充填したものである。ビア内をめっきによる導電体で充填すると微小な径でも十分な強度と電気的に低抵抗のビアが得られる。フィルドビア形成の場合、穴内の充填と表面導体とをめっきにより同時形成するため、多くのめっき方法や添加剤が開発されて、特許化されている

(例：特開平 12-277918、特開 2001-223469 など)。実際には、穴内と表面を同時にコントロールすることは今後の課題である。

さらに(c)、(d)についても特許が出願されている。

図 1.4.3-1(c)は、めっきにより積み上げ柱状としたものである（図 1.1.4-6 参照）。このプロセスはパターンめっき法、セミアディティブ法によりビアとなる柱状めっきとパターンを形成させる方法である。

図 1.4.3-1(d)は、銅めっきをしたビア内に絶縁樹脂または導電性ペーストを充填し、上部をめっき層で塞ぎ、その上にビアを積み上げていく樹脂充填法である。この方法は表面に銅箔または銅めっき層を持つ場合、容易に充填が出来る。

図 1.4.3-1(e)は層間貫通ビア法である。レーザで2層にまたがって穴をあけ、接続するスキップドビア（Skipped via）であるが、開口部は大きくなり、また、アスペクト比が大きく、めっきが困難となる。この解決方法として、下部のビア内に重ねてビアを設けるスタックドビア(Stacked via)が特許出願されている。これは、絶縁層を積み上げ、下層のビアと同じ位置に穴を開け、めっきで接続する方式である。この方式も積み上げの上部に行くほど穴径が大きくなることが課題とされている。

## (2) コア基板の高密度配線化技術

### a．全層ビルドアップ法

ビルドアップ多層プリント配線板において、多くの場合、プリント配線板として搭載部品の支持機能を持たせるために、ある程度の強度（剛性、曲げ強度）が必要である。

携帯電話など比較的小型の配線板や搭載部品が軽い場合を除き、多数の部品の搭載するため、その重量に耐える必要のある大型の配線板では、表裏のビルドアップ層の中心にはガラス布積層板を使用した従来製法のコア基板を配置している。

コア基板は、通常、めっきスルーホールの両面板あるいは多層板が用いられる。設計によっては、基板内の導体を部分的に接続するIVH(Interstitial Via Hole)を持たせることもあるが、ビルドアップ方式となって、IVHをコア基板に設けることは少なくなっている。ビルドアップ層の上下を接続するために、このコア基板も微小径の穴、微細配線であることが課題であり、最近では、コア基板のない全層ビルドアップ法が開発され、特許出願されている。（例：特開平 11-274731、特開平 7-249868 など）

### b．コア基板貫通穴スペースの利用技術

コア基板にはスルーホールがあいているので、この上にビルドアップ層を設けるためには、貫通穴を塞ぐ必要がある。充填材として、多くはエポキシ樹脂系の絶縁性の充填剤を用いている（例：特開平 8-125347、特開 2000-49461 など）。この上に、ビルドアップ層の絶縁樹脂を塗布、またはラミネートする。貫通穴を樹脂で充填後、さらに、無電解銅めっき、電解銅めっきを行い、スルーホール上に接続パッドを配置している。このとき、充填する樹脂の組成を最適なものにしないと、無電解銅めっきの剥離を生じるという課題がある。これに対しては、充填剤の組成改良など種々の特許出願がみられる（例：特許 3138520、特開 2000-159864 など）。その中でも充填材として導電性ペーストを用いると、直接、電解銅めっきを行うことが出来、剥離強度も十分に得られるという特許が出願されている（特

開 2001-168529）。このよう処理で、コア基板のめっきスルーホール上にビアを直接形成コア基板の厚さが小さいときには貫通孔をめっきで充填することも出願されている（例：特開 2001-168529 など）。

　これらの充填材には、穴の中で、均一に充填し、気泡などの混入や気泡の発生のないように注意することが必要で、充填材の組成、粘度、充填方法、その条件などの管理についての特許出願が見られる（例：特開平 8-181435 など）。充填した後、表面が均一で、平坦な面にするために、研磨し、基板表面に付着した充填材の汚れも同時に除去している。研磨方法についても特許出願がある。

　また、絶縁樹脂で充填しためっきスルーホール内をさらにレーザで穴をあけ、めっきスルーホールを設け、コア基板の接続の高密度化を図る特許も出願されている（例：特開 2001-203458 など）。

（3）導体回路形成面の平坦化技術
　コア基板、あるいは、ビルドアップ層の上では、転写法や特殊な樹脂層にパターンを埋め込み、平坦とした基板を除けば、導体は表面に突き出している。この上にビルドアップ層を設けると均一な厚さとならないことが多いためファインライン化、機械的・電気特性の向上が図れないという課題がある。

　この解決手段として、表面のパターン間に液状の熱硬化性樹脂の平坦化材をコーティングする。この方法について樹脂組成やスリーン印刷法やカーテンコート法など、コーティング方法の組み合わせで種々特許が出願されている（例：特開 2000-244114、特開 2000-68644 など）。特に平坦性を必要とするものではコーティング後に研磨を行うことや（例：特開平 8-157566 など）。絶縁樹脂フィルムを用いる方法も出願されている（例：特開平 5-67881、特許 3174474、特開平 11-186735 など）。

（4）絶縁層と導体回路との接着技術
　ビルドアップ多層プリント配線板をはじめ、多層プリント配線板は接着に関する特許出願が多い。樹脂と樹脂との接着は多くの場合、同系統の組成同志の接着となるので、表面が清浄であれば問題なく接着するが、「積層板における絶縁層と銅箔の接着」、「ビルドアップ絶縁層のコア基板などの上での導体層との接着、および樹脂層との接着」、あるいは、「樹脂層上の導体の接着」などが主要な課題で、機械的・化学的・熱的特性の向上が問題となる。接着の強度、耐熱性などがその後の部品搭載の際に影響するので、密着性・接着性の課題解決は重要で、その解決に特許出願が見られる（例：特開平 7-283538 など）。

　積層板での銅箔との接着はアンカー効果（くい込み）によっている。この接着力を大きくするために、銅箔を粗面化し、さらに、凹凸を付け、樹脂と親和性のある金属表面処理を行っている。粗化度や凹凸が大きい銅箔の表面処理は、パターン形成においてエッチング精度を低下させ、高周波における信号伝搬の劣化や絶縁層の薄膜化を阻害する。このため、銅箔粗化面の凹凸の小さい銅箔が開発されている。

　多層プリント配線板では内層銅回路表面と絶縁樹脂との接着には銅表面を酸化した黒化処理膜を形成している。

　ビルドアップ方式のプロセスにおいては、内層銅箔面（あるいは絶縁樹脂の下層導体面）

と樹脂との接着力を高めるため、銅を酸化した黒化処理膜では、耐熱性、耐酸性に劣るので、特殊な薬品による銅箔の凹凸エッチング処理、または、粗面化となる特殊な無電解銅めっきなどを行うなどの対策が特許出願されている。

　銅箔を持たない絶縁樹脂面への直接めっき法では、めっきのピール強度を高めるために、化学処理などで絶縁樹脂表面に微細な凹凸を形成し、ここに無電解銅めっきを析出させ、アンカー効果で密着させている。このため、過マンガン酸塩系の処理液などの化学処理で凹凸が形成できる絶縁樹脂層が開発され、無機質や有機質の微粒など粗化用添加剤を配合した樹脂など種々の特許が出願されている（例：特許2547938など）。

　このように樹脂－金属間はすべて凹凸を付ける粗化処理を行い、アンカー効果で接着力を得ている。しかし、今後は、高周波、高速処理を行う回路に対応し導体表面は平坦なことが必要になり、平滑面あるいは低粗度面での高い接着力が課題となる。プラズマやスパッタなどの真空チャンバーを用いて、表面処理すれば接着強度の大きいものが得られるという特許も出願されているが、設備コスト面から大気中での処理が望まれている。

## 2. 主要企業等の特許活動

2.1 イビデン
2.2 日立化成工業
2.3 日立製作所
2.4 日本電気
2.5 松下電工
2.6 富士通
2.7 京セラ
2.8 日本特殊陶業
2.9 松下電器産業
2.10 凸版印刷
2.11 東芝
2.12 住友ベークライト
2.13 新光電気工業
2.14 ソニー
2.15 シャープ
2.16 沖電気工業
2.17 IBM
2.18 味の素
2.19 日本シイエムケイ
2.20 日本ビクター
2.21 旭化成
2.22 三井金属鉱業

> 特許流通
> 支援チャート
>
> # 2．主要企業等の特許活動
>
> ビルドアップ多層プリント配線板技術は近年、急速に日本での開発が進み、特許は電機メーカーの他、素材メーカーなどからの参入もある。

ビルドアップ多層プリント配線板技術に関し、主要企業22社について扱う。主要企業22社は以下のとおり選定した。

分類1．テーマ全体で出願件数の多い上位11社

　　　　　　イビデン
　　　　　　日立化成工業および日立エーアイシー
　　　　　　日立製作所
　　　　　　日本電気
　　　　　　松下電工
　　　　　　富士通
　　　　　　京セラ
　　　　　　日本特殊陶業
　　　　　　松下電器産業
　　　　　　凸版印刷
　　　　　　東芝

分類2．プリント配線板とビルドアップ多層配線板および関連材料の市場シェア（売上高）の高い企業

（1）出願件数も多く、プリント配線板の市場シェアの高い企業

　①ビルドアップ多層配線板を含む多層プリント配線板上位6社
　　　　日本シイエムケイ(2)、ソニー(8)、日本ビクター(8)、
　　　　日本IBM(10)、シャープ(16)、沖電気工業(13)
　　（注）（　）内は、出願件数上位50社における2000年度の多層プリント配線板売上高の推定順位

　②ビルドアップ方式のプロセスを含む半導体有機パッケージ基板売上高の上位企業1社　　新光電気工業

（2）絶縁材料と絶縁層形成法関係の出願上位企業3社
　　　　　　住友ベークライト、味の素、旭化成

（3）導体材料と導体回路・層間接続形成法関係の上位企業1社
　　　　　　三井金属鉱業

## 2.1 イビデン

### 2.1.1 企業の概要

イビデンの事業内容は、電子部品、セラミックス、建材の3本柱である。最近は、電子関連製品が売上げの半分以上を占める。プリント配線板のトップメーカーであり、ビルドアップ多層プリント配線板の比率は約半分である。企業概要を表2.1.1-1に示す。

表2.1.1-1 イビデンの企業概要

| | | |
|---|---|---|
| 1) | 商号 | イビデン株式会社 |
| 2) | 設立年月 | 大正元年11月（1912年11月） |
| 3) | 資本金 | 238億800万円（2001年8月1日現在） |
| 4) | 従業員 | 2,024名（2001年3月現在） |
| 5) | 事業内容<br>()は売上比率 | 電子関連製品（58％）、セラミック製品（7％）、建材（16％）、建設（10％）、その他（9％）　　　　　〔国内59：海外41〕 |
| 6) | 事業所 | 本社/岐阜県大垣市<br>工場/大垣工場、青柳工場、河間工場、衣浦工場（高浜市）、大垣北工場（揖斐郡） |
| 7) | 関連会社 | 国内/イビデン電子工業、イビデン精密、イビテック<br>海外/イビデン USA、イビデンサーキットアメリカ、イビデンヨーロッパ、イビデンエレクトロニクス（上海） |
| 8) | 業績推移<br>（単位百万円） | 　　　　　売上高　　経常利益　　利益<br>1999.3　118,019　　10,572　　5,296<br>2000.3　123,820　　10,081　　9,708<br>2001.3　130,877　　10,017　　10,183 |
| 9) | 主要製品 | プリント配線板、モジュール基板、プリント配線板パターン設計、ファインセラミックス、メラミン化粧板、化粧板関連加工部材、プレカット構造材 |
| 10) | 主な取引先 | （販売）Intel Corp、サスサンワ、ノキア<br>（仕入）真辺化成品、松下電工、日立化成商事 |
| 11) | 技術移転窓口 | ― |

### 2.1.2 ビルドアップ多層プリント配線板に関連する製品・技術

半導体パッケージ基板を含む多層プリント配線板のトップメーカー（業界1位）である。
ビルドアップ多層プリント配線板の開発に早くから取り組み、1988年ごろには、感光性絶縁樹脂を自社で開発し、めっき密着性を向上させる樹脂の粗化面の形成について、酸または酸化性溶液に溶解する樹脂の開発を行い、ビルドアップ多層プリント配線板についての開発を行っていた。同社独自のフォトビアによるビルドアップ工法「AAP/10」、あるいは樹脂付き銅箔（RCF材）を使用したレーザビア・ビルドアップ工法を現在ラインアップしており、多層配線板の高密度化、小型化の課題は、ビルドアップ多層プリント配線板「RCF/Laser」シリーズで解決されている。また、近年、次世代の新ビルドアップ法、SSP(一括プレス法)の開発を行っている。

技術供与では、住友金属工業に、パッケージ基板の技術指導および実施権の供与、日本特殊陶業にパッケージ基板の実施権の供与を行っている（2001年有価証券報告書）。

表2.1.2-1に製品・技術を示す。

表 2.1.2-1 イビデンのビルドアップ多層プリント配線板に関連する製品・技術

| 用途/機種 | 製品 | 製品名 | 発表時期 | 出典 |
|---|---|---|---|---|
| 小型携帯電子機器 | ビルドアップ多層プリント配線板 | 【CSP搭載用基板】<br>■6層：2+2+2（試作品）<br>コア2層、ビルドアップ層片面2層（フォトビア法、フルアディティブ法パターン形成） | 1996年<br>学会発表 | 回路実装学会誌<br>1996年3月 |
| | | 【ビルドアップ工法】<br>■フォト法「AAP/10」<br>ビルドアップ多層配線板<br>（ベース基材＋ビルドアップ層／感光性絶縁材料） | 1998年 | JPCA Show'99 スペシャル（日経BP） |
| | | ■レーザビア法<br>ビルドアップ多層配線板：<br>樹脂付き銅箔（RCF材）使用 | 2000年 | ＊同社製品カタログ<br>2000年6月現在 |
| | | ■RCF/Laser 1段（6～8層）<br>4～6層貫通コア＋ビルドアップ（Bup）1段 | 1998年 | ＊同社HP（2001年）<br>http://www.ibiden.co.jp/flash/jpn/enter/electric/print/pl.html |
| | | ■RCF/Laser 2段（8層）<br>4層貫通コア＋Bup 2段<br>■RCF/Laser BVH on<br>　Via6層コア＋Bup 1段 | 2000年 | |

## 2.1.3 技術開発課題対応保有特許の概要

　ここ10年間（1991年1月1日から2001年8月までに公開された特許・実用新案）において、公開された特許・実用新案件数は295件である。
　うち、係属中の特許・実用新案件数（2001年10月時点）は274件である。
　　274件のビルドアップ多層プリント配線板技術特許のうち、
　　　技術要素(1)多層の形状・構造と製造方法の特許は79件、
　　　技術要素(2)絶縁材料とスルーホールを含む絶縁層形成法の特許は108件、
　　　技術要素(3)導体材料と導体回路・層間接続形成法の特許は107件、
　　　（技術要素(2)と(3)の両方に関連する特許が20件）である。
　これらのうち、重要と判断された特許・実用新案は57件あり、表2.1.3-1の表中の概要の項に、図表付きで、その内容を示している。

イビデンでは、ビルドアップ多層プリント配線板の開発に早くから取り組み、1988年ごろには、感光性絶縁樹脂を自社で開発し、めっき密着性を向上させる樹脂の粗化面の形成について、酸または酸化性溶液に溶解する樹脂の開発を行い、ビルドアップ多層プリント配線板についての開発報告を行っていた技術的背景がある。
　図2.1.3-1に示すように、技術要素（1）多層の形状・構造と製造方法の技術では、ビルドアップ多層プリント配線板のプロセス設計を含む設計と生産技術の開発において、電気特性・機械的特性の向上、製造・生産関係の課題に取り組み、解決手段として層形状、層相互の形状、スルーホール形状などの構造を用いており、それらの安定化に力を注いでいる。

図2.1.3-1　イビデンの技術要素(1)多層の形状・構造と製造方法の技術
　　　　　における課題と解決手段の分布

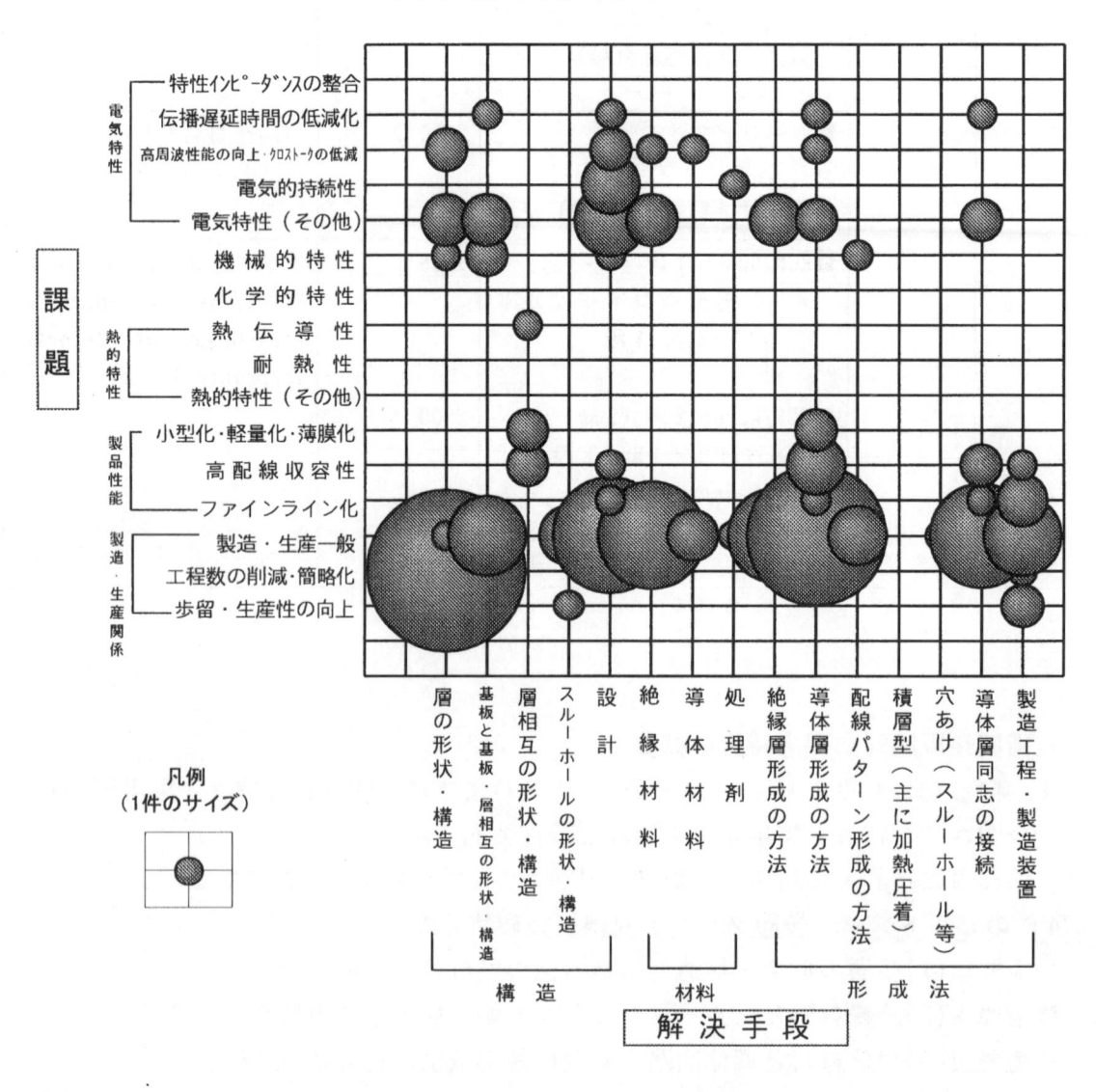

また、図2.1.3-2に示すように、技術要素（2）絶縁材料とスルーホールを含む絶縁層形成法の技術では、各種の課題を解決するために、解決手段としてビルドアップ層用の感光性絶縁材料、熱硬化性材料を用いており、自ら材料開発に取り組んでいる。

図2.1.3-2　イビデンの技術要素(2)絶縁材料とスルーホールを含む絶縁層形成法の技術における課題と解決手段の分布

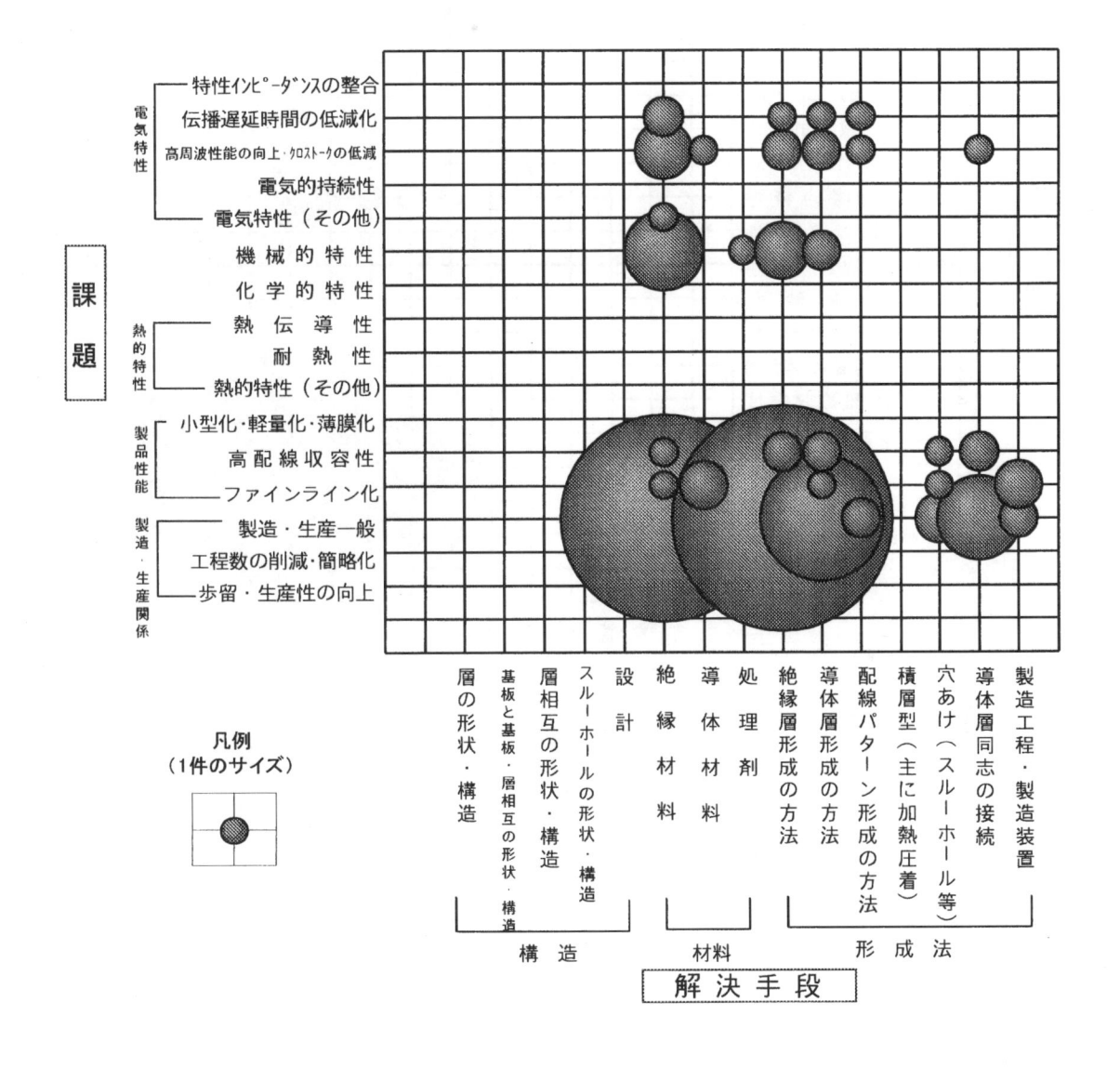

また、図2.1.3-3に示すように、技術要素（3）導体材料と導体回路・層間接続法の技術では、機械的特性、製造・生産関係の課題に取り組み、開発を強力に進めていることが分かる。

図2.1.3-3 イビデンの技術要素(3) 導体材料と導体回路・層間接続法の技術における課題と解決手段の分布

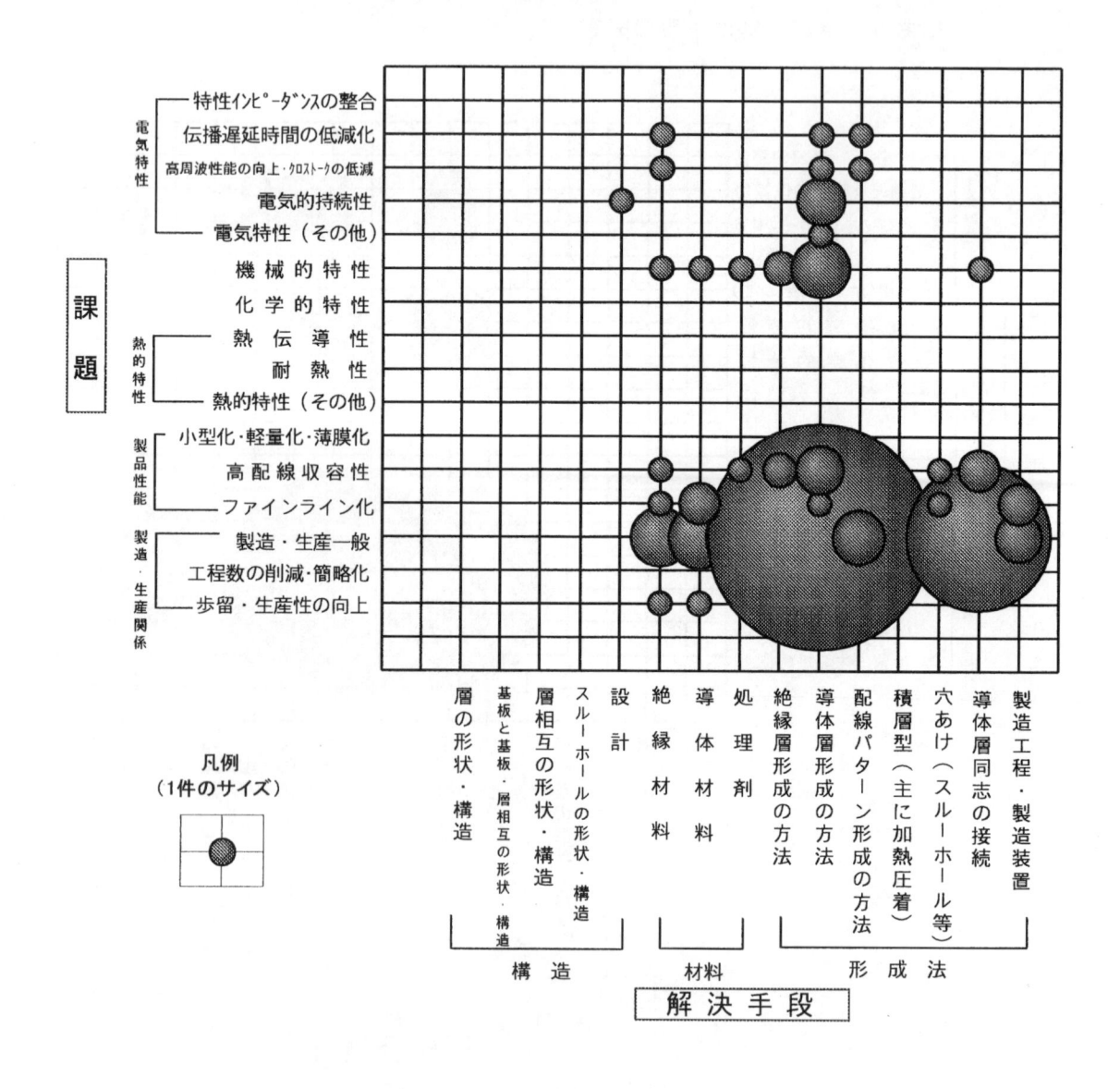

なお全般には、1990年頃より、めっき密着性を向上させる粗化面の形成、なめの樹脂の改善について、多くの特許を見ることができる。また、1999年頃より、積層板を用いた一括積層によるプリント配線板の特許が多くなってきている。

表 2.1.3-1 イビデンの技術開発課題対応保有特許の概要

(1) 多層の形状・構造と製造方法の技術

| 課題 | 公開番号、特許番号 | 特許分類（IPC） | 概要（解決手段要旨） | |
|---|---|---|---|---|
| 電気特性（その他） | 特開2000-68650 | H05K 3/46 | コアのめっきスルーホールを2分割して2本の配線を接続する。 | |
| | 特開2001-156456 | H05K 3/46, H01G 4/12 307 | ビアの一部に誘電体を印刷、埋込してコンデンサを形成させる、埋込型のコンデンサの形成法。この廻りの樹脂はポリオレフィンを用いている。 | |
| | 特開平11-67961、特開平11-176985、特開2000-133941 | | | |
| 製造・生産一般 | 特開平5-67881 | H05K 3/46 | ビルドアップ構造を作るとき液状樹脂コートしその上に電解銅めっきの樹脂をラミネートする。 | |
| | 特開平7-283538 | H05K 3/46, H05K 3/38 | 無電解銅めっきで導体を粗化、無電解すずで置換めっき、感光性樹脂でビア形成、ビア開口部を充填めっき。 | |
| | 特許3174474 | H05K 3/46, H05K 3/38 | あらかじめ下層基板にうすく絶縁体をディップでコート、その上に2層の絶縁層を形成。 | |
| | 特開平10-41636 | H05K 3/46, H05K 1/02 | 下層導体層の基準パターンとマスクの基準マークを透明性材料として位置あわせ。 | |
| | 特開平11-154789 | H05K 3/46 | 内部にチップ搭載用のキャビティ付配線板のプロセス。 | |

| 製造・生産一般 | 特開2000-196225 | H05K 3/18, C08L 87/00, H05K 3/46 | 無電解銅めっきの代わりに導電性ポリマーを用いパターンめっき。 |
| --- | --- | --- | --- |
| | 特開2000-315866 | H05K 3/46, H05K 1/03 610, H05K 1/14, H05K 3/36 | プリント配線板を個々に製作、その板の接合部に柱状または突起状の導体でプリント配線板相互を接続、板間の接着層など。 |
| | 特開2001-15912 | H05K 3/46, H05K 3/00, H05K 3/28 | コア基板にビルドアップ層を設計これを2枚合わせる。コアは薄いのでレーザであける。 |
| | 特開2001-217549 | H05K 3/46 | コア板上に複数のビルドアップを有する配線層を一括積層する。 |
| | 特開平7-30259、特許3064780、特開平7-273459、特開平7-273465、特開平8-264941、特開平9-8459、特開平9-8460、特開平9-18142、特開平9-266375、特開平9-293966、特開平10-27964、特開平10-322027、特開平11-68315、特開平11-121924、特開平11-176984、特開平11-307936、特開平11-330698、特開平11-251753、特開2000-133940、特開2000-124608、特開2000-133939、特開2000-133946、特開2000-91742、特開2000-101246、特開2000-216540、特開2000-294925、特開2000-260905、特開2001-7248、特開2001-94007、特開2001-168531、特開2000-315867、特開2001-44640、特開2001-68860、特開平11-74651、特開2001-230550、特開2001-230554 | | |
| 高周波性能の向上および製造・生産一般 | 特開2000-138456 | H05K 3/46 | 第4A族から第1B族で4～7周期の金属Al、Snの1種の薄い層をめっき等で形成。ポリオレフィン系樹脂で高周波性能を向上。 |

| | | | | |
|---|---|---|---|---|
| 高周波性能の向上および製造・生産一般 | 特開2000-156565 | H05K 3/46 | ビルドアップ導体層厚さを同じにしてZ軸制御を容易にする。 | |
| 電気特性（その他）および製造・生産一般 | 特開2001-15918 | H05K 3/46 | ポリオレフィンをビルドアップの絶縁層としビアとともに高誘電率材を充填する穴をあける。 | |
| | 特開2001-15928 | H05K 3/46, H01G 2/06, H05K 1/16 | ビルドアップ層の一部に高誘電率材を形成しコンデンサを構成する。 | |
| | 特開2001-156455 | H05K 3/46 | ビルドアップのビア内の一部に抵抗体を入れたもの、これをマスキングとスパッタリングで行う埋込み抵抗体。 | |
| 小型化および高配線収容性 | 特許3091051 | H01L23/12, H05K 3/46 | パッケージ基板にビルドアップ法を適用し小型化。 | |
| 高配線収容性および製造・生産一般 | 特開平11-186728 | H05K 3/46, H05K 3/38, H05K 3/42 610 | コア基板のめっきスルーホールを導電ペーストで充填全体にめっきパターン化しその上にビルトアップのビアを設ける。 | |

| | |
|---|---|
| クロストークの低減 | 特開平11-68322、特開平11-307687 |
| 伝播遅延時間の低減化 | 特開2001-7250 |
| 電気的接続性 | 特開平9-102678、特開平9-298364、特開平9-298365、特開平11-340591、特開2000-101247、特開2001-24098 |
| 機械的特性 | 特開平7-22754、特開平11-135677 |
| 熱伝導性 | 特開平7-176873 |
| ファインライン化 | 特開平11-340590 |
| 工程数の削減・簡略化 | 特開平11-163528 |
| 機械的特性および製造・生産一般 | 特開2000-150734、特開2000-151099 |
| 高配線収容性および製造・生産一般 | 特開平11-261232 |
| 小型化および高配線収容性 | 特開平6-314752 |
| 製造・生産一般および歩留・生産性の向上 | 特開平9-172255 |
| 伝播遅延時間の低減化および製造・生産一般 | 特開2000-165046 |
| 電気特性（その他）および製造・生産一般 | 特開平5-327228、特開2001-24090 |
| ファインライン化および製造・生産一般 | 特開平11-54920 |

(2) 絶縁材料とスルーホールを含む絶縁層形成法の技術

| 課題 | 公開番号、特許番号 | 特許分類（IPC） | 概要（解決手段要旨） | |
|---|---|---|---|---|
| 高周波性能の向上 | 特開2000-151118 | H05K 3/46, H05K 3/38 | 低誘電率材料のポリオレフィンの構造。 | |
| | 特開2001-94239、特開2001-94262、特開2001-94258 | | | |
| 製造・生産一般 | 特許3137483 | H05K 3/46, H05K 3/18, H05K 3/38 | 粗面化のための微粒子の樹脂としてアミノ樹脂を用いたもの。 | |
| | 特開平11-87915 | H05K 3/46, H05K 3/00 | コアのプリント配線板のパターン化に光吸収層を設け、レーザの反射による発生を防止。 | |
| | 特開平11-150372 | H05K 3/46 | レーザビア法のうちセミアディティブ法でビアの接続を行う製造法。 | |
| | 特開平11-243280 | H05K 3/46 | 無電解銅めっきで導体を粗化、無電解すずで置換めっき、感光性樹脂でビア形成、ビア開口部を充填めっき。 | |
| | 特開2000-77853 | H05K 3/46, B23K 26/00 330, H05K 3/00 | 樹脂付き銅箔の金属層にビア位置を暗色に着色、レーザで銅と樹脂を穴あけ。 | |

| 製造・生産一般 | 特開2000-244115 | H05K 3/46, H05K 3/00 | 熱硬化性ポリオレフィンを絶縁層とし、レーザ光で穴あけ後スパッタで導電化その後パターンめっき。 | |
|---|---|---|---|---|
| | 特開2000-244117 | H05K 3/46, H05K 3/38 | 感光性樹脂の硬化を低温で不完全にしフォトビア形成で現像時に未露光面溶剤で溶解、酸化剤溶解粒子が露出。 | |
| | 特開2000-144419 | H05K 3/28, B05D 1/28, B05D 5/12, H05K 3/46 | 両面塗布ロールコータでパターン面積でロール圧を変える。 | |
| | 特開2000-294926 | H05K 3/46 | 導体を形成後樹脂部をクロム酸でエッチング、導体を粗化して積上げる。 | |
| | 特許3050276、特許3069356、特許2826206、特許2857270、特開平6-310858、特許3142423、特開平7-115273、特開平7-202419、特開平7-231171、特開平7-273450、特開平9-275277、特開平8-291231、特開平9-283932、特開平9-331140、特開平10-4254、特開平10-107449、特開平10-247780、特開平10-98271、特開平11-17345、特開平10-335837、特開平11-168277、特開平11-199852、特開平11-251724、特開平11-266082、特開平11-266078、特開平11-261228、特開平11-289163、特開平11-284337、特開平11-284338、特開平11-284339、特開平11-4068、特開平11-4069、特開平11-61089、特開平11-307932、特開平11-307933、特開平11-298121、特開平11-251749、特開平11-1545、特開平11-87928、特開2000-124603、特開2000-77846、特開2000-77827、特開2000-114727、特開2000-133937、特開2000-188482、特開平11-307938、特開2000-244116、特開2000-244117、特開2000-244118、特開2000-244125、特開2000-261148、特開2000-244131、特開2000-261140、特開2000-294932、特開2000-294934、特開2000-297379、特開2000-349427、特開2000-357872、特開2001-53406、特開2001-53445、特開2001-53451、特開2001-60765、特開2001-85841、特開2001-85837、特開2001-102750、特開2001-102751、特開2001-127435、特開2001-127436、特開2001-138461、特開2001-160680、特開2001-177254、特開2001-185840、特開2001-210957、特開2001-210938、特開2001-7513、特開2001-54753、特開2001-109162、特開2001-146555 | | | |

| 分類 | 特許番号 | IPC | 概要 | 図 |
|---|---|---|---|---|
| 高配線収容性および製造・生産一般 | 特許2776886 | H05K 3/46 | 樹脂の粗化後、開口部パット上を平滑化し無電解銅めっきするもの。 | |
| | 特開平11-307937 | | | |
| 高周波性能の向上・クロストークの低減および製造・生産一般 | 特開2001-15931 | H05K 3/46 | シクロオレフィンを層間絶縁およびめっきスルーホールの充填材とするもの。 | |
| 機械的特性および製造・生産一般 | 特許2547938 | H01B 3/0, C08K 7/16 KCL, H05K 3/38, H05K 3/46 | ビルドアップの絶縁層中に耐熱樹脂の粒子直径2～10μmのものと直径2μm以下の無機粒子を混合。 | |
| | 特開平10-51113 | H05K 3/28, H05K 3/38, H05K 3/46 | 熱硬化性樹脂フィルムを熱プレスで加熱、加圧すると微細凹凸に入り、接着性が向上。 | |
| | 特許3142511 | H05K 3/38, C23C18/20, C23C18/28, H05K 3/18, H05K 3/46 | 酸化剤溶解性粒子を製造する際有機溶媒に分散させたまま未硬化樹脂の溶媒とする。 | |
| | 特開2000-31643 | H05K 3/46, H05K 3/38 | ビルドアップの下層導体を銅錯体と有機酸によりエッチングして粗化、その面に特定金属で被覆されたもの。 | |
| | 特開2000-138452 | H05K 3/46 | 樹脂表面をプラズマ、コロナ紫外線を照射、水酸基カルボニル基を導入、粗化しなくても密着。 | |

| 機械的特性および製造・生産一般 | | | 特開平6-268380、特許3050275 |
|---|---|---|---|
| 製造・生産一般および歩留・生産性の向上 | 特許3204545 | H05K 3/46, H05K 3/28, H05K 3/38 | 粗面化した導体回路にイミダゾール系化合物で処理、密着力向上。 |
| | 特開平9-232752 | H05K 3/38, H05K 3/18, H05K 3/46 | 樹脂の粗化後低分子化した残渣を紫外線で分解。 |
| | 特開平10-154876 | H05K 3/46, H05K 3/38 | ビルドアップの絶縁層のコートを粘度を変えた材料2種を順次塗布、層間絶縁剤の塗布で平坦化(縦方向コート)。 |
| 伝播遅延時間の低減化および高周波性能の向上および製造・生産一般 | 特開2001-223298 | | |
| 高配線収容性およびファインライン化および製造・生産一般 | 特許3138520 | H05K 3/46, H05K 3/18, H05K 3/38 | アミン系ヒドロキシエーテル構造エポキシ粒子を分散させた耐熱性樹脂からなる絶縁層を無電解めっきで、ビアを形成。 |
| 伝播遅延時間の低減化および製造・生産一般 | | | 特開平11-340610 |
| 電気特性（その他） | | | 特開平10-209615 |
| 機械的特性 | | | 特開2000-299541、特開平7-193373 |

(3) 導体材料と導体回路・層間接続形成法の技術

| 課題 | 公開番号、特許番号 | 特許分類（IPC） | 概要（解決手段要旨） | |
|---|---|---|---|---|
| 製造・生産一般 | 特開平9-153669 | H05K 3/18, H05K 3/38, H05K 3/46 | Cu、Ni、Pの粗面化の処理液のバブリングで$O_2$濃度を1.0ppm以下とする。 | |
| | 特許3101197 | H05K 3/46, H05K 3/38 | 粗面化した導体表面にイオン化傾向がCu〜Tiの金属層を設け、さらに防錆剤をコートしたもの。 | |
| | 特開平10-13028 | H05K 3/46 | 層間接続のビアを導電ペーストとしたもの。 | |
| | 特開平11-243280 | H05K 3/46 | 無電解銅めっきで導体を粗化、無電解スズで置換めっき、感光性樹脂でビア形成、ビア開口部を充填めっき。 | |
| | 特開平11-150372 | H05K 3/46 | レーザビア法でセミアディティブ法でビアの接続を行う製造法。 | |
| | 特開平11-251752 | H05K 3/46, H05K 3/34 501 | ビアがめっきによる充填されたものとなっている。 | |
| | 特開2000-101243 | H05K 3/46 | ビルドアップのビアの底部パッドより無電解銅めっきを析出させフィルドビアとする。 | |
| | 特開2000-77853 | H05K 3/46, B23K 26/00 330, H05K 3/00 | 樹脂付き銅箔の金属層にビア位置を暗色に着色、レーザで銅と樹脂を穴あけ。 | |

| 課題 | 公開番号、特許番号 | 特許分類（IPC） | 概要（解決手段要旨） |
|---|---|---|---|
| 製造・生産一般 | | | |

| 製造・生産一般 | 特開2000-244115 | H05K 3/46, H05K 3/00 | 熱硬化性ポリオレフィンを絶縁層とし、レーザ光で穴あけ後、スパッタで導電化、その後パターンめっき。 |
|---|---|---|---|
| | 特開2000-282247 | C23C18/40, C23C18/32, H05K 1/09, H05K 3/18, H05K 3/46 | 絶縁層との密着性に優れ剥離しにくい、酒石酸ベースの特定濃度の無電解銅めっき液でNi、Cu、Feのいずれか含むもの。 |
| | 特開2001-168529 | H05K 3/46, C23C28/02, C25D 7/00, H05K 1/11, H05K 3/40 | コアスルーホールをめっきで充填させるため2度の電解めっきを行う。 |
| | 特開2000-294926 | H05K 3/46 | 導体を形成後、樹脂部をクロム酸でエッチング、導体を粗化して積上げる。 |
| | 特開2001-7529 | H05K 3/46, H01L 23/12 | パッドの上にめっきポイントを形成して上部に接続する。 |
| | 特許3069356、特許2826206、特開平7-202419、特開平9-130050、特開平9-162514、特開平9-214138、特開平9-246732、特開平9-283932、特開平10-56262、特開平10-247782、特開平10-284835、特開平10-233579、特開平10-242638、特開平10-242639、特開平10-70367、特開平10-261869、特開平11-17336、特開平11-186729、特開平11-243277、特開平11-243278、特開平11-243279、特開平11-251745、特開平11-261216、特開平11-307933、特開平11-307938、特開2000-22334、特開2000-22335、特開平11-87926、特開平11-87928、特開平11-233950、特開平11-251749、特開2000-353764、特開2000-22339、特開2000-31653、特開2000-68626、特開2000-101243、特開2000-114725、特開2000-114717、特開2000-91750、特開2000-114719、特開2000-124618、特開2000-124607、特開2000-124609、特開2000-133945、特開2000-138462、特開2000-183495、特開2000-178754、特開2000-183521、特開2000-174436、特開2000-208903、特開2000-216546、特開2000-286557、特開2000-286558、特開2000-294929、特開2000-299562、特開2000-299557、特開2000-299558、特開2000-307226、特開2000-312077、特開2000-349435、特開2001-36220、特開2001-44627、特開2001-135916、特開2001-144442、特開2001-144450、特開2001-144410、特開2001-156446、特開2001-196740、特開2001-196744、特開2001-144446、特開2000-353874、特開2001-217543、特開2001-203448、特開2001-7526、特開2000-261149、特開2001-15927 | | |

| 分類 | 文献番号 | IPC | 概要 | 図 |
|---|---|---|---|---|
| 電気特性（その他）および 製造・生産一般 | 特開2000-200971 | H05K 3/46, H05K 3/38 | セミアディティブ法で導体回路形成、この上をCu錯体－有機酸で粗面化と同時にPdを除去。 | |
| 電気的接続性および 製造・生産一般 | 特開2000-277918 | H05K 3/46 | ビア内に無電解銅めっきで導電化、硫酸銅めっきにレベリング用添加剤でフィルドビアとする。 | |
| 機械的特性および 製造・生産一般 | 特開平9-199838 | H05K 3/24, H05K 1/09, H05K 3/00, H05K 3/38, H05K 3/46 | 粗面化した樹脂に一次めっきとして行う銅-ニッケル系の無電解めっき組成。 | |
| | 特開平10-51113 | H05K 3/28, H05K 3/38, H05K 3/46 | 熱硬化性樹脂フィルムを熱プレスで加熱、加圧すると微細凹凸に入り、接着性が向上。 | |
| | 特開平11-186730 | H05K 3/46, H05K 3/38, H05K 3/42 610 | コアめっきスルーホールの内壁を粗化し密着性を向上する。 | |
| | 特開2000-31643 | H05K 3/46, H05K 3/38 | ビルドアップの下層導体を銅錯体と有機酸によりエッチングして粗化、その面に特定金属で被覆されたもの。 | |
| | 特許3069496、特開平7-147483 | | | |

| | | | | |
|---|---|---|---|---|
| 高配線収容性および製造・生産一般 | 特許2776886 | H05K 3/46 | 樹脂の粗化後、開口部パット上を平滑化し無電解銅めっき。 | |
| | 特開平11-251754 | H05K 3/46, H05K 3/38 | フィールドビアをめっきにより形成、ビアの直上にビアの形成をする この時ビア表面を祖化する。 | |
| | 特開2000-252622 | H05K 3/38, H05K 3/18, H05K 3/46 | セミアディティブ法で無電解銅とパラジウムを溶解する溶液、同時に粗化も可能。 | |
| | 特開平11-307937 | | | |
| 高配線収容性およびファインライン化および製造・生産一般 | 特許3138520 | H05K 3/46, H05K 3/18, H05K 3/38 | アミン系ヒドロキシエーテル構造エポキシ粒子を分散させた耐熱性樹脂からなる絶縁層を無電解めっきで、ビアを形成。 | |
| 伝播遅延時間の低減化および高周波性能の向上および製造・生産一般 | 特開2001-223298 | H01L23/12, H05K 3/46 | ビルドアップのコア基板、あるいはビルドアップ層の一部にコンデンサを設計。 | |
| 電気的接続性 | 特開2000-101247、特開2000-353775、特開2000-357762、特開2001-127434 | | | |
| 機械的特性 | 特開平10-242622 | | | |
| 製造・生産一般および歩留・生産性の向上 | 特許3204545 | | | |

## 2.1.4 技術開発拠点

特許明細書に記載されている発明者の住所から調査した技術開発拠点は、多い順に次の4ヶ所であり、いずれも岐阜県にある。（ただし、組織変更などによって事業所名・研究者名等が現時点と異なる場合も有り得る。）

　岐阜県揖斐郡：大垣北工場
　岐阜県大垣市：青柳工場
　岐阜県大垣市：河間工場
　岐阜県大垣市：大垣工場

## 2.1.5 研究開発者

イビデンの発明者・出願件数の年次推移を図2.1.5-1に示す。

イビデンの研究開発者は、1995年以降に増加の傾向を続けているとみられ、99年には発明者人数は50人を超えて、特許の出願件数も80件を越えて研究開発が活発になっている。

電力応用の化学工業の企業で、肥料、合成樹脂等を生産していた。よって、電気化学、合成樹脂関連の技術層は豊富である。これらの技術者が、電子関連の知識を得て、プリント配線板の製造に進出したもので、めっき、絶縁樹脂の合成に関しても、充分な力を有している。プリント配線板の材料の開発、製造プロセスの開発に優れた力を発揮し、ビルドアップ多層プリント配線板についても、材料より開発を始めており、IBMの発表より早いものがあった。

図 2.1.5-1 イビデンの発明者数・出願件数の年次推移

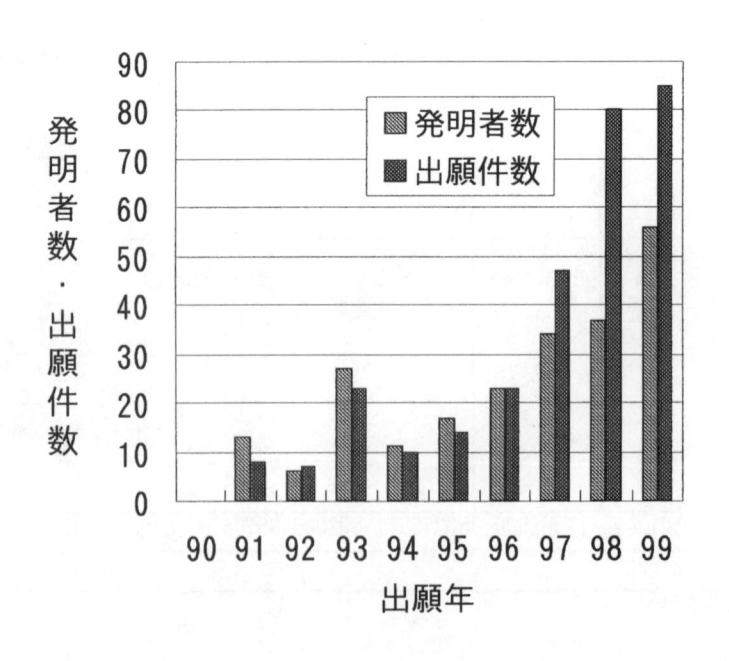

## 2.2 日立化成工業

### 2.2.1 企業の概要

日立化成工業は日立製作所グループの化学部門の中核会社である。エレクトロニクス関連特殊化学品や樹脂加工品が主な事業である。プリント配線板の材料や技術開発を行っており、配線板の製造は子会社の日立エーアイシーで製造している。また、プリント配線板のメーカーである新神戸電機も日立化成工業の関連会社である。

表 2.2.1-1 日立化成工業の企業概要

| | | |
|---|---|---|
| 1) | 商号 | 日立化成工業株式会社 |
| 2) | 設立年月日 | 昭和 37 年 10 月 10 日（1962 年 10 月 10 日） |
| 3) | 資本金 | 152 億 8300 万円（2001 年 8 月 1 日現在） |
| 4) | 従業員 | 4,304 名（2001 年 3 月現在） |
| 5) | 事業内容 | エレクトロニクス関連製品（45％）、工業材料関連製品（39％）、住宅機器・環境設備（16％）　〔国内 80：海外 20〕 |
| 6) | 事業所 | 本社/東京都新宿区<br>工場/山崎（日立市）、鹿島、五井、下館 |
| 7) | 関連会社 | 国内/日立エーアイシー、新神戸電機、日立粉末冶金、日本無機、連結子会社数　84<br>海外/Hitachi Chemical Europ GmbH、Hitachi Chemical Co America Ltd, Hitachi Chemical Research Center Inc |
| 8) | 業績推移 | 　　　　　売上高　　経常利益　　利益　　（百万円）<br>1999.3　　236,050　　12,720　　6,045<br>2000.3　　249,570　　15,420　　7,860<br>2001.3　　257,960　　20,916　　7,911 |
| 9) | 主要製品 | 電子電機材料・部品、有機材料製品、合成樹脂加工品、無機材料製品、住宅機器・環境設備、医薬品 |
| 10) | 主な取引先 | （販売）日立製作所、日産自動車、NEC<br>（仕入）三井物産、日製産業、電気化学工業 |
| 11) | 技術移転窓口 | － |

### 2.2.2 ビルドアップ多層プリント配線板に関連する製品・技術

親会社に技術開発力のある日立製作所を有し、日立エーアイシーを含めた多層プリント配線板の大手であるとともに、配線板基材や関連材料の最大手メーカーである。

ビルドアップ工法おいて、歩留良く、作業環境にも対応したファインライン化という課題に対し、その解決手段として、水現像型でアディティブめっきが可能な感光性絶縁樹脂フィルムを開発した。現在発売している水現像型アディティブめっき用感光性絶縁樹脂「BF-8500」で課題が解決されている。

なお、技術供与については、LG Chemical(韓国)にプリント配線板用銅張積層板および多層接着シートに関する特許実施権及び技術情報の供与がある（2001 年有価証券報告書）。

表 2.2.2-1 に製品・技術を示す。

表 2.2.2-1 日立化成工業のビルドアップ多層プリント配線板に関連する製品・技術

| 用途/機種 | 製品 | 製品名 | 発表/発売時期 | 出典 |
|---|---|---|---|---|
| ビルドアップ多層配線板用絶縁材料 | 感光性絶縁樹脂（ドライフィルム／真空ラミネータ） | （エポキシ系）<br>■BF-8500（水現像型アディティブめっき用）<br>■SR-3000 | 1999年 | ①同社製品カタログ・2001年6月（■印）<br>②エレクトロニクス実装技術 1999年6月号 |
| | 感光性絶縁樹脂（液状／スクリーン印刷） | （フォトビア用エポキシ系）<br>□BL-8500<br>□BL-9700 | 1997年 | ①同社製品カタログ・1997年6月（□印） |
| | 熱硬化性絶縁樹脂（接着フィルム／真空積層） | （エポキシ系）<br>□AS-3000 | | |
| | | ■GXA-679P | 2001年 | 電子材料 2001年10月号 |
| ビルドアップ多層配線板用絶縁・導体複合材料 | 熱硬化性樹脂付き銅箔（シート状） | 「レーザビア用銅箔付接着フィルム」（エポキシ系／G：ハロゲンフリー）<br>■MCF-1000E<br>■MCF-4000G<br>■MCF-7000LX<br>（高周波対応） | 1999年 | ①エレクトロニクス実装技術 1999年6月号<br>②同社製品カタログ<br>・2000年5月（□印）<br>・2001年6月（■印） |
| | | □MCF-6000E<br>（高Tg、高剛性）<br>□MCF-6000G<br>（高Tg、高剛性） | | |
| | | ■MCF-9000E | 2001年 | 電子材料 2001年10月号 |
| BGA、CSP実装用接続部品 | ビルドアップ多層プリント配線板 | 高密度ビルドアップ配線板<br>■「HITAVIA™」 | 2000年 | 同社製品カタログ・2001年6月（■印） |
| 小型電子機器用接続部品 | ビルドアップ多層プリント配線板 | [日立エーアイシー]<br>「Addivia™」<br>■ビルドアップ多層配線板<br>・同社独自のフルアディティブ法 CC-41 により、外層回路、IVH、スルーホールを形成 | — | 同社製品カタログ（CD-ROM 版）1998年 |

## 2.2.3 技術開発課題対応保有特許の概要

　ここ 10 年間（1991 年 1 月 1 日から 2001 年 8 月までに公開された特許・実用新案）において、公開された特許・実用新案件数は 173 件である（日立エーアイシーも含む）。
　うち、係属中の特許・実用新案件数（2001 年 10 月時点）は 122 件である。
　122 件のビルドアップ多層プリント配線板技術特許のうち、
　　技術要素(1)多層の形状・構造と製造方法の特許は 18 件、
　　技術要素(2)絶縁材料とスルーホールを含む絶縁層形成法の特許は 91 件、
　　技術要素(3)導体材料と導体回路・層間接続形成法の特許は 56 件、
　　（技術要素(2)と(3)の両方に関連する特許が 43 件）である。

これらのうち、重要と判断された特許・実用新案は 11 件あり、表 2.2.3-1 の表中の概要の項に、図表付きで、その内容を示している。
　ビルドアップ多層プリント配線板、パッケージ基板およびその関連の絶縁材料を中心にして幅広い分野をカバーしている。親会社の日立製作所と連携したビルドアップ多層プリント配線板の開発が多いが、銅張積層板などプリント配線板基材の最大手メーカーとして、ビルドアップ多層プリント配線板関連材料の開発に早くから着手している。
　技術要素（2）絶縁材料とスルーホールを含む絶縁層形成法の技術と技術要素（3）導体材料と導体回路・層間接続法の技術が特許出願の中心である。
　図2.2.3-1に示すように、技術要素（2）絶縁材料とスルーホールを含む絶縁層形成法の技術では、電気的接続性、機械的特性、工程数の削減・簡略化、歩留・生産性の向上などの課題に取り組み、解決手段として絶縁材料などの開発に取り組んでいる。例えば、樹脂付き銅箔をベースとした歩留向上などの応用技術の開発などに注力している。

図2.2.3-1　日立化成工業の技術要素(2)　絶縁材料とスルーホールを含む絶縁層形成法の技術
　　　　　における課題と解決手段の分布

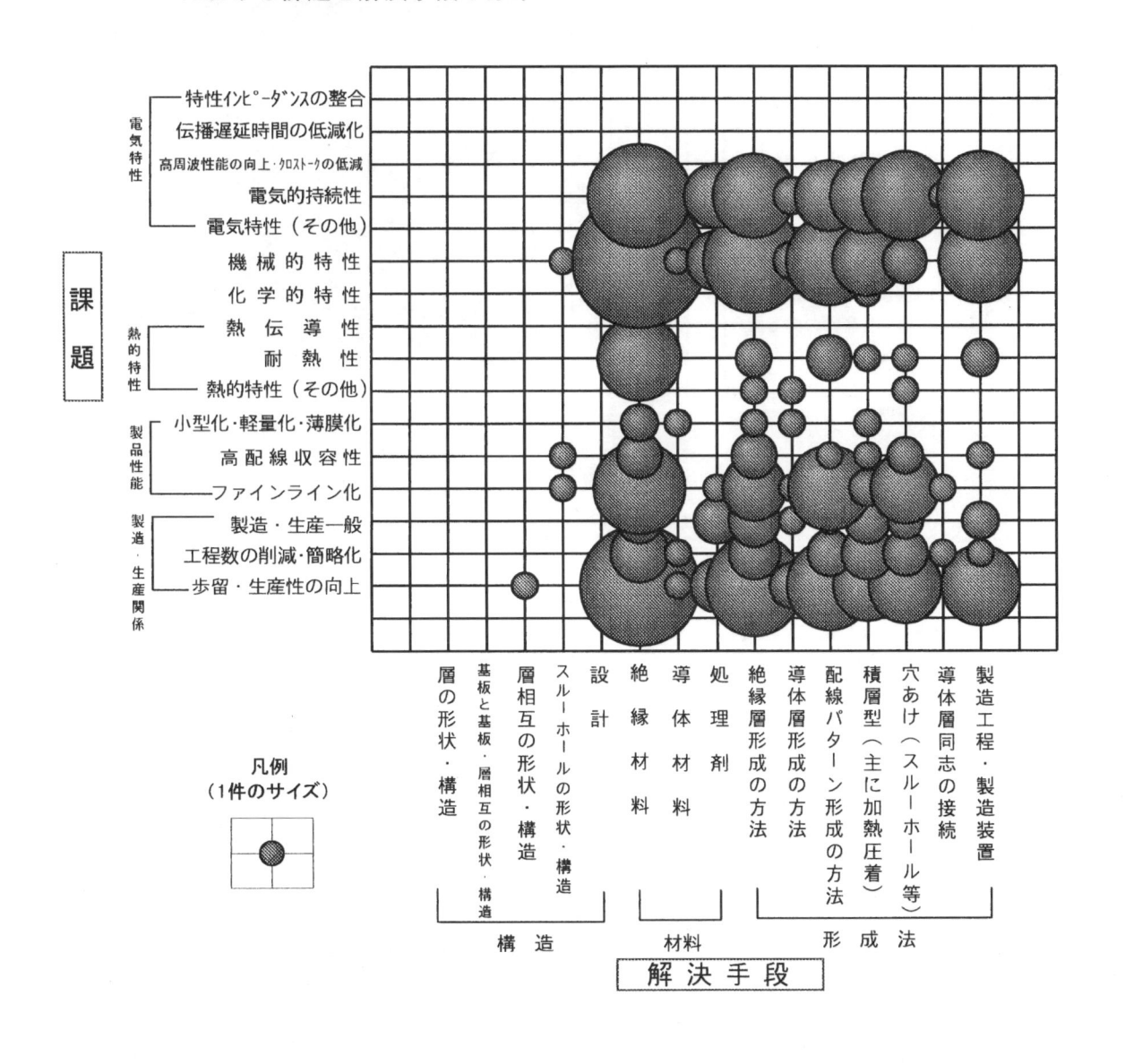

また、図2.2.3-2に示すように、技術要素（3）導体材料と導体回路・層間接続法の技術では、電気的接続性、機械的特性、歩留・生産性の向上などの課題に取り組み、解決手段として絶縁材料や配線パターン形成や穴あけによる形成法などの開発に取り組んでいる。例えば、めっき柱、導電性ペーストとめっき法との組み合わせなどを用いた層間接続における接続信頼性の向上をはかる技術開発などに注力している。

図2.2.3-2 日立化成工業の技術要素(3) 導体材料と導体回路・層間接続法の技術における課題と解決手段の分布

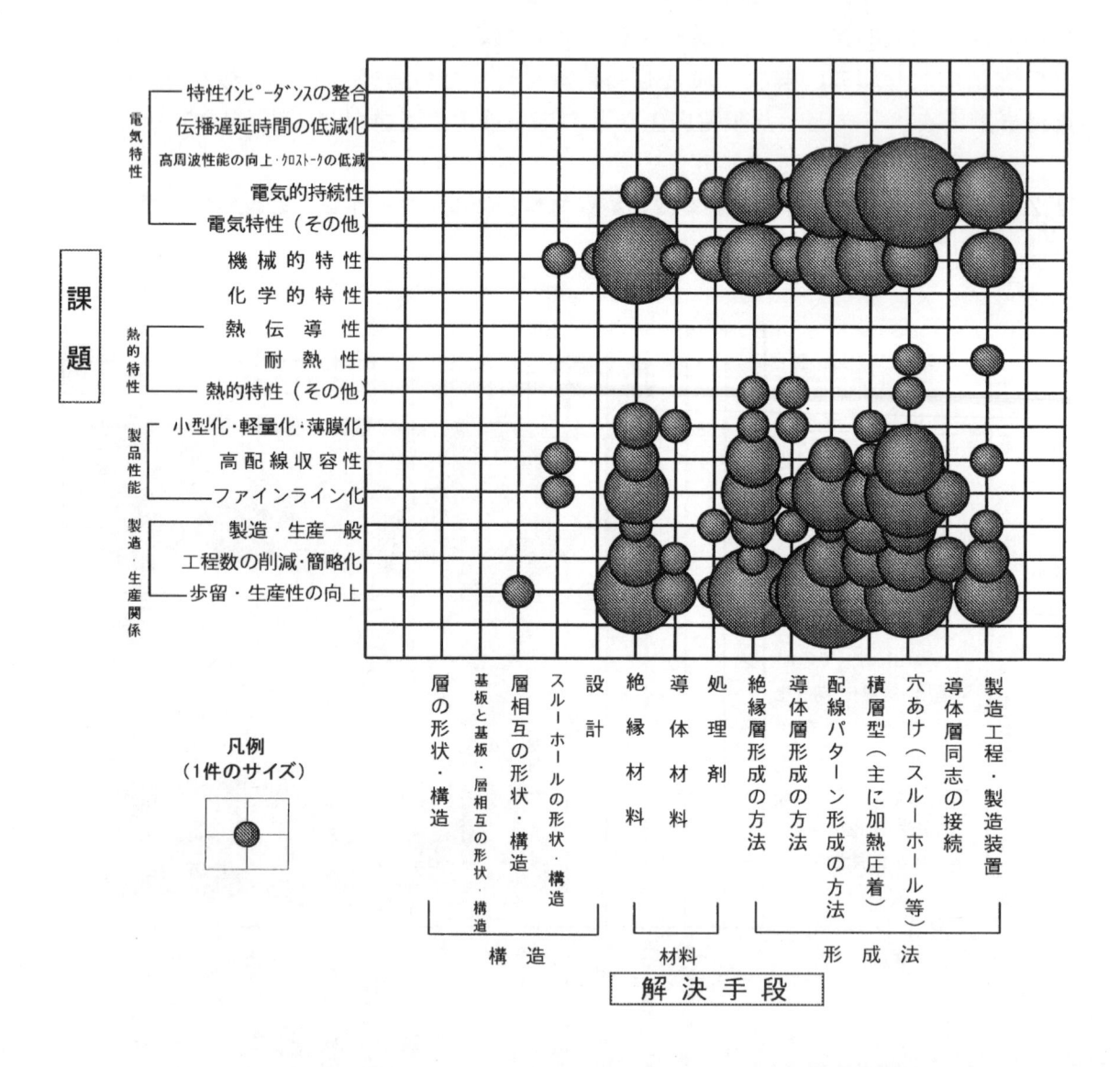

　なお、全般には、技術開発領域が広い範囲にわたっているのが、日立化成工業の特徴である。また特徴的な技術では、レーザ穴あけを含め樹脂付き銅箔関連では、1996年より特許出願されている。

表 2.2.3-1 日立化成工業の技術開発課題対応保有特許の概要

(1) 多層の形状・構造と製造方法の技術

| 課題 | 公開番号、特許番号 | 特許分類（IPC） | 概要（解決手段要旨） | |
|---|---|---|---|---|
| 機械的特性および 耐熱性 | 特開平11-163517 | H05K 3/46 | 絶縁層表面およびビアホール内壁に無電解めっきを0.5～3μmの厚さでめっき後、電解めっきをほどこす。 | |
| 電気的接続性および高配線収容性 | 特開平11-168281 | H05K 3/46, B23K 26/00 330, H05K 3/00 | ビアおよびベリードビアに永久樹脂インクで埋め、両スルーホール上にハンダ層をもつランド層を形成する。 | |
| 薄膜化および高配線収容性および工程数の削減・簡略化 | 特開平9-246728 | H05K 3/46, B32B 15/08 | 金属箔付き接着層に剥離可能な有機フィルムを設け、有機フィルム側より金属箔で止まるようレーザで穴あけし非貫通穴に導電性ペーストを充填し、加圧加熱により層間接着する。 | |
| 電気的接続性 | | | 特開平11-46056、特開2001-223469 | |
| 高配線収容性 | | | 特開平11-251746 | |
| 工程数の削減・簡略化 | | | 特開2000-101242 | |
| 歩留・生産性の向上 | | | 特開平7-336050、特開平9-148744 | |
| 高配線収容性およびファインライン化 | | | 特開平9-321436、特開平11-40949 | |
| 高配線収容性および工程数の削減・簡略化 | | | 特開平9-275273 | |
| 機械的特性および製造・生産一般 | | | 特開2001-185860 | |
| 機械的特性および歩留・生産性の向上 | | | 特開平11-177237 | |
| 熱伝導性およびファインライン化 | | | 特開平11-307943 | |
| 伝播遅延時間の低減化および電気的接続性および 高配線収容性 | | | 特開平11-204938 | |
| 電気的接続性および高配線収容性およびファインライン | | | 特開2000-4080、特開2000-68648 | |

(2) 絶縁材料とスルーホールを含む絶縁層形成法の技術

| 課題 | 公開番号、特許番号 | 特許分類（IPC） | 概要（解決手段要旨） | |
|---|---|---|---|---|
| 製造・生産一般 | 特許3121213 | C08L63/00, C08G59/16, C08L 9/02, G03F 7/038 503, H05K 3/46 | ビルドアップ用材料アクリロニトルブタジェンゴムを含むエポキシ。 | （図面なし） |
| | 特開平11-49847 | C08G 59/68, G03F 7/038 503, H05K 3/46 | ビルドアップ用エポキシ絶縁材。 | |

| | | | | |
|---|---|---|---|---|
| | 製造・生産一般 | 特開2000-244132、特開2001-7517 | | |
| 電気的接続性およびファインライン化 | 特開平7-221456 | H05K 3/46 | キャリア金属箔にあらかじめ柱状のパターンを形成し、絶縁基板に埋め込み、下面に配線パターンを形成し、さらに絶縁基板と合体させ柱状パターンの上に第2の配線パターンを形成する。 | |
| | 特開2000-244126 | H05K 3/46, H05K 3/18 | 電導性ペーストによるビア形成とビアを形成した絶縁層に無電解めっき層を形成し、電解めっきで回路を形成後無電解めっき部分をエッチングで除去する。 | |
| 機械的特性およびファインライン化 | 特開平6-148877 | G03F7/012, C08G 59/18 NLE, C08G 59/40 NHX 他 | エポキシおよびフェノール樹脂からなる感光性樹脂にゴム成分を添加して、フィルム性を付与する。 | (図面なし) |
| 機械的特性および製造・生産一般 | 特開平10-145040 | H05K 3/46 | 導体間凹みを絶縁性ワニスで埋め、インタステイシャルビアホール用の穴を形成した銅箔付樹脂フィルムを積層する。 | (図面なし) |
| 高配線収容性および歩留・生産性の向上 | 特開平11-54933 | H05K 3/46 | 真空ラミネーションにより貫通接続穴も樹脂シートにより埋め込み、絶縁層を形成する。 | |

| | | | | |
|---|---|---|---|---|
| ﾌｧｲﾝﾗｲﾝ化および歩留・生産性の向上 | 特開平8-316631 | H05K 3/46 | 接着剤を塗布したキャリア付極薄銅箔を用い、ドリルでビアホール、スルーホールをあける。 | |

| | |
|---|---|
| 電気的接続性 | 特開平9-232755、特開平11-186720、特開平11-261221、特開平11-274728、特開2000-277924、特開2001-60769、特開2001-156452 |
| 機械的特性 | 特開平7-226593、特開平7-273466、特開平11-31885、特開平11-92593、特開平11-261220、特開平11-261224、特開平11-279414、特開平11-284336、特開平11-279766、特開平11-317573,特開2000-36659、特開2000-77847、特開2000-96022、特開2001-151837、特開平11-112155、特開2001-119137 |
| 耐熱性 | 特開平11-261242、特開平11-340624、特開平11-103175、特開2000-269650 |
| 高配線収容性 | 特開平8-222856 |
| 工程数の削減・簡略化 | 特開平9-232759、特開平11-35909、特開2001-177237、特開平10-163629 |
| 歩留・生産性の向上 | 特許2714985、特開平7-122858、特開平7-226582、特開平8-107275、特開平9-64543、特開平9-83137、特開平9-92981、特開平10-22639、特開平11-126968、特開2000-13032、特開2000-114721、特開2000-133935、特開2000-138463 |
| 電気的接続性および歩留・生産性の向上 | 特開平9-135076、特開平9-153677、特開平10-294567、特開平11-220258、特開平11-269344、特開平11-274688、特開2001-177255、特開2001-207032 |
| 電気的接続性および熱的特性（その他） | 特開平7-226590 |
| 電気的接続性および工程数の削減・簡略化 | 特開平8-288648 |
| 電気的接続性および機械的特性 | 特開平11-186719 |
| 電気的接続性および製造・生産一般 | 特開2001-119140 |
| 電気的接続性およびﾌｧｲﾝﾗｲﾝ化 | 特開2001-127433 |
| 電気的接続性および耐熱性 | 特開2001-152108 |
| 機械的特性およびﾌｧｲﾝﾗｲﾝ化 | 特開平7-224149、特開平8-139457、特開平8-139458、特開平11-284346、特開平10-261870、特開平10-4271 |
| 機械的特性および歩留・生産性の向上 | 特開平8-316632、特開平11-315258 |
| 機械的特性および製造・生産一般 | 特開2000-151100 |
| 機械的特性および耐熱性 | 特開2001-151853 |
| 機械的特性および薄膜化 | 特開平10-22640 |
| 耐熱性および高配線収容性 | 特開平11-103173 |
| 薄膜化およびﾌｧｲﾝﾗｲﾝ化 | 特開2000-36660 |
| 高配線収容性および製造・生産一般 | 特開平8-288656 |
| 高配線収容性および工程数の削減・簡略化 | 特開平10-261872 |
| ﾌｧｲﾝﾗｲﾝ化および工程数の削減・簡略化 | 特開平10-22634 |
| ﾌｧｲﾝﾗｲﾝ化および歩留・生産性の向上 | 特開平11-261219、特開平11-266080、特開2001-185846 |
| 電気的接続性および機械的特性および工程数の削減・簡略化 | 特開平7-226583 |
| 電気的接続性および機械的特性およびﾌｧｲﾝﾗｲﾝ化 | 特開平11-109650 |
| 電気的接続性および機械的特性および製造・生産一般 | 特開平6-120668 |
| 電気的接続性およびﾌｧｲﾝﾗｲﾝ化および歩留・生産性の向上 | 特開2001-119150 |
| 機械的特性および化学的特性および耐熱性 | 特開平11-186718 |
| 耐熱性およびﾌｧｲﾝﾗｲﾝ化および歩留・生産性の向上 | 特開平9-186462 |

## （3）導体材料と導体回路・層間接続形成法の技術

| 課題 | 公開番号、特許番号 | 特許分類（IPC） | 概要（解決手段要旨） | |
|---|---|---|---|---|
| 工程数の削減・簡略化 | 特開平10-303561 | H05K 3/46, H05K 3/32 | 配線より大きな高さの層間接続端子を形成し、接着剤層を介して、他方の回路形成基板の対向端子に加熱圧着する。 | |
| 電気的接続性およびファインライン化 | 特開平5-152764 | H05K 3/46 | あらかじめキャリア金属箔に配線パターンを形成し、絶縁基板に埋め込み、キャリア金属箔をエッチングして、層間接続用柱を形成する。 | |
| | 特開2000-244126 | H05K 3/46, H05K 3/18 | 電導性ペーストによるビア形成とビアを形成した絶縁層に無電解めっき層を形成し、電解めっきで回路を形成後無電解めっき部分をエッチングで除去する。 | |
| | 特開平7-221456 | H05K 3/46 | キャリア金属箔にあらかじめ柱状のパターンを形成し、絶縁基板に埋め込み、下面に配線パターンを形成し、さらに絶縁基板と合体させ柱状パターンの上に第2の配線パターンを形成する。 | |
| 機械的特性および製造・生産一般 | 特開平10-145040 | H05K 3/46 | 導体間凹みを絶縁性ワニスで埋め、インタスティシャルビアホール用の穴を形成した銅箔付樹脂フィルムを積層する。 | （図面なし） |

| | | | |
|---|---|---|---|
| 高配線収容性および歩留・生産性の向上 | 特開平11-54933 | H05K 3/46 | 真空ラミネーションにより貫通接続穴も樹脂シートにより埋め込み、絶縁層を形成する。 |
| ファインライン化および歩留・生産性の向上 | 特開平8-316631 | H05K 3/46 | 接着剤を塗布したキャリア付極薄銅箔を用い、ドリルでビアホール、スルーホールをあける。 |

| | |
|---|---|
| 電気的接続性 | 特開平9-232755、特開平11-346058、特開2000-277924、特開2001-156452 |
| 機械的特性 | 特開平7-226593、特開平11-31885、特開平11-261224、特開平11-284336、特開平11-279766、特開2000-36659、特開2000-77847、特開2000-183492、特開2001-119137、特開2000-36662 |
| 耐熱性 | 特開平11-340624 |
| 高配線収容性 | 特開平8-222856、特開平11-87923 |
| 製造・生産一般 | 特開2001-7517 |
| 工程数の削減・簡略化 | 特開平7-273458、特開平8-288649、特開平9-232759、特開2001-177237 |
| 歩留・生産性の向上 | 特開平7-226582、特開平9-64543、特開平9-83137、特開平9-92981、特開平10-22639、特開平11-126968、特開2000-36661、特開2000-13032、特開2000-114721 |
| 電気的接続性および熱的特性（その他） | 特開平7-226590 |
| 電気的接続性および高配線収容性 | 特開2000-138459 |
| 電気的接続性および歩留・生産性の向上 | 特開平9-135076、特開平9-153677、特開2000-36661、特開2000-36662、特開2001-203464 |
| 電気的接続性およびファインライン化 | 特開2001-127433、特開2001-127437 |
| 機械的特性および薄膜化 | 特開平10-22640 |
| 機械的特性およびファインライン化 | 特開平10-4271、特開平10-261870 |
| 薄膜化およびファインライン化 | 特開2000-36660 |
| 高配線収容性および製造・生産一般 | 特開平8-288656、特開平9-260852 |
| 高配線収容性および工程数の削減・簡略化 | 特開平10-261872 |
| ファインライン化および工程数の削減・簡略化 | 特開平10-22634 |
| ファインライン化および歩留・生産性の向上 | 特開平11-261219、特開2001-185846 |
| 電気的接続性および機械的特性および製造・生産一般 | 特開平6-120668 |
| 電気的接続性およびファインライン化および歩留・生産性の向上 | 特開2001-119150 |

## 2.2.4 技術開発拠点

特許明細書に記載されている発明者の住所から調査した主な技術開発拠点は多い順に次の6ヶ所であり、比較的多くの拠点から出願されているがすべて茨城県内である。(ただし、組織変更などによって事業所名・研究者名等が現時点と異なる場合も有り得る。)

茨城県下館市　　：下館事業所
茨城県下館市　　：総合研究所
茨城県つくば市　：筑波開発研究所
茨城県日立市　　：山崎事業所
茨城県下館市　　：五所宮事業所
茨城県鹿島郡　　：鹿島工場

なお、関連会社の日立エーアイシー(株)の発明者の住所は主に次の3ヶ所である。

栃木県芳賀郡　　：栃木事業所
神奈川県小田原市：神奈川事業所
東京都品川区　　：本社所在地

## 2.2.5 研究開発者

日立化成工業と日立エーアイシーの発明者・出願件数の年次推移を図2.2.5-1に示す。

日立化成工業と日立エーアイシーの研究開発者は、発明者数ではやや増加傾向がみられ、研究開発者がやや増加していると思われる。出願件数は1998年に40件を越えたが、全般には94年以降、年間20件程度で安定している。ビルドアップ多層プリント配線板、パッケージ基板およびその関連の絶縁材料を中心にして幅広い分野を研究対象にしている。特に、96年からはレーザ穴あけを含め樹脂付き銅箔関連の特許を出願している。

図2.2.5-1 日立化成工業と日立エーアイシーの発明者数・出願件数の年次推移

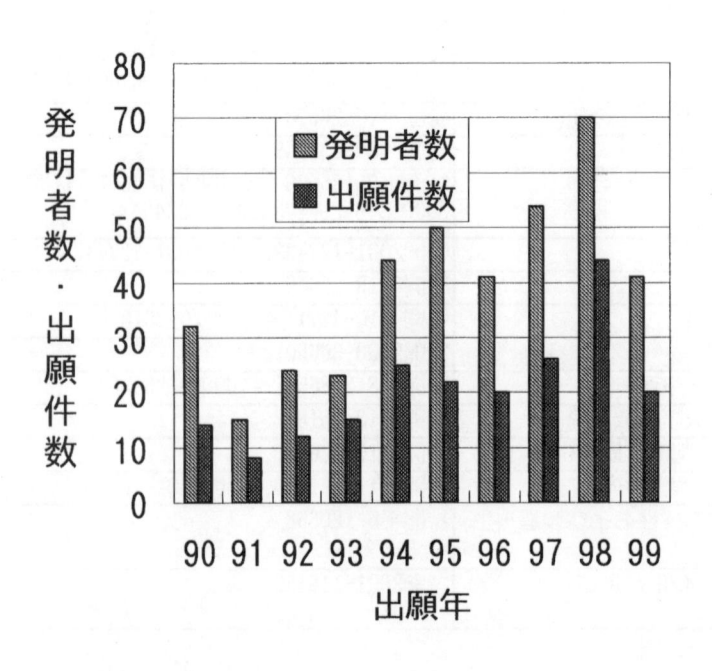

## 2.3 日立製作所

### 2.3.1 企業の概要

日立製作所は、重電、エレクトロニクス、家電製品など多くの事業分野を展開している総合電機メーカーのトップクラスの企業である。技術力は定評がある。連結子会社数が1,069社あり、一大グループを形成している。ビルドアップ多層プリント配線板に関する特許出願も多い。日立製作所の企業概要を表2.3.1-1に示す。

なお、技術移転に関しては、技術移転を希望する企業には、積極的に交渉していく。その際、自社内に技術移転に関しての機能があるので、仲介等は不要であり、直接交渉する。

表2.3.1-1 日立製作所の企業概要

| | | |
|---|---|---|
| 1) | 商号 | 株式会社日立製作所 |
| 2) | 設立年月日 | 大正9年2月1日(1920年2月1日) |
| 3) | 資本金 | 2,817億5400万円(2001年8月1日現在) |
| 4) | 従業員 | 55,609名(2001年3月現在) |
| 5) | 事業内容 | 情報・エレクトロニクス(32%)、電力・産業システム(23%)、家庭電器(9%)、材料(13%)、サービス他(23%) 〔国内69:海外31〕 |
| 6) | 事業所 | 本社/東京都千代田区<br>工場/日立、国分寺、土浦、水戸 |
| 7) | 関連会社 | 国内/日立化成工業、日立金属、日立電子エンジニアリング、日立機電工業、日立マクセル、日立電線 連結子会社数1,069(2001.3)<br>海外/Hitachi Electronic Devices(USA),Inc、Hitachi Semiconductor(Europe)GmbH、Hitachi Electronic Devises (Singapole) Pte.Ltd |
| 8) | 業績推移 | 売上高　　経常利益　　利益　　(百万円)<br>1999.3　3,781,118　▲114,920　▲175,634<br>2000.3　3,771,948　　40,865　　11,872<br>2001.3　4,015,824　　56,058　　40,121 |
| 9) | 主要製品 | 電気機械器具、産業機械器具、通信機器、電子機器、家電製品、計量機、光学製品、医療機器、金属材料 |
| 10) | 主な取引先 | (販売) NTT、東京電力、KDDI<br>(仕入) 松下電器産業、日本HP、大日本印刷 |
| 11) | 技術移転窓口 | 知的財産権本部　ライセンス第一部<br>東京都千代田区丸の内1-5-1<br>TEL 03-3212-1111 |

### 2.3.2 ビルドアップ多層プリント配線板に関連する製品・技術

大型・中型コンピュータ用およびパッケージ基板を手がけ、系列会社に多層プリント配線板および関連材料の最大手の日立化成工業を有し、先端技術の開発に注力している。

半導体チップの直接実装(FC)用基板の高密度化の課題に対し、感光性樹脂を絶縁層とするビルドアップ工法で、フォトビア径70μmおよびライン/スペース=35/25μm、バンプピッチ75μmの基板を開発し、現在発売しているMCM-L、BGA等のチップキャリ

アで課題を解決している。表2.3.2-1に製品・技術を示す。

表2.3.2-1 日立製作所のビルドアップ多層プリント配線板に関連する製品・技術

| 用途／機種 | 製品 | 製品名 | 発表／発売時期 | 出典 |
|---|---|---|---|---|
| 半導体チップ搭載用接続部品（MCM-L、BGA等のチップキャリア） | ビルドアップ多層プリント配線板 | ■「ビルドアップ基板」<br>・半導体チップの直接実装対応基板<br>・バンプピッチ75μm<br>・コア部＋ビルドアップ層<br>　（1～2層＊2）<br>・ビルドアップ部<br>　（L/S:35/25μm、フォトビア径70μm） | 2001年 | 同社ホームページ（2001年11月製品紹介）http://www.hitachi.co.jp/Prod/pcd/s-builup.html |

### 2.3.3 技術開発課題対応保有特許の概要

ここ10年間（1991年1月1日から2001年8月までに公開された特許・実用新案）において、公開された特許・実用新案件数は77件である。

うち、係属中の特許・実用新案件数（2001年10月時点）は63件である。

63件のビルドアップ多層プリント配線板技術特許のうち、
　　技術要素(1)多層の形状・構造と製造方法の特許は13件、
　　技術要素(2)絶縁材料とスルーホールを含む絶縁層形成法の特許は33件、
　　技術要素(3)導体材料と導体回路・層間接続形成法の特許は25件、
　　（技術要素(2)と(3)の両方に関連する特許が8件）である。

これらのうち、重要と判断された特許・実用新案は18件あり、表2.3.3-1の表中の概要の項に、図表付きで、その内容を示している。

日立製作所は高度のコンピュータメーカーで、高度のプリント配線板を必要としており同技術を開発している。

技術要素（2）絶縁材料とスルーホールを含む絶縁層形成法の技術と技術要素（3）導体材料と導体回路・層間接続法の技術が特許出願の中心である。

図2.3.3-1に示すように、技術要素（2）絶縁材料とスルーホールを含む絶縁層形成法の技術では、生産技術などの技術課題に取り組み、解決手段として層構造の改善や材料の改善を行っている。

なお、関係会社の日立化成工業との連携を強力に行っているので、材料については日立化成工業での開発が多くなっている。

図2.3.3-1 日立製作所の技術要素(2) 絶縁材料とスルーホールを含む絶縁層形成法の技術における課題と解決手段の分布

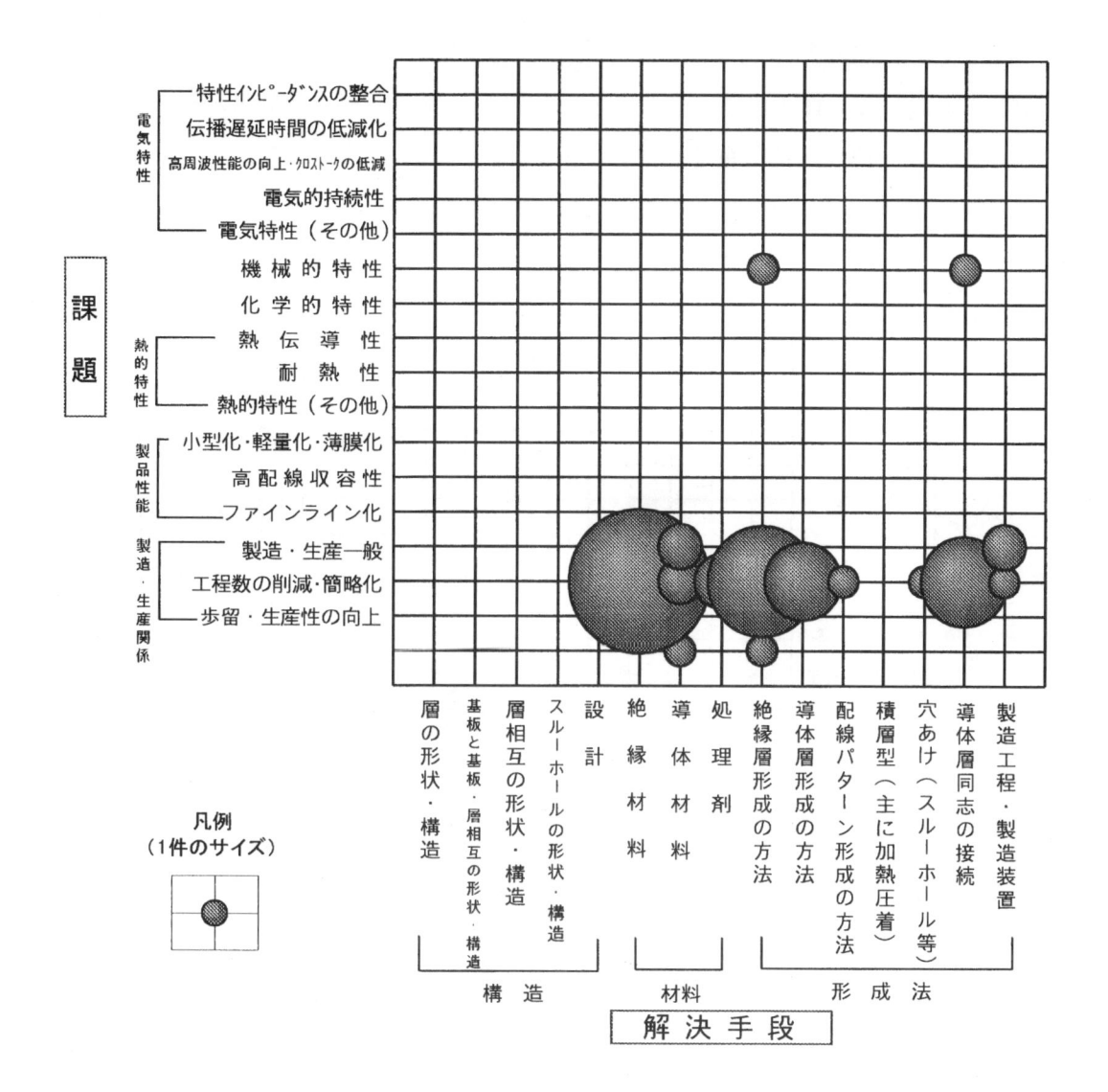

また、図2.3.3-2に示すように、技術要素（3）導体材料と導体回路・層間接続法の技術では、導体材料については無電解銅めっきなどめっきを中心に、日立化成工業との共同での開発で、導体パターン、導体接続についての解決を図っている。

図2.3.3-2 日立製作所の技術要素(3) 導体材料と導体回路・層間接続法の技術における課題と解決手段の分布

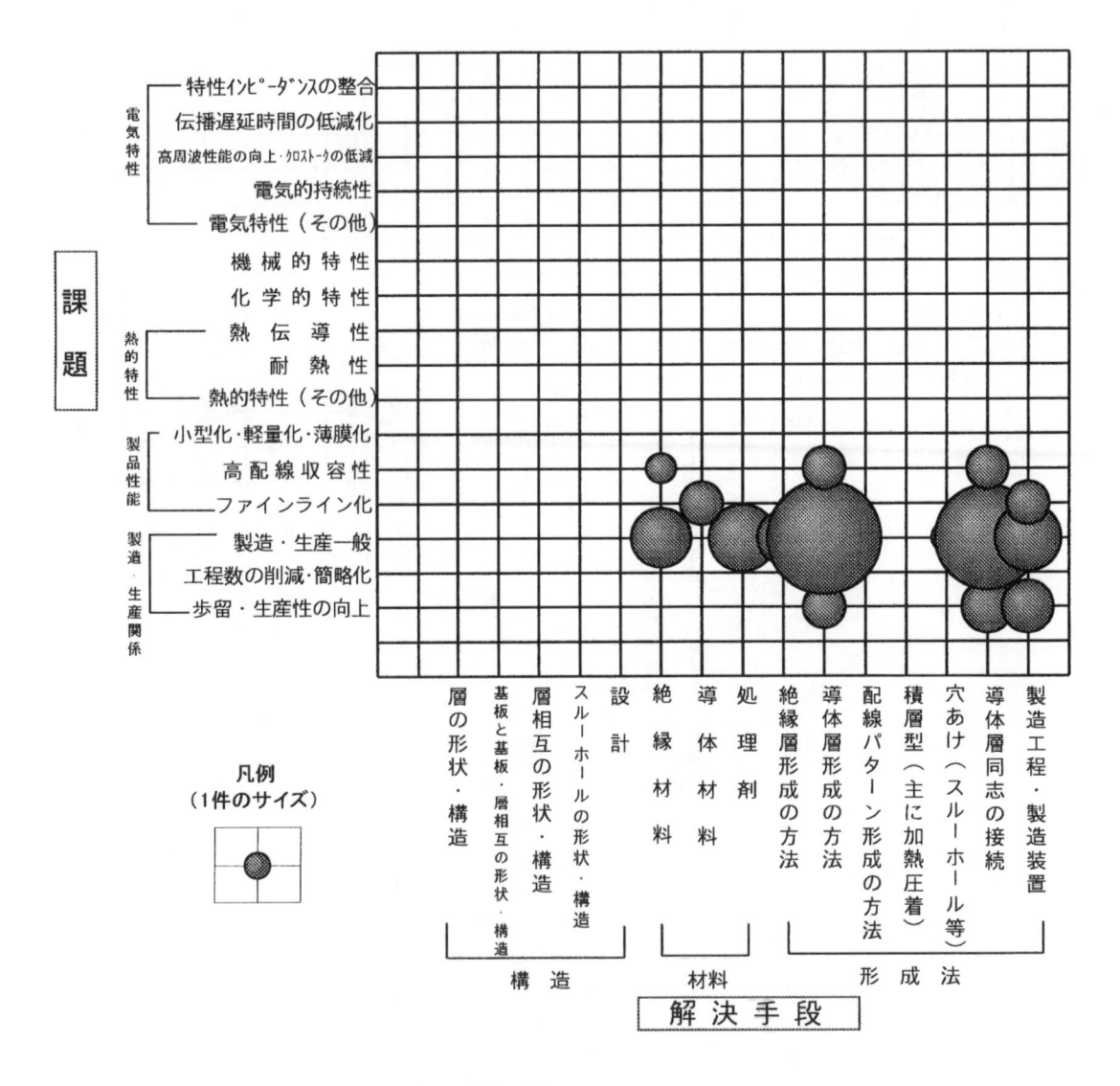

日立製作所では、古くから無電解銅めっきの開発に取り組み、1999年ごろより無電解銅めっきによる柱状めっきビアを用いた供給が多くなっている。これらは日立化成工業との共同開発が行われている。

表 2.3.3-1 日立製作所の技術開発課題対応保有特許の概要

(1) 多層の形状・構造と製造方法の技術

| 課題 | 公開番号、特許番号 | 特許分類（IPC） | 概要（解決手段要旨） | |
|---|---|---|---|---|
| 製造・生産一般 | 特許2902849 | H05K 3/46, H05K 3/38 | コア基板上に感光性の粗化用充填材を入れた樹脂を塗布、その表面を粗化し、パラジウム触媒を形成、無電解銅めっきを行い下層導体と接続を行う。次いで、表面研磨、次のビルドアップ層の形成を行う。 | |
| | 特開平6-275959 | H05K 3/46, H05K 3/28 | コア基板のめっきスルーホールを穴埋めし、この上に穴を塞ぐようにパッドを形成、この上にビルドアップ層を形成し、ビルドアッププリント配線板とする。 | |
| | 特開平6-334343 | H05K 3/46, H05K 3/38, H05K 3/44 | ビアできるだけ垂直に形成し、この穴に流動性樹脂を真空プレスで圧入、平滑にし、この表面にパターン作成することで、ビルドアップ層を形成する。 | |
| | 特許2825558、特開平4-206595、特許2841888、特許3111590、特開平6-216527、特開平8-186376、特開平10-112586、特開2001-36237、特開2001-111218 | | | |
| 高配線収容性および製造・生産 | 特開平7-240582 | | | |

(2) 絶縁材料とスルーホールを含む絶縁層形成法の技術

| 課題 | 公開番号、特許番号 | 特許分類（IPC） | 概要（解決手段要旨） | |
|---|---|---|---|---|
| 製造・生産一般 | 特許3166442 | H05K 3/46 | コア基板のスルーホールと表面を樹脂でコーティングし、スルーホールのランドにめっきではしたを作る。この上に感光性絶縁樹脂を用い、フォトビア法でビルドアップ層を形成する。 | |
| | 特開平8-111584 | H05K 3/46, H01L 23/12 | 異なる特性の樹脂をコーティングした樹脂付き銅箔を基板に積層、プリントエッチングで銅箔に加工用窓をあけ、ドライエッチで樹脂をエッチングし、無電解銅めっき、パターン作成を行う方法。 | |
| | 特許3121213 | C08L63/00, C08G 59/16, C08L 9/02, G03F 7/038 503, H05K 3/46 | ビルドアップ用絶縁材料そして、エポキシ樹脂にアクリロニトルブタジェンゴムをブレンドする。 | (図面なし) |

| 分類 | 公報番号 | IPC | 概要 | 図 |
|---|---|---|---|---|
| 製造・生産一般 | 特開平10-270859 | H05K 3/46 | パターンを持つ基板上に樹脂をコーティングし、ビアの穴あけ、触媒化、無電解銅めっき、パネルめっき、パターン作成をした後、プラズマで樹脂表面をエッチングし、パターン間の絶縁性を向上させる方法。 | |
| | 特開平11-307934 | H05K 3/46, H05K 3/38 | フルアディティブの接着剤と同じ樹脂をビルドアップのビアを作る絶縁層として、ビア形成後、粗面化すると穴底部と壁面が粗面となり、無電解銅めっきを析出させると、フィルドビアとなり、密着性も向上する。 | |
| | 特開平11-49847 | C08G 59/68, G03F 7/038 503, H05K 3/46 | ビルドアッププリント配線板形成に用いる絶縁層材料として、めっきの密着性良いエポキシ絶縁材に関する。 | |
| | 特開2000-13000 | H05K 3/06 | 無電解銅めっきを析出させる下地として、樹脂の粗化をする$KMnO_4$溶液の濃度を電解で一定にする方式のシステムを提供している。 | |
| | 特開2000-312065 | H05K 3/38, H05K 3/18, H05K 3/46 | めっきレジストを2回にコーティングし、始めのめっきレジストで絶縁層上のパラジウムを除去し、次のめっきレジストで、無電解銅めっきを行う方法。 | |
| | 特公7077297、特開平7-15139、特開平8-107279、特開平8-130371、特開平8-139452、特開平8-181450、特開平9-130037、特開平9-241419、特開平9-258442、特開平10-275977、特開平10-319589、特開平10-322024、特開平11-87924、特開平11-266079、特開平11-354921、特開2000-31641、特開2000-261145、特開2000-68643、特開2000-77848、特開2001-44629、特開2001-177247、特開2001-177241、特開2001-177253 | | | |
| 電気特性（その他）および 製造・生産一般 | 特開平11-40951 | H05K 3/46 | パターンを持つ基板に感光性絶縁樹脂をコーティング、フォトビアを形成触媒化後、パネルメッキ、パターンエッチを行い、次いで、プラズマで樹脂をエッチする。特開平10-270859とほとんど同じで、詳細に説明している。 | |
| 製造・生産一般および歩留・生産性の向上 | 特開平9-87366 | | | |

### (3) 導体材料と導体回路・層間接続形成法の技術

| 課題 | 公開番号、特許番号 | 特許分類（IPC） | 概要（解決手段要旨） |
|---|---|---|---|
| 製造・生産一般 | 特許3166442 | H05K 3/46 | 基板の上に感光性絶縁樹脂をコーティング、フォトビア法でビルドアップ層を形成する。 |
|  | 特開平7-336017 | H05K 3/07, C25D 5/18, C25D 7/00, C25F 3/00, H05K 3/10, H05K 3/40, H05K 3/46 | ビア内のめっきを行う場合における、めっき電流のとして、直流でなくパルスめっき法を用いたが、この時のパルス電流の波形を最適化した。 |
|  | 特開平8-111584 | H05K 3/46, H01L 23/12 | 樹脂つき銅箔に穴加工用窓をあけ、次いで、樹脂をドライエッチにより除去、穴をあけ、ここに無電解銅めっきを行う方法。 |
|  | 特開2000-312065 | H05K 3/38, H05K 3/18, H05K 3/46 | めっきレジストを2層とし、下層絶縁層の上に第1のレジスト層をコーティングし、ビアをあけ、ここで、パラジウムで触媒化、次に、第2のめっきレジストをコーティングし、再び穴をあける。ここに無電解銅めっき、電解銅めっきを行い、めっきレジストをはく離すると、パラジウムをカットすることができる。 |
|  | 特開2001-107258 | C23C 18/40, C23C 18/31, H05K 3/46 | 無電解銅めっきの自動めっき液の管理システムに関する方法。 |
|  | 特開平11-229153 | C23C 18/40, H05K 3/18, H05K 3/46 | プリント板用無電解銅めっきのめっき液の組成。種々の絶縁層厚さにおける外層回路のパッド径（mm）と膨れ発生率（％）との関係を図のように改善し、膨れ発生を抑えた。 |

| | | | | |
|---|---|---|---|---|
| 製造・生産一般 | 特許2962565、特開平7-15139、特開平8-107279、特開平8-139452、特開平8-181450、特開平10-22611、特開平11-298141、特開平11-103171、特開2000-165041、特開2000-216548、特開2000-261145、特開2000-357873、特開2001-210949 | | | |
| 歩留・生産性の向上 | 特開平10-22609 | | | |
| 高配線収容性および工程数の削減・簡略化 | 特開平11-26937 | H05K 3/46 | コア基板の上に形成したパッド上に、ビア形成するために、樹脂をコーティング、パッド上に穴をあけ、無電解銅めっきで導通化、導通化後穴のみめっきするために、めっきレジストで穴パターンを作り、開口部に充填しためっきをする。この後、めっきレジストはく離、クイックエッチングでめっき柱を作成する。 | |
| 製造・生産一般および歩留・生産性の向上 | 特許2790956 | H05K 3/46,H05K 3/38 | Cuの表面の黒化処理を還元処理した後、ビアをあけ、底部を活性化、次いで、樹脂面を粗化し、めっき、表面導体パターンの作成を行う方法。 | |
| | 特開平11-145620 | H05K 3/46,G03F 7/027 515 | フォトビア内をを無電解銅めっきで形成し、その上にレジスト形成する際、無電解銅めっきの第1層を平均2μm中の結晶とすることでレジストの密着性を確保し、その後のめっきを確実にする。 | |
| | 特開平10-32386 | | | |
| 高配線収容性および製造・生産一般 | 特許3112059 | | | |

### 2.3.4 技術開発拠点

特許明細書に記載されている発明者の住所から調査した主な技術開発拠点は多い順に次の6ヶ所であり、多くの拠点から出願されているのが特徴である。(ただし、組織変更などによって事業所名・研究者名等が現時点と異なる場合も有り得る。)

　　神奈川県横浜市戸塚区：生産技術研究所
　　神奈川県秦野市　　　：エンタープライズサーバ事業部
　　茨城県日立市　　　　：日立研究所
　　神奈川県横浜市戸塚区：通信システム事業本部
　　神奈川県横浜市　　　：湘南サービス
　　東京都千代田区　　　：本社所在地

### 2.3.5 研究開発者

日立製作所の発明者・出願件数の年次推移を図2.3.5-1に示す。

日立製作所の研究開発者は、発明者数ではやや増加傾向がみられ、増加していると思われる。また、出願件数は1996年以降、年間15件程度で安定した状態になっている。

めっき技術の研究者が豊富で、特に無電解めっきについて高い技術を持っている。したがって、無電解銅めっきによる柱状めっき形成、全面無電解銅めっきによるパターン形成などの研究が多く、ビルドアップ多層プリント配線板においても、無電解銅めっきを応用したプロセス開発に注力している。

図2.3.5-1 日立製作所の発明者数・出願件数の年次推移

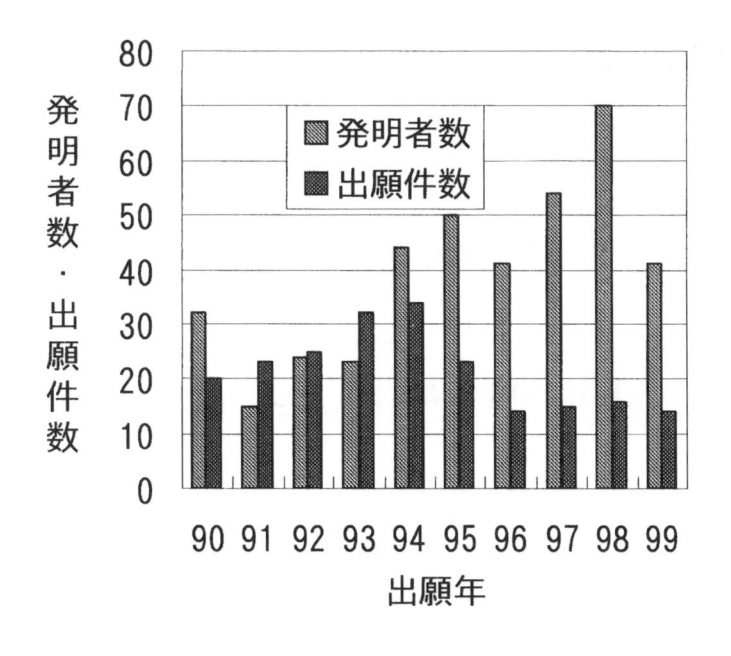

## 2.4 NEC（日本電気）

### 2.4.1 企業の概要

　NEC（日本電気）は、コンピュータと通信を軸にした総合情報企業であり、日本の代表的ハイテク企業である。プリント配線板の売上げはトップ5位に入る。プリント配線板の生産は主に富山日本電気で行っている。日本電気の概要を表2.4.1-1に示す。

表2.4.1-1 日本電気の企業概要

| 1) | 商号 | 日本電気株式会社 |
|---|---|---|
| 2) | 設立年月 | 明治32年7月17日（1899年7月17日） |
| 3) | 資本金 | 2,447億2000万円（2001年8月1日現在） |
| 4) | 従業員 | 34,900名（2001年3月現在） |
| 5) | 事業内容 | ソリューション事業（41％）、ネットワーク事業（34％）、電子デバイス（23％）、他（14％）　　〔国内80：海外20〕 |
| 6) | 事業所 | 本社/東京都港区<br>工場/三田、玉川、府中、相模原、横浜、我孫子 |
| 7) | 関連会社 | 国内/東北日本電気、山形日本電気、茨城日本電気、長野日本電気、富山日本電気、関西日本電気等　連結子会社数164<br>海外/NEC USA、NEC Electronics、NEC Research Institute |
| 8) | 業績推移<br>（百万円） | 　　　　　売上高　　経常利益　　利益<br>1999.3　3,686,444　　1,151　▲140,287<br>2000.3　3,784,519　65,855　　22,824<br>2001.3　4,099,323　63,917　　23,670 |
| 9) | 主要製品 | 通信機器、コンピュータ、電子機器、電子デバイス |
| 10) | 主な取引先 | （販売）NTT、KDDI、官公庁、電力会社、放送会社 |
| 11) | 技術移転窓口 | ― |

### 2.4.2 ビルドアップ多層プリント配線板に関連する製品・技術

　半導体パッケージ基板を含む多層プリント配線板の最大手である。1999年度のビルドアップ基板の世界市場シェアは13％で2位（NEC推定）となっている。大型・中型コンピュータ用多層プリント配線板は系列会社日本アビオニクスの子会社山梨アビオニクスが生産を担当している。

　プリント配線板について日本で最も古く1960年頃より多層プリント配線板に着手した、経験豊富な会社であり、ビルドアップ多層プリント配線板についても先駆的な研究開発を行っている。

　従来品より高密度の部品搭載可能な多層プリント配線板の小型薄型化・軽量化を実現するという課題に対し、同社のビルドアップ工法「DVマルチ」（コア基板＋ビルドアップ層／感光性絶縁層／フォトビア）を用いて、携帯電話「N503i（NEC）」およびデジタルビデオカメラで課題を解決している。表2.4.2-1に製品・技術を示す。

表 2.4.2-1 日本電気のビルドアップ多層プリント配線板に関連する製品・技術

| 用途/機種 | 製品 | 製品名 | 発表/発売時期 | 出典 |
|---|---|---|---|---|
| BGA・CSP及びベアチップ実装用接続部品 | ビルドアップ多層プリント配線板 | ビルドアップ工法<br>■「DVマルチ」<br>（コア基板＋両面フォトビア法ビルドアップ層） | 1996年<br>― | 日経エレクトロニクス96.6.3（同社広告）<br>同社製品カタログ1997年5月現在 |
| 携帯電話 | | | 1998年 | 回路実装学会誌 1998年3月号 |
| N503i<br>(NEC) | ビルドアップ多層プリント配線板 | ■ビルドアップ6層板 | 2001年 | エレクトロニクス実装技術2001年10月号 |
| システム機器のモジュールなどの接続部品 | ビルドアップ多層プリント配線板 | 「DVマルチ」ビルドアップ配線板<br>■DVマルチ-M01〜3<br>・6層：2-4-2、（ビルドアップ：片面2層 L/S：75/100μm） | 1997年 | 同社製品カタログ<br>①1997年<br>②2000年8月現在 |
| 携帯用電子機器（携帯電話、デジタルビデオカメラ） | ビルドアップ多層プリント配線板 | ■DVマルチ-HY 1、2)<br>・8層：2-4-2、1-6-1<br>（ビルドアップ：片面1〜2層 L/S：75/100μm）<br>■DVマルチ-ST1、2)<br>・6層：1-4-1<br>・8層 Via on IVH：1-6-1<br>（ビルドアップ：片面2層 L/S：100/100μm） | | |

(注) DVマルチ：Dimple Via Multi

## 2.4.3 技術開発課題対応保有特許の概要

　ここ10年間（1991年1月1日から2001年8月までに公開された特許・実用新案）において、公開された特許・実用新案件数は76件である。
　うち、係属中の特許・実用新案件数（2001年10月時点）は60件である。
　60件のビルドアップ多層プリント配線板技術特許のうち、
　　技術要素(1)多層の形状・構造と製造方法の特許は17件、
　　技術要素(2)絶縁材料とスルーホールを含む絶縁層形成法の特許は25件、
　　技術要素(3)導体材料と導体回路・層間接続形成法の特許は22件、
　　（技術要素(2)と(3)の両方に関連する特許が4件）である。
　これらのうち、重要と判断された特許・実用新案は9件あり、表2.4.3-1の表中の概要の項に、図表付きで、その内容を示している。
　日本電気は、通信機器とコンピュータのメーカーで、高度のプリント配線板を必要としており同技術を開発している。

図 2.4.3-1 に示すように、技術要素（1）多層の形状・構造と製造方法の技術では、電気的特性、機械的特性などの課題に取り組み、解決手段として絶縁材料とその形成法、導体層の形成法などを用いて、改善を図っている。

図2.4.3-1 NECの技術要素(1)多層の形状・構造と製造方法全般の技術における課題と解決手段の分布

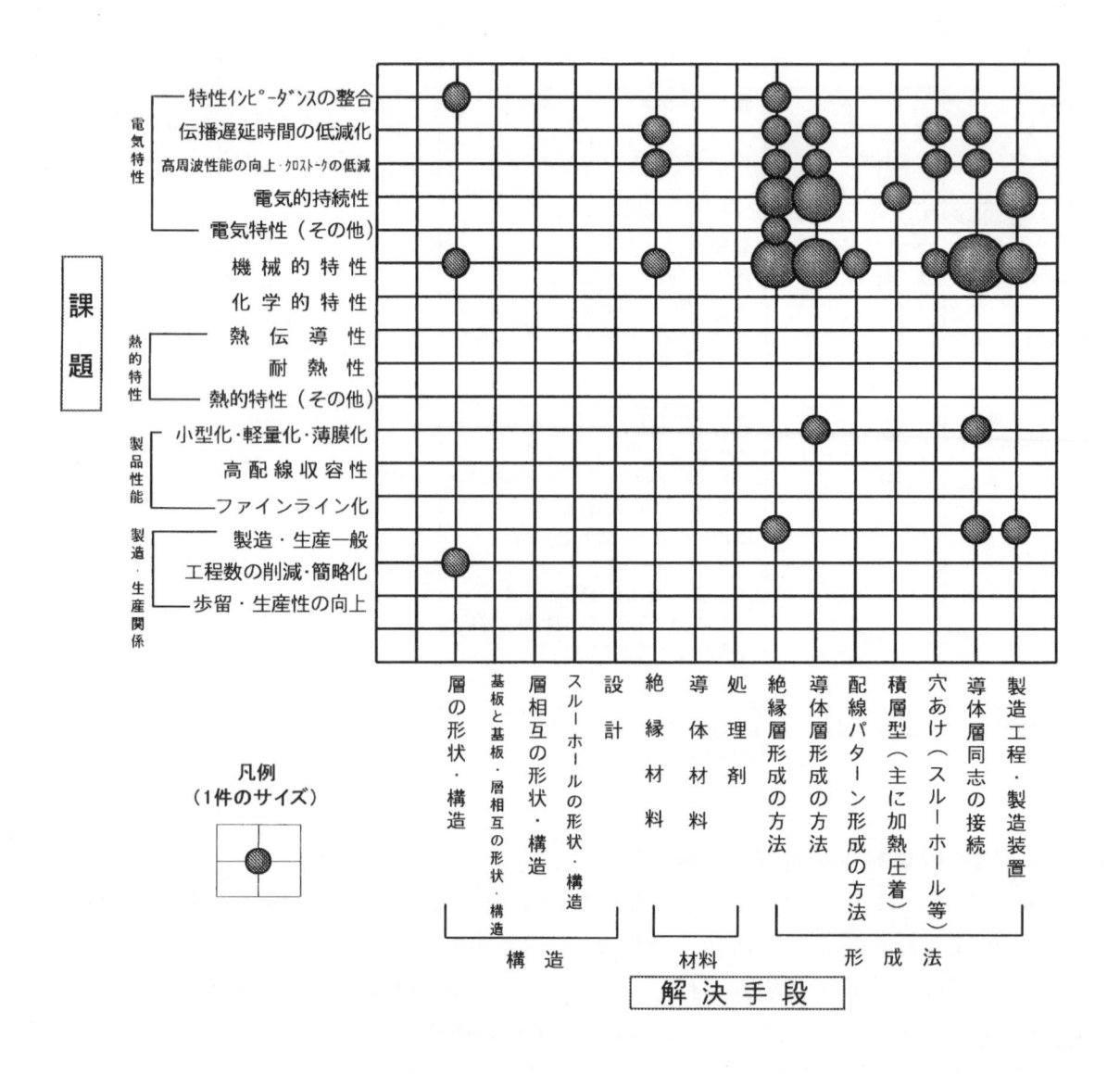

また、図2.4.3-2に示すように、技術要素（2）絶縁材料とスルーホールを含む絶縁層形成法の技術では、機械的特性、生産技術などの課題に取り組み、解決手段として絶縁層形成の方法の技術などを用いている。

図2.4.3-2 NECの技術要素(2) 絶縁材料とスルーホールを含む絶縁層形成法の技術における課題と解決手段の分布

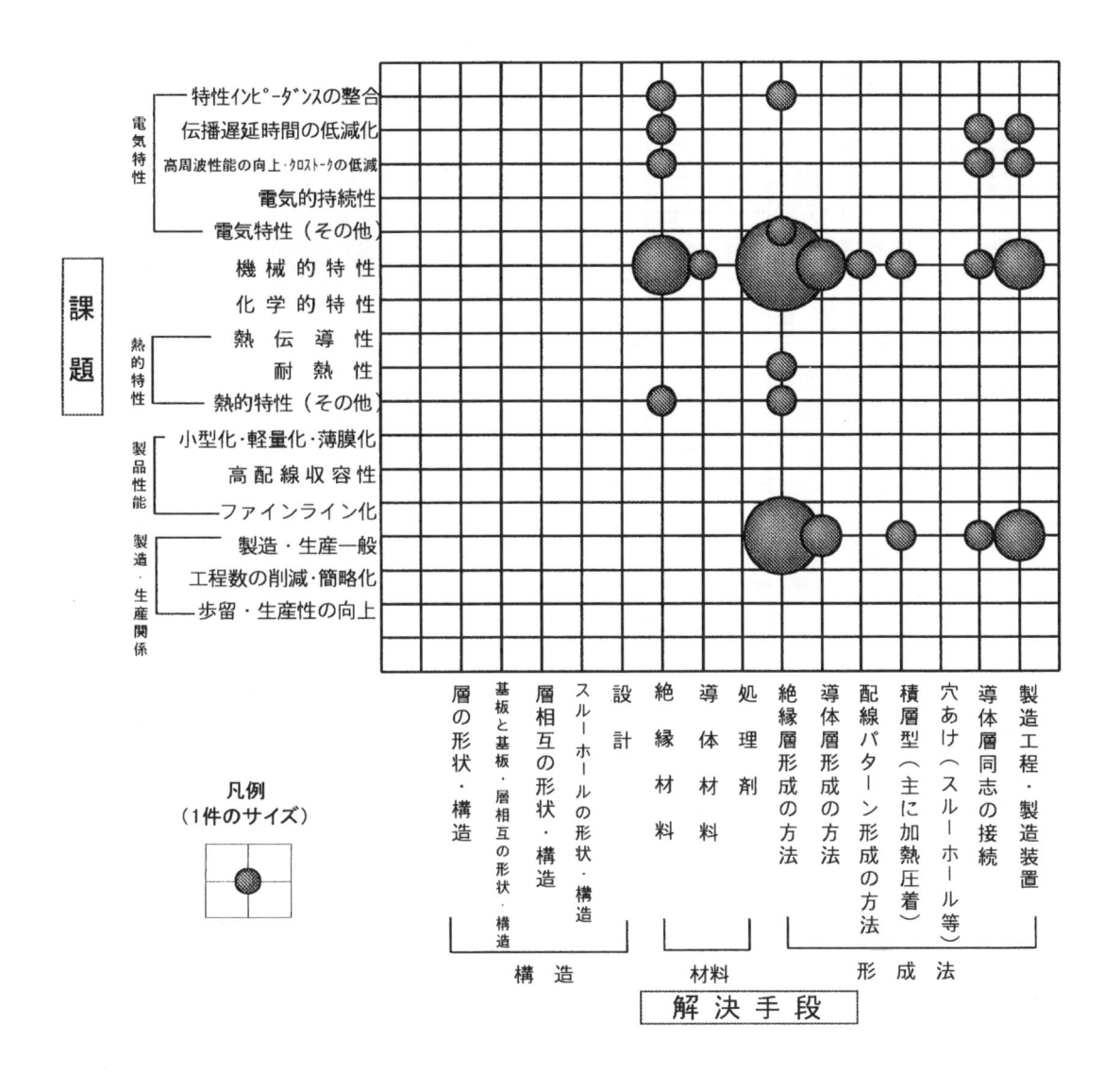

また、図2.4.3-3に示すように、技術要素（3）導体材料と導体回路・層間接続法の技術では、機械的特性の課題に取り組み、解決手段として導体層の技術向上を用いていることが分かる。

図2.4.3-3 NECの技術要素(3) 導体材料と導体回路・層間接続法の技術における課題と解決手段の分布

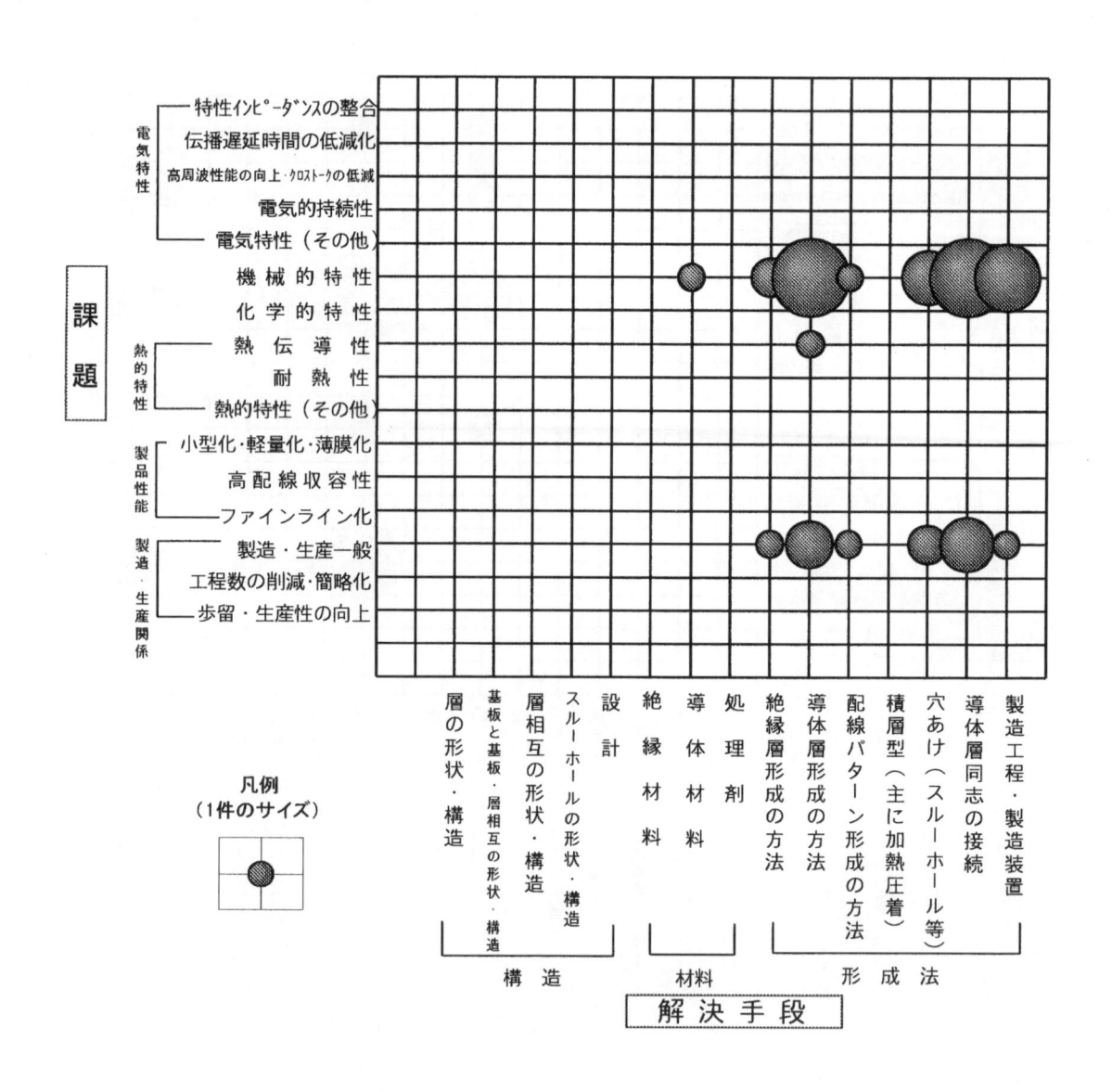

なお全般には、ビルドアップ多層プリント配線板についての絶縁材料、製造プロセス等について、電気特性の向上、めっき密着性の向上を目的として、広範囲な開発を行っている。

表 2.4.3-1 日本電気の技術開発課題対応保有特許の概要

(1) 多層の形状・構造と製造方法の技術

| 課題 | 公開番号、特許番号 | 特許分類（IPC） | 概要（解決手段要旨） |
|---|---|---|---|
| クロストークの低減 | 特開平9-181480 | H05K 9/00, H01B11/00, H05K 3/00, H05K 3/46 | 同軸配線の形成方法。 |
| 機械的特性 | 特開2000-277923 | H05K 3/34 501, H01L 21/60 311, H05K 1/18, H05K 3/46 | BGA（ボールグリッドアレー）パッドとして低弾性率樹脂の突起のパッドを持つビルドアップ多層プリント配線板。 |
|  | 特許2712936、特許3016292、特開平9-186454、特開2001-7528、特開2001-94252 |  |  |
| 電気特性（その他） | 特開2001-15926 | H05K 3/46, H01L23/28, H05K 3/28 | コアのキャビティに半導体チップを埋込、その上部にビルドアップ層を積み上げる。 |
| 特性インピーダンスの整合 | 特開2001-119111 | H05K 1/03 630, H05K 1/02, H05K 3/46 | 絶縁層をエポキシと低誘電率材により多層化したマイクロストリップの構造を持つビルドアップ板。 |
| 伝播遅延時間の低減および高周波性能の向上 | 特開平9-55584 | H05K 3/46 | Si、セラミック、プリント配線板上にベンゾシクロブテンを絶縁層としてビルドアップ多層プリント配線板をつくる。 |
| 電気的接続性 |  | 特許2751678、特許2021050、特開平11-289167 |  |
| 製造・生産一般 |  | 特許2616588、特開平9-55577 |  |
| 電気的接続性および機械的特性 |  | 特許2658661 |  |
| 伝播遅延時間の低減および小型化 |  | 特開平8-88471 |  |

## (2) 絶縁材料とスルーホールを含む絶縁層形成法の技術

| 課題 | 公開番号、特許番号 | 特許分類（IPC） | 概要（解決手段要旨） | |
|---|---|---|---|---|
| 製造・生産一般 | 特開平10-173339 | H05K 3/46, H05K 3/42 620, H05K 3/42 630 | 粗化樹脂面に導体層を作り、樹脂のガラス転移温度より高温で加熱する。 | |
| | 特開平7-202432、特開平10-13034、特開平10-163637、特開平10-341081、特開2000-332414 | | | |
| 機械的特性および 製造・生産一般 | 特開平11-4071 | H05K 3/46 | 樹脂付き銅箔を積層する前に光熱硬化性樹脂をコーティングし、平坦化する。 | |
| 特性インピーダンスの整合 | 特開2001-9967 | | | |
| 電気特性（その他） | 特開2001-156449 | | | |
| 耐熱性 | 特開平10-51138 | | | |
| 熱的特性（その他） | 特開平7-176870 | | | |
| 機械的特性 | 特開平7-99386、特開平7-162147、特開平8-148808、特開平8-148827、特開平8-222835、特開平9-181456、特開平9-307234、特開平9-214141、特開平11-163533、特開平11-340626、特開平11-354928、特開2000-244095、特開2001-53446 | | | |
| 伝播遅延時間の低減および 高周波性能の向上 | 特開平8-264962 | | | |

## (3) 導体材料と導体回路・層間接続形成法の技術

| 課題 | 公開番号、特許番号 | 特許分類（IPC） | 概要（解決手段要旨） | |
|---|---|---|---|---|
| 機械的特性 | 特開平7-202431 | H05K 3/46, H05K 1/18, H05K 3/38 | 研磨した樹脂にZnコロイドをコートして樹脂に埋込み、埋め込まれたZnを触媒に無電解銅めっきを析出させるもので、Znをパラジウムに替える方法。 | |
| | 特許2067570、特開平8-222835、特開平9-199854、特開平9-307234、特開平11-4075、特開平11-26936、特開平11-103172、特開平11-163533、特開平11-274730、特開平11-354928、特開2000-13034、特開2001-94257、特開2001-168535 | | | |
| 製造・生産一般 | 特開平10-4253、特開平10-51104、特開2000-100989、特開2000-232269、特開2000-252627、特開2000-332414、特開2000-353871 | | | |
| 熱伝導性 | 特開平11-330708 | | | |

## 2.4.4 技術開発拠点

特許明細書に記載されている発明者の住所から調査した技術開発拠点は、以下に示す本社のある東京都である。（ただし、組織変更などによって事業所名・研究者名等が現時点と異なる場合も有り得る。）

　東京都港区：本社所在地

なお、プリント配線板の生産子会社である富山日本電気による特許出願の発明者の住所は、本社がある以下の拠点である。

　富山県下新川郡：本社、工場

## 2.4.5 研究開発者

日本電気と富山日本電気の発明者・出願件数の年次推移を図2.4.5-1に示す。

日本電気と富山日本電気の研究開発者は、発明者数で10〜17人程度で変動が少なかったが、99年のみ30名以上に増加したため、最近急増しているとみられる。特許の出願件数も年間10〜20件程度で比較的安定して出願がなされている。

日本電気は富山日本電気のほか、山梨アビオニクスを持ち、3社において開発が行われており、この間で技術者の交流がある。それぞれ、特徴的なプリント配線板を開発を行っている。ビルドアップ多層プリント配線板はレーザビアを主体としており、製造技術関係の開発が多い。

図2.4.5-1 日本電気と富山日本電気の発明者数・出願件数の年次推移

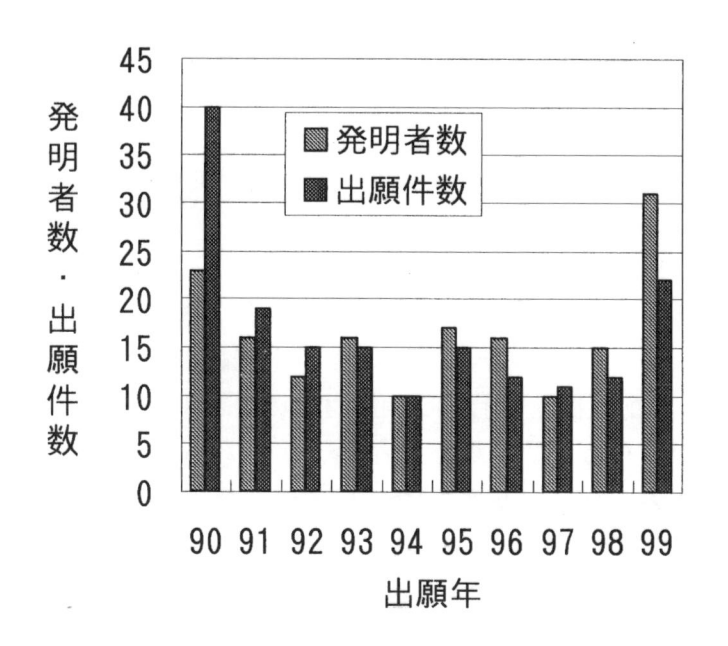

## 2.5 松下電工

### 2.5.1 企業の概要

住宅設備、建材の総合大手メーカーであり、情報機器や電子材料事業も展開している。電子材料事業部でプリント配線材料の技術開発、生産を行っている。なお、プリント配線基板は山梨松下電工で生産している。企業概要を表2.5.1-1に示す。

表2.5.1-1 松下電工の概要

| 1) | 商号 | 松下電工株式会社 |
|---|---|---|
| 2) | 設立年月日 | 昭和10年12月15日（1935年12月15日） |
| 3) | 資本金 | 1,251億9,400万円（2001年8月1日現在） |
| 4) | 従業員 | 16,743名（2001年3月現在） |
| 5) | 事業内容 | 照明（20%）、情報機器（17%）、電器（11%）、住設建材（29%）、電子材料（8%）、制御機器（12%）〔国内89：海外11〕 |
| 6) | 事業所 | 本社/門真市<br>工場/門真市、津市、瀬戸市、四日市市、彦根市他 |
| 7) | 関連会社 | 国内/ナショナル建材工業、山梨松下電工（プリント配線板生産会社）、松下制御機器、北九州松下電工　連結子会社数115<br>海外/ヨーロッパ松下電工、アメリカ松下電工多層材、台湾松電工多層材料、蘇州松下電工線路板（プリント基板） |
| 8) | 業績推移<br>（百万円） | 　　　　　売上高　　経常利益　　利益<br>1999.11　933,571　31,391　15,324<br>2000.11　967,300　42,879　22,697<br>2001.11　960,000　46,000　26,500（予想） |
| 9) | 主要製品 | プラスチック成形材料、成形品、照明機器、住宅設備、健康器具、制御機器、防災機器 |
| 10) | 主な取引先 | （販売）ミツワ電機、松下電器産業<br>（仕入）松下電器産業、住友金属工業、古河電工 |
| 11) | 技術移転窓口 | ― |

### 2.5.2 ビルドアップ多層プリント配線板に関連する製品・技術

松下電工は、ビルドアップ方式を含む多層プリント配線板の製造を担当している子会社の山梨松下電工を有し、配線板基材および関連材料の最大手である。

ビルドアップ方式のプロセスで基板強度を向上するという課題に対し、レーザ穴あけ加工が可能なガラス布入りプリプレグを開発し、現在発売している「レーザ対応ビルドアップ用プリプレグ」で課題を解決している。

表2.5.2-1に製品・技術を示す。

表 2.5.2-1 松下電工のビルドアップ多層プリント配線板に関連する製品・技術

| 用途／機種 | 製品 | 製品名 | 発表／発売時期 | 出典 |
|---|---|---|---|---|
| ビルドアップ多層配線板用絶縁・導体複合材料<br>（用途：携帯電話、ノートパソコン、PDAなどモバイル電子機器） | 熱硬化性樹脂付き銅箔 | 「樹脂付き銅箔ARCC」<br>（フィラー入りエポキシ樹脂系）<br>■R-0870（Cu:12, 18μm、樹脂:70μm） | 1997年 | 同社製品カタログ（NAISプリント配線板材料）<br>1997年5月現在 |
|  |  | （エポキシ樹脂系）<br>■R-0880<br>（Cu:12, 18μm、樹脂:60, 80μm） | 1997年 | ①同社製品カタログ（NAISプリント配線板材料）<br>1997年5月現在<br>②第12回 回路実装学術講演大会 1998年3月「ビルドアップ多層配線板用樹脂付き銅箔」 |
|  |  | （エポキシ樹脂系）<br>「ノンハロゲンARCC」<br>■R-0580<br>（Cu:12, 18μm、樹脂:60, 80μm） | 2000年 | ①同社製品カタログ 2000年5月現在<br>②エレクトロニクス実装技術 1999年6月号 |
| ビルドアップ多層配線板用絶縁材料<br>（用途：携帯電話、ノートパソコン、PDAなどモバイル電子機器） | 熱硬化性絶縁樹脂フィルム | （ハロゲンフリー、高Tgエポキシ樹脂系）<br>■R-0555（参考商品） | 2000年 | ①同社製品カタログ 2000年5月現在<br>②電子材料 2001年10月号 |
|  | ガラスクロス基材プリプレグ | （レーザ加工対応プリプレグ：ガラスクロス／エポキシ樹脂系）<br>■レーザ対応品 |  |  |

## 2.5.3 技術開発課題対応保有特許の概要

ここ10年間（1991年1月1日から2001年8月までに公開された特許・実用新案）において、公開された特許・実用新案件数は59件である。

うち、係属中の特許・実用新案件数（2001年10月時点）は54件である。

54件のビルドアップ多層プリント配線板技術特許のうち、

　技術要素(1)多層の形状・構造と製造方法の特許は7件、

　技術要素(2)絶縁材料とスルーホールを含む絶縁層形成法の特許は31件、

　技術要素(3)導体材料と導体回路・層間接続形成法の特許は29件、

　（技術要素(2)と(3)の両方に関連する特許が13件）である。

これらのうち、重要と判断された特許・実用新案は6件あり、表2.5.3-1の表中の概要の項に、図表付きで、その内容を示している。

技術要素（2）絶縁材料とスルーホールを含む絶縁層形成法の技術と技術要素（3）導体材料と導体回路・層間接続法の技術が特許出願の中心である。

図2.5.3-1に示すように、技術要素（2）絶縁材料とスルーホールを含む絶縁層形成法の技術では、機械的特性や歩留向上の課題に対して、絶縁層形成の方法などの開発に取り

組んでいる。

図2.5.3-1 松下電工の技術要素(2) 絶縁材料とスルーホールを含む絶縁層形成法の技術における課題と解決手段の分布

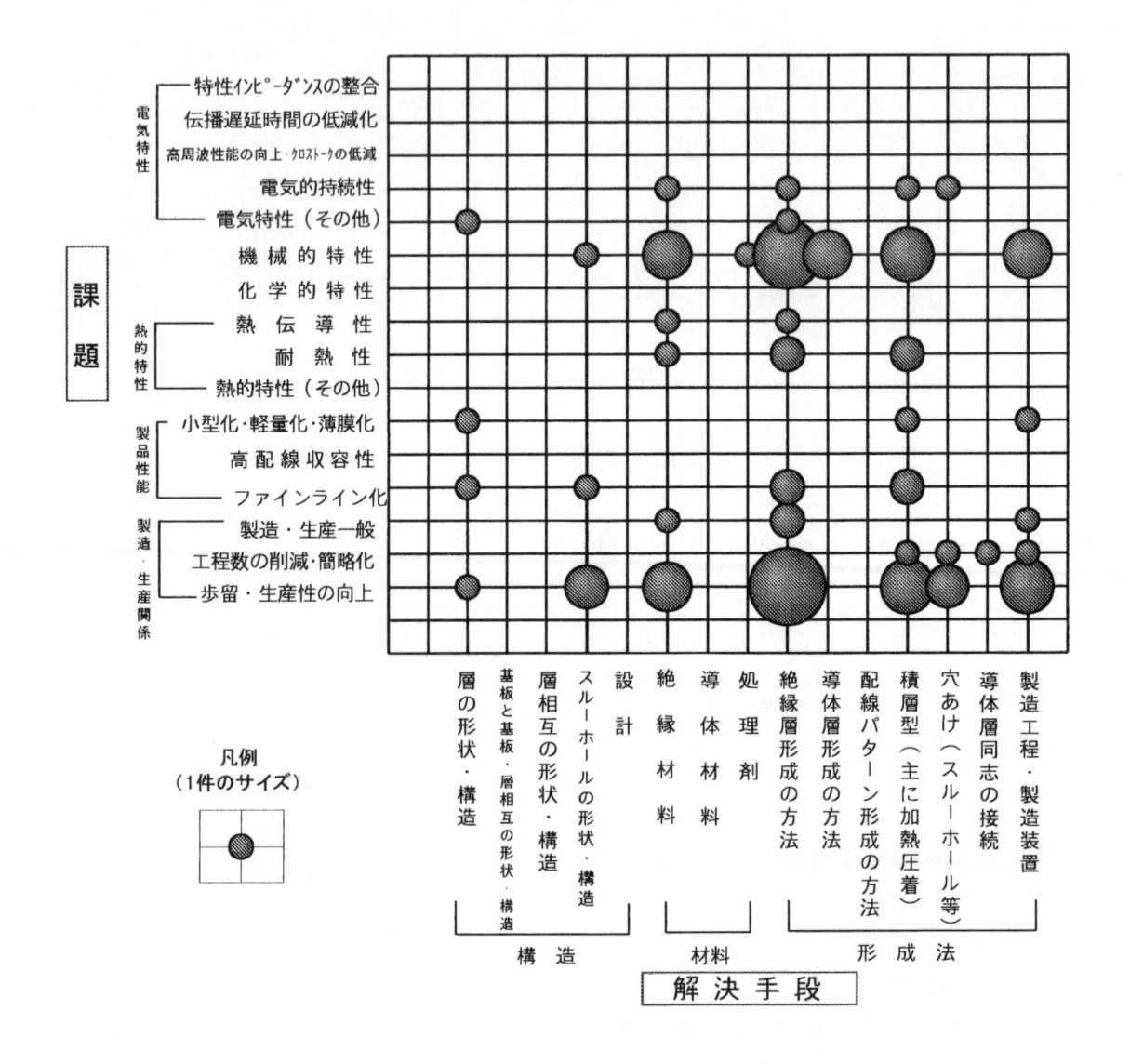

また、図2.5.3-2に示すように、技術要素（３）導体材料と導体回路・層間接続法の技術では、歩留・生産性の向上などの課題に対して、さまざまな多層の形成法などの開発に取り組んでいる。

図2.5.3-2 松下電工の技術要素(3) 導体材料と導体回路・層間接続法の技術における課題と解決手段の分布

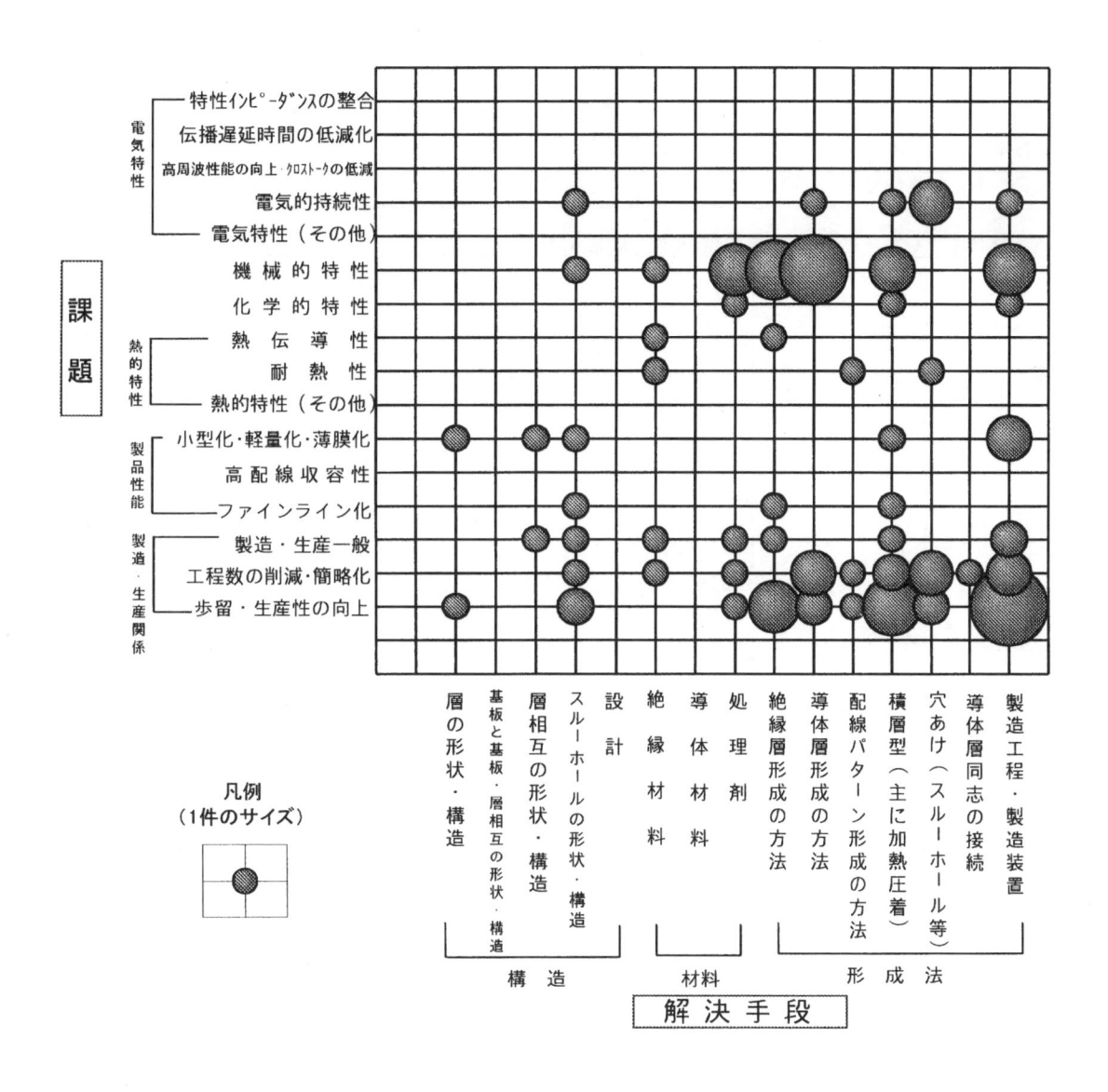

表 2.5.3-1 松下電工の技術開発課題対応保有特許の概要

(1) 多層の形状・構造と製造方法の技術

| 課題 | 公開番号、特許番号 | 特許分類（IPC） | 概要（解決手段要旨） |
|---|---|---|---|
| 小型化および薄膜化 | 特開平9-8463 | H05K 3/46, H01L 23/12 | 複数の絶縁層の1層以上を貫通したチップ搭載用の窪みをもつスルーホールを形成する。（a）は本発明の一実施例に係る多層プリント配線板の要部を拡大した断面図であり、（b）は多層プリント配線板を構成する第1の絶縁層の要部を拡大した断面斜視図である。 |
| 歩留・生産性の向上 | | | 特開平9-260840、特開平10-13027、特開平10-22632 |
| 製造・生産一般 | | | 特開2000-269644 |
| 高周波性能の向上および製造・生産一般 | | | 特開平8-97564 |
| 機械的特性および熱伝導性（熱放散性） | | | 特開平8-236932 |

(2) 絶縁材料とスルーホールを含む絶縁層形成法の技術

| 課題 | 公開番号、特許番号 | 特許分類（IPC） | 概要（解決手段要旨） |
|---|---|---|---|
| 機械的特性 | 特開平11-273456 | H01B 3/30, C08K 7/02, C08K 9/00, C08K 13/04, C08L 101/12, H05K 1/03 610, H05K 3/46 | 絶縁樹脂に無機質又は有機質の絶縁体繊維状フィラーを組み合わせ添加する。（図面なし） |
| | 特開平8-125347、特開平9-232756、特開平9-260842、特開平9-266376、特開平9-283923、特開平11-214843、特開2000-188474、特開2000-244114 | | |
| 工程数の削減・簡略化 | 特開平9-289379 | H05K 3/46 | エッチング耐性のある保護フィルムを金属箔表面に設け、レーザ穴あけ後、金属箔をエッチングで穴あけし、その開口部からレーザで絶縁樹脂層を穴あけする。 |
| | 特開2001-189559 | | |
| 電気的接続性および工程数の削減・簡略化 | 特開平9-181452 | H05K 3/46, H05K 3/40 | 内層基板表面に層間接続用の凸状の導電体を形成し、樹脂付き金属箔との圧着積層により樹脂絶縁層を貫通させる。図は被圧体の断面図。 |
| 熱伝導性（熱放散性） | | | 特開2000-49461 |
| 耐熱性 | | | 特開平9-260849、特開平9-260839 |
| ファインライン化 | | | 特公平7-123185 |
| 製品性能（その他） | | | 特開平11-207766 |
| 歩留・生産性の向上 | | | 特開平8-316640、特開平9-232758、特開2000-68644、特開2000-183534、特開2000-216538、特開2000-216539、特開2001-177242 |

| | |
|---|---|
| 製造・生産一般 | 特開平9-232763 |
| 電気的接続性および歩留・生産性の向上 | 特開平9-260855 |
| 電気特性（その他）および歩留・生産性の向上 | 特開平11-274720 |
| 機械的特性および歩留・生産性の向上 | 特開平8-181435 |
| 機械的特性および製造・生産一般 | 特開平9-260841 |
| 耐熱性および歩留・生産性の向上 | 特開平11-135901 |
| 機械的特性およびファインライン化および歩留・生産性の向上 | 特開2000-244118 |

(3) 導体材料と導体回路・層間接続形成法の技術

| 課題 | 公開番号、特許番号 | 特許分類（IPC） | 概要（解決手段要旨） | |
|---|---|---|---|---|
| 工程数の削減・簡略化 | 特開平9-289379 | H05K 3/46 | エッチング耐性のある保護フィルムを金属箔表面に設け、レーザ穴あけ後、金属箔をエッチングで穴あけし、その開口部からレーザで絶縁樹脂層を穴あけする。 | |
| 電気的接続性および工程数の削減・簡略化 | 特開平9-181452 | H05K 3/46, H05K 3/40 | 内層基板表面に層間接続用の凸状の導電体を形成し、樹脂付き金属箔との圧着積層により樹脂絶縁層を貫通させる。図は被圧体の断面図である。 | |
| 歩留・生産性の向上 | 特開2000-286527 | H05K 3/00, B23K 26/00 330, H05K 3/46 | 銅箔表面を粗化しレーザ光の反射を防ぐことで、レーザで直接銅箔の穴あけ加工を可能にした。 | |
| 電気的接続性 | 特開平9-307239、特開2000-22337、特開2000-49459 | | | |
| 機械的特性 | 特開平9-232756、特開平9-260842、特開平9-266376、特開平9-283923、特開平11-214843、特開2000-188474、特開2000-286546 | | | |
| 熱伝導性（熱放散性） | 特開2000-49461 | | | |
| 小型化・軽量化・薄膜 | 特開平11-207766 | | | |
| 製造・生産一般 | 特開平9-232763 | | | |
| 歩留・生産性の向上 | 特許3115987、特開平10-190226、特開平10-326964、特開平11-163519、特開2000-188483、特開2000-216538、特開2000-216539 | | | |
| 機械的特性および歩留・生産性の向上 | 特開平11-214825 | | | |
| 機械的特性および工程数の削減・簡略化 | 特開2000-49440 | | | |
| 化学的特性および製造・生産一般 | 特開平9-232757 | | | |
| 耐熱性および工程数の削減・簡略化 | 特開平8-321683 | | | |
| 小型化・軽量化・薄膜化および製造・生産一般 | 特開2000-277911 | | | |
| 工程数の削減・簡略化および歩留・生産性の向上 | 特開平9-191179 | | | |
| 機械的特性およびファインライン化 | 特開2000-244118 | | | |

## 2.5.4 技術開発拠点

特許明細書に記載されている発明者の住所から調査した技術開発拠点は本社がある場所である。(ただし、組織変更などによって事業所名・研究者名等が現時点と異なる場合も有り得る。)

大阪府門真市：本社所在地

## 2.5.5 研究開発者

松下電工の発明者・出願件数の年次推移を図 2.5.5-1 に示す。

松下電工の研究開発者は、1990 年代後半は発明者数で 20 人以上と安定しており、90 年代後半は安定していると思われる。また、特許の出願件数は、96 年の出願件数 19 件が最高で、最近は安定している。

94 年以降、ビルドアップ関連材料、および山梨松下電工で生産しているビルドアップ多層プリント配線板の開発のため、研究開発者数は高水準を保っているとみられる。

図 2.5.5-1 松下電工の発明者数・出願件数の年次推移

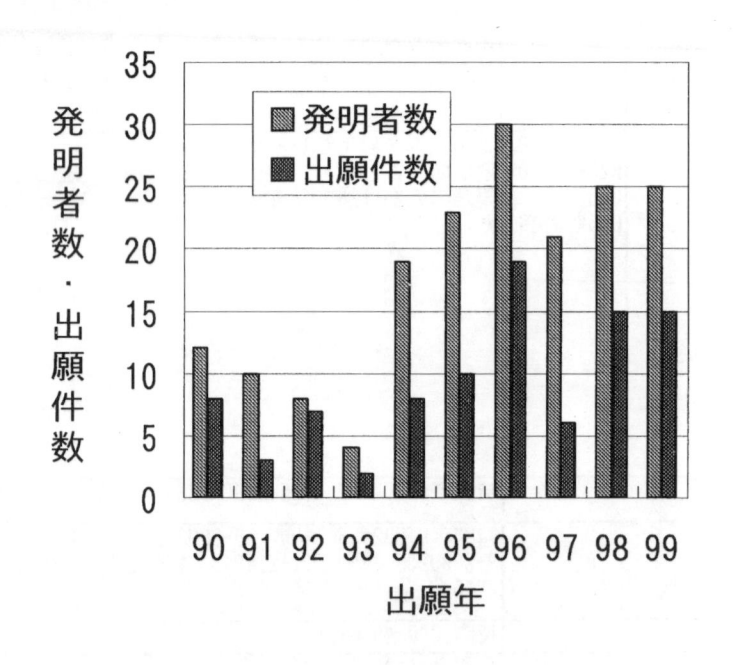

## 2.6 富士通

### 2.6.1 企業の概要

富士通の事業内容は、コンピュータ、通信システム、情報処理システムなどである。コンピュータは大型に強く、最近はパソコンも拡販中であり、日本の代表的ハイテク企業である。技術開発力は定評がある。プリント配線板の売上げでもトップ 10 社に入る。プリント配線板に関する関連企業に新光電気工業がある。表2.6.1-1に企業概要を示す。

なお、技術移転については、技術移転を希望する企業には、積極的に交渉していく。その際、仲介は介しても介さなくてもどちらでも可能である。

表 2.6.1-1 富士通の企業概要

| 1) | 商号 | 富士通株式会社 |
|---|---|---|
| 2) | 設立年月日 | 昭和10年6月20日（1935年6月20日） |
| 3) | 資本金 | 3,129億2000万円（2001年8月1日現在） |
| 4) | 従業員 | 42,010名（2001年3月現在） |
| 5) | 事業内容 | ソフトウェアサービス（37%）、情報処理機器（27%）、通信機器（15%）、電子デバイス（14%）　〔国内65：海外35〕 |
| 6) | 事業所 | 本店/川崎市中原区<br>工場/川崎市、沼津市、会津若松市、小山市 |
| 7) | 関連会社 | 国内/富士通電装、富士通機電、富士通ビジネスシステム、富士通サポートアンドサービス、新光電気工業、連結子会社数517<br>海外/Fujitsu America,Inc、Amdahl Corporation、　Fujitsu Microelectronics Europe Gmbh、Fujitsu Europe Limited |
| 8) | 業績推移<br>（単位百万円） | 　　　　　売上高　　経常利益　　利益<br>1999.3　3,191,146　15,709　▲21,504<br>2000.3　3,251,275　15,878　13,656<br>2001.3　3,382,218　107,466　46,664 |
| 9) | 主要製品 | （電子デバイスの主要製品）ロジック IC、ハイブリッド IC、PCカード、メモリ IC、化合物半導体デバイス、プラズマディスプレイ、液晶ディスプレイ、プリント配線板 |
| 10) | 主な取引先 | （販売）NTTドコモ他 |
| 11) | 技術移転窓口 | 法務・知的財産権本部　渉外部特許渉外部<br>神奈川県川崎市中原区上小田中 4-1-1<br>TEL 044-777-1111 |

### 2.6.2 ビルドアップ多層プリント配線板に関連する製品・技術

富士通は大型・中型コンピュータ用、半導体パッケージ基板を含む総合多層プリント配線板の最大手メーカー（業界3位）である。

汎用コンピュータの主要メーカーであり、高多層プリント配線板を得意としていた。

したがって、高度のセラミック基板の開発に重点を置いた時期もあったが、ビルドアップ多層プリント配線板においても早くから着手し、パソコンに適用するとともにより高度のビルドアップ多層プリント配線板の開発に着手している。

MPU 搭載用フリップチップ実装用 MCM-L（マルチチップモジュール）の高密度化の課題

に対し、感光性樹脂絶縁層とフォトビア法を用いたビルドアップ工法を開発し、1996 年に量産化したノートパソコン「富士通 BIBLO　NC5100NC/S」で課題を解決している。

また、パソコン用プリント配線板マザーボードの高密度化、小型化の課題に対し、樹脂付き銅箔を用い、レーザビアによるビルドアップ工法を開発し、1998 年に発表した同社のモバイルパソコン「FMV-BIBLO　LOOX」シリーズで、課題を解決している。表 2.6.2-1 に製品・技術を示す。

表 2.6.2-1 富士通のビルドアップ多層プリント配線板に関連する製品・技術

| 用途／機種 | 製品 | 製品名 | 発表時期 | 出典 |
|---|---|---|---|---|
| ノートパソコン「富士通 BIBLO NC5100NC/S」 | ビルドアップ多層配線板 Pentium 搭載 MCM] | ■フリップチップ実装用フォトビア法ビルドアップ基板 | 1996 年 | 同社ホームページ http://pr.fujitsu.com /jp/news/1996/Dec/12.html |
| モバイルパソコン「FMV-BIBLO LOOX」（富士通）＊LOOX S シリーズ ＊LOOX T シリーズ | ビルドアップ多層配線板 | ■レーザビア法ビルドアップ工法8層基板（樹脂付銅箔／レーザ孔加工法） | 1998 年 | エレクトロニクス実装技術 2000 年 12 月号（「モバイル PC "LOOX" の実装技術」） |
| ノートパソコンなど電子機器用接続部品 [CPU 搭載用 MCM(注1)] | ビルドアップ多層配線板 (MCM) | ■ソルダーレスフリップチップ実装用フォトビア法ビルドアップ（片面2層）基板 ・8層：2+4+2 ・L/S：50/50μm | 2001 年 | 同社ホームページ http://magazine.fujitsu.com/vol48-4/1-1-3.html |
| CSP、BGA など超多ピン実装用接続部品（注3）・UNIX サーバ ・通信基地用装置など | ビルドアップ多層配線板 | ■高多層プリント基板新製品「MV-3」（注2）・「コア部＋Bup 層」のビルドアップ多層板を3段に積層（20層以上）・スタックビア構造 ・ビルドアップ絶縁層にレーザビア加工可能なガラスクロス入りプリプレグを使用 | 2001 年 11 月発表（サンプル配布）2002 年 1 月より量産開始予定 | 同社ホームページ http://pr.fujitsu.com /jp /news/2001/11/7-2.html |
| 携帯電話（BGA 搭載用 MCM） | ビルドアップ多層配線板 | ■MCM-L/D（第三世代）・コア部＋Bup 各2層 ・L/S：50/50μm | — | 同社ホームページ http://magazine.fujitsu.com/vol48-6/6-3-5.html |

(注1) MCM：Multi Chip Module
(注2) MV：Multi Via
(注3) CSP：Chip Size Package、BGA：Ball Grid Allay

### 2.6.3 技術開発課題対応保有特許の概要

ここ 10 年間（1991 年 1 月 1 日から 2001 年 8 月までに公開された特許・実用新案）において、公開された特許・実用新案件数は 52 件である。

うち、係属中の特許・実用新案件数（2001 年 10 月時点）は 38 件である。

38件のビルドアップ多層プリント配線板技術特許のうち、
　技術要素(1)多層の形状・構造と製造方法の特許は14件、
　技術要素(2)絶縁材料とスルーホールを含む絶縁層形成法の特許は14件、
　技術要素(3)導体材料と導体回路・層間接続形成法の特許は12件、
　（技術要素(2)と(3)の両方に関連する特許が2件）である。
これらのうち、重要と判断された特許・実用新案は12件あり、表2.6.3-1の表中の概要の項に、図表付きで、その内容を示している。
図2.6.3-1に示すように、技術要素（1）多層の形状・構造と製造方法の技術では、機械的特性を上げるという課題などに取り組み、解決手段としては層形成の方法などで改善を図ろうとしている。

図2.6.3-1　富士通の技術要素(1)多層の形状・構造と製造方法の技術における
　　　　　　課題と解決手段の分布

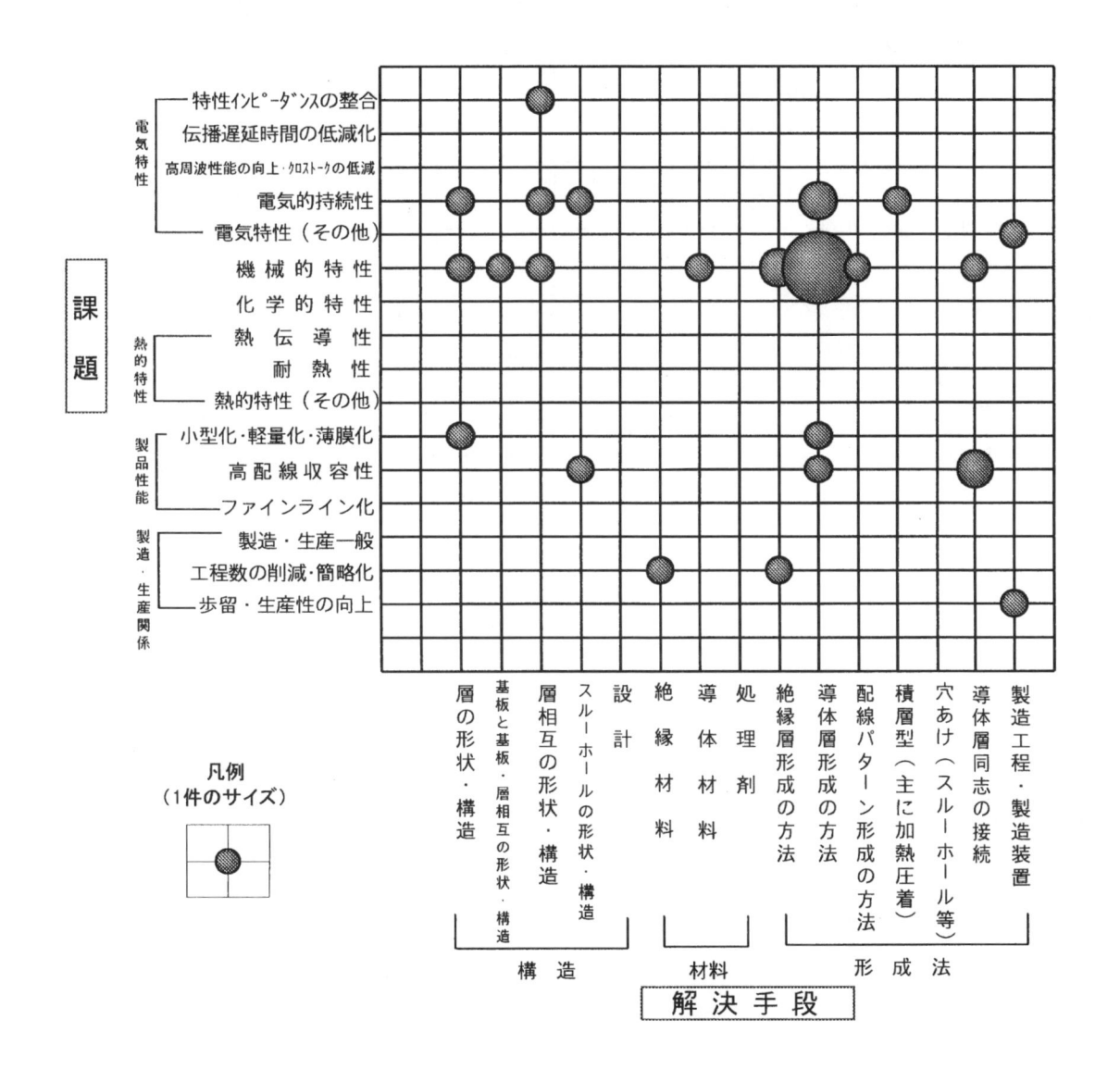

また、図2.6.3-2に示すように、技術要素（2）絶縁材料とスルーホールを含む絶縁層形成法の技術では、機械的特性、生産性向上などの課題に取り組み、解決手段として絶縁材料などの開発に取り組んでいる。

図2.6.3-2 富士通の技術要素(2) 絶縁材料とスルーホールを含む絶縁層形成法の技術における課題と解決手段の分布

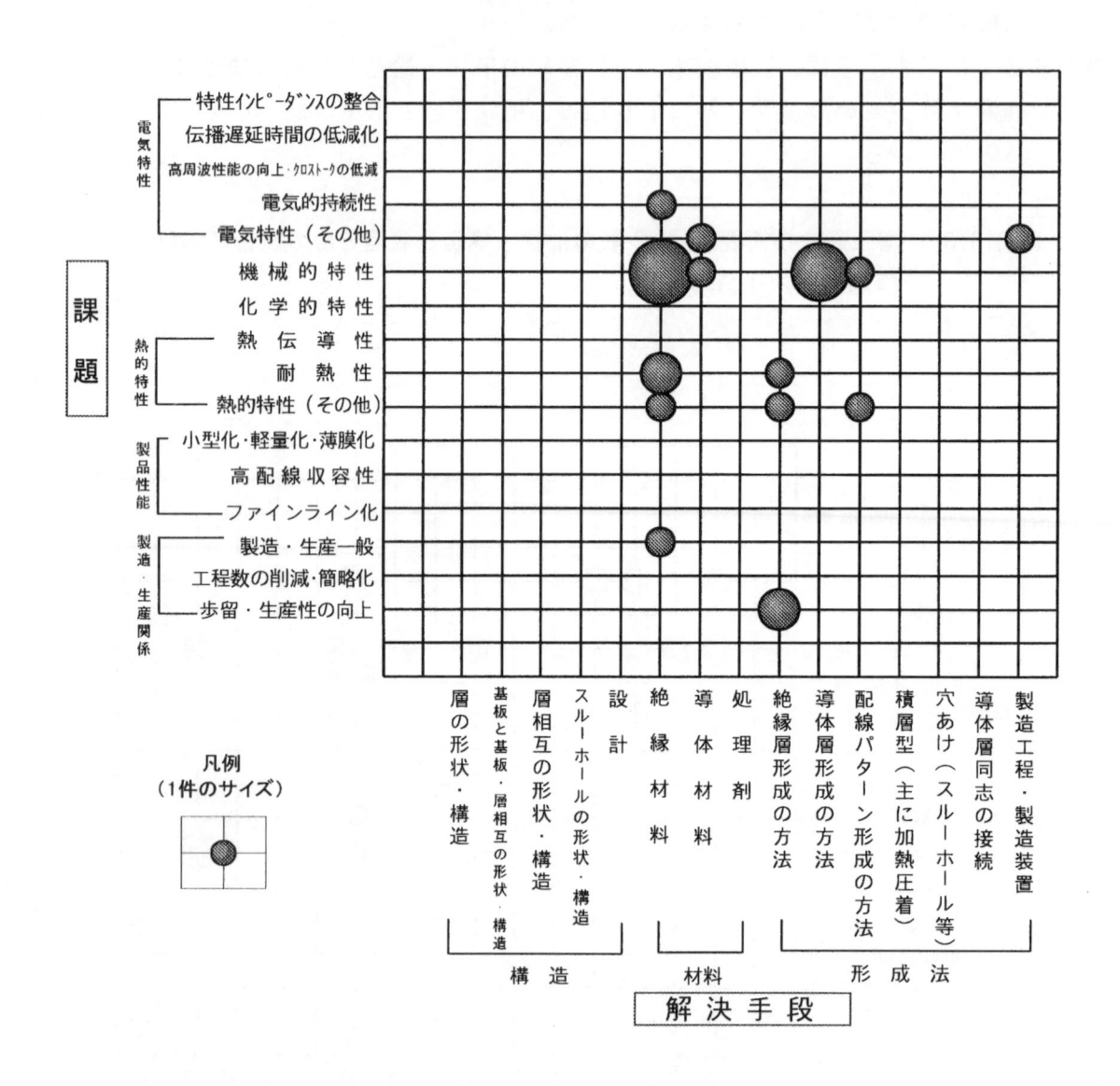

　なお、富士通の保有特許の特徴的なこととして、1995年ごろよりスルーホールめっきに樹脂を充填、一括積層によるプリント配線板の開発の特許が多くなっている。

表 2.6.3-1 富士通の技術開発課題対応保有特許の概要

(1) 多層の形状・構造と製造方法の技術

| 課題 | 公開番号、特許番号 | 特許分類（IPC） | 概要（解決手段要旨） |
|---|---|---|---|
| 工程数の削減・簡略化 | 特開2000-252626 | H05K 3/46 | ビルドアップのコア基板のめっきスルーホールをビルドアップの絶縁樹脂で、表面とともに穴埋めを行い、この後、ビルドアップ層を形成する。内層用回路基板の製造方法を説明する断面図。 |
| 電気的接続性および機械的特性 | 特開平7-147485 | H05K 3/46 | めっきスルーホール両面板の穴を埋め、複数枚用意し、これを接着シート介して圧接接続する一括多層積層法。(a)は接合前の状態、(b)は接合状態を示す図である。 |
| | 特開平6-112653 | | |
| 機械的特性および高配線収容性（高密度化） | 特開平11-274731 | H05K 3/46, H05K 3/00 | 一括積層でなく、両面に金属箔を持った樹脂フィルムをコア基板に積み上げる方法。金属箔積層樹脂フィルムにビアをあけ、その内部をめっきし表面パターン作成、これを繰り返しビルドアップ層を積み上げる。図は発明の原理的構成の説明図である。 |
| 特性インピーダンスの整合 | | | 特開平7-152823 |
| 電気的接続性 | | | 特開平6-209053、特開平7-176453 |
| 機械的特性 | | | 特許2616526、特開平5-235510、特開平9-252180、特開2001-160687 |
| 歩留・生産性の向上 | | | 特開平11-354929 |
| 機械的特性および小型化・軽量化・薄膜化 | | | 特開平3-270292 |
| 電気的接続性および高配線収容性（高密度化） | | | 特開平8-279681 |

## (2) 絶縁材料とスルーホールを含む絶縁層形成法の技術

| 課題 | 公開番号、特許番号 | 特許分類(IPC) | 概要（解決手段要旨） |
|---|---|---|---|
| 電気的接続性 | 特開2001-64359 | C08G 59/20, C08G 59/62, C09D163/00 H05K 3/28, H05K 3/46, H05K 3/46 | 耐クラック性のよい材料をコア基板のスルーホール内に充填し、ビルドアッププリント配線板の製作方法。多層配線構造を有するプリント配線基板の一例を示した模式断面図。 |
| 機械的特性 | 特開2001-164093 | C08L 63/00, C08F283/10 C08G 59/00, C08K 5/00, C08K 5/37, C09D 4/00, C09D 5/25, H05K 3/46, H05K 3/46 | トリアジンチオールを含む絶縁材料をコア基板のスルーホールに充填し、その後、ビルドアップ層を形成する方法。 |
|  | 特許3210520、特開平10-163628、特開平11-30855、特開平11-68321、特開2000-86871、特開2000-183524 | | |
| 機械的特性および 製造・生産一般 | 特開平9-92984 | H05K 3/46, H01L 23/12, H05K 1/03 610 | 感光性ポリイミド樹脂を用いたビルドアッププリント配線板。樹脂を基板にコーティングし、フォトビアをあけ、めっきにより接続する。回路基板の製造工程の概略断面図である。 |
| 耐熱性 | 特開2000-191910 | | |
| 歩留・生産性の向上 | 特許2697447、特開平11-87287 | | |
| 熱特性（その他）および耐熱性 | 特開平10-51112 | | |
| 機械的特性および歩留・生産性の向上 | 特開2000-101237 | | |

## (3) 導体材料と導体回路・層間接続形成法の技術

| 課題 | 公開番号、特許番号 | 特許分類(IPC) | 概要（解決手段要旨） |
|---|---|---|---|
| 機械的特性 | 特開平8-37376 | H05K 3/46, H05K 1/09, H05K 3/02, H05K 3/40 | コア基板のパターン上に絶縁層をコーティングし、パターンを作成した後ビアをあけ、溶融金属の導電性ペーストを充填し、溶融することで、ビアの接続を行う方法。多層回路基板の製造工程を示す断面図。 |
|  | 特開平7-193167、特開平11-330692、特開2000-86871、特開2000-269643、特開2000-307242 | | |

| | | | | |
|---|---|---|---|---|
| 高配線収容性 | 特開平7-106771 | H05K 3/46, H05K 1/02, H05K 1/11 | 高密度配線とクロストークを小さくするために、直交配線とともに、斜配線方式の設計方式を考案したもの。薄膜多層プリント配線基板を部分的に示す概略平面図。 | |
| 歩留・生産性の向上 | 特開平11-166903 | G01N 21/88, G01B 11/30, H05K 3/00, H05K 3/46 | レーザであけたビア底部にはスミアが残留する。このスミアを検査する方法。ビアより戻る光をCCDカメラで捕らえ、画像処理法で判定する。 | |
| | 特許3077949 | | | |
| 電気的接続性および機械的特性および高配線収容性（高密度化） | 特開平9-116266 | H05K 3/46, H05K 3/40 | ビルドアッププリント配線板のビアの接続をめっきで行う場合に、ビア内をめっきで充填する、フィルドビアとし、盛り上がっためっきを研磨で平坦とし、次の層を積み上げる方法。 | |
| 機械的特性および歩留・生産性の向上 | 特開2000-68642 | H05K 3/46 | ビルドアップ絶縁層にあけたビアに無電解銅めっきをする前に、カップリング剤を塗布し、めっきの密着性を向上させる方法。 | |
| | 特開2000-101237 | | | |

## 2.6.4 技術開発拠点

特許明細書に記載されている発明者の住所から調査した技術開発拠点は次の2ヶ所であり、ほとんどが川崎市である。(ただし、組織変更などによって事業所名・研究者名等が現時点と異なる場合も有り得る。)

神奈川県川崎市：本店所在地、川崎工場、富士通研究所など

米国カリフォルニア州：Fujitsu laboratories of America,Inc.所在地

## 2.6.5 研究開発者

富士通の発明者・出願件数の年次推移を図 2.6.5-1 に示す。

富士通の研究開発者は、1990年代前半は多いとみられ、その頃は発明者数が50人以上と多かったが、95年以降20人以下と少なくなっている。また、95年以降、出願件数も10件に満たないことがあるが、スルーホールめっきに樹脂を充填、一括積層によるプリント配線板の開発の特許を出願している。

プリント配線板の開発はコンピュータの開発の軌道に合わせて行われてきた。プリント配線板では絶縁材料が重要なものであり、エポキシ樹脂、あるいは、ポリイミドと高度のものをメーカーと開発し、製造プロセスを確立するために、多くの技術者がおり、製造技術上の要素開発を行ってきた。ビルドアップについても、高密度指向で開発を行ってきている。

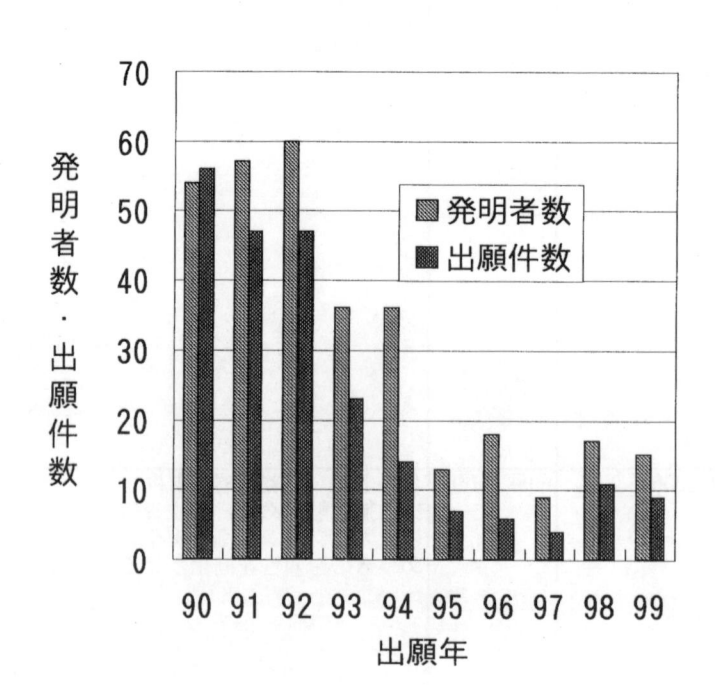

図 2.6.5-1 富士通の発明者数・出願件数の年次推移

## 2.7 京セラ

### 2.7.1 企業の概要

　京セラはファインセラミックスの専門メーカーとして1959年の設立された。現在の事業はファインセラミックス、電子デバイス、電子機器関連、太陽電池などであり、ICパッケージの最大手である。KDDIの筆頭株主でもある。表2.7.1-1に企業概要を示す。

表2.7.1-1 京セラの企業概要

| 1) | 商号 | 京セラ株式会社 |
|---|---|---|
| 2) | 設立年月日 | 昭和34年4月1日（1959年4月1日） |
| 3) | 資本金 | 1,157億300万円（2001年8月1日現在） |
| 4) | 従業員 | 14,659名（2001年3月現在） |
| 5) | 事業内容 | ファインセラミックス関連（28%）、電子デバイス関連（31%）、電子機器関連（36%）、その他（5%）　〔国内38：海外62〕 |
| 6) | 事業所 | 本社/京都市伏見区<br>工場/北見、福島、長野岡谷、千葉佐倉、滋賀、鹿児島 |
| 7) | 関連会社 | 国内/京セラコミュニケーションシステム、京セラソーラーコーポレーション、京セラオプティック　連結子会社数141<br>海外/Kyocera International、Kyocera America、Kyocera Fineceramics |
| 8) | 業績推移<br>（百万円） | 　　　　　売上高　　経常利益　　利益<br>1999.3　453,595　52,009　27,738<br>2000.3　507,802　69,471　39,296<br>2001.3　652,510　114,500　31,398 |
| 9) | 主要製品 | ファインセラミックス部品、半導体部品、電子部品、切削工具、ソーラーシステム、情報通信機器、光学精密機器 |
| 10) | 主な取引先 | （販売）KDDI、富士通、日立製作所、NEC、東芝<br>（仕入）松下電器産業、新光商事、富士通デバイス、日本CMK |
| 11) | 技術移転窓口 | ― |

### 2.7.2 ビルドアップ多層プリント配線板に関連する製品・技術

　京セラはセラミック系半導体パッケージ基板の最大手であったが、パッケージ基板の有機系への市場シフトに対応して、現状、急ピッチで有機基材パッケージ基板の開発、事業拡大に注力している。

　多層配線板の高密度化、小型化、高速化を低コストで実現するという課題に対し、その解決手段として、樹脂基板の微細配線に有利という特長およびセラミックの全層IVH化と多層化の容易さという特長を兼ね備えたセラミック・プラスチック複合絶縁材料を用いて、炭酸ガスレーザ穴あけ加工と導電性ペースト充填により層間接続部を形成した単層基板に、転写フィルム上の銅箔をエッチング法で形成したパターンを転写したものを複数用意し、一括積層する同社独自のビルドアップ工法を開発した。

　その特徴は、転写法により基板表面が平坦で、ファインライン化の課題を、絶縁樹脂に低誘電率・低誘電正接の高周波特性の優れた熱硬化型PPE（旭化成APPE）を使用することで高速化の課題を、さらにエッチングのみでめっきを用いず、一括積層法を用いること

で、工程簡略化の課題を、同時に解決している。
表 2.7.2-1 に製品・技術を示す。

### 表 2.7.2-1 京セラのビルドアップ多層プリント配線板に関連する製品・技術

| 用途／機種 | 製品 | 製品名 | 発表時期 | 出典 |
| --- | --- | --- | --- | --- |
| 半導体実装用接続部品 | ビルドアップ多層プリント配線板 | ■ビルドアップ基板 | 1998年の量産化を発表 | 日刊工業新聞 97.10.2 |
| | | ■「HDBU」パッケージ<br>3000ピン以上の超高精細配線の対応した次世代フリップチップ有機パッケージ基板<br>・レーザビア／熱硬化性エポキシ樹脂（ドライフィルムラミネーション法）<br>・ビア径：50μm<br>・ライン幅：30μm | 2001年 | 同社製品カタログ<br>2001年京セラパーツカタログ |
| 電子機器用接続部品 | ビルドアップ多層プリント配線板 | ■転写法によるビルドアップ多層基板<br>・絶縁層にCPC(セラミック・プラスチック*複合材料)を使用<br>＊熱硬化性樹脂 PPE<br>・層間接続に導電性ペーストを使用<br>・L/S：50/50μm<br>（転写用フィルム上の銅箔をエッチングで回路を形成し、ビルドアップ層に熱圧着で転写する） | 2000年 | ①第14回エレクトロニクス実装学術講演大会 2000年3月<br>「転写法による高密度配線 CPC（セラミック-プラスチック複合材料）多層基板」<br>②エレクトロニクス実装学会誌 2000年11月号「一括硬化多層配線板」 |

(注1) HDBU：High Density Build Up
(注2) CPC：Ceramic Plastic Composite

### 2.7.3 技術開発課題対応保有特許の概要

ここ10年間（1991年1月1日から2001年8月までに公開された特許・実用新案）において、公開された特許・実用新案件数は48件である。

うち、係属中の特許・実用新案件数（2001年10月時点）は48件すべてである。

48件のビルドアップ多層プリント配線板技術特許のうち、

　　技術要素(1)多層の形状・構造と製造方法の特許は11件、

　　技術要素(2)絶縁材料とスルーホールを含む絶縁層形成法の特許は24件、

　　技術要素(3)導体材料と導体回路・層間接続形成法の特許は17件、

（技術要素(2)と(3)の両方に関連する特許が4件）である。

　これらのうち、重要と判断された特許・実用新案は 10 件あり、表 2.7.3-1 の表中の概要の項に、図表付きで、その内容を示している。

　図 2.7.3-1 に示すように、技術要素（2）絶縁材料とスルーホールを含む絶縁層形成法の技術では、機械的特性、生産技術などの課題に取り組み、解決手段として絶縁材料の改善などの開発に取り組んでいる。

図 2.7.3-1　京セラの技術要素(2) 絶縁材料とスルーホールを含む絶縁層形成法の技術における課題と解決手段の分布

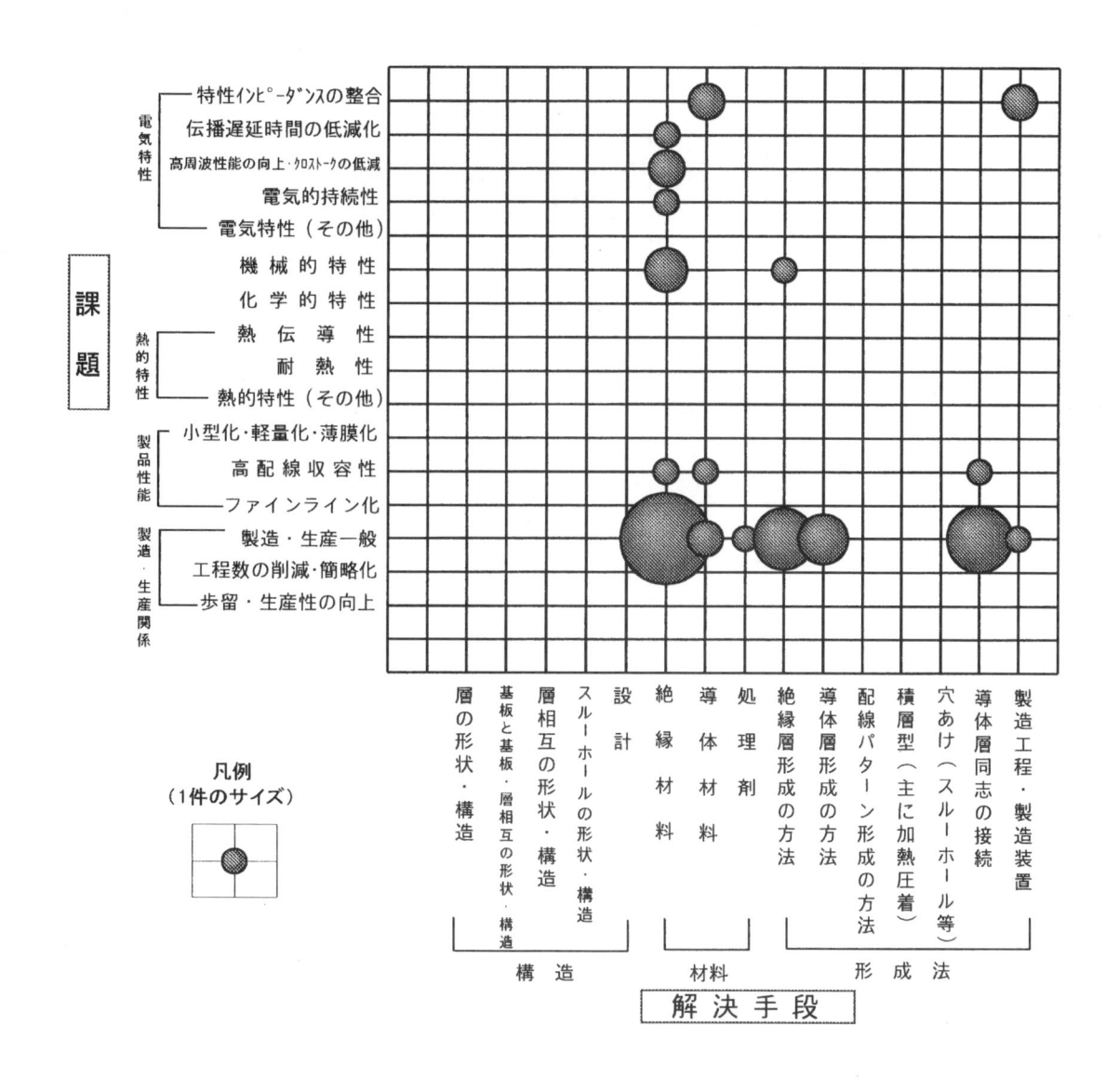

なお全般には、1998 年頃より有機樹脂基板として、パターン転写法を用い、導電性ペーストによる接続方式のプリント配線板の開発を行っている。

表 2.7.3-1 京セラの技術開発課題対応保有特許の概要

(1) 多層の形状・構造と製造方法の技術

| 課題 | 公開番号、特許番号 | 特許分類（IPC） | 概要（解決手段要旨） |
|---|---|---|---|
| 製造・生産一般 | 特許3199637 | H05K 3/46, H05K 3/20 | 半硬化樹脂にパターン転写、これを複数枚用意しプレス。 |
| | 特開平10-107448 | H05K 3/46, H01L 23/12, H05K 3/20 | ビアホールに導体ペーストを充填、これにパターン転写。このような配線回路層を必要数用意し、一括積層で一体化。 |
| | 特開平11-126978 | H05K 3/46, H01L 23/12 | 金属ペーストビアの樹脂層の多層プリント配線板の上にめっきによるビルドアップ層を積上げる。 |
| | 特開2000-22330 | H05K 3/46, H05K 1/02, H05K 3/38 | 軟質絶縁層に導通ペーストでビアを形成、パターンを転写一体化。 |
| | 特開平11-163525、特開2000-196234、特開2001-44638 | | |
| 特性インピーダンスの整合 | 特開平11-163539、特開2001-127204、特開2001-127189 | | |
| 伝播遅延時間の低減および製造・生産一般 | 特開平10-107445 | | |

(2) 絶縁材料とスルーホールを含む絶縁層形成法の技術

| 課題 | 公開番号、特許番号 | 特許分類（IPC） | 概要（解決手段要旨） |
|---|---|---|---|
| 製造・生産一般 | 特開平11-74641 | H05K 3/46, H01L 23/12 | コア基板に熱硬化性、熱可塑性の樹脂とし、その上に転写方式の層で積み上げる。 |
| | 特開平11-135946 | H05K 3/46 | 熱硬化性の転写シートに導体ペーストでビアを形成、パターンを転写。母型の上に積む。 |
| | 特許2958188、特開平9-289380、特開平9-321431、特開平11-4080、特開平11-20113、特開平11-54938、特開平11-74649、特開平11-102995、特開平11-214839、特開平11-233939、特開2000-349445、特開2001-102757、特開2001-185858 | | |
| 高配線収容性および製造・生産一般 | 特開平11-103165 | H05K 3/46, H01L 23/12, H05K 3/20 | 金属粉を充填したビアによるビルドアップ法で、ビア径が導体幅より狭い。 |
| 機械的特性 | 特開平9-283936、特開平9-312480、特開平10-322023、特開2001-217542 | | |
| 伝播遅延時間の低減 | 特開平9-283937 | | |
| 電気的接続性 | 特開2000-77849 | | |
| 高周波性能の向上 | 特開2000-138430 | | |
| 高周波性能の向上および製造・生産一般 | 特開平11-97851 | | |

(3) 導体材料と導体回路・層間接続形成法の技術

| 課題 | 公開番号、特許番号 | 特許分類（IPC） | 概要（解決手段要旨） | |
|---|---|---|---|---|
| 電気的接続性 | 特開平9-326556 | H05K 3/46, H05K 3/40 | ビア内を無電解めっき充填したビルドアップ板。 | |
| 製造・生産一般 | 特開平11-74641 | H05K 3/46, H01L 23/12 | コア材に熱硬化性、または、熱可塑性の樹脂とし、その上に転写方式の層で積み上げる。 | |
| | 特開平11-135946 | H05K 3/46 | 熱硬化性の転写シートに導体ペーストでビアを形成、パターンを転写。母型の上に積む。 | |
| | 特開平11-54931、特開平11-97848、特開平11-214839、特開2000-49460、特開2000-349437、特開2001-185858 | | | |
| 機械的特性および 製造・生産一般 | 特開平10-322031 | H05K 3/46, H01L 23/12 | 最後部ビア内に導電ペーストでボンディングパッドを作りその上にハンダめっき。 | |
| | 特開平11-177236 | | | |
| 高配線収容性および製造・生産一般 | 特開平11-103165 | H05K 3/46, H01L 23/12, H05K 3/20 | 金属粉を充填したビアによるビルドアップ法で、ビア径が導体幅より狭い。 | |
| 機械的特性 | 特開平11-97847、特開平11-168280、特開2000-13026、特開2000-106484 | | | |
| 電気的接続性および製造・生産一般 | | | 特開平11-97849 | |

## 2.7.4 技術開発拠点

特許明細書に記載されている発明者の住所から調査した主な技術開発拠点は、多い順に次の3ヶ所である。（ただし、組織変更などによって事業所名・研究者名等が現時点と異なる場合も有り得る。）

鹿児島県国分市：国分工場
鹿児島県国分市：総合研究所
京都府相楽郡　：中央研究所

## 2.7.5 研究開発者

京セラの発明者・出願件数の年次推移を図2.7.5-1に示す。

京セラの研究開発者は、発明者数で1997年に35人というピークが起き、全体として増加の傾向があると思われる。また、出願件数は98年に40件を越えてピークとなった。全般には94年以降、年間20件程度で安定している。

90年代後半より有機樹脂基板として、パターン転写法を用い、導電性ペーストによる接続方式のプリント配線板の研究を進めており、発明者数、出願件数が増加している。

有機樹脂関連については、後発であるが、この面の技術開発に力を入れ、材料開発、製造技術開発に多くの技術者が関係している。研究関連として、転写法・導電性ペースト接続方式のビルドアップ多層プリント配線板の開発に力を入れている。

図2.7.5-1 京セラの発明者数・出願件数の年次推移

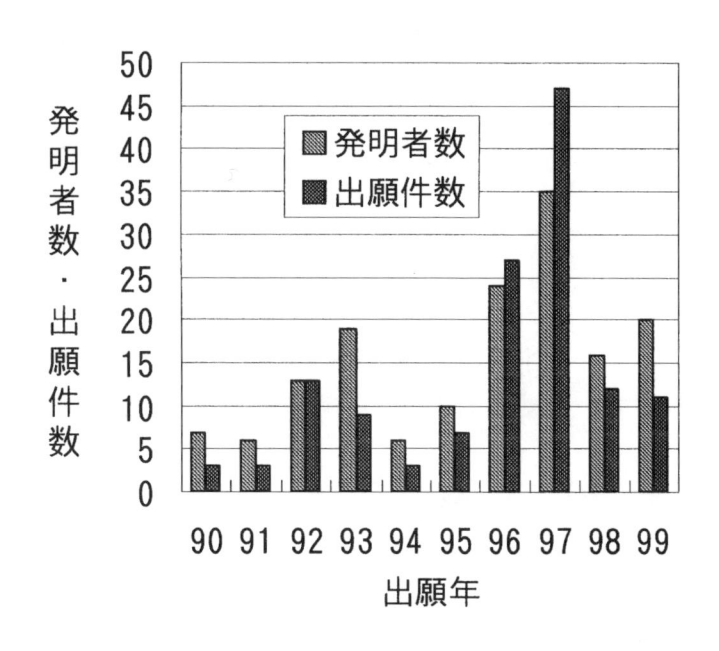

## 2.8 日本特殊陶業

### 2.8.1 企業の概要

日本特殊陶業は、日本の陶磁器産業を代表する森村系（ノリタケカンパニー、東陶機器、INAX、日本ガイシなど）の企業である。自動車の点火プラグのトップメーカーである。同社はまた、半導体パッケージの大手であり、プリント配線板に関する事業も行っている。パッケージの専門メーカーであるが、有機樹脂基板関係の開発に力を入れている。表2.8.1-1に企業概要を示す。

表2.8.1-1 日本特殊陶業の企業概要

| 1) | 商号 | 日本特殊陶業株式会社 |
|---|---|---|
| 2) | 設立年月日 | 昭和11年10月26日（1936年10月26日） |
| 3) | 資本金 | 478億5400万円（2001年8月1日現在） |
| 4) | 従業員 | 5,142名（2001年3月現在） |
| 5) | 事業内容 | 自動車関連（52%）、情報通信・セラミック関連（46%）、その他（2%）　〔国内22：海外78〕 |
| 6) | 事業所 | 本社/名古屋市瑞穂区<br>工場/名古屋市瑞穂区、小牧、鹿児島、伊勢 |
| 7) | 関連会社 | 国内/（森村グループ）<br>海外/米国特殊陶業、ヨーロッパ特殊陶業、ブラジル特殊陶業 |
| 8) | 業績推移<br>（百万円） | 　　　　売上高　経常利益　利益<br>1999.3　168,072　8,921　4,701<br>2000.3　169,776　6,408　3,830<br>2001.3　198,644　20,220　10,537 |
| 9) | 主要製品 | スパークプラグ、NGKニューセラミック、ICパッケージ |
| 10) | 主な取引先 | （販売）日産自動車、トヨタ自動車、NEC<br>（仕入）田中貴金属販売、榊原、日本軽金属、住友電工 |
| 11) | 技術移転窓口 | ― |

### 2.8.2 ビルドアップ多層プリント配線板に関連する製品・技術

日本特殊陶業は、セラミック系半導体パッケージ基板の最大手であったが、同市場の有機系へのシフトに対応して、有機基材パッケージに注力し、現状同市場での大手メーカーである。

セラミックに代わる有機基材による半導体パッケージ基板の高密度化の課題に対し、現在発売しているビルドアップ方式によるオーガニックPGAパッケージ基板で解決されている。表2.8.2-1に製品・技術を示す。

表 2.8.2-1 日本特殊陶業のビルドアップ多層プリント配線板に関連する製品・技術

| 用途／機種 | 製品 | 製品名 | 発表／発売時期 | 出典 |
|---|---|---|---|---|
| PGA 実装用接続部品 | ビルドアップ多層配線板 | ■オーガニック PGA パッケージ<br>・ソケット実装を可能にするピン付高密度ビルドアップパッケージ基板 | 2001年 | ① 同社製品カタログ 2001年12月<br>②同社ホームページ http://www.ngkntk.co.jp |

## 2.8.3 技術開発課題対応保有特許の概要

　ここ 10 年間（1991 年 1 月 1 日から 2001 年 8 月までに公開された特許・実用新案）において、公開された特許・実用新案件数は 39 件である。

　うち、係属中の特許・実用新案件数（2001 年 10 月時点）は 38 件である。

　38 件のビルドアップ多層プリント配線板技術特許のうち、

　　技術要素(1)多層の形状・構造と製造方法の特許は 8 件、

　　技術要素(2)絶縁材料とスルーホールを含む絶縁層形成法の特許は 12 件、

　　技術要素(3)導体材料と導体回路・層間接続形成法の特許は 20 件、

　　（技術要素(2)と(3)の両方に関連する特許が 2 件）である。

　これらのうち、重要と判断された特許・実用新案は 12 件あり、表 2.8.3-1 の表中の概要の項に、図表付きで、その内容を示している。

　技術要素（3）導体材料と導体回路・層間接続法の技術が特許出願の中心である。

　図 2.8.3-1 に示すように、技術要素（3）導体材料と導体回路・層間接続法の技術では、主に生産技術の向上の課題に取り組み、解決手段として導体層、あるいは導体間の接続などの開発に取り組んでいる。

図 2.8.3-1 日本特殊陶業の技術要素(3) 導体材料と導体回路・層間接続法の技術における課題と解決手段の分布

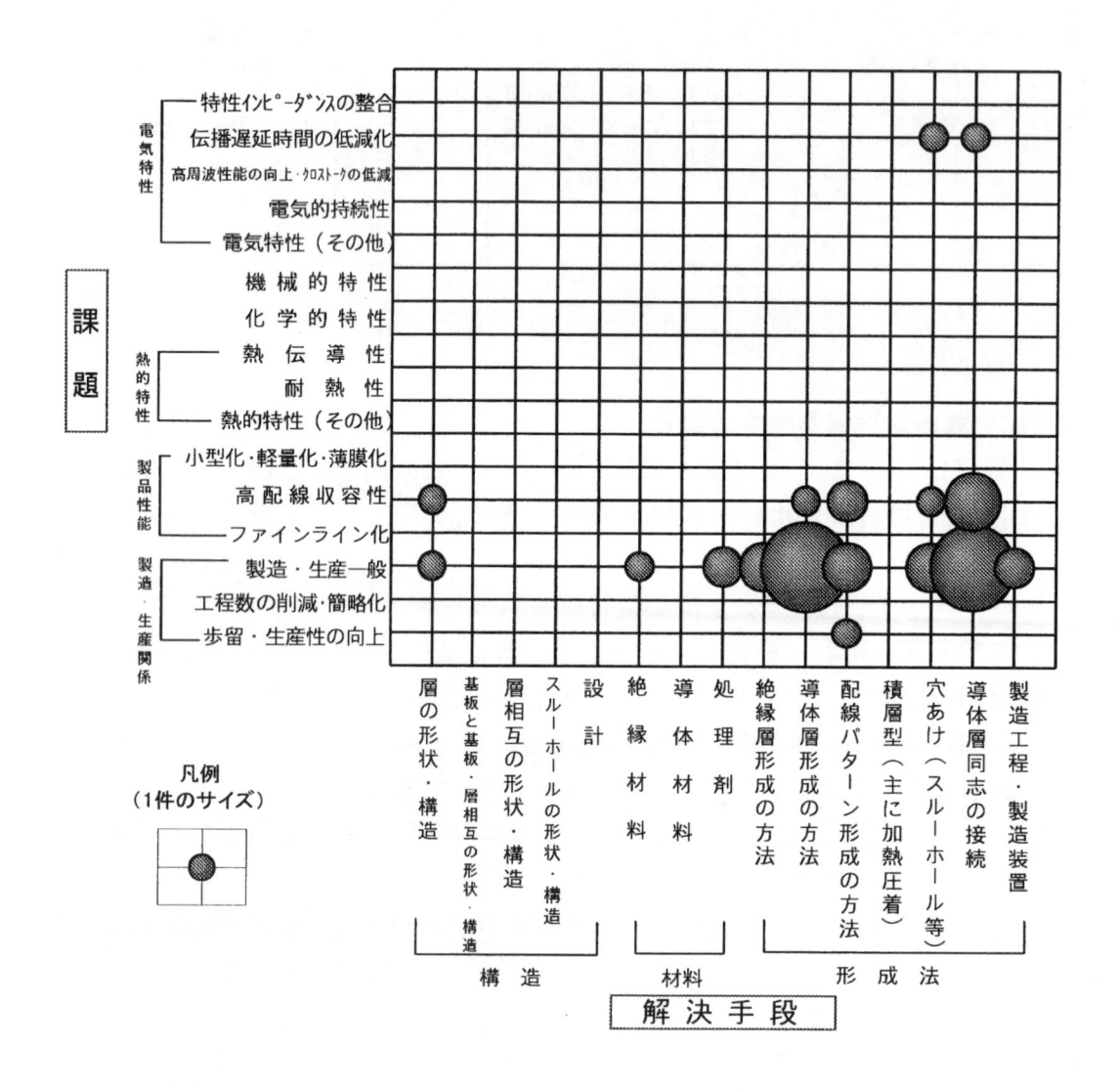

なお、全般には日本特殊陶業は、セラミックパッケージの専門メーカーながら、有機樹脂パッケージの普及にともない有機樹脂基板関係の開発に力を入れており、2000年頃より、柱状めっき方式による層間接続方式とともに絶縁材料、粗面化技術に関する特許が多く出願されている。

表 2.8.3-1 日本特殊陶業の技術開発課題対応保有特許の概要

(1) 多層の形状・構造と製造方法の技術

| 課題 | 公開番号、特許番号 | 特許分類（IPC） | 概要（解決手段要旨） | |
|---|---|---|---|---|
| 高周波性能の向上 | 特開2001-7531 | H05K 3/46, H01F27/06, H05K 1/18 | コア内部にチップコンデンサを埋込んだビルドアップ板。上下両面に端子を有するチップコンデンサ集合体を凹部を有する配線基板本体に配置、固着し、さらに上下に樹脂絶縁層および配線層を形成したもので、搭載するチップと近距離に配置できるもの。 | |
| 高周波性能の向上および製造・生産一般 | 特開2000-208945 | H05K 3/46, H01G 4/20, H05K 1/16 | ビルドアップ樹脂の一部を強誘電層としコンデンサを構成したもの。コンデンサ内蔵配線基板の部分拡大断面図。 | |
|  | 特開平11-68308 | H05K 3/46 | 樹脂の粗面化、無電解銅めっき後、ドライフィルムのレジストでめっき柱ビアを形成し、これをビアとする、ビルドアッププリント配線板のプロセス。 | |
| 高配線収容性および製造・生産一般 | 特開平11-74647 | H05K 3/46, H01L 21/768, H01L23/12 | ビルドアッププリント配線板において、ビアホール内を無電解銅めっきで充填形成、高さを絶縁層より低くして、ビア柱を形成する方法。 | |
| 電気特性（その他） | 特開2000-349225 | | | |
| 機械的特性 | 特開平10-341077 | | | |
| 製造・生産一般 | 特開平11-289025 | | | |
| ファインライン化および製造・生産一般 | 特開平11-87886 | | | |

## (2) 絶縁材料とスルーホールを含む絶縁層形成法の技術

| 課題 | 公開番号、特許番号 | 特許分類（IPC） | 概要（解決手段要旨） |
|---|---|---|---|
| 製造・生産一般 | 特開2000-159864 | C08G 59/68, C08G 59/20, G03F 7/004 503, G03F7/032 501, G03F7/40 521, H05K 3/38, H05K3/46 | 感光性絶縁樹脂の組成、粗化が容易な組成としたもの。図はプリント配線板用感光性樹脂組成物。（XおよびX'は、各々下記の一般式(2)、(3)、(4)および(5)のうちのいずれか1種であり、R1～R4は2価の置換基を表し、R1～R4のうちの少なくとも1個はなくてもよい。） |
| | 特開平11-87865、特許3005546、特開2000-223818、特開2000-340951、特開2000-349436、特開2000-323843、特開2001-203439 | | |
| 機械的特性および製造・生産一般 | 特開2000-208936 | H05K 3/46 | セミアディティブでパターン形成後、樹脂をエッチング。次いで、導体表面を粗化することにより、上層のビルドアップ層の密着性を向上することができる。(a)は配線層を形成した状態を示し、(b)は配線層間の下地樹脂絶縁層の表層部分を樹脂エッチングした状態を示し、(c)は配線層の表面を粗化した状態。 |
| | 特開2000-208937 | | |
| 機械的特性 | | 特開平10-326971 | |
| 高周波性能の向上および製造・生産一般 | | 特開2000-261124 | |

## (3) 導体材料と導体回路・層間接続形成法の技術

| 課題 | 公開番号、特許番号 | 特許分類（IPC） | 概要（解決手段要旨） |
|---|---|---|---|
| 製造・生産一般 | 特開2000-49458 | H05K 3/46 | コア基板のめっきスルーホールの上のビアをめっきスルーホール上に形成したパッドのふちにおく構造、この時、コア基板のパッドと同じ高さまでに平坦化材を使用することにより、上層の絶縁層の形成を容易にする。 |
| | 特開2001-203458 | H05K 3/46, H05K 3/00 | コア基板のスルーホールを2重にビアとして利用する方法。はじめコア基板に通常の奉納でめっきスルーホールを形成、この板に穴を含め感光性樹脂を塗布、充填する。表面はフォトビアを形成、コア基板のめっきスルーホールの充填部分をレーザで穴をあけ、ビアとスルーホールをめっき、パターン作成を行うことにより、1つの穴を二重のビアとすることができる。配線基板の製造工程。 |

| | | | | |
|---|---|---|---|---|
| 製造・生産一般 | 特開平11-54928、特許3054388、特開2000-244127、特開平11-8473、特開平11-112145、特開平11-233937、特開2000-223818、特開2001-7527、特開2000-349436、特開2001-36217、特開2000-183525、特開2001-160601、特開2001-160679、特開2001-160601 | | | |
| 製造・生産一般および歩留・生産性の向上 | 特開平11-330710 | H05K 3/46, B23B39/04 | 位置決めを無電解銅めっき層を通してX線で行い、パターンに位置し度を向上させる。多層プリント配線板の工程表である。 | |
| 高配線収容性および製造・生産一般 | 特開平11-54930 | H05K 3/46, H05K 3/18 | めっき柱方式によるスタックビアの形成法。多層配線板の製造工程のうち電解メッキビア形成までを説明する部分拡大断面図。 | |
| | 特開平11-54932 | H05K 3/46 | めっき柱方式のスタックビア形成。多層配線基板の製造工程のうち電解メッキビア形成までを説明する部分拡大断面図。 | |
| | 特開2001-210952 | | | |
| 特性インピーダンスの整合および高配線収容性および製造・生産一般 | 特開2001-127439 | H05K 3/46, H05K 1/11, H05K 3/40 | コア基板のめっきスルーホールを充填、パッドを設け、その直上に、めっきスルーホールと同軸となるようにビアを形成する。(a)は配線基板の部分拡大断面図であり、(b)は(a)のPP'断面における複合同軸スルーホール導体近傍の部分拡大断面図。 | |

## 2.8.4 技術開発拠点

特許明細書に記載されている発明者の住所から調査した技術開発拠点は、本社がある場所である。(ただし、組織変更などによって事業所名・研究者名等が現時点と異なる場合も有り得る。)

愛知県名古屋市瑞穂区：本社、工場

## 2.8.5　研究開発者

日本特殊陶業の発明者・出願件数の年次推移を図 2.8.5-1 に示す。

日本特殊陶業の研究開発者は、1997 年以降多くなっていると思われる。99 年には発明者数で 25 人である。また、特許の出願件数も多くなり、99 年には 18 件の出願がなされている。

セラミック基板主体の開発体制から、有機樹脂基板であるビルドアップ多層プリント配線板への転換を急ぎ、これに関連した技術開発に多くの技術者を入れ、材料、プロセスの開発が行われている。

近年、有機樹脂基板関係の開発にシフトして力を入れており、2000 年頃より、柱状めっき方式による層間接続方式に関する特許出願が多い。

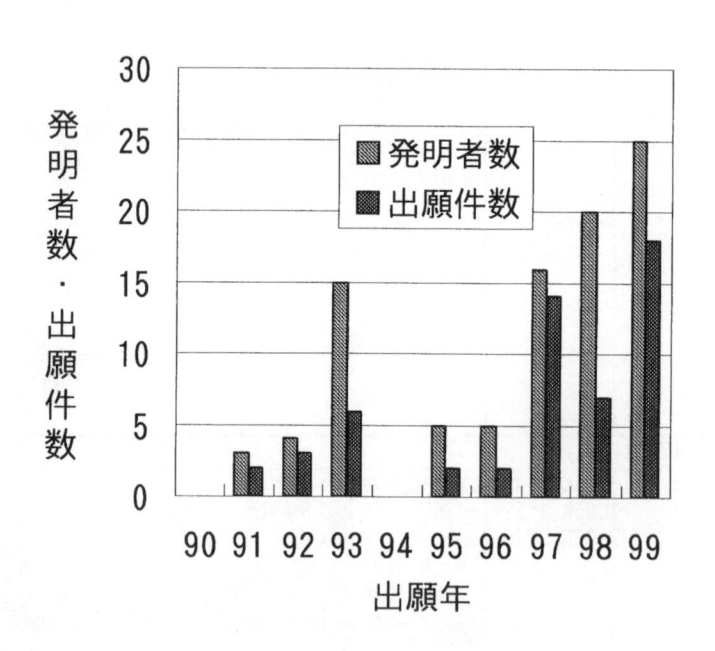

図 2.8.5-1 日本特殊陶業の発明者数・出願件数の年次推移

## 2.9 松下電器産業

### 2.9.1 企業の概要

家電製品のトップメーカーで、映像・音響機器、携帯電話などの情報通信機器、半導体まで事業展開をしている。連結子会社数は300社以上である。プリント配線板メーカーの売上げ上位10社に入る。プリント配線板は子会社の松下電子部品が主に生産している。また、松下グループの松下電工では主に材料の技術開発を行っている。企業概要を表2.9.1-1に示す。なお、技術移転については、技術移転を希望する企業には対応を取っている。その際、仲介は介しても介さなくてもどちらでも可能である。

表2.9.1-1 松下電器産業の企業概要

| 1) | 商号 | 松下電器産業株式会社 |
|---|---|---|
| 2) | 設立年月日 | 昭和10年12月15日（1935年12月15日） |
| 3) | 資本金 | 2,109億9900万円（2001年8月1日現在） |
| 4) | 従業員 | 44,951名（2001年3月現在） |
| 5) | 事業内容 | 民生分野（映像・音響機器23%、家庭電化・住宅設備機器17%）、産業分野（情報・通信機器28%、産業機器11%）、部品分野21%　　　　　　　　　　　　　　　〔国内53：海外47〕 |
| 6) | 事業所 | 本社/門真<br>工場/門真、豊中、茨木、草津、岡山 |
| 7) | 関連会社 | 国内/松下通信工業、松下電子部品、松下電池工業、九州松下電器、松下寿電子工業、日本ビクター　連結子会社320<br>海外/Matsushita Electric Corporation of America<br>　　　Matsushita Electric Europe(Headquaters Ltd<br>　　　Matsushita Electric Asia Pte.Ltd |
| 8) | 業績推移<br>（百万円） | 　　　　売上高　　経常利益　　利益<br>1999.3　4,597,561　122,746　62,019<br>2000.3　4,553,223　113,536　42,349<br>2001.3　4,831,866　115,494　63,687 |
| 9) | 主要製品 | 映像機器、音響機器、家庭電化機器、情報機器、産業機器、電池・厨房関連機器、電子部品 |
| 10) | 主な取引先 | （仕入）新日本製鉄、川崎製鉄、松下電工 |
| 11) | 技術移転窓口 | IPRオペレーションカンパニー　ライセンスセンター<br>大阪府大阪市中央区城見1-3-7　松下IMPビル19F<br>TEL 06-6949-4525 |

### 2.9.2 ビルドアップ多層プリント配線板に関連する製品・技術

多層プリント配線板の技術開発を松下電器産業が担当し、製造を子会社の松下電子部品が分担している。松下電器産業はレーザビア開発の先駆者で、ビルドアップ多層プリント配線板の最大手の1つである。

セラミック基板の技術を応用し、1994年頃より導電性ペースト充填によるビルドアップ多層プリント配線板であるALIVH法の開発を行っており、多くの実用化の実績がある。

携帯電話用プリント配線板の最大テーマである小型化・軽量化・薄型化・高密度化に

加え、工程簡略化の課題に対し、解決手段として、ガラス布入りコア基板を用いず、ガラス布に代わりレーザ穴あけ加工が容易な有機基材として低膨張率・高剛性のアラミド不織布にエポキシ樹脂を含浸した絶縁層を全層に用い、また層間接続に導電性ペーストを用いることにより、めっき工程を省略し、エッチングのみで回路を形成する同社独自のビルドアップ工法（ALIVH：アリブ）を開発した。1996年10月より同工法で量産化した松下通信工業の「デジタルムーバー・P201HYPER」で同社従来比50～70％の小型化と20～25％の軽量化を実現し、課題が解決されている。

他社との提携については、1997年10月にプリント配線板業界で世界最大手の日本シイエムケイと事業提携をした。2000年3月には子会社の松下電子部品が、ボードテック（台湾）とALIVHで事業提携したと発表。また、2002年1月には日本ビクターの持つ技術のVILと自社技術ALIVHを融合して新構造ビルドアップ基板の共同開発・製造することを公表した。表2.9.2-1に製品・技術を示す。

表2.9.2-1 松下電器産業のビルドアップ多層プリント配線板に関連する製品・技術

| 用途／機種 | 製品 | 製品名 | 発表/発売時期 | 出典 |
|---|---|---|---|---|
| 携帯電話 | ビルドアップ多層プリント配線板（6～8層） | ［松下電子部品］全層ビルドアップ工法<br>■「ALIVH™」（注①）<br>・絶縁層：アラミド不織布／エポキシ樹脂<br>・導体層：銅ペースト | 1996年開発<br><br>1996年10月 ALIVH工法携帯電話用量産化発表 | 表面実装技術 1996年5月号「樹脂多層基板ALIVHと応用展開」<br>①第13回エレクトロニクス実装学術講演大会 1999年3月<br>②エレクトロニクス実装技術 2000年10月号<br>③松下電子部品（株）製品カタログ 2000年4月 |
| ［松下通信工業］デジタルムーバ P201HYPER | ビルドアップ多層プリント配線板 | ― | 1996年10月 | エレクトロニクス実装技術 2000年12月号 |
| P208HYPER | 同上（8層） |  | 1999年 |  |
| デジタルビデオカメラ（DVC） | ビルドアップ多層プリント配線板 | ・メイン基板 8層：2+4+2<br>・サブ基板6層：1+4+1 | 2000年 | エレクトロニクス実装学会誌 2000年5月号 |
| デジタルスチルカメラ | ビルドアップ多層プリント配線板 | ― | 2001年 | エレクトロニクス実装技術 2001年10月号 |
| 各種半導体ベアチップ実装用接続部品（μ-CSP用） | CSP実装用多層配線板（6層、8層）（注③） | ［松下電子部品］全層ビルドアップ工法<br>■「ALIVH-B」（注②）<br>・絶縁層：アラミド不織布／エポキシ樹脂<br>・導体層：銅ペースト | 1998年10月 | ①エレクトロニクス実装技術 2000年10月号「全層IVH構造多層プリント配線板」<br>②エレクトロニクス実装技術 2000年12月号<br>③松下電子部品（株）製品カタログ 2001年現在 |
| パソコン用MCM（μ-CSP用） | CPU周辺MCM用多層配線板（2～8層）（注④） |  |  |  |

(注) ①ALIVH：Any Layer IVH Structure Multi-Layer Printed Wiring Board
　　②ALIVH-B：ALIVH for Bare-Chip Mounting
　　③CSP：Chip Size Package　　④MCM：Multi-Chip Module

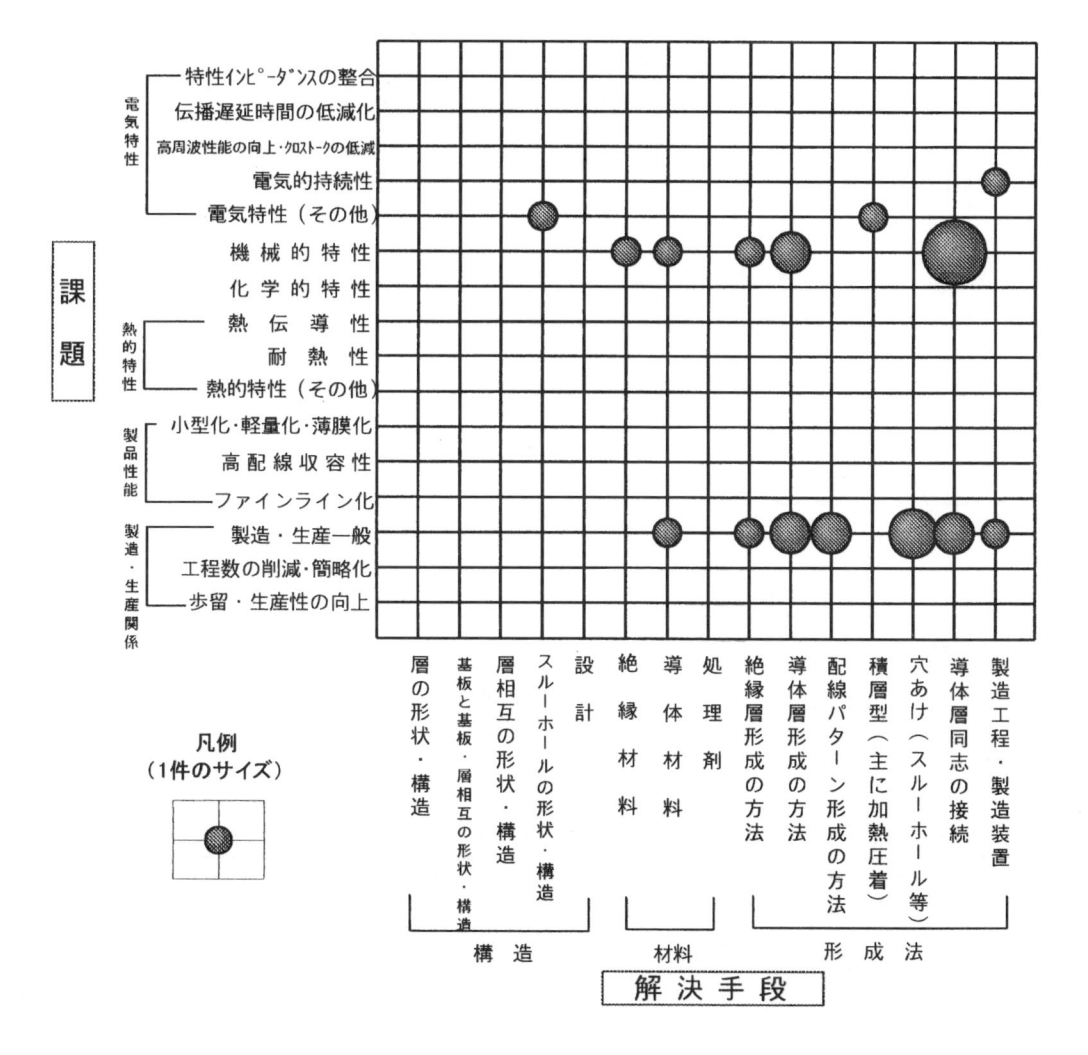

### 2.9.3 技術開発課題対応保有特許の概要

ここ 10 年間（1991 年 1 月 1 日から 2001 年 8 月までに公開された特許・実用新案）において、公開された特許・実用新案件数は 36 件である。

うち、係属中の特許・実用新案件数（2001 年 10 月時点）は 31 件である。

31 件のビルドアップ多層プリント配線板技術特許のうち、

技術要素(1)多層の形状・構造と製造方法の特許は 8 件、

技術要素(2)絶縁材料とスルーホールを含む絶縁層形成法の特許は 10 件、

技術要素(3)導体材料と導体回路・層間接続形成法の特許は 16 件、

（技術要素(2)と(3)の両方に関連する特許が 3 件）である。

これらのうち、重要と判断された特許・実用新案は 4 件あり、表 2.9.3-1 の表中の概要の項に、図表付きで、その内容を示している。

図 2.9.3-1 に示すように、技術要素（3）導体材料と導体回路・層間接続形成法の技術では、機械的特性や製造・生産一般の課題に対し、導体層同志の接続に関する形成法などを解決手段にしている。1994 年頃より導電性ペースト充填によるビルドアップ多層プリント配線板である ALIVH 法の開発を行い、特許を取得した（特許 3207663）。

図 2.9.3-1 松下電器産業の技術要素(3) 導体材料と導体回路・層間接続法の技術における課題と解決手段の分布

表 2.9.3-1 松下電器産業の技術開発課題対応保有特許の概要

(1) 多層の形状・構造と製造方法の技術

| 課題 | 公開番号、特許番号 | 特許分類（IPC） | 概要（解決手段要旨） |
|---|---|---|---|
| 機械的特性 | 特許3207663 | H05K 1/11, H05K 1/03 610, H05K 3/46 | アラミド繊維のプリプレグにあけた穴に導電性ペーストを充填して作る両面板のプロセス（ALIVH）。両面プリント配線基板の製造方法を示す工程断面図。 |
| 製造・生産一般 | 特開2000-156566 | H05K 3/46, H05K 3/40 | 導電性ペーストで穴埋めしたアラミドプリプレグシートの第一段階で加圧、加熱によるビアの作成法。プリント配線基板の製造工程の概略を示す断面図。 |
|  | 特開2000-340950、特開2001-168532、特開2001-203452、特開2001-217547 | | |
| 機械的特性および工程数の削減・簡略化 | 特許3063427 | H05K 3/46, H05K 3/40 | セラミック上のアラミド積層板の製作法、導電性ペーストでビアを接続。回路基板を示す構造断面図。 |
| 機械的特性および軽量化 | 特開平7-249868 | H05K 3/46 | 導電性ペーストで接続した両面板と、アラミド繊維基材のプリプレグにあけた穴を導電性ペーストで穴埋めしたシートを重ねて多層板に積層するときの、位置合せを行う方法。多層基板の製造方法を示す工程断面図。 |

(2) 絶縁材料とスルーホールを含む絶縁層形成法の技術

| 課題 | 公開番号、特許番号 |
|---|---|
| 電気的接続性 | 特許3136682 |
| 機械的特性 | 特許3146712、特許2591447、特開平9-148738 |
| 製造・生産一般 | 特開平10-284841、特開平11-298146、特開2000-40880、特開2000-40881、特開2000-77800 |
| 電気的接続性および絶縁性 | 特開平8-316598 |

(3) 導体材料と導体回路・層間接続形成法の技術

| 課題 | 公開番号、特許番号 |
|---|---|
| 電気的接続性 | 特開平10-200256、特開平10-41634、特開2000-13027 |
| 機械的特性 | 特許2601128、特許2591447、特開平7-170046、特開平8-116174、特開平9-148738、特開平9-139571 |
| 製造・生産一般 | 特開平3-285388、特開2000-49463、特開2000-68653、特開2000-232267、特許3038210、特開2000-77800 |
| 電気的接続性および機械的特性 | 特開平8-139425 |
| 機械的特性および製造・生産一般 | 特開平9-139571 |

## 2.9.4 技術開発拠点

特許明細書に記載されている発明者の住所から調査した技術開発拠点は本社がある場所である。(ただし、組織変更などによって事業所名・研究者名等が現時点と異なる場合も有り得る。)

大阪府門真市:本社所在地(本社、技術部門)

## 2.9.5 研究開発者

松下電器産業の発明者・出願件数の年次推移を図2.9.5-1に示す。

松下電器産業の研究開発者は、発明者数で1995～96年に4人以下と少なくなったが97年以降また増加しているため、発明者数の増減と同様の推移をしていると思われる。一方、特許の出願件数はそれほどの伸びは見られず、99年でも出願件数が8件である。

1994年に導電性ペースト充填によるビルドアップ多層プリント配線板であるALIVH法が出願されるまで研究開発、特許出願とも盛んで、その後松下電子部品での製造技術の確立へ移行し、97年以降は、ALIVHのパッケージ基板など用途拡大のための研究開発に注力していると見られる。

図2.9.5-1 松下電器産業の発明者数・出願件数の年次推移

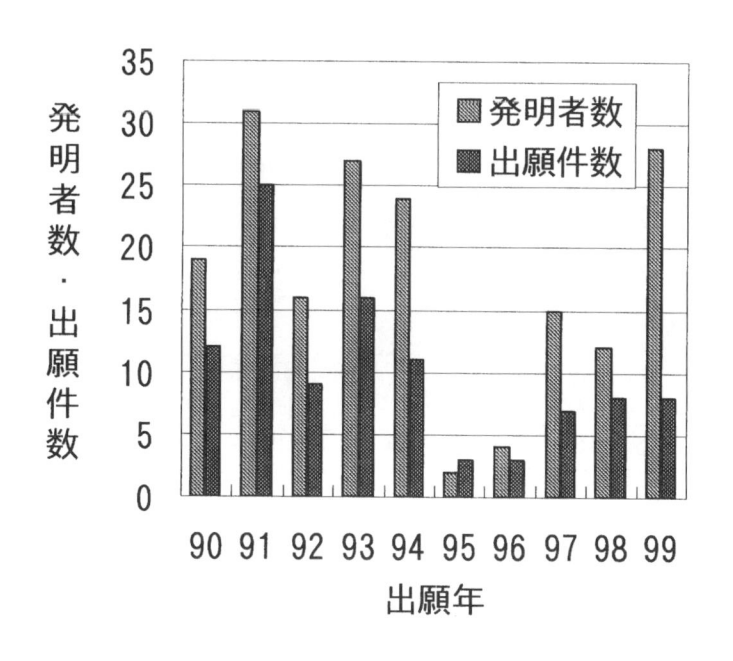

## 2.10 凸版印刷

### 2.10.1 企業の概要

凸版印刷は総合印刷業の大手企業であり、高度な印刷技術と製版技術をもとに精密電子部品などに事業展開を図っている。

電子部品分野では、リードフレーム、プリント配線板フォトマスク、カラーフィルタなどがある。表2.10.1-1に企業概要を示す。

なお、技術移転については、技術移転を希望する企業には、積極的に交渉していく対応を取っている。その際、仲介は介しても介さなくてもどちらでも可能である。

表2.10.1-1 凸版印刷の企業概要

| 1) | 商号 | 凸版印刷株式会社 |
|---|---|---|
| 2) | 設立年月日 | 明治33年1月17日（1900年1月17日） |
| 3) | 資本金 | 1,049億8500万円（2001年8月1日現在） |
| 4) | 従業員 | 13,026名（2001年3月現在） |
| 5) | 事業内容 | 総合印刷業、海外6% |
| 6) | 事業所 | 本社/東京都千代田区<br>工場/板橋、朝霞、相模原他 |
| 7) | 関連会社 | 国内/トッパン・フォームズ、トッパン・コスモ、タマポリ、トッパンレーベル、東洋インキ製造　　連結子会社数117<br>海外/Toppan Electronics Inc、Toppan Interamerica Inc<br>Toppan Printing Co,(UK) Ltd |
| 8) | 業績推移<br>（百万円） | 　　　　　売上高　　経常利益　　利益<br>1999.3　909,642　47,985　22,685<br>2000.3　919,122　49,476　24,406<br>2001.3　969,387　48,498　18,331 |
| 9) | 主要製品 | 証券・カード、商業印刷、出版印刷、パッケージ、産業資材<br>電子部品分野：プリント配線板、リードフレーム、フォトマスク、カラーフィルタ |
| 10) | 主な取引先 | （販売）講談社、小学館、朝日新聞<br>（仕入）東洋インキ製造、日本紙パルプ商事、大倉三幸 |
| 11) | 技術移転窓口 | 法務本部<br>東京都千代田区神田和泉町1<br>TEL 03-3835-5532 |

### 2.10.2 ビルドアップ多層プリント配線板に関連する製品・技術

凸版印刷は多層プリント配線板の大手であり、ビルドアップ方式では、2001年にビルドアップ新工法を独自開発し、事業拡大を図っている。

高密度のビルドアップ多層プリント配線板を大型サイズで実現するという課題に対し、ビルドアップ絶縁層に従来のレジン材に替えて、ガラスエポキシ・プリプレグを使用し、めっきで埋め込むフィルドビア形成技術、ビアとビアを重ねるスタックビア技術からなる同社新工法により製品化した高速ネットワーク機器用ビルドアップ多層プリント配線板で解決されている。

表2.10.2-1に製品・技術を示す。

表 2.10.2-1 凸版印刷のビルドアップ多層プリント配線板に関連する製品・技術

| 用途／機種 | 製品 | 製品名 | 発表／発売時期 | 出典 |
|---|---|---|---|---|
| 高速ネットワーク機器（携帯電話基地局、ネットワーク機器、サーバ、計測機器等向け） | ビルドアップ多層プリント配線板 | ■「新工法によるビルドアップ多層基板」<br>［特長］<br>・ビルドアップ層に従来のレジン材に代わりガラスエポキシ・プリプレグを使用<br>・めっきで埋め込むフィルドビア形成技術（ビア径 80μm）、ビアとビアを重ねるスタックビア技術<br>・コア層＋ビルドアップ4層 | 2001年5月（2001年内に本格的量産体制構築計画） | 同社ホームページ http://www.toppan.co.jp/aboutus/release/article469.html |
| 電子機器 | ビルドアップ多層プリント配線板 | ■「同社従来工法によるビルドアップ多層基板」「T-RCP工法」（注）（ビルドアップ層にレジン材を使用する） | 2000年 | |

（注）T-RCP : TOPPAN-RESIN COATED COPPER PROCESS


### 2.10.3 技術開発課題対応保有特許の概要

ここ10年間（1991年1月1日から2001年8月までに公開された特許・実用新案）において、公開された特許・実用新案件数は39件である。

うち、係属中の特許・実用新案件数（2001年10月時点）は32件である。

32件のビルドアップ多層プリント配線板技術特許のうち、

　技術要素(1)多層の形状・構造と製造方法の特許は13件、

　技術要素(2)絶縁材料とスルーホールを含む絶縁層形成法の特許は13件、

　技術要素(3)導体材料と導体回路・層間接続形成法の特許は7件、

　（技術要素(2)と(3)の両方に関連する特許が1件）である。

これらのうち、重要と判断された特許・実用新案は13件あり、表2.10.3-1の表中の概要の項に、図表付きで、その内容を示している。

図2.10.3-1に示すように、技術要素(1)多層の形状・構造と製造方法の技術では、機械的特性や生産性の向上などの課題に取り組み、解決手段として導体層形成、製造工程などの開発に取り組んでいる。

図 2.10.3-1 凸版印刷の技術要素(1)多層の形状・構造と製造方法の技術における課題と解決手段の分布

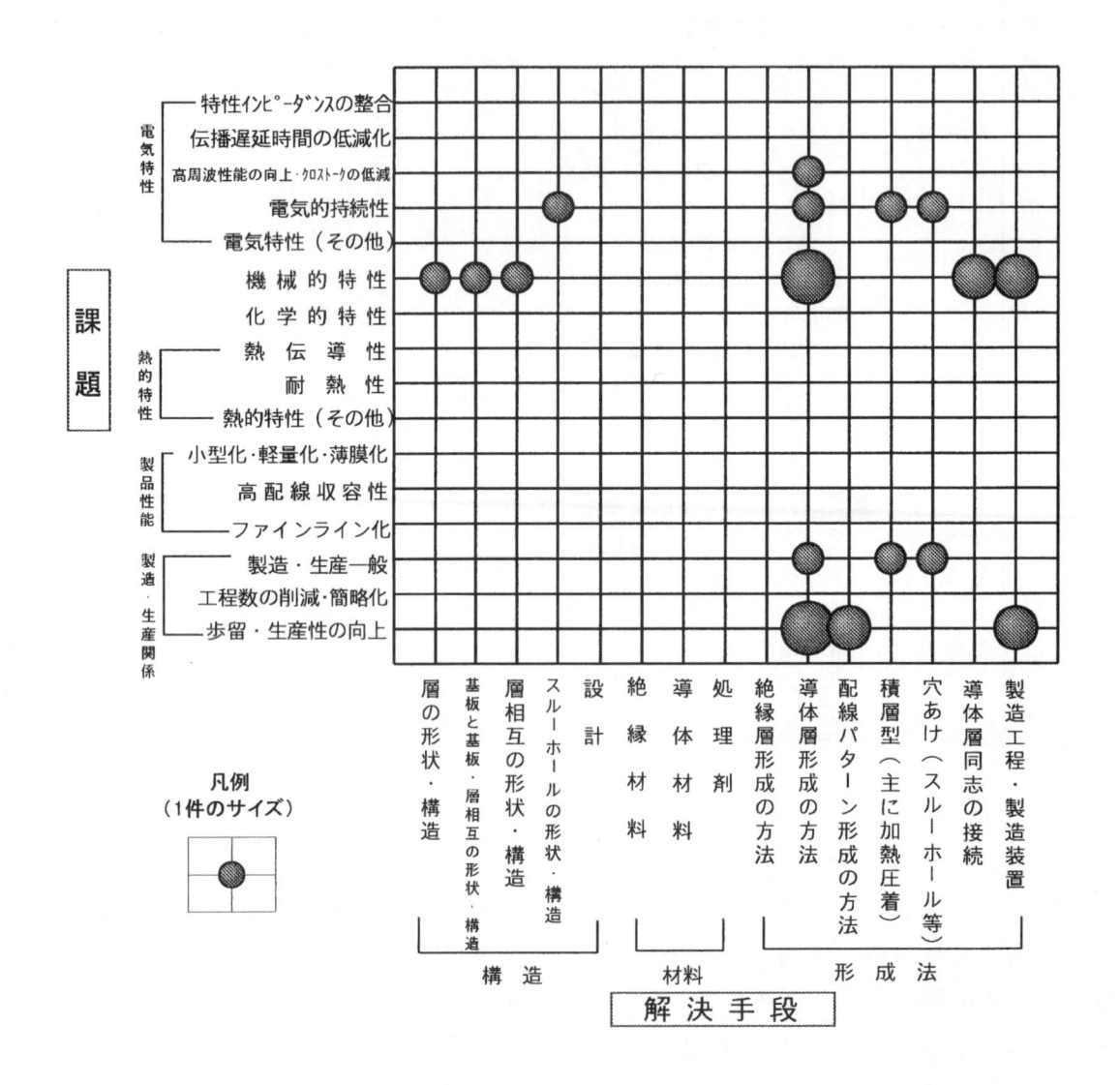

また全般に凸版印刷の保有特許で特徴的なことは、1999 年頃より、導電性ペーストによる層間接続法についての開発を行い、特許が出願されている。

表 2.10.3-1 凸版印刷の技術開発課題対応保有特許の概要

(1) 多層の形状・構造と製造方法の技術

| 課題 | 公開番号、特許番号 | 特許分類（IPC） | 概要（解決手段要旨） |
|---|---|---|---|
| 電気的接続性 | 特開2000-151111 | H05K 3/46, H01L 23/12, H05K 1/11 | ビアのランドを長円形として接続面積を増加させることによる接続性の改善。図はビアの平面図である。 |
| 機械的特性 | 特開平10-50882 | H01L 23/12, H01L 21/60 311 | めっき柱方式をチップキャリアに適用。チップキャリアの構成を模式的に示す断面図。 |
|  | 特開平10-270630 | H01L 23/50, H01L 23/50, H05K 1/11, H05K 3/46 | リードフレームを中心にし、この上にビルドアップ法で回路を形成した基板。図は半導体装置用基板の構成を示す平面図である。 |
|  | 特開平7-162154、特開平7-30254、特開平10-178141、特開平11-274723 ||||
| 電気的接続性および製造・生産一般 | 特開2000-315863 | H05K 3/46 | 導電性ペーストを絶縁層に充填したものを用いた一括積層方式のプリント配線板。図の(a)～(g)は、多層プリント配線板の製造方法の一実施例を示す部分断面図。 |
| 機械的特性および歩留・生産性の向上 | 特開平9-283925 | H05K 3/46, H01L23/12 | ボールグリッドのバンプ形成。図は半導体装置の構造を示す部分断面図である。 |
| 歩留・生産性の向上 ||| 特開平9-129816、特開平9-181446、特開平10-135635 |
| クロストークの低減および歩留・生産性の向上 ||| 特開平9-312471 |

(2) 絶縁材料とスルーホールを含む絶縁層形成法の技術

| 課題 | 公開番号、特許番号 | 特許分類（IPC） | 概要（解決手段要旨） |
|---|---|---|---|
| 機械的特性 | 特開平9-116269 | H05K 3/46, H05K 3/38 | シリカの混入により表面に凹凸をつけ、導体の密着性の向上を図る。図は多層プリント配線板の模式断面図である。 |
|  | 特開平10-22641 | H05K 3/46, H05K 3/38 | アルカリ可溶性なシリカ系粒子を混入し、その後の導体のピール強度を向上させるもの。図は多層プリント配線板の構成を示す断面図である。 |
|  | 特開平10-27963 | H05K 3/46, H05K 3/38 | ビルドアップ層の絶縁材料として、脂環式エポキシを含む絶縁体を用い、多孔質層を形成させ、ピール強度を向上させる。図は多層プリント配線板の構成を示す断面図。 |

| 機械的特性 | 特開平9-214140 | H05K 3/46, H05K 3/38 | 絶縁体表面をプラズマ処理や電子線等で、表面にラジカル活性点を作り、その点に導体を反応させ、密着性を向上させる。図(a)〜(f)は多層プリント配線板の構成および製造工程。 | |
|---|---|---|---|---|
| | 特開2001-217554 | H05K 3/46, H01L 23/14, H05K 3/38 | 絶縁体を接着性のよい構造としたもので、図のような化学構造とすることで、下地層との密着性を向上させることができる。図は下地層を形成した構造を示す断面図である。 | |
| | 特開平8-330729、特開平10-20483、特開2000-34328、特開2000-129137、特開2000-230034 ||||
| 耐熱性 | 特開平8-18242、特開平9-71637、特開2000-119374 ||||

(3) 導体材料と導体回路・層間接続形成法の技術

| 課題 | 公開番号、特許番号 | 特許分類（IPC） | 概要（解決手段要旨） | |
|---|---|---|---|---|
| 機械的特性 | 特開平9-214140 | H05K 3/46, H05K 3/38 | 絶縁体表面をプラズマ処理、電気線等でラジカル活性点を作り、そこより樹脂の重合。(a)〜(f)は、多層プリント配線板の構成および製造工程を部分断面図で表した説明図。 | |
| | 特開平10-335826 | H05K 3/46 | セミアディティブによるビルドアップ層の形成方法。(a)〜(f)は、多層配線回路基板の製造工程を示す部分断面図。 | |
| | 特開平11-17332 | H05K 3/46, H05K 3/24 | ビア用ランド上の金属に凹凸を形成させる方法。図は半導体装置用基板の断面図である。 | |
| | 特開平7-106464、特開平8-222834、特開2001-111229 ||||
| 歩留・生産性の向上 | 特開平9-181445 ||||

## 2.10.4 技術開発拠点

技術開発拠点は、エレクトロニクス事業本部である。

東京都中央区八重洲：

## 2.10.5 研究開発者

凸版印刷の発明者・出願件数の年次推移を図 2.10.5-1 に示す。

凸版印刷の研究開発者は、発明者数で 5 人から 20 人前後であり、やや増加傾向にあると思われる。また、特許の出願件数は、5 件前後で推移している。

1993 年ころより、ビルドアップ工法の研究開発に注力し、ビルドアップ多層プリント配線板の製造へ参入をはたした。99 年以降、独自の工法の開発に注力しているとみられる。

図 2.10.5-1 凸版印刷の発明者数・出願件数の年次推移

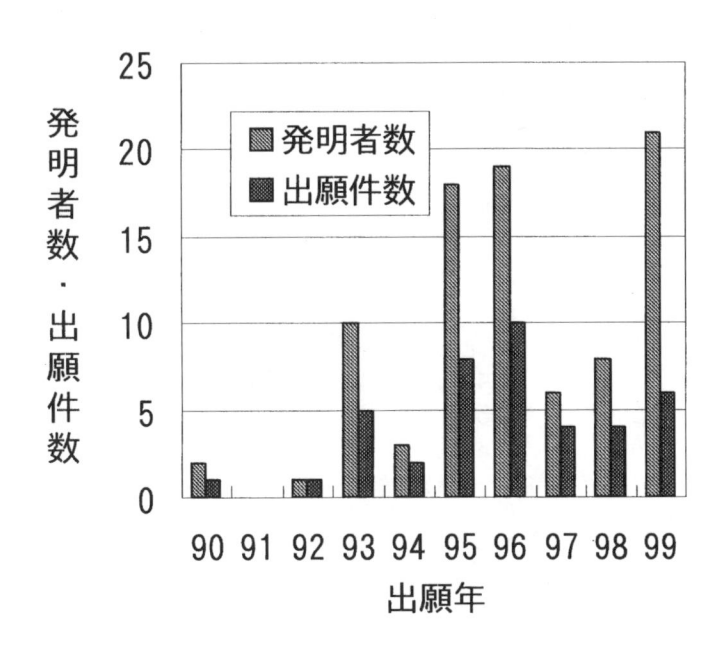

## 2.11 東芝

### 2.11.1 企業の概要

東芝は、重電、家電製品、エレクトロニクス製品など多くの事業分野を展開している総合電機メーカーのトップクラスの企業である。原子力発電、半導体などで優位にあり、医療機器や OA 機器にも強い。連結子会社数が 300 社以上ある。プリント配線板に関し、大日本印刷と合弁会社ディー・ティー・サーキットテクノロジーを東芝府中工場事業所内に設立した。企業概要を表 2.11.1-1 に示す。

表 2.11.1-1 東芝の企業概要

| 1) | 商号 | 株式会社東芝 |
|---|---|---|
| 2) | 設立年月 | 明治 37 年 6 月 (1904 年 6 月) |
| 3) | 資本金 | 2,749 億 2,100 万円 (2001 年 8 月 1 日現在) |
| 4) | 従業員 | 52,263 名 (2001 年 3 月現在) |
| 5) | 事業内容 | 情報通信・社会システム (26%)、デジタルメディア (23%)、重電システム (9%)、電子デバイス (22%)、家庭電器他 (10%)、その他 (10%) 〔国内 63:海外 37〕 |
| 6) | 事業所 | 本社/東京都港区<br>工場/青梅,姫路、府中、柳町 |
| 7) | 関連会社 | 国内/東芝テック、東芝エンジニアリング、東芝メディカル、東芝情報機器、東芝デバイス、東芝電池　連結子会社数 323<br>海外/TEC America,Inc、Tishiba Technology International Corporation、Toshiba Electronics Asia Ltd |
| 8) | 業績推移<br>(百万円) | 　　　　　売上高　　経常利益　　利益<br>1999.3　3,407,611　　4,920　　▲15,578<br>2000.3　3,505,338　　16,280　　▲244,516<br>2001.3　3,678,977　　95,327　　26,411 |
| 9) | 主要製品 | 情報通信機器、重電機器、家庭電器、電子デバイス |
| 10) | 主な取引先 | (販売) 東京電力、JR 各社 |
| 11) | 技術移転窓口 | 知的財産部企画担当<br>東京都港区芝浦 1-1-1<br>Tel03-3457-2501 |

### 2.11.2 ビルドアップ多層プリント配線板に関連する製品・技術

独自のビルドアップ方式を開発し、同市場で確固として地位を築いている多層プリント配線板の大手メーカーである。

プリント配線板事業の再構築のため、1999 年 10 月にビルドアップ多層プリント配線板への参入を表明し、技術開発に注力していた大日本印刷と事業提携し、2000 年 10 月にビルドアップ基板や機能回路モジュールの開発、製造および販売を目的とした合弁会社、ディー・ティー・サーキットテクノロジーを設立 (資本金：10 億円、出資比率：DNP51%、東芝 49%) した。

ビルドアップ基板の強度を向上して大型基板にも適用可能とし、また製造工程を簡略化して、コスト低減を図るという課題に対し、その解決手段として、ガラス布入りプリプレグを絶縁層に用い、円錐状に印刷した導電性ペースト柱 (突出導体) で絶縁層を貫通さ

せて層間接続することでレーザ穴あけ加工を必要とせず、またエッチングのみで、めっきを用いない同社独自の工法「B²it（ビースクエアイット）」を開発した。

「B²it」工法を用いて、1997年6月に量産化した「東芝サブノートパソコンPORTEGE300」で課題が解決されている。

また、1999年には、エルナーにB²itの技術援助を行っている。

表2.11.2-1に製品・技術を示す。

表2.11.2-1 東芝のビルドアップ多層プリント配線板に関連する製品・技術

| 用途／機種 | 製品 | 製品名 | 発表／発売時期 | 出典 |
|---|---|---|---|---|
| 携帯電話 | ビルドアップ多層プリント配線板 | ■ビルトアップ工法「B²it™」（注）・銅箔上にAgペーストで印刷形成したバンプ（突出導体）が積層プレス時にガラスクロス入りプリプレグを貫通し、もう一方の銅箔に突き当たることで、層間接続が形成される | 1996年 B²it発表 | 回路実装学会誌 1996年11月号 |
| CdmaOne Ph2（以下、東芝製） | 送受信用ビルドアップ多層プリント配線板（6層） | | 1998年7月 | エレクトロニクス実装技術 2001年10月号「携帯電話における実装技術」 |
| CdmaOne Ph3 | | | 1999年3月 | |
| CdmaOne Ph4-4.5 | | | 2000年9月 | |
| ノートパソコン | ビルドアップ多層プリント配線板 | ■ビルトアップ工法「B²it™」 | 1996年 | 第12回回路実装学術講演大会 1998年3月「ノートパソコンにおけるビルドアッププリント配線板の採用例」 |
| PORTEGE300（東芝サブノートパソコン） | ビルドアップ多層プリント配線板 | ■6層B²it基板 | 1997年6月 | |
| TECRA 750DVD（東芝） | ビルドアップ多層プリント配線板 | ■10層B²it基板 | 1997年11月 | |
| BGA・CSP実装用接続部品 | ビルドアップ多層プリント配線板（6層） | ■ レーザビア+B²it・狭ピッチCSP対応 ■6層 ・コア2層（導電性ペート穴埋めベースビア） ・ビルドアップ片面2層（B²it+レーザビア） ■全層ビルドアップ（6層：B²it+レーザビア） | 2000年 | 東芝回路部品NEWS（東芝セミコンダクター社） |
| | | ■ オールB²it構造の全層ビルドアップ（6層）（軽量化・薄型化対応） | | |

（注）B²it™：Buried Bump Interconnection Technology

## 2.11.3 技術開発課題対応保有特許の概要

ここ 10 年間（1991 年 1 月 1 日から 2001 年 8 月までに公開された特許・実用新案）において、公開された特許・実用新案件数は 34 件である。

うち係属中の特許・実用新案件数（2001 年 10 月時点）は 29 件である。

29 件のビルドアップ多層プリント配線板技術特許のうち、

　　技術要素(1)多層の形状・構造と製造方法の特許は 19 件、
　　技術要素(2)絶縁材料とスルーホールを含む絶縁層形成法の特許は 3 件、
　　技術要素(3)導体材料と導体回路・層間接続形成法の特許は 9 件、
　　（技術要素(2)と(3)の両方に関連する特許が 2 件）である。

これらのうち、重要と判断された特許・実用新案は 9 件あり、表 2.11.3-1 の表中の概要の項に、図表付きで、その内容を示している。

図 2.11.3-1 に示すように、技術要素（1）多層の形状・構造と製造方法の技術では、生産関係の課題に取り組み、解決手段として導体層同志の接続の開発などを用いている。

図 2.11.3-1 東芝の技術要素(1)多層の形状・構造と製造方法の技術
における課題と解決手段の分布

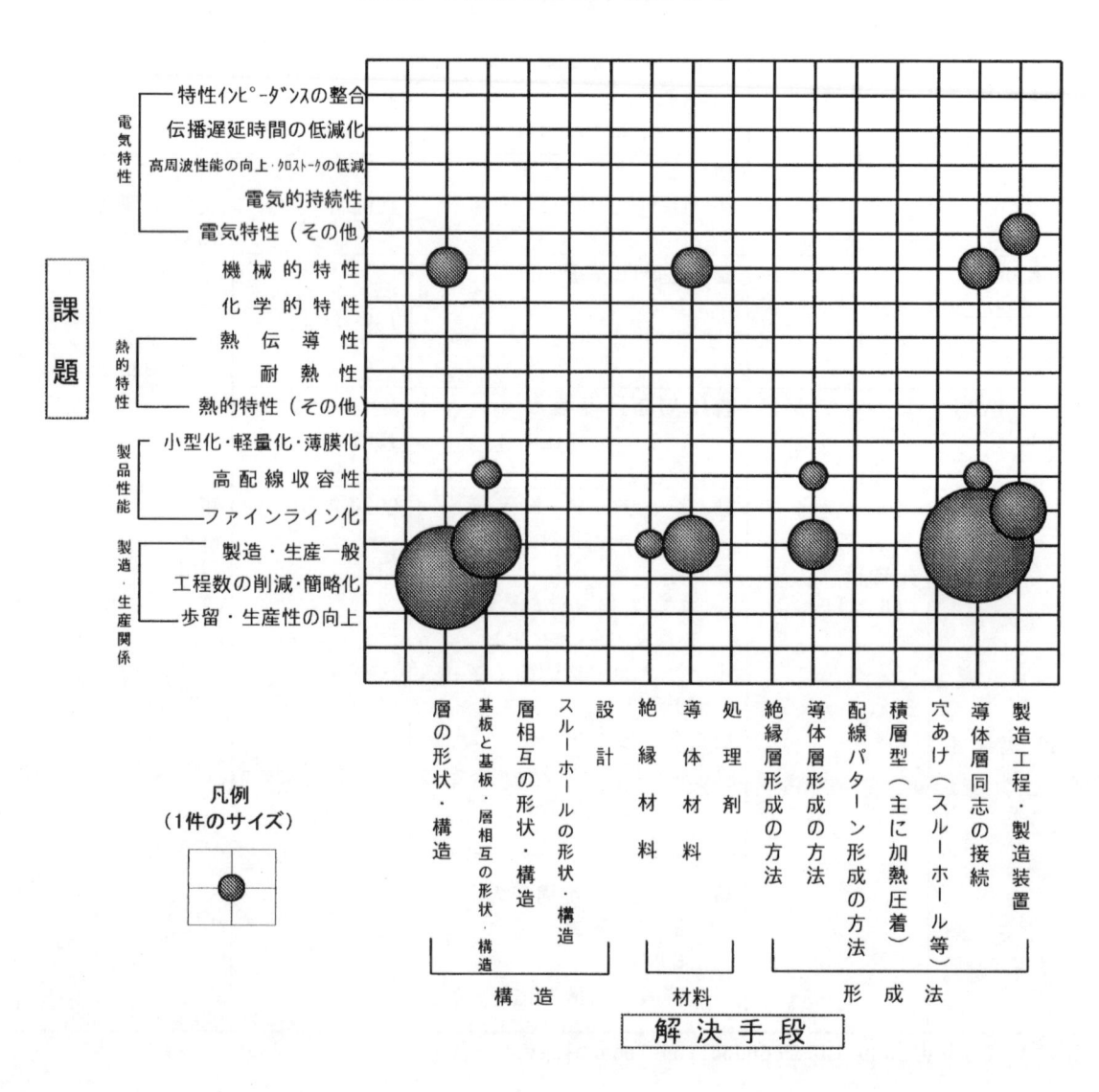

なお全般に、東芝の保有特許で特徴的なことは、1996 年頃より、突出導体バンプの貫通接続によるビルドアップ多層プリント配線板、B$^2$it 法を開発しており、それに関する特許があることである。この手法を用いたビルドアップ多層プリント配線板は絶縁体についての選択幅が大きいのが特徴である。

表 2.11.3-1 東芝の技術開発課題対応保有特許の概要

(1) 多層の形状・構造と製造方法の技術

| 課題 | 公開番号、特許番号 | 特許分類(IPC) | 概要(解決手段要旨) | |
|---|---|---|---|---|
| 製造・生産一般 | 特開平8-78845 | H05K 3/40, H05K 3/46 | 銅層にバンプ形成し、樹脂層に圧入、相対する銅箔と圧接、その後、両面の導体パターンを作成、これを繰り返して積層することによりビルドアップ層を形成。 | |
| | 特開平9-162553 | H05K 3/46, H05K 3/40 | 円すい状バンプをフィルムを貫通して相対する層に接続、この繰返しで多層化する。(a)、(b)、(c)、(d)および(e)は、製造工程順に一実施態様例を模式的に示す断面図である。 | |
| | 特開2000-91746 | H05K 3/46, H05K 1/11, H05K 3/40 | 基板パッド、または銅箔上に円すい状のバンプを形成、接着性樹脂層を貫通して上層と接続、繰り返してビルドアップ層を形成した後、表面にNiめっきを行う方法。 | |
| | 特開2000-151112 | H05K 3/46 | チップ部品を樹脂内に埋込、導電性ペーストのバンプで部品端子に接続する、部品埋め込み型のプリント配線板。 | |

| 製造・生産一般 | 特開2001-15920 | H05K 3/46, H05K 1/16, H05K 3/40 | めっきスルーホールの内部に導電ペーストを充填したコア板の上部に、導電性ペーストバンプで接続するビルドアップ層を形成する方法。多層プリント配線板の断面図。 | |
|---|---|---|---|---|
| | 特許2740028、特許3140859、特開平8-139450、特開平8-162764、特開平8-195561、特開平9-46041、特開平9-172259、特開平9-172260、特開平10-284844、特開2001-77499、特開2001-168491 | | | |
| 機械的特性および製造・生産一般 | 特開平8-125344 | H05K 3/46, H05K 3/40 | 基板のパッドの上に、円すい状の導電性バンプを形成し、これを接着剤層を通して相対する基板のパッドに圧接して接続する方法。この方法を繰り返すことでビルドアップ層を積み上げることができる。(a)は絶縁性接着剤層付き銅箔および導電性バンプを形成した配線パターンを有する絶縁基板を積層・配置した状態を示す断面図、(b)は積層体を加熱、加圧して一体化した状態を示す断面図、(c)は銅箔を配線パターニングした状態を示す断面図。 | |
| | 特開平8-125331 | H05K 3/40, H05K 3/46 | 基板のパッドに溶融した金属を滴下し、バンプ形成、接着層となる樹脂シートと金属層と合せ積層圧接してビルドアップ層とする方法。(a)は導電性バンプを被着形成した支持基材面に合成樹脂系シートおよび銅箔を積層配置する状態を示す断面図、(b)は導電性バンプ先端部が合成樹脂系シート層を貫通し銅箔に電気的に接続一体化させた状態を示す断面図型、(c)は両面をパターニングした状態を示す断面図。 | |
| 高配線収容性および製造・生産一般 | 特開平11-289165 | | | |

(2) 絶縁材料とスルーホールを含む絶縁層形成法の技術

| 課題 | 公開番号、特許番号 | 特許分類(IPC) | 概要（解決手段要旨） | |
|---|---|---|---|---|
| 高周波性能の向上および製造・生産一般 | 特開平11-17333 | H05K 3/46, H05K 3/24, H05K 3/38, H05K 3/40 | 感光性ベンゾシクロブテンを絶縁層に用いたビルドアップ層の形成。配線基板の断面図。 | |
| 製造・生産一般 | 特開平8-204333、特開平7-231167 | | | |

(3) 導体材料と導体回路・層間接続形成法の技術

| 課題 | 公開番号、特許番号 |
|---|---|
| 製造・生産一般 | 特開平9-139560、特開平7-231167、特開平6-252551、特開平8-32244、特開平8-204333、特開平11-163520、特開2001-7536、特開2001-168528、特開平9-283924 |

## 2.11.4 技術開発拠点

特許明細書に記載されている発明者の住所から調査した主な技術開発拠点は多い順に次の 4 ヶ所であり、多くの拠点がある。(ただし、組織変更などによって事業所名・研究者名等が現時点と異なる場合も有り得る。)

神奈川県横浜市磯子区：生産技術センター
神奈川県川崎市幸区　：小向工場、マイクロエレクトロニクスセンター
東京都府中市　　　　：府中事業所
神奈川県横浜市磯子区：マルチメディア研究所

## 2.11.5 研究開発者

東芝の発明者・出願件数の年次推移を図 2.11.5-1 に示す。

東芝の研究開発者は、1990 年代後半は発明者数で 10 人前後と少なく、研究開発者も少ないと思われる。また、特許の出願件数も多くはなく、近年は 10 件以下である。

90 年代初期は一般用のプリント配線板で、製造技術開発に重点をおき、突出バンプ貫通方式の B²it を開発した。以降、図では明確でないが、ビルドアップ多層プリント配線板の形式、材料、プロセスの研究開発に多くの技術者が関係している。また、99 年以降は、東芝ケミカルへ開発を移管しているとみられる。

図 2.11.5-1 東芝の発明者数・出願件数の年次推移

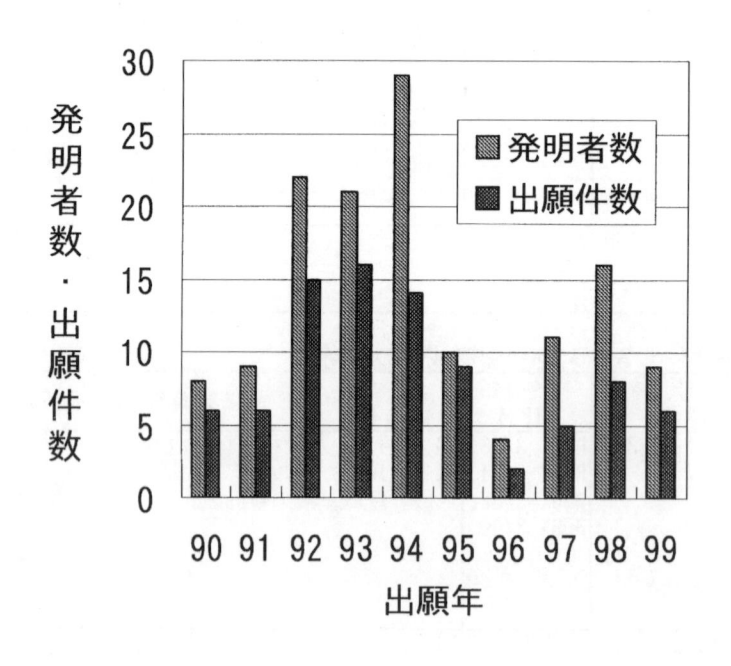

## 2.12 住友ベークライト

### 2.12.1 企業の概要

住友ベークライトは、熱硬化性樹脂ベークライトの製品から出発した企業であるが、現在は電子材料の大手企業で、回路基板や半導体封止材に注力している。また、医療用具、包装材料、建材などの事業も行っている。住友化学が約20％の株式を所有している。

表2.12.1-1に企業概要を示す。

なお、技術移転については、技術移転を希望する企業には、対応を取っている。その際、仲介は不要であり、直接交渉しても構わない。

表2.12.1-1 住友ベークライトの企業概要

| 1) | 商号 | 住友ベークライト株式会社 |
|---|---|---|
| 2) | 設立年月日 | 昭和7年1月（1932年1月） |
| 3) | 資本金 | 268億3,000万円（2001年8月1日現在） |
| 4) | 従業員 | 2,329名（2001年3月現在） |
| 5) | 事業内容 | 電子材料関連（55％）、産業資材関連（36％）、化成品・機械販売（10％）　〔国内67：海外33〕 |
| 6) | 事業所 | 本社/東京都品川区<br>工場/尼崎、静岡、宇都宮、津 |
| 7) | 関連会社 | 国内/秋田住友ベーク、九州ベークライト工業、住ベテクノリサーチ<br>海外/Sumitomo Plastic America, Inc、Sumitomo Bakelite Singapore Pte. Ltd、CMK Europe N.V |
| 8) | 業績推移<br>（百万円） | 　　　　売上高　経常利益　利益<br>1999.3　117,145　7,499　3,926<br>2000.3　124,525　14,013　6,214<br>2001.3　121,478　12,073　7,193 |
| 9) | 主要製品 | エポキシ樹脂成形材料、半導体用液状樹脂、フェノール樹脂銅張積層板、エポキシ樹脂銅張積層板、フレキシブル・プリント回路、工業資材、医療・建材・包装関連製品 |
| 10) | 主な取引先 | （販売）長瀬産業<br>（仕入）電気化学工業、日新商事、古河電工 |
| 11) | 技術移転窓口 | 知的財産部<br>東京都品川区東品川2-5-8<br>TEL 03-5462-3467 |

### 2.12.2 ビルドアップ多層プリント配線板に関連する製品・技術

住友ベークライトは、プリント配線板用基材および関連材料の大手である。

回路基板用各種積層板および電子部品用絶縁材料の開発に力を入れている。低誘電率・低誘電正接のビルドアップ材料等を開発、上市している。

ビルドアップ方式のプロセスの簡略化、作業性の効率化およびビルドアップ層の平坦化を図るという課題に対し、その解決手段として、ロールラミネーション方式の銅箔付き絶縁シートおよびスクリーン印刷方式のアンダーコート材からなるビルドアップ層形成システムを開発した。1998年に発売した「APL-Dシステム」で課題を解決している。

表2.12.2-1に製品・技術を示す。

表2.12.2-1 住友ベークライトのビルドアップ多層プリント配線板に関連する製品・技術

| 用途／機種 | 製品 | 製品名 | 発表／発売時期 | 出典 |
|---|---|---|---|---|
| ビルドアップ多層配線板用絶縁・導体複合材料 | 熱硬化性樹脂付き銅箔（シート状） | 「APL-Dシステム」用銅箔付き絶縁シート（ロールラミネーション方式、Cu厚：18μm、エポキシ系樹脂厚：40μm）<br>■APL-1103 | 1998年（発表）<br>2001年 | ①第12回 回路実装学術講演大会 1998年3月<br>②エレクトロニクス実装技術 1999年6月号<br>②同社製品カタログ 2001年6月現在 |
| ビルドアップ多層配線板用絶縁材料 | 熱硬化性絶縁樹脂（液状） | （APL-1103用アンダーコート剤／スクリーン印刷用）<br>■APL-5004（無溶剤タイプ／UV照射によりタックフリー化） | | |
| ビルドアップ多層配線板用絶縁・導体複合材料 | 熱硬化性樹脂付き銅箔（シート状） | 「APL-Bシステム」用銅箔付き絶縁シート（真空プレス方式、Cu：12/18、エポキシ系樹脂：40-80μm）<br>■APL-4001（アディティブプロセス対応）<br>■APL-4043（低熱膨張率タイプ）<br>■APL-4501（高Tgタイプ）<br>■APL-4702（ハロゲンフリータイプ） | 2001年 | 同社製品カタログ「スミライト」プリント配線板用材料 2001年6月現在 |

### 2.12.3 技術開発課題対応保有特許の概要

ここ10年間（1991年1月1日から2001年8月までに公開された特許・実用新案）において、公開された特許・実用新案件数は31件である。

うち、係属中の特許・実用新案件数（2001年10月時点）は31件すべてである。

31件のビルドアップ多層プリント配線板技術特許のうち、

　　技術要素(1)多層の形状・構造と製造方法の特許は1件、

　　技術要素(2)絶縁材料とスルーホールを含む絶縁層形成法の特許は28件、

　　技術要素(3)導体材料と導体回路・層間接続形成法の特許は14件、

　　（技術要素(2)と(3)の両方に関連する特許が12件）である。

これらのうち、重要と判断された特許・実用新案は4件あり、表2.12.3-1の表中の概要の項に、図表付きで、その内容を示している。

技術要素（2）絶縁材料とスルーホールを含む絶縁層形成法の技術と技術要素（3）導体材料と導体回路・層間接続法の技術が特許出願の中心である。

図2.12.3-1に示すように、技術要素（2）絶縁材料とスルーホールを含む絶縁層形成法の技術では、機械的特性、熱的特性など材料特性、および製造・生産関係の課題に取り組み、解決手段として絶縁材料の開発に関するものが多い。特に、絶縁材料の配線凹凸への埋め込み性と平坦化を目的として、アンダーコート材を平坦化材として用いるフィルム

化した絶縁樹脂のロールラミネーション・システムの開発に関するものが多いのが特徴である。

図2.12.3-1 住友ベークライトの技術要素(2) 絶縁材料とスルーホールを含む絶縁層形成法の技術における課題と解決手段の分布

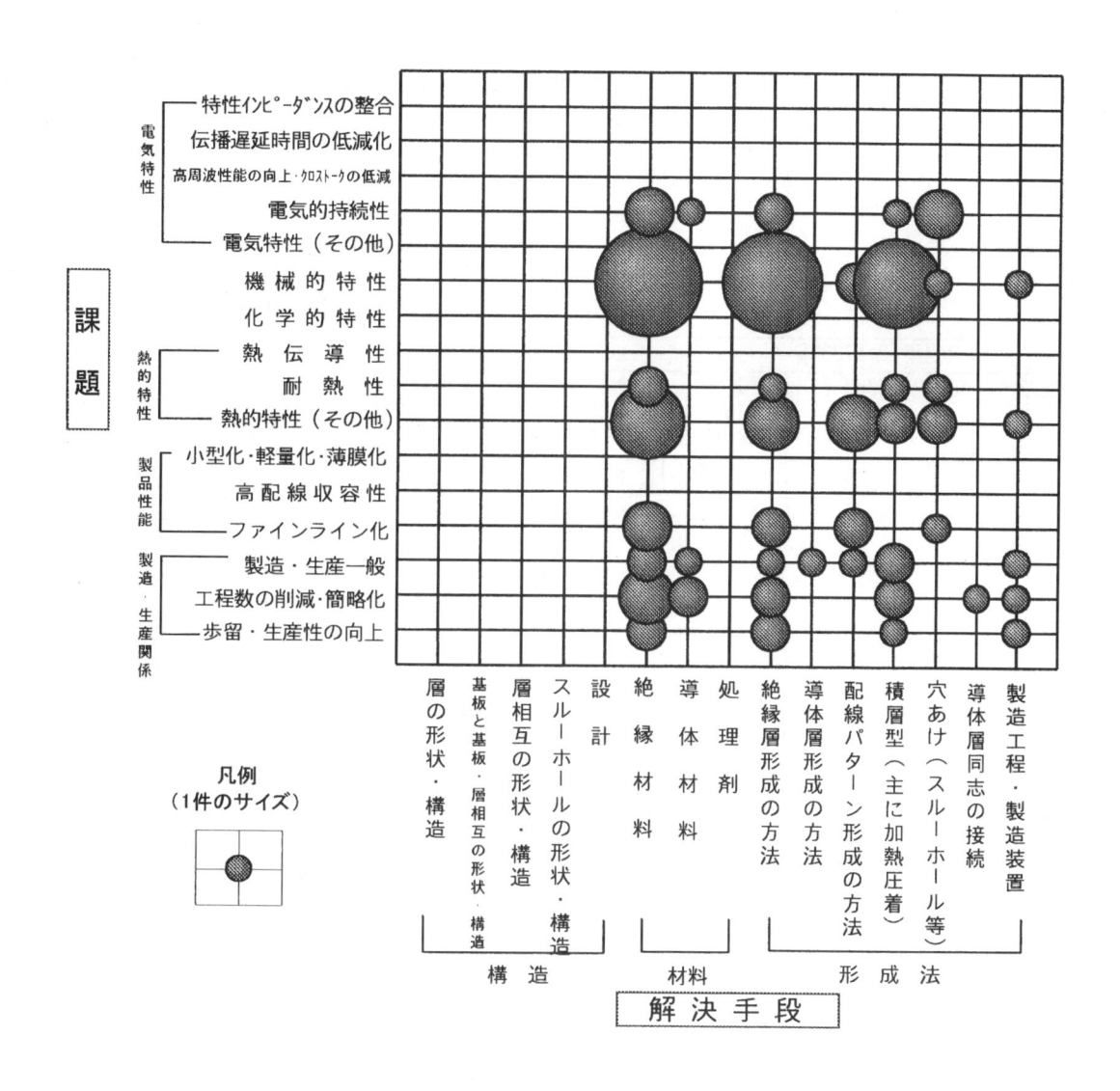

また全般に、樹脂付き銅箔を含む絶縁材料および絶縁層形成システム関係の特許が多い。

表 2.12.3-1 住友ベークライトの技術開発課題対応保有特許の概要

(1) 多層の形状・構造と製造方法の技術

| 課題 | 公開番号、特許番号 |
|---|---|
| 耐熱性および歩留・生産性の向上 | 特開平8-107281 |

(2) 絶縁材料とスルーホールを含む絶縁層形成法の技術

| 課題 | 公開番号、特許番号 | 特許分類（IPC） | 概要（解決手段要旨） |
|---|---|---|---|
| 電気的接続性 | 特許3037603 | H05K 1/11, H05K 3/40 | レーザ法によるビアホール形成と感光性樹脂によるフォトビア形成の2つの組み合わせ。図は半導体パッケージ用プリント回路基板の製造工程を示す概略断面図である。 |
| | 特開平10-173336 | | |
| 工程数の削減・簡略化 | 特許2908258 | C08G 59/40, B32B 15/8, C09J 4/06, C09J 163/00, H05K 3/38, H05K 3/46 | タックフリー化する光熱硬化型アンダーコート材を平坦化材とした樹脂付き銅箔の処理法。図は多層プリント配線板（一例）を作製する工程を示す概略断面図である。 |
| 電気的接続性および工程数の削減・簡略化 | 特開2000-332413 | H05K 3/46 | 厚さ方向導電フィルムの導体端子が加熱軟化した絶縁フィルムを貫通し、かつ圧着され、導体間の導通をはかる。図は厚さ方向導電フィルムによるビルドアップ多層プリント配線板の接続プロセスの模式図。 |
| 熱的特性（その他）およびファインライン化 | 特開平8-181438 | H05K 3/46, C08G 59/40NKE, C09J 163/00 JFL, H05K3/38 | 高解像度でアルカリ現像が容易で表面粗化用酸可溶性フィラーを含有する感光性アディティブ接着剤。図は工程を示す概略断面図。 |

| 機械的特性 | 特許3046201、特許3056676、特許3003922、特開平10-178274、特開平11-186735、特開平11-186736、特開平11-186723、特開2000-104033、特開2000-252623 |
|---|---|
| 熱的特性（その他） | 特開2000-235260 |
| 製造・生産一般 | 特開平7-202418、特開平9-331136 |
| 工程数の削減・簡略化 | 特開平8-64963 |
| 電気的接続性および耐熱性 | 特開平8-107282 |
| 機械的特性および耐熱性 | 特開平11-40945 |
| 機械的特性および熱的特性（その他） | 特開平11-186737、特開平11-186724、特開平11-186725 |
| 機械的特性および製造・生産一般 | 特許3056666 |
| 熱的特性（その他）およびファインライン化 | 特開平8-181436 |
| 熱的特性（その他）および工程数削減・簡略化 | 特許3095115 |
| ファインライン化および歩留・生産性の向上 | 特開平8-8534 |
| 機械的特性および工程数削減・簡略化および歩留・生産性の向上 | 特許2911778 |

(3) 導体材料と導体回路・層間接続形成法の技術

| 課題 | 公開番号、特許番号 | 特許分類（IPC） | 概要（解決手段要旨） |
|---|---|---|---|
| 工程数の削減・簡略化 | 特許2908258 | C08G 59/40, B32B 15/8, C09J 4/06, C09J 163/00, H05K 3/38, H05K 3/46 | タックフリー化する光熱硬化型アンダーコート材を平坦化材とした樹脂付き銅箔の処理法。 |
|  | 特開平8-64963 |  |  |
| 電気的接続性および工程数の削減・簡略化 | 特開2000-332413 | H05K 3/46 | 厚さ方向導電フィルムの導体端子が加熱軟化した絶縁フィルムを貫通し、かつ圧着され、導体間の導通をはかる。 |
| 機械的特性 | 特開平10-178274、特開平11-186723 |
| 製造・生産一般 | 特開平7-202418、特開平9-331136 |
| 電気的接続性および歩留・生産性の向上 | 特開平10-190242、特開平10-209643 |
| 機械的特性および熱的特性（その他） | 特開平11-186737、特開平11-186724、特開平11-186725 |
| 機械的特性および製造・生産一般 | 特許3056666 |
| 機械的特性および工程数の削減・簡略化および歩留・生産性の向上 | 特許2911778 |

### 2.12.4 技術開発拠点

特許明細書に記載されている発明者の住所から調査した技術開発拠点は本社がある場所である。(ただし、組織変更などによって事業所名・研究者名等が現時点と異なる場合も有り得る。)

東京都品川区：本社所在地

実際の研究開発は、静岡県藤枝市にある静岡工場内の硬化性樹脂研究開発センターで行われている。

### 2.12.5 研究開発者

住友ベークライトの発明者・出願件数の年次推移を図2.12.5-1に示す。

住友ベークライトの研究開発者は、1990年代半ばから安定している。94年以降に発明者数が6人程度で安定している。また、特許の出願件数は、94年以降、変動があるものの、毎年出願が続いている。

94年以降、ビルドアップ多層プリント配線板関連の絶縁材料および樹脂付き銅箔のシステムプロセス（APL）の開発に注力しているとみられる。

図2.12.5-1 住友ベークライトの発明者数・出願件数の年次推移

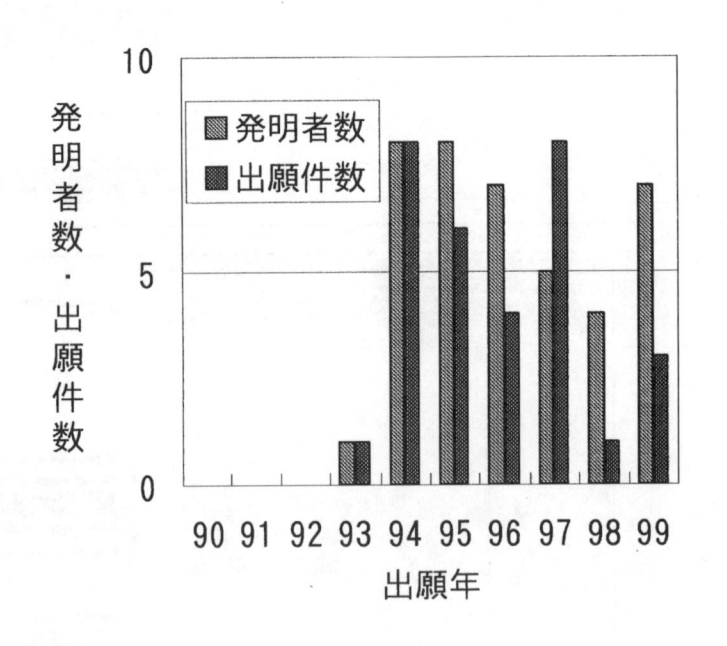

## 2.13 新光電気工業

### 2.13.1 企業の概要

新光電気工業は、富士通系（株式の 50％所有）の半導体パッケージ総合メーカーである。IC リードフレームおよび IC パッケージが主要製品である。

表 2.13.1-1 に企業概要を示す。

なお、技術移転については、技術移転を希望する企業には、積極的に交渉していく対応を取っている。その際、仲介は介しても介さなくてもどちらでも可能である。

表 2.13.1-1 新光電気工業の企業概要

| 1) | 商号 | 新光電気工業株式会社 |
|---|---|---|
| 2) | 設立年月日 | 昭和 21 年 9 月 12 日（1946 年 9 月 12 日） |
| 3) | 資本金 | 242 億 2,300 万円（2001 年 8 月 1 日現在） |
| 4) | 従業員 | 4,174 名（2001 年 3 月現在） |
| 5) | 事業内容 | IC リードフレーム（41％）、IC パッケージ（45％）、気密部品（14％） 〔国内 39：海外 61〕 |
| 6) | 事業所 | 本店/長野市<br>工場/更北、栗田、若穂、高丘、新井 |
| 7) | 関連会社 | 国内/新光プレシジョン、新光パーツ、吉川新光電気<br>海外/Shinko Electronics(Malaysia)Sdn Bhd<br>Shinko Electric America, Inc |
| 8) | 業績推移<br>（百万円） | 　　　　　売上高　　経常利益　　利益<br>1999.3　　121,114　　11,997　　5,780<br>2000.3　　 97,112　　 1,608　　  461<br>2001.3　　127,998　　11,798　　5,405 |
| 9) | 主要製品 | IC リードフレーム、IC パッケージ、気密部品 |
| 10) | 主な取引先 | （販売）インテル、東芝、TI、シャープ、MICRON |
| 11) | 技術移転窓口 | 基盤技術研究所　技術管理部<br>長野県長野市小島田町 80 番地<br>TEL 026-283-2865 |

### 2.13.2 ビルドアップ多層プリント配線板に関連する製品・技術

半導体パッケージ基板のトップメーカーである。

ビルドアップ工法を採用した高密度基板として、DDL(Direct Laser & Lamination) を製品化している。

MPU など半導体実装用基板の高速性、高周波特性、耐熱性を向上するという課題に対し、同社が独自に開発したビルドアップ方式のプロセス「RCC-LAM（逐次積層）法」技術により解決されている。

表 2.13.2-1 に製品・技術を示す。

表 2.13.2-1 新光電気工業のビルドアップ多層プリント配線板に関連する製品・技術

| 用途／機種 | 製品 | 製品名 | 発表時期 | 出典 |
|---|---|---|---|---|
| 半導体実装用接続基板 | ビルドアップ多層配線板 | ■逐次積層法（RCC-LAM法）による多層配線板<br>・絶縁層：60μm 誘電特性と耐熱性に優れた熱硬化型ポリフェニレンエーテル（PPE）樹脂（旭化成製）<br>・銅箔：12μm<br>・レーザビア | 1996年3月 | 第10回 回路実装学術講演大会「熱硬化型PPE樹脂ビルドアップ多層配線板の開発」 |
| | ビルドアップ多層配線板 | ■全層微細ピッチIVHパッケージ基板<br>・IVH：レーザ穴あけと導電性ペーストの充填<br>絶縁材料：ガラスクロス基材の代わりに、低熱膨張率のアラミド（厚み4.5～9μm）フィルムの両面に絶縁樹脂層 | 2001年10月発表 | 第11回 マイクロエレクトロニクスシンポジウム（2001年10月） |

(注) RCC-LAM：Resin Coated Copper foil-LAMinate

### 2.13.3 技術開発課題対応保有特許の概要

　ここ10年間（1991年1月1日から2001年8月までに公開された特許・実用新案）において、公開された特許・実用新案件数は26件である。
　うち、係属中の特許・実用新案件数（2001年10月時点）は26件すべてである。
　26件のビルドアップ多層プリント配線板技術特許のうち、
　　　技術要素(1)多層の形状・構造と製造方法の特許は13件、
　　　技術要素(2)絶縁材料とスルーホールを含む絶縁層形成法の特許は6件、
　　　技術要素(3)導体材料と導体回路・層間接続形成法の特許は8件、
　　　（技術要素(2)と(3)の両方に関連する特許が1件）である。
　これらのうち、重要と判断された特許・実用新案は10件あり、表2.13.3-1の表中の概要の項に、図表付きで、その内容を示している。
　図2.13.3-1に示すように、技術要素（1）多層の形状・構造と製造方法の技術では、気特性、機械的特性、および、生産技術の課題に対して、解決手段としてビルドアップ多層プリント配線板としての層構造の検討とともに、絶縁層形成、導体層形成、導体層間の接続などの開発を進めている。

図 2.13.3-1 新光電気工業の技術要素(1)多層の形状・構造と製造方法の技術における課題と解決手段の分布

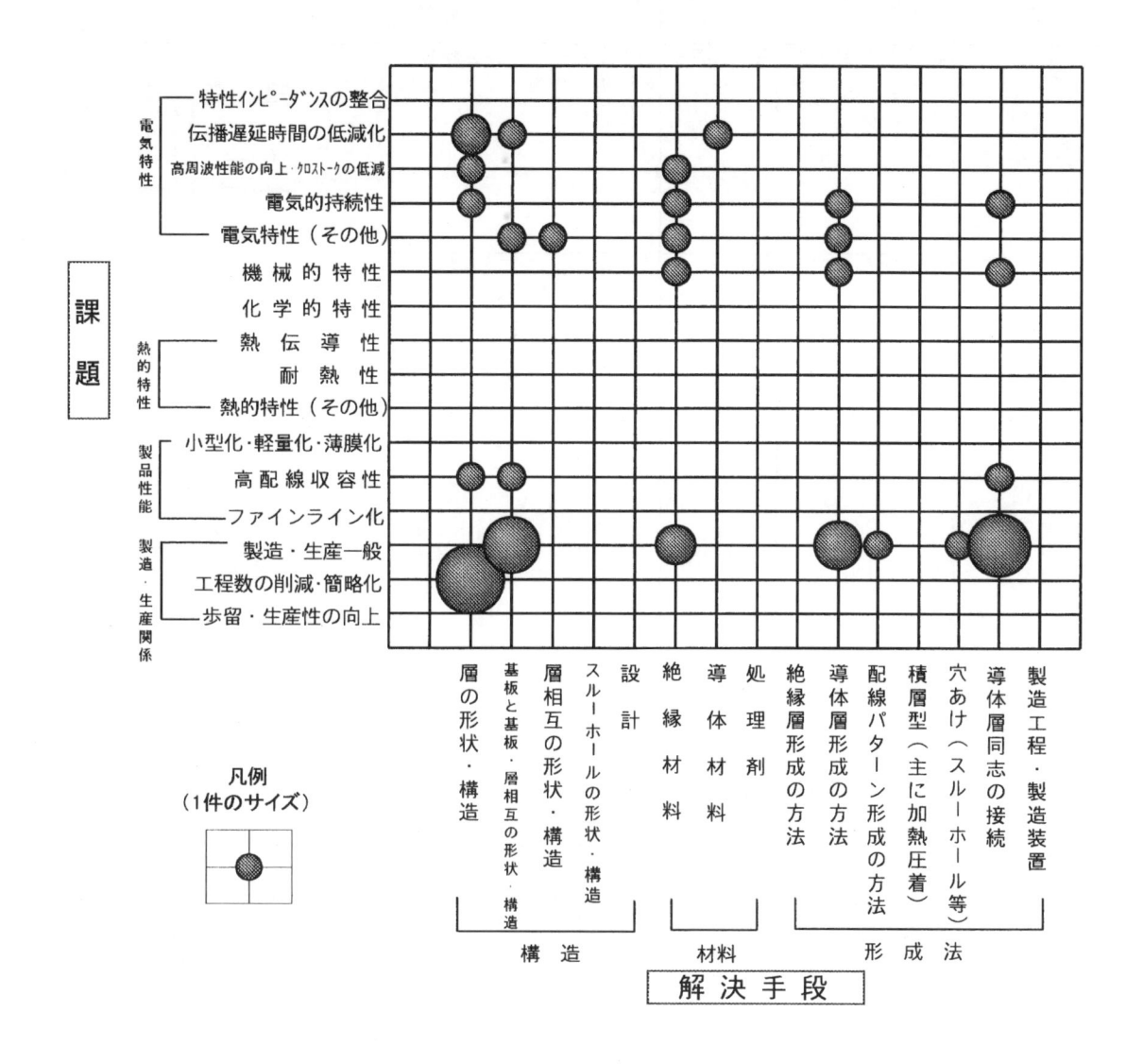

　また、技術要素（2）絶縁材料とスルーホールを含む絶縁層形成法の技術では、電気特性の課題に対して、絶縁材料の開発を解決手段とし、また生産技術の課題に対して、絶縁層の形成法の開発を解決手段としている。

　また、技術要素（3）導体材料と導体回路・層間接続法の技術では、生産技術の課題に対して、解決手段として、絶縁材料の選択、絶縁層の形成、導体層間の接続などを用いている。

　なお、新光電気工業の保有特許の特徴的なこととして、1990年代初期から有機材多層パッケージを中心とした開発が行われ、95年頃より、フィルドビア、平坦化技術、柱状めっき技術等の開発が行われ、これに関する特許が多く見られる。

表 2.13.3-1 新光電気工業の技術開発課題対応保有特許の概要

(1) 多層の形状・構造と製造方法の技術

| 課題 | 公開番号、特許番号 | 特許分類（IPC） | 概要（解決手段要旨） | |
|---|---|---|---|---|
| 製造・生産一般 | 特開2000-13022 | H05K 3/46 | コア基板にフィルム状プリント配線板を接着、ビアで接続させたもの。 | |
| | 特開2000-299404 | H05L 23/12, H05K 3/40, H05K 3/46 | 金属板の上に形成したパットにめっき柱を作り、これをコアとして、その上に通常のビルドアップ層を作る。 | |
| | 特開平10-190232、特開2000-208666、特開2000-138453、特開2001-110928、特開2000-323613 | | | |
| 電気特性（その他） | 特開2001-177004 | | | |
| 電気特性（その他）および 製造・生産一般 | 特開2001-177045 | H01L 25/00, H05K 3/46 | ビルドアップの層内に半導体チップを埋込み、重ねることにより作られる、有機樹脂のパッケージ。 | |
| 高配線収容性および製造・生産一般 | 特開平9-283931 | H05K 3/46 H01L23/12 | 2つの多層配線板をバンプ上のもので接着層を通して接続、接着することによる多層プリント配線板の製法。 | |
| 伝播遅延時間の低減化および高周波性能の向上および製造・生産一般 | 特開平11-68319 | H05K 3/46, H01L23/12 | ビルドアップを構成する樹脂付き銅箔の樹脂をコンデンサの誘電体の樹脂とすることにより、埋込コンデンサを形成したプリント配線板。 | |

| 課題 | 公開番号、特許番号 | 特許分類（IPC） | 概要（解決手段要旨） |
|---|---|---|---|
| 電気的接続性および機械的特性および製造・生産一般 | 特開2000-340708 | H01L23/12, H05K 3/40, H05K 3/42 630, H05K 3/46 | ビルドアップの樹脂の上に感光樹脂をおき、パターンとビアを金属めっきし、パターンを形成、樹脂をコーティングして研磨、これを繰り返し行い積み上げる。 |

### (2) 絶縁材料とスルーホールを含む絶縁層形成法の技術

| 課題 | 公開番号、特許番号 | 特許分類（IPC） | 概要（解決手段要旨） |
|---|---|---|---|
| 高周波性能の向上および製造・生産一般 | 特開2001-68858 | H05K 3/46 H01L23/12 | キャパシター部に高誘電率材、通常の樹脂層に誘電率の低いものを使用し、基板内部にキャパシター層を持つビルドアッププリント配線板。 |
|  | 特開2001-118952 |  |  |
| 高配線収容性および製造・生産一般 | 特開平9-116273 | H05K 3/46, B32B 7/02 104, B32B 15/08 | フィルム状の穴に導電ペーストを入れ熱可塑ポリイミドで互いに接着するもの。 |
| 製造・生産一般 | 特開平9-199858、特開2001-36234、特開2001-68807 |  |  |

### (3) 導体材料と導体回路・層間接続形成法の技術

| 課題 | 公開番号、特許番号 | 特許分類（IPC） | 概要（解決手段要旨） |
|---|---|---|---|
| 電気的接続性および製造・生産一般 | 特開平7-79078 | H05K3/46 | ビルドアップ法におけるビアをめっきにより充填したフィルドビアとしたビア。 |
| 高配線収容性および製造・生産一般 | 特開平9-116273 | H05K 3/46, B32B 7/02 104, B32B 15/08 | フィルム状のシートの穴に導電性ペーストを充填、これらのものを熱可塑性ポリイミドで互いに接着することにより積層した多層プリント配線板。 |
| 製造・生産一般 | 特開平9-82835、特開平9-199850、特開平10-178031、特開2000-200975、特開2001-203460 |  |  |
| 電気特性（その他）および製造・生産一般 | 特開2001-119138 |  |  |

### 2.13.4 技術開発拠点

特許明細書に記載されている発明者の住所から調査した技術開発拠点は本店がある場所である。(ただし、組織変更などによって事業所名・研究者名等が現時点と異なる場合も有り得る。)

　　長野県長野市：本店所在地(本店、粟田工場)

### 2.13.5 研究開発者

新光電気工業の発明者・出願件数の年次推移を図 2.13.5-1 に示す。

新光電気工業の研究開発者は、1990 年代前半は発明者数が少なかったが 99 年には 21 人に急増していることから、近年急増していると思われる。また、特許の出願件数も、90 年代前半は少なかったが、99 年には 17 件と急増している。

94 年ころより、有機材多層パッケージを中心とした開発が進められ、次第に研究者が増えているとみられる。99 年にはビルドアップパッケージ基板への研究開発に注力しているとみられる。

図 2.13.5-1 新光電気工業の発明者数・出願件数の年次推移

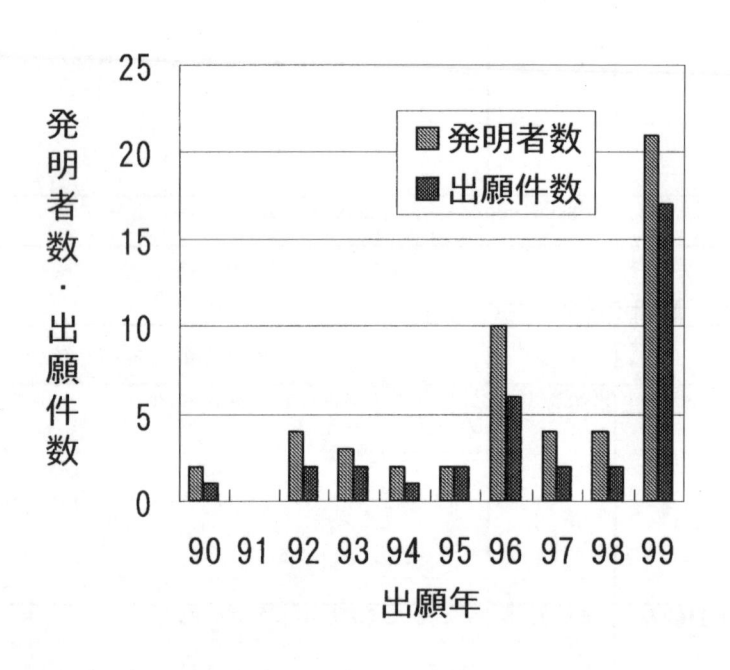

## 2.14 ソニー

### 2.14.1 企業の概要

ソニーは音響・映像機器の世界的メーカーであり、情報家電へのシフトを推進しており、アミューズメントも拡充している。連結子会社数が1,000社以上あり、一大グループを形成している。

ビルドアップ多層プリント配線板の製造は子会社のソニー根上で、また材料はソニーケミカルで製造している。表2.14.1-1に企業概要を示す。

表2.14.1-1 ソニーの概要

| 1) | 商号 | ソニー株式会社 |
|---|---|---|
| 2) | 設立年月日 | 昭和21年5月7日（1946年5月7日） |
| 3) | 資本金 | 4,759億7,700万円（2001年8月1日現在） |
| 4) | 従業員 | 18,845名（2001年3月現在） |
| 5) | 事業内容 | エレクトロニクス（68％）、ゲーム（9％）、音楽（8％）、映画（7％）、保険（6％）、その他（2％） |
| 6) | 事業所 | 本社/東京都品川区<br>工場/大崎東、大崎西、芝浦、品川、厚木、湘南、仙台 |
| 7) | 関連会社 | 国内/ソニー根上、ソニーケミカル、ソニー美濃加茂、ソニー幸田、ソニー熱田　　　連結子会社数1,078<br>海外/Sony Electronics Inc、Sony Corporation of America　Sony Europe GmbH、Sony United Kingdom Ltd |
| 8) | 業績推移<br>（百万円） | 　　　　　売上高　　経常利益　　利益<br>1999.3　2,432,690　46,222　38,029<br>2000.3　2,592,962　30,237　30,838<br>2001.3　3,007,584　81,502　45,002 |
| 9) | 主要製品 | ビデオ機器、音響機器、テレビ、半導体、電子部品、通信関連機器、電話機、電池 |
| 10) | 主な取引先 | （販売）ソニー・エレクトロニクス・インク、ソニー・インターナショナル・リミテッド、ソニーネットワーク販売<br>（仕入）ソニー幸田、ソニー一宮、ソニーボンソン、ソニー木更津、ソニー・ブロードキャスト・プロダクツ |
| 11) | 技術移転窓口 | ― |

### 2.14.2 ビルドアップ多層プリント配線板に関連する製品・技術

ビルドアップ方式の技術開発はソニー本体が、生産を多層プリント配線板大手のソニー根上が担当している。独自開発したビルドアップ多層プリント配線板「MOSAIC」は、フレキシブル系プリント配線板のトップメーカーで子会社のソニーケミカルと関連基材の共同開発を行なった。

多層プリント配線板の高密度化の課題については、永久穴埋め、ビアオンビア、スーパーフィンパターン形成の技術からなる同社独自開発の「e-Technology」による、樹脂付き銅箔を用いてレーザ穴あけ加工するビルドアップ工法を開発し、同工法により現在製品化しているビルドアップ多層プリント配線板「ESP／Build-Up PWB」で解決されている。表2.14.2-1に製品・技術を示す。

2.14.2-1 ソニーのビルドアップ多層プリント配線板に関連する製品・技術

| 用途／機種 | 製品 | 製品名 | 発表／発売時期 | 出典 |
|---|---|---|---|---|
| 小型電子機器（携帯電話、ビデオカムコーダ等）<br><br>小型パッケージ用接続部品（CSP、MCM等のインターポーザ） | ビルドアップ多層配線板（4〜10層） | [ソニー根上]<br>「e-Technology」（永久穴埋め技術、ビアオンビア技術、スーパーフィンパターン形成技術）による樹脂付き銅箔＋レーザ穴あけ工法：<br>「ESP／Build-Up PWB」<br>■超高密度プリント配線板（Via=φ100、L/S=75/75μm）<br>■環境対応プリント配線板（4層ベース基板＋2段ビルドアップ多層配線板） | 2000年 | ソニー根上（株）製品カタログ<br><br>2000年6月現在 |
| 電子機器（携帯電話、デジタルTV、ノートパソコン等） | ビルドアップ多層配線板（4〜10層） | [ソニー根上]<br>■特性インピーダンスコントロールプリント配線板 | | |
| 携帯電話 | ビルドアップ多層配線板 | [ソニー根上]<br>■「MOSAIC」<br>　ビルドアップ複合多層配線板<br>・コア基板＋ビルドアップ層（ソニーケミカルの「Hyper Flex」をコア基板の上下に各2層加熱積層）<br>・L/S：25/25μm | 2000年 | ①電波新聞<br>2000年<br>1月6日<br>②日経マイクロデバイス<br>2000.3.16<br>＊ソニー根上（株）とソニーケミカル（株）が共同開発 |
| ビルドアップ多層配線板用絶縁・導体複合材料 | ビルドアップ多層配線板用基材 | [ソニーケミカル]<br>■「Hyper Flex」<br>　ビルドアップ複合多層配線板用薄型化ポリイミド2層基材（Cu厚み9〜18μm、熱可塑性ポリイミド接着層含むポリイミドフィルム絶縁層20μm以上） | 2000年 | |

（注）MOSAIC：Multiple Organic Substrate Accumulated Inter Connection

## 2.14.3 技術開発課題対応保有特許の概要

　ここ10年間（1991年1月1日から2001年8月までに公開された特許・実用新案）において、公開された特許・実用新案件数は24件である。
　うち、係属中の特許・実用新案件数（2001年10月時点）は22件である。
　22件のビルドアップ多層プリント配線板技術特許のうち、
　　技術要素(1)多層の形状・構造と製造方法の特許は6件、
　　技術要素(2)絶縁材料とスルーホールを含む絶縁層形成法の特許は7件、
　　技術要素(3)導体材料と導体回路・層間接続形成法の特許は9件、
　これらのうち、重要と判断された特許・実用新案は5件あり、表2.14.3-1の表中の概要の項に、図表付きで、その内容を示している。

民生機器を主体とした、電子機器メーカーの立場から、デジタル機器の増加に対応し、ビルドアップ多層プリント配線板の適用を考え、この配線板の製造技術開発とともに、ビルドアップ方式の特殊なフレキシブル多層プリント配線板の開発を行っている。

図 2.14.3-1 に示すように、技術要素（1）多層の形状・構造と製造方法の技術では、課題として生産技術の向上を目指し、解決手段として導体層同志の接続および導体層形成に重点がおかれている。また、生産性向上のために絶縁材料の開発も行っている。

図 2.14.3-1 ソニーの技術要素(1)多層の形状・構造と製造方法の技術における課題と解決手段の分布

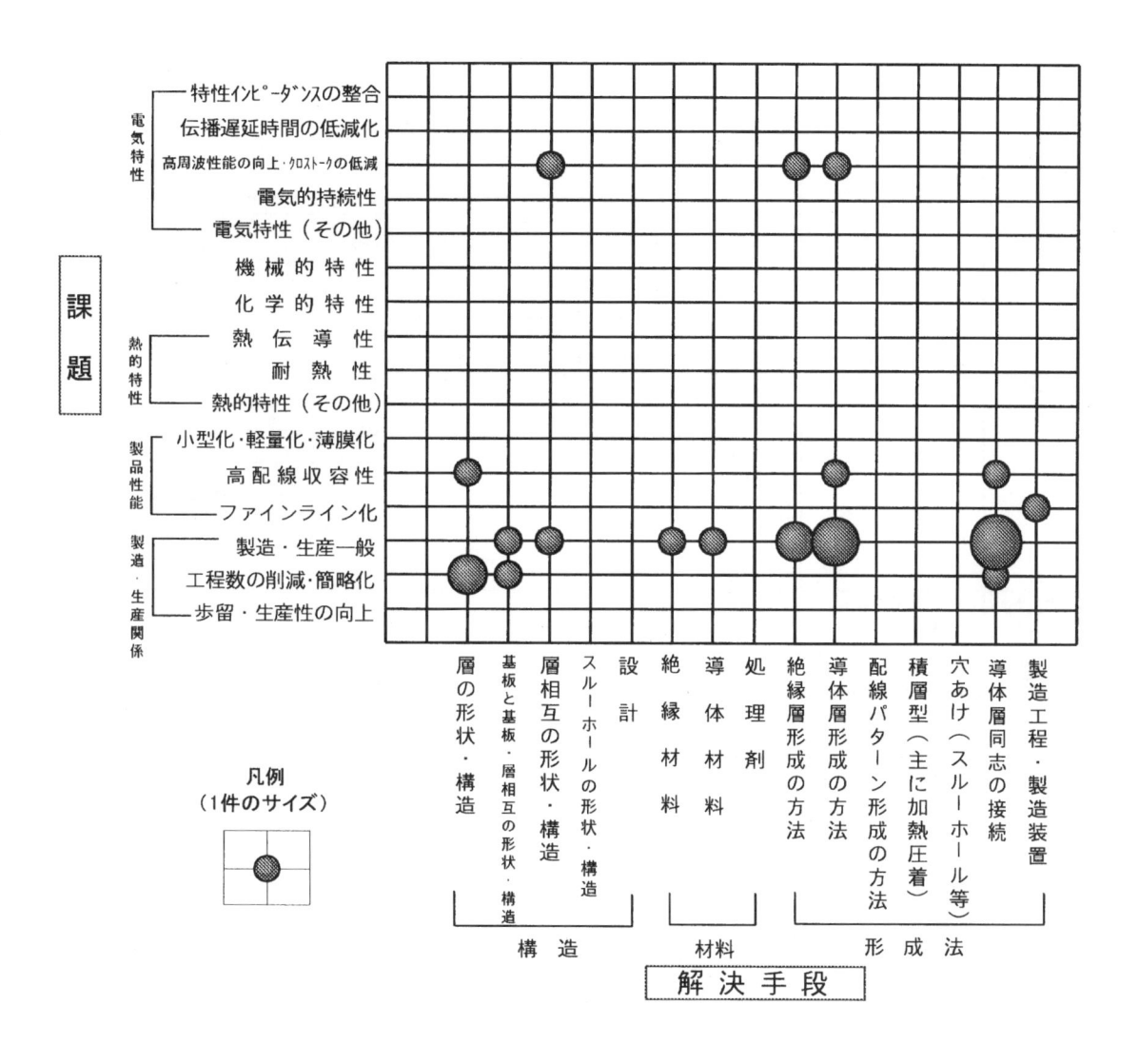

また、導体材料と導体回路・層間接続法の技術では、課題として生産技術の向上を目指し、解決手段として導体層の形成と導体層間の接続の技術開発を行っている。

表 2.14.3-1 ソニーの技術開発課題対応保有特許の概要

(1) 多層の形状・構造と製造方法の技術

| 課題 | 公開番号、特許番号 | 特許分類（IPC） | 概要（解決手段要旨） |
|---|---|---|---|
| 製造・生産関係 | 特開2001-53438 | H05K 3/46 | 2層板を導電性ペーストで接続、その上に突起を設け、プリプレグを貫通して上下を接続。 |
|  | 特開平9-326561、特開平9-214136 |  |  |
| 製造・生産関係および工程数の削減・簡略化 | 特開2001-77534 | H05K 3/46, H05K 1/03 610, H05K 1/11, H05K 1/14, H05K 3/36, H05K 3/40 | 2層板を導電粒子を圧接、樹脂で固定する。 |
| 高配線収容性および製造・生産関係 | 特開平10-163632 |  |  |
| 高周波性能の向上および製造・生産関係 | 特開平11-274734 |  |  |

(2) 絶縁材料とスルーホールを含む絶縁層形成法の技術

| 課題 | 公開番号、特許番号 | 特許分類（IPC） | 概要（解決手段要旨） |
|---|---|---|---|
| 高周波性能の向上 | 特開2000-188449 | H05K 1/02, H05K 1/16, H05K 3/46 | ビアを対向させ、その間に強誘電層を入れコンデンサとしたプリント配線板。 |
| 工程数の削減・簡略化 | 特開平7-336047 | H05K 3/46, B41F 15/08 303, B41F 15/34, H05K 3/12 | 絶縁層を印刷で形成。（図面なし） |

| 課題 | 公開番号、特許番号 | 特許分類（IPC） | 概要（解決手段要旨） |
|---|---|---|---|
| 機械的特性および 製造・生産関係 | 特開平7-170070 | H05K 3/46, H05K 3/38 | アルカリ現像性の樹脂で反応速度が異なるエポキシを組み合わせ、半硬化状態で粗化し、めっき後硬化させる方法。 |
| 製造・生産関係 | 特開平7-115258、特開平8-8536、特開平8-18241、特開2000-68649 | | |

(3) 導体材料と導体回路・層間接続形成法の技術

| 課題 | 公開番号、特許番号 | 特許分類（IPC） | 概要（解決手段要旨） |
|---|---|---|---|
| 製造・生産関係 | 特開平6-224529 | H05K 1/11, H05K 3/24, H05K 3/40, H05K 3/46 | 両面板上にCuペーストを印刷でコートし、ペーストの表面のバインダを溶解、露出したCu粒子上にめっきする方法。 |
| | 特開平6-326471、特開平7-283539、特開平8-130374、特開平9-186430、特開平10-163635、特開平10-322021、特開2001-217541 | | |
| 機械的特性および 製造・生産関係 | 特開平10-335819 | | |

## 2.14.4 技術開発拠点

特許明細書に記載されている発明者の住所から調査した主な技術開発拠点は多い順に次の5ヶ所である。出願人はソニーで、発明者の住所が各子会社となっている。(ただし、組織変更などによって事業所名・研究者名等が現時点と異なる場合も有り得る。)

　　東京都品川区　　　：ソニー本社所在地
　　石川県能美郡　　　：ソニー根上
　　愛知県名古屋市　　：ソニー熱田
　　岐阜県美濃加茂市　：ソニー美濃加茂
　　埼玉県坂戸市　　　：ソニーボンソン

## 2.14.5 研究開発者

ソニーの発明者・出願件数の年次推移を図2.14.5-1に示す。

ソニーの研究開発者は、発明者数でおおよそ10人前後であり、変化している。また、特許の出願件数は、5件前後で変化している。

プリント配線板に関してはソニー本社とともに、ソニー根上とソニーケミカルにおいて行っており、技術者もこの事業所に分散している。小型化、軽量化、高機能化を目指し開発に力を入れている。

図2.14.5-1　ソニーの発明者数・出願件数の年次推移

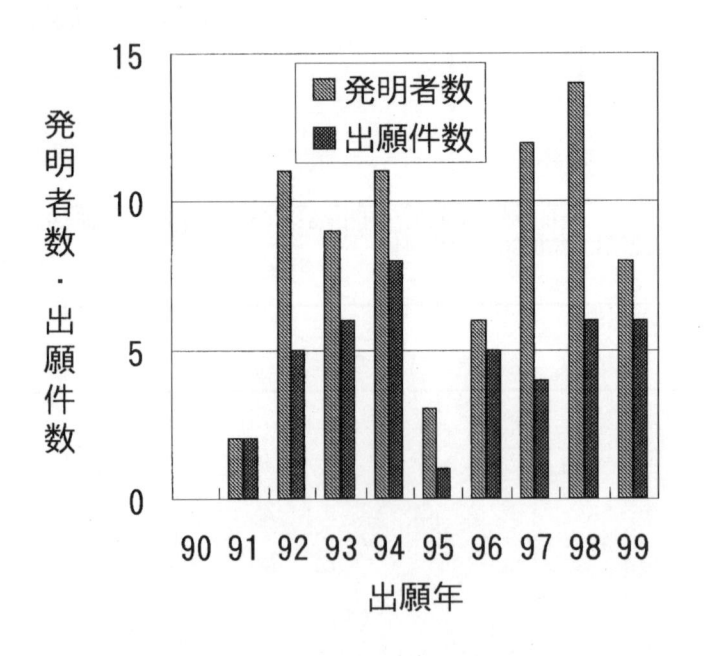

## 2.15 シャープ

### 2.15.1 企業の概要

シャープは音響・映像機器、情報通信機器、家電製品などのエレクトロニクス機器や電子部品の事業を展開している。電子デバイスに強く、液晶およびその応用商品に力を入れている。表 2.15.1-1 に企業概要を示す。

なお、技術移転については、技術移転を希望する企業には、対応を取っている。その際、自社内に技術移転に関する機能があるので、仲介等は不要であり、直接交渉しても構わない。

表 2.15.1-1 シャープの企業概要

| 1) | 商号 | シャープ株式会社 |
|---|---|---|
| 2) | 設立年月日 | 昭和 10 年 5 月（1935 年 5 月） |
| 3) | 資本金 | 2,041 億 5000 万円（2001 年 8 月 1 日現在） |
| 4) | 従業員 | 23,229 名（2001 年 3 月現在） |
| 5) | 事業内容 | AV 機器（19％）、電化機器（13％）、通信・情報機器（32％）、電子部品等（36％）　〔国内 57：海外 43〕 |
| 6) | 事業所 | 本社/大阪市阿倍野区<br>工場/栃木、広島、八尾、奈良、福山、三重、大阪 |
| 7) | 関連会社 | 国内/シャープ・エレクトロニクス　シャープエレクトロニクスマーケティング、シャープシステムプロダクト<br>　連結子会社数　44<br>海外/シャープ・エレクトロニクス（欧州）、シャープ・エレクトロニクス（英国） |
| 8) | 業績推移<br>（百万円） | 　　　　　売上高　　経常利益　　利益<br>1999.3　1,306,157　15,661　2,918<br>2000.3　1,419,522　45,021　24,142<br>2001.3　1,602,974　67,283　34,902 |
| 9) | 主要製品 | AV 機器、電化機器、通信・情報機器、電子部品 |
| 10) | 主な取引先 | （仕入）シャープロキシーエレクトロニクス、日立製作所<br>（販売）シャープエレクトロニクスマーケティング |
| 11) | 技術移転窓口 | 知的財産権本部　第 2 ライセンス部<br>大阪府大阪市阿倍野区長池町 22-22<br>TEL 06-6606-5495 |

### 2.15.2 ビルドアップ多層プリント配線板に関連する製品・技術

フレキシブルプリント配線板（業界 5 位）を含め、プリント配線板の大手である。同社独自のビルドアップ工法を開発し、現状、半導体パッケージ基板にも注力している。

1997 年 4 月、業界初の「フレキシブルビルドアップ多層配線板」を部品事業部において開発し、販売をはじめた。

多層プリント配線板の高密度化の課題に対し、同社が独自に開発したフォトビア法ビルドアップ工法で製品化したビルドアップ多層プリント配線板「シャープ・アドバンスト・フォトマルチ」シリーズで解決されている。表 2.15.2-1 に製品・技術を示す。

表 2.15.2-1 シャープのビルドアップ多層プリント配線板に関連する製品・技術

| 用途／機種 | 製品 | 製品名 | 発表／発売時期 | 出典 |
|---|---|---|---|---|
| 電子機器用接続部品 | ビルドアップ多層プリント配線板 | ビルドアップ工法<br>■「シャープ・アドバンスト・フォトマルチ」 | 1999年 | JPCA Show'99 スペシャル（日経BP） |
| CSP実装用接続部品 | ビルドアップ多層プリント配線板（リジッド） | フォトビア法ビルドアップ工法<br>■4〜10層<br>・コア層（2〜8層：FR-4・-5）<br>・ビルドアップ層（コア層の上下各1層、L/S:90/90μm）<br>■6〜10層<br>・コア層（2〜6層：FR-4・-5）<br>・ビルドアップ層<br>　（コア層の上下各2層、<br>　L/S:75/75μm） | 2001年 | 同社ホームページ<br>http://www.sharp.co.jp/products/device/ctlg/jsite21/table/123.html |
| 電子機器用接続部品<br>（CSP実装対応） | フレキシブル・ビルドアップ多層プリント配線板 | 複数のビルドアップ層をFPCで内部接続した構造<br>■5〜8層<br>・コア層（3〜6層：PI、FR-4）<br>・ビルドアップ片面1層<br>■7〜10層<br>　（3〜6層：PI、FR-4）<br>・コア層<br>・ビルドアップ片面2層 | | |

### 2.15.3 技術開発課題対応保有特許の概要

ここ10年間（1991年1月1日から2001年8月までに公開された特許・実用新案）において、公開された特許・実用新案件数は24件である。

うち、係属中の特許・実用新案件数（2001年10月時点）は24件すべてである。

24件のビルドアップ多層プリント配線板技術特許のうち、

　　技術要素(1)多層の形状・構造と製造方法の特許は8件、

　　技術要素(2)絶縁材料とスルーホールを含む絶縁層形成法の特許は5件、

　　技術要素(3)導体材料と導体回路・層間接続形成法の特許は11件、

である。

これらのうち、重要と判断された特許・実用新案は6件あり、表2.15.3-1の表中の概要の項に、図表付きで、その内容を示している。

図2.15.3-1に示すように、技術要素（1）多層の形状・構造と製造方法の技術では、課題として機械的特性の向上と生産技術の向上を目的とし、解決手段として絶縁層の形成、導体層間の形成に力を入れている。

図2.15.3-1 シャープの技術要素(1)多層の形状・構造と製造方法の技術における課題と解決手段の分布

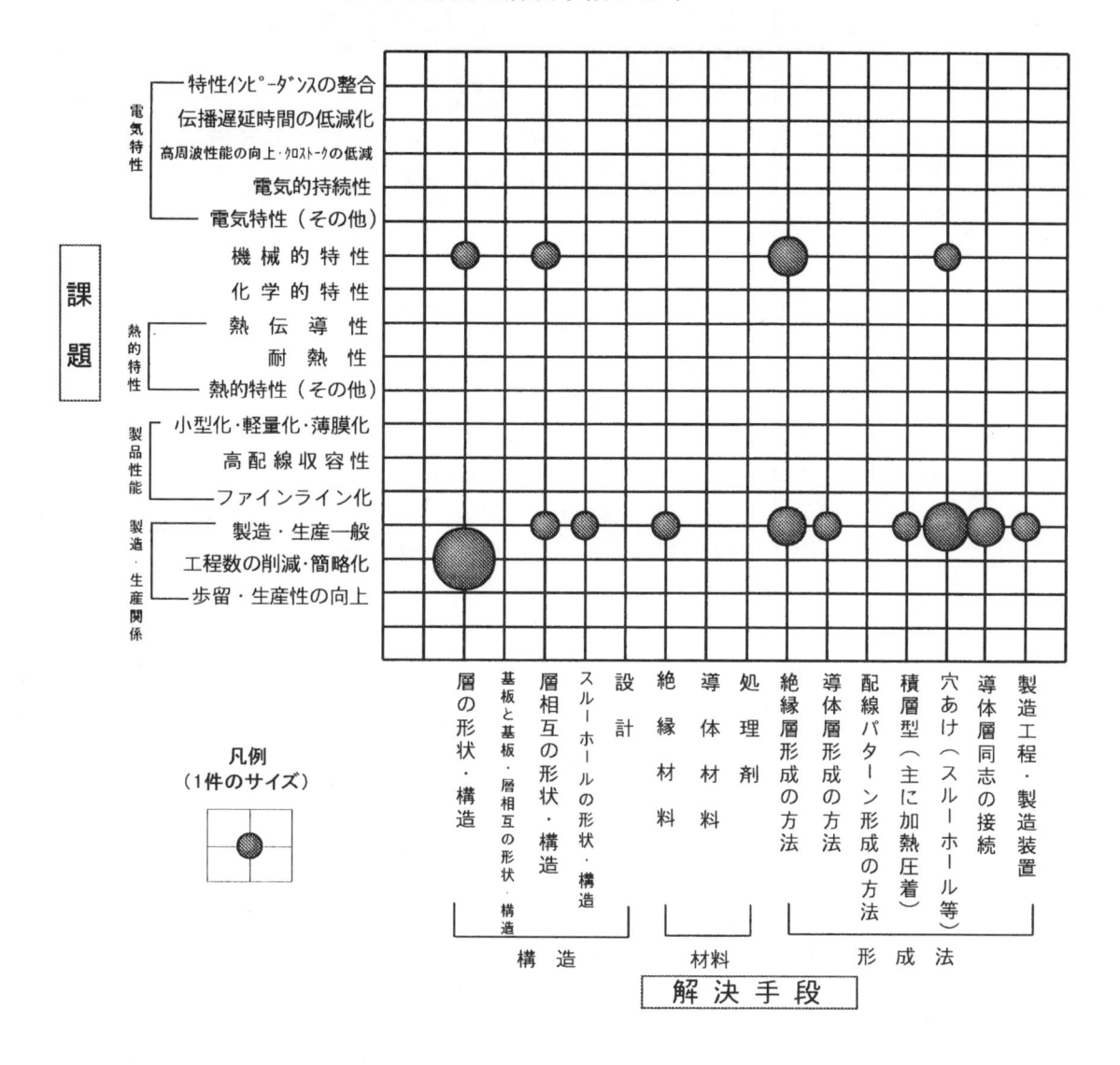

また、技術要素(2)絶縁材料とスルーホールを含む絶縁層形成法の技術では、生産技術の向上を目指し、絶縁層の形成、導体層の形成、導体層間の接続に関し開発を行っている。

また、技術要素(3)導体材料と導体回路・層間接続法の技術では、生産技術の向上を目指し、穴あけ、導体層間の接続の検討を行っている。

なお、シャープの保有特許の特徴的なこととして、フレキシブルプリント配線板に関する開発が多く行われており、1997年頃より、フレキシブルシートを用いた、ビルドアップ多層プリント配線板、リジッドフレキシブル多層プリント配線板にビルドアップ方式を適用した特許が多く出願されている。

### 表2.15.3-1 シャープの技術開発課題対応保有特許の概要

#### (1) 多層の形状・構造と製造方法の技術

| 課題 | 公開番号、特許番号 | 特許分類(IPC) | 概要(解決手段要旨) |
|---|---|---|---|
| 製造・生産一般 | 特開2001-111216 | H05K 3/46 | フレキシブルリジットでめっきスルーホール上にビルドアップビアをつける。ビルドアップ材料とフレキシブルシートは同じもの。フレキシブルプリント配線板の実施例を示す断面図。 |
| | 特許3165464、特開平9-237975、特開平10-242636、特開2000-13019、特開2001-156450 | | |
| 機械的特性および製造・生産一般 | 特許2843401 | H05K 3/46 | 銅箔に樹脂を貼り合せ、穴をあけ用のパターニング、反対側に銅箔を張り合せメッキ、パターンとビアを作成、両面板とする。 |
| | 特開平9-153680 | H05K 3/46 | フレキシブルリジット板にビルドアップのブラインドビアを適用。多層フレキシブルリジットプリント配線板の製造方法によって得られた配線板の断面図である。 |

#### (2) 絶縁材料とスルーホールを含む絶縁層形成法の技術

| 課題 | 公開番号、特許番号 | 特許分類(IPC) | 概要(解決手段要旨) |
|---|---|---|---|
| 製造・生産一般 | 特開平11-40944 | H05K 3/46, B65G 49/07 | 絶縁層にプリプレグを用いたビルドアップ法の方法。多層配線板の製造方法の工程を示すフローチャート。 |

| 製造・生産一般 | 特開2001-156445 | H05K 3/46 | フレキシブルリジッド板を作りリジッド部にビルドアップ層を作る方法。フレキシブルビルドアップ多層プリント配線板の製造方法の実施の形態の一例における各工程を示す断面図である。 |
|---|---|---|---|
| | 特許3198031、特開平11-233938、特開平11-354932 ||||

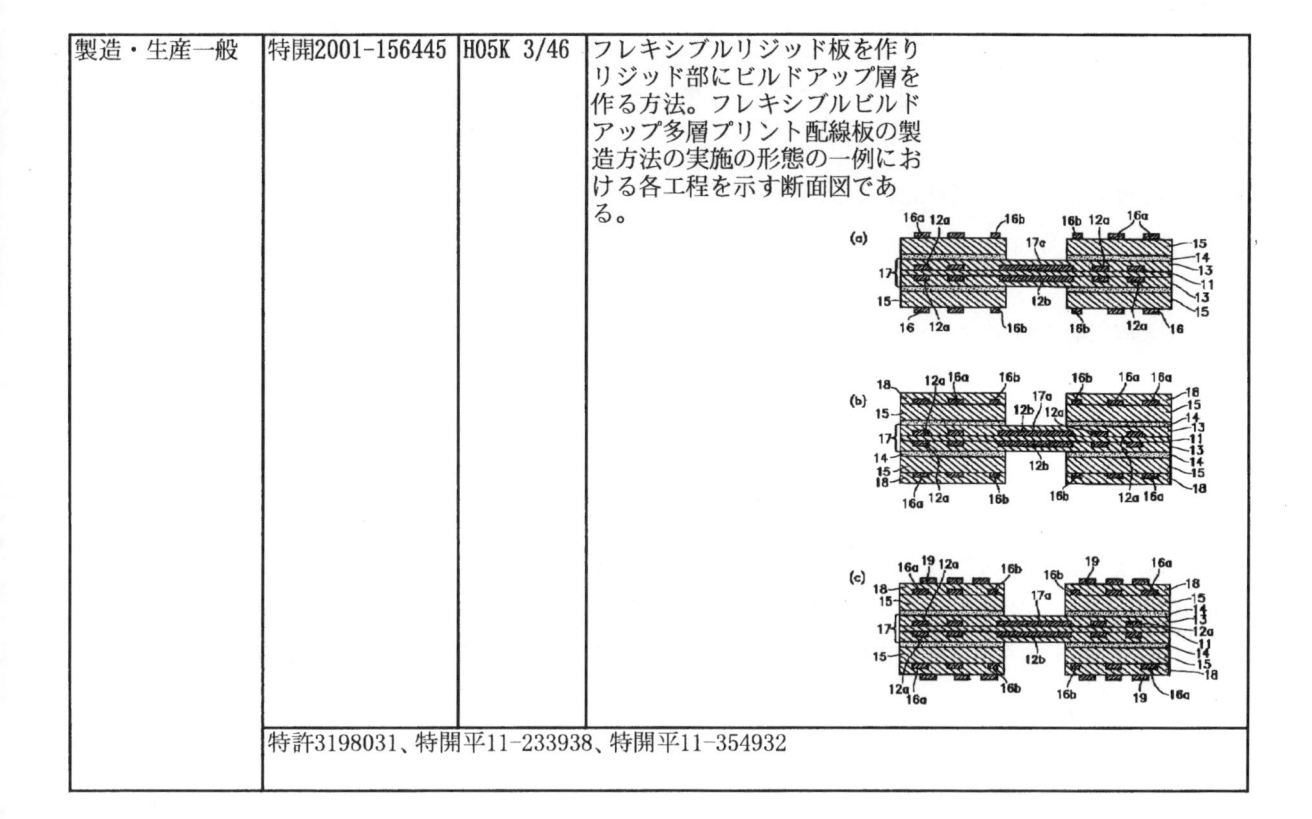

## （3）導体材料と導体回路・層間接続形成法の技術

| 課題 | 公開番号、特許番号 | 特許分類（IPC） | 概要（解決手段要旨） |
|---|---|---|---|
| 伝播遅延時間の低減化および製造・生産一般 | 特開平10-256735 | H05K 3/46 | ビア内をメッキし、穴内を充填する。次いで、表面を研磨、さらにその上にビアを作る。多層化プリント基板の製造方法における処理工程を示す図である。 |
| 製造・生産一般 | 特開平10-270848、特開平11-121930、特開平11-177246、特開平11-214845、特開2000-59029、特開2000-181074、特開2000-200974、特開2000-223840、特開2000-183531、特開2001-135932 |||

## 2.15.4 技術開発拠点

特許明細書に記載されている発明者の住所から調査した技術開発拠点は本社がある場所である。（ただし、組織変更などによって事業所名・研究者名等が現時点と異なる場合も有り得る。）

　　大阪府大阪市阿倍野区：本社所在地


## 2.15.5 研究開発者

シャープの発明者・出願件数の年次推移を図2.15.5-1に示す。

シャープの研究開発者は、1990年代前半は発明者数が少なかったが97年に11人に急増してピークとなっており、90年代後半に増加したと思われる。また、特許の出願件数も、90年代前半は少なかったが、90年後半に増加しており、97年に10件と急増してピークとなった。

97年頃より、得意とするフレキシブルシートを用いたビルドアップ多層プリント配線板、ビルドアップ方式を適用したリジッドフレキシブル多層プリント配線板の開発が進められているためと思われる。

図2.15.5-1 シャープの発明者数・出願件数の年次推移

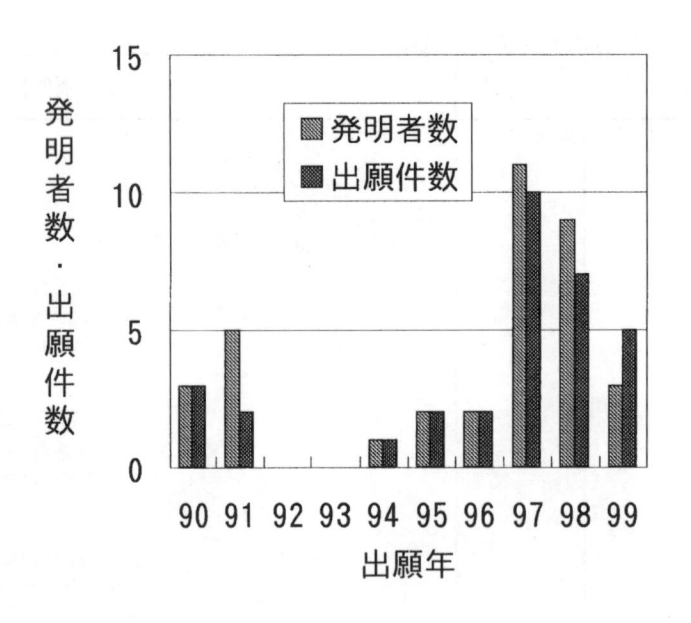

## 2.16 沖電気工業

### 2.16.1 企業の概要

沖電気工業は、通信機の大手企業で、交換機や金融情報端末機器などの拡充に注力している。

プリント配線板については、子会社の沖プリンテッドサーキットで開発・生産している。表2.16.1-1に企業概要を示す。

なお、技術移転については、技術移転を希望する企業には、対応を取っている。その際、仲介は不要であり、直接交渉しても構わない。

表2.16.1-1 沖電気工業の企業概要

| 1) | 商号 | 沖電気工業株式会社 |
|---|---|---|
| 2) | 設立年月日 | 昭和24年11月1日（1949年11月1日） |
| 3) | 資本金 | 678億6,200万円（2001年8月1日現在） |
| 4) | 従業員 | 8,217名（2001年3月現在） |
| 5) | 事業内容 | 電子通信装置（22％）、情報処理装置（48％）、電子デバイス（25％）、その他（5％）　〔国内75：海外25〕 |
| 6) | 事業所 | 本社/東京都港区<br>工場/沼津、八王子、本庄、高崎、富岡 |
| 7) | 関連会社 | 国内/沖プリンテッドサーキット（プリント基板生産）、宮崎沖電気<br>海外/Oki America, Inc、Oki Network Technologies(米国)<br>Oki Electric Europe GmbH、Oki Electronics(Hong Kong)Ltd |
| 8) | 業績推移<br>（百万円） | 　　　　売上高　　経常利益　　利益<br>1999.3　486,625　▲44,300　▲32,323<br>2000.3　488,658　13,400　5,148<br>2001.3　534,452　17,937　11,892 |
| 9) | 主要製品 | （電子デバイスの主要製品）超LSI（メモリ、マイコン、カスタム品）、ディスプレイ |
| 10) | 主な取引先 | （販売）NTT、ソニー、カシオ<br>（仕入）シスコシステムズ、ヒューレットパッカード、宮崎沖電気 |
| 11) | 技術移転窓口 | 法務・知的財産部<br>東京都港区芝浦4-10-3<br>TEL 03-3455-2988 |

### 2.16.2 ビルドアップ多層プリント配線板に関連する製品・技術

沖電気工業は多層プリント配線板の大手である。ビルドアップ多層プリント配線板では、1996年にフォトビア法で、同市場に参入するとともに、同社独自の柱状めっきビアによるプロセス「ビアポスト」型多層プリント配線板を開発している。

プリント配線板の高密度化および小型化・薄型化・軽量化を図り、カードサイズPCを実現する課題に対し、感光性樹脂絶縁層とフォトビア法によるMCM-L（有機基材マルチチップモジュール）を開発し、「沖Micro Card450-10」で課題を解決している。表2.16.2-1に製品・技術を示す。

表2.16.2-1 沖電気工業のビルドアップ多層プリント配線板に関連する製品・技術

| 用途／機種 | 製品 | 製品名 | 発表／発売時期 | 出典 |
|---|---|---|---|---|
| 電子機器用接続部品 | ビルドアップ多層配線板 | ■「ビアポスト（Via post)」型ビルドアップ高密度プリント配線板<br>・柱状めっき法によるフィルドビア型<br>・熱硬化性絶縁樹脂 | 1996年 | 表面技術協会第93回講演大会要旨集（1996年） |
| 携帯電話など小型電子機器 | ビルドアップ多層配線板 | ■フォトビア法ビルドアップ配線板 | 1998年 | 第12回 回路実装学術講演大会1998年3月 |
| カードサイズPC | ビルドアップ多層配線板 | ― | ― | ― |
| 沖 Micro Card 450-10 | MCM-L | ■MCM-L<br>・8層：2+4+2<br>（フォトビア法ビルドアップ片面2層、<br>L/S:75/125μm、<br>フォトビアφ125μm） | 1996年 | 回路実装学会誌1996年3月号 |

（注1）カードサイズPC：クレジットカードサイズ Personal Computer

### 2.16.3 技術開発課題対応保有特許の概要

　ここ10年間（1991年1月1日から2001年8月までに公開された特許・実用新案）において、公開された特許・実用新案件数は21件である。

　うち、係属中の特許・実用新案件数（2001年10月時点）は18件である。

　18件のビルドアップ多層プリント配線板技術特許のうち、
　　　技術要素(1)多層の形状・構造と製造方法の特許は8件、
　　　技術要素(2)絶縁材料とスルーホールを含む絶縁層形成法の特許は7件、
　　　技術要素(3)導体材料と導体回路・層間接続形成法の特許は7件、
　　　（技術要素(2)と(3)の両方に関連する特許が4件）である。

　これらのうち、重要と判断された特許・実用新案は8件あり、表2.16.3-1の表中の概要の項に、図表付きで、その内容を示している。

　技術要素（1）多層の形状・構造と製造方法の技術では、電気的特性、機械的特性の向上および生産技術の向上のために層構造や導体層形成の検討を行っている。

　また、技術要素（2）絶縁材料とスルーホールを含む絶縁層形成法の技術では、絶縁材料の検討、選択および絶縁層の形成法、導体層に形成法の開発により機械的特性、生産技術力の向上を図っている。

　また、技術要素（3）導体材料と導体回路・層間接続法の技術では、導体層の形成、導体層間の接続の検討を行い、機械的特性や生産技術の向上を図っている。

　なお、沖電気工業の保有特許の特徴的なこととして、柱状めっきによるビア方式、ビアポストとして開発しているため1996年頃より、これに関する特許が多い。

表 2.16.3-1 沖電気工業の技術開発課題対応保有特許の概要

(1) 多層の形状・構造と製造方法の技術

| 課題 | 公開番号、特許番号 | 特許分類（IPC） | 概要（解決手段要旨） |
|---|---|---|---|
| 製造・生産一般 | 特開平8-264953 | H05K3/46 | めっき柱方式の配線形成方法。発明の第1実施例を示す多層プリント配線板の配線形成工程断面図である。 |
|  | 特開平8-125334 |  |  |
| 特性インピーダンスの整合およびクロストークの低減 | 特許2938341 | H05K 9/00, H05K 1/02, H05K 3/46 | ビルドアップのビアの製造方法で同軸パターンを作成する同軸構造の配線の形成方法。図(A)～(C)は、実施例の説明に供する工程図である。 |
| 高周波性能の向上および製造・生産一般 | 特開平11-354931 | H05K 3/46, H05K 1/18 | 半導体素子を埋め込みその上にめっき柱方式で配線。電子部品一体型多層基板の製造方法を示すフローチャート。 |
| 機械的特性および製造・生産一般 | 特開平8-111588 | H05K 3/46 | ビアポストの変形による薄膜多層基板製造方法。発明の第1実施例を示す薄膜多層基板の製造工程断面図である。 |

183

| 課題 | 公開番号、特許番号 | 特許分類（IPC） | 概要（解決手段要旨） | |
|---|---|---|---|---|
| 高配線収容性および製造・生産一般 | 特開平8-88466 | H05K 3/46 | ビアポストもしくはめっき柱方式の多層配線基板の製造方法。発明の第1実施例を示す多層配線基板の製造工程断面図である。 | |
| 機械的特性 | 特開平10-22636 | | | |
| 機械的特性および製造・生産一般 | 特開平10-79578 | | | |

## (2) 絶縁材料とスルーホールを含む絶縁層形成法の技術

| 課題 | 公開番号、特許番号 | 特許分類（IPC） | 概要（解決手段要旨） | |
|---|---|---|---|---|
| 製造・生産一般 | 特開平10-190223 | H05K 3/46 | 樹脂にビアをあけ、レジスタでパターン作成、Pdをつけてからレジスト一部を除去、無電解Cuめっきフルアディティブによるビルドアップ基板の製造。図は実施の形態を示すビルドアップ基板の製造方法の一連の工程。 | |
| | 特開平8-279683、特開平10-190222、特開平9-23069、特開平9-116247 | | | |
| 高周波性能の向上・クロストークの低減および製造・生産一般 | 特開平8-195560 | H05K 3/46 | 突起状の導体をパッド上に形成、接着材となる絶縁層を貫通して積層、配線板とした多層プリント配線板の製造。基板構成説明図である。左側図(a)はプレス成形前の状態、右側図(b)はプレス成形後の状態を示すものである。 | |

| 機械的特性および製造・生産関係 | 特開平8-236933 | | |
|---|---|---|---|

## (3) 導体材料と導体回路・層間接続形成法の技術

| 課題 | 公開番号、特許番号 | 特許分類(IPC) | 概要（解決手段要旨） |
|---|---|---|---|
| 製造・生産関係 | 特開平10-190223 | H05K 3/46 | 樹脂にビアをあけ、レジスタでパターン作成、Pdをつけてからレジスト一部を除去、無電解Cuめっきフルアディティブによるビルドアップ基板の製造。図は実施の形態を示すビルドアップ基板の製造方法の一連の工程。 |
| | 実登2135879 | H05K 3/46, H01L 23/12 | めっき柱をボンディングパッドの下に設ける多層プリント配線板。 |
| 製造・生産関係 | 特開平10-190222、特開平9-116247、特開平10-75063 | | |
| 高配線収容性および製造・生産関係 | 特開平8-195560 | H05K 3/46 | 突起状の導体をパッド上に形成、接着材となる絶縁層を貫通して積層、配線板とした多層プリント配線板の製造。基板構成説明図である。左側図(a)はプレス成形前の状態、右側図(b)はプレス成形後の状態を示すものである。 |
| 機械的特性 | 特開2000-151108 | | |

## 2.16.4 技術開発拠点

特許明細書に記載されている発明者の住所から調査した技術開発拠点は本社がある場所である。(ただし、組織変更などによって事業所名・研究者名等が現時点と異なる場合も有り得る。)

　　東京都港区　　：本社所在地

なお、プリント配線板の生産子会社である沖プリンテッドサーキットによる特許出願の発明者の住所は本社がある以下の拠点である。

　　新潟県上越市：本社、工場

## 2.16.5 研究開発者

沖電気工業と沖プリンテッドサーキットの発明者・出願件数の年次推移を図 2.16.5-1 に示す。

沖電気工業と沖プリンテッドサーキットの研究開発者は、1990 年代後半に減少していると思われる。90 年代前半は 10 人前後の発明者数であったが、その後減少した。また、特許の出願件数は、94 年にピークをむかえ、その後は減少している。

90 年代半ばは、ビルドアップ多層プリント配線板の立ち上がり期で、多くの技術者が投入されたが、その後の展開は内部の製造技術開発に注力したようで、特許に現れる技術者は少なくなっている。

96 年以降の特許出願は少ないながら、柱状めっきによるビア方式、ビアポストのものがある。

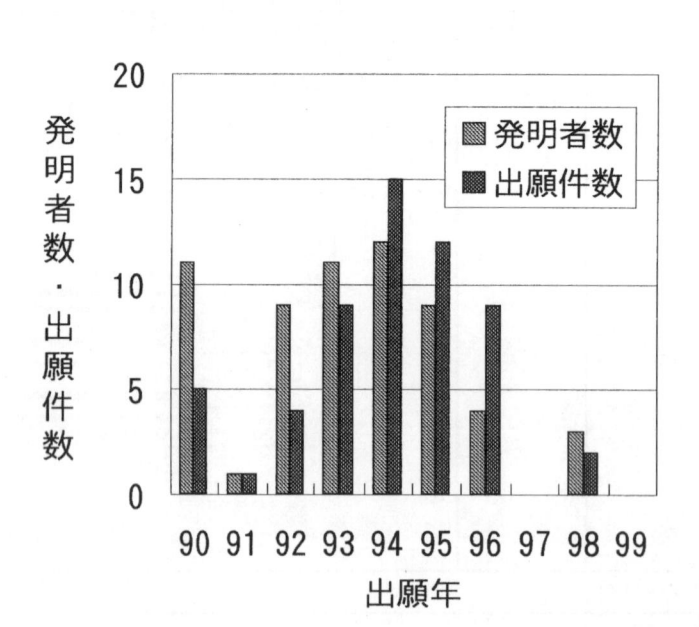

図 2.16.5-1 沖電気工業の発明者数・出願件数の年次推移

## 2.17 IBM

### 2.17.1 企業の概要

　IBM は世界最大のコンピュータメーカーであり、大企業中心の安定した顧客基盤や IT 全般の包括的なサービスを提供できる総合力が強みである。日本では、100％出資の日本 IBM がある。

　ビルドアップ多層プリント配線板技術は、主に日本 IBM で開発、事業化されている。

　表 2.17.1-1 に企業概要を示す。

表 2.17.1-1 IBM の企業概要

| 1) | 商号 | インターナショナル・ビジネス・マシーンズ・コーポレーション |
|---|---|---|
| 2) | 設立年月日 | 大正 3 年 6 月（1914 年 6 月） |
| 3) | 資本金 | 12,647 百万ドル（2000 年 12 月現在） |
| 4) | 従業員 | 316,303 名（2000 年 12 月現在） |
| 5) | 事業内容 | ハードウェア（40％）、ソフトウェア（14％）、グローバル・サービス（40％）、グローバル・ファイナンシング（4％） |
| 6) | 事業所 | 本社/米国ニューヨーク<br>工場/ － |
| 7) | 関連会社 | 国内/IBM ワールド・トレード、IBM クレジット<br>海外/日本 IBM、IBM アジア・パシフィック・サービス |
| 8) | 業績推移<br>（百万ドル） | 　　　　　売上高　営業利益　利益<br>1998.12　81,667　9,164　6,328<br>1999.12　87,548　11,927　7,712<br>2000.12　88,396　　－　　8,093 |
| 9) | 主要製品 | 汎用コンピュータ、パソコン、半導体 |
| 10) | 主な取引先 | （販売）各国 IBM<br>（仕入）各国 IBM |
| 11) | 技術移転窓口 | － |

### 2.17.2 ビルドアップ多層プリント配線板に関連する製品・技術

　IBM は、感光性樹脂を用いたフォトビア方式のプロセスの先駆者である。

　1991 年に開発、ノートパソコンに実用化した、同社のビルドアッププロセス「SLC」は、多層プリント配線板業界におけるビルドアップ方式普及の原動力になった。

　プリント配線板の高密度化と小型化の課題に対し、同社の独自ビルドアップ製法「SLC」（ベース基板＋ビルドアップ層/感光性樹脂絶縁層/フォトビア）を開発した。

　「SLC」工法を用いて作製したフルマトリックス BGA とビア・オン・パッド構造のマザーボードの組合せにより、同社ノートパソコン ThinkPad 230Cs と同一の機能を有しながら、面積を 50％強ちかく小型化したマザーボードで、1996 年に量産化した Palm Top PC110 で課題を解決している。

　また、1999 年 9 月、日本ガイシとビルドアップ配線板用コア基板「GVP：Grid Via Plate)を共同開発している。

　表 2.17.2-1 に製品・技術を示す。

表 2.17.2-1 IBM のビルドアップ多層プリント配線板に関連する製品・技術

| 用途／機種 | 製品 | 製品名 | 発表／発売時期 | 出典 |
|---|---|---|---|---|
| ノートパソコン | ビルドアップ多層プリント配線板 | ビルドアップ工法<br>■「SLC」<br>（ベース基板＋ビルドアップ層／感光性樹脂絶縁層） | 1991 年<br>SLC 工法発表 | ①電子材料．1991 年 Vol30、No.4<br>③回路実装学会誌 1998 年 3 月号 |
| Palm Top PC110<br>(PDA) | ビルドアップ多層プリント配線板 | ■高密度プリント配線板 SLC マザーボード<br>・10 層：1+8+1<br>（コア 8 層、ビルドアップ片面 1 層、絶縁層 40 $\mu m$、フォトビア $\phi$125 $\mu m$、ビア・オン・パッド構造） | 1996 年 | 回路実装学会誌<br>1996 年 3 月 |
|  | PBGA | ■フルマトリックス BGASLC（ビルドアップ片面 1 層） |  |  |

(注1) SLC：Surface Laminar Circuit
(注2) PDA：Personal Digital Assistant
(注3) PBGA：Plastic Ball Grid Array

### 2.17.3 技術開発課題対応保有特許の概要

ここ 10 年間（1991 年 1 月 1 日から 2001 年 8 月までに公開された特許・実用新案）において、公開された特許・実用新案件数は 18 件である。

うち、係属中の特許・実用新案件数（2001 年 10 月時点）は 18 件すべてである。

18 件のビルドアップ多層プリント配線板技術特許のうち、
　　技術要素(1)多層の形状・構造と製造方法の特許は 3 件、
　　技術要素(2)絶縁材料とスルーホールを含む絶縁層形成法の特許は 7 件、
　　技術要素(3)導体材料と導体回路・層間接続形成法の特許は 10 件、
　　（技術要素(2)と(3)の両方に関連する特許が 2 件）である。

これらのうち、重要と判断された特許・実用新案は 7 件あり、表 2.17.3-1 の表中の概要の項に、図表付きで、その内容を示している。

技術要素（1）多層の形状・構造と製造方法の技術では、導体層間の接続の開発により生産技術の向上を図っている。

また、技術要素（2）絶縁材料とスルーホールを含む絶縁層形成法の技術では、絶縁層上の導体の形成について検討し、生産技術の向上を図っている。

また、図 2.17.3-1 に示すように、技術要素（3）導体材料と導体回路・層間接続法の

技術では、課題として生産技術を向上させることがあり、解決手段として、導体層形成、配線パターン形成の方法の検討などに取り組んでいる。

図2.17.3-1 IBMの技術要素(3) 導体材料と導体回路・層間接続法の技術における課題と解決手段の分布

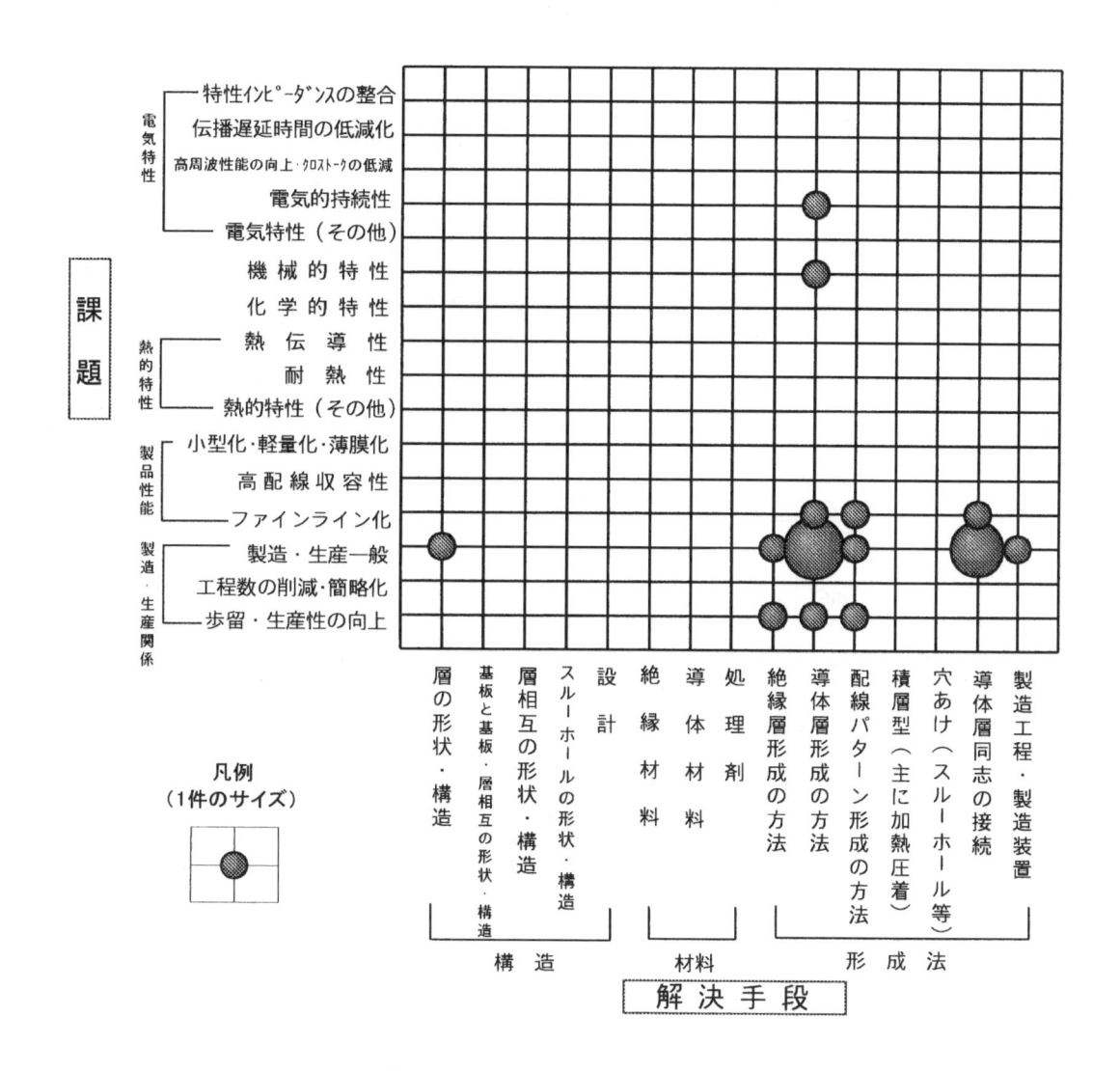

なお、IBMの保有特許で特徴的なことは、90年代前半に感光性樹脂によるビルドアップ多層プリント配線板の先駆的な開発を行なっていたが、1995年頃に、これに関する公開特許（特公平7-83183など）が見られ、同時に平坦化技術に関する特許も多くなっている点である。

表 2.17.3-1 IBM の技術開発課題対応保有特許の概要

(1) 多層の形状・構造と製造方法の技術

| 課題 | 公開番号、特許番号 | 特許分類（IPC） | 概要（解決手段要旨） |
|---|---|---|---|
| 製造・生産一般 | 特公平7-83183 | H05K 3/46 | ポリイミド等のフィルムにパターンとビア形成、これをポリイミドや液晶ポリマーで圧接する。積層する前に積み重ね、位置合せした複数のポリマー・シートを積層するもの。 |
| | 特開2001-102749 | H05K 3/46, H05K 1/03 610, H05K 1/11, H05K 1/18, H05K 3/00 | めっきスルーホールがコアに所定ピッチであけられ、この上にビルドアップ層が1層以上構成されているもの。 |
| | 特公平7-10032、特許1977873、特許2043463 | | |

(2) 絶縁材料とスルーホールを含む絶縁層形成法の技術

| 課題 | 公開番号、特許番号 | 特許分類（IPC） | 概要（解決手段要旨） |
|---|---|---|---|
| 製造・生産一般 | 特開平10-215067 | H05K 3/46, H05K 3/46, H05K 3/46 | 感光度の異なる樹脂を重ねてコート、露光現像、硬化後上部の感光層を研磨除去することで、オーバーハングのない、ビアを形成する。 |
| | 特開2000-183496、特開2000-174441、特開2001-144432 | | |
| 歩留・生産性の向上 | 特許2760952 | H05K 3/06, C23F 1/02, H05K 3/46 | 樹脂上のパラジウムでめっきした後、パターン制作エッチング。酸化処理でパラジウム除去。 |
| 高配線収容性および製造・生産一般 | 特許2739726 | H05K 3/46 | 感光性絶縁層を用いてビルドアッププリント配線板（Surface Laminar Circuit(SLC)）としたプロセス。 |

| 製造・生産一般および歩留・生産性の向上 | 特許2558082 | H05K 3/28, B05D 3/12, B05D 7/24 301, H05K 3/46 | ビルドアップ層の樹脂を塗布し平坦に研磨してからビア形成する。 | |

## （3）導体材料と導体回路・層間接続形成法の技術

| 課題 | 公開番号、特許番号 | 特許分類（IPC） | 概要（解決手段要旨） | |
|---|---|---|---|---|
| 電気的接続性 | 特開平8-264956 | H05K 3/46 | コアのめっきスルーホールを通してチップ端子と反対側のバンプと直接接続。断面図は充填されたスルーホールとビルドアップ層との関係を示す。 | |
| 歩留・生産性の向上 | 特許2760952 | H05K 3/06, C23F 1/02, H05K 3/46 | 樹脂上のパラジウムでめっきした後、パターンを作成しエッチング。その後、酸化処理でパラジウムを除去。 | |
| 機械的特性 | 特開平9-162555 | | | |
| 製造・生産一般 | 特開平10-93014、特許3007862、特許3067021、特許3197875、特開2000-174441 | | | |
| 電気的接続性および製造・生産一般 | 特許3137186 | | | |
| ファインライン化および製造・生産一般 | 特許2502902 | | | |

## 2.17.4 技術開発拠点

特許明細書に記載されている発明者の住所から調査した主な技術開発拠点は、多い順に次の2ヶ所である。(ただし、組織変更などによって事業所名・研究者名等が現時点と異なる場合も有り得る。)

  米国 ニューヨーク州：本社所在地
  滋賀県野洲郡  ：日本IBM野洲事業所


## 2.17.5 研究開発者

IBMの発明者・出願件数の年次推移を図2.17.5-1に示す。

IBMの研究開発者は、90年代前半から発明者数で10人前後で変動しており、研究開発者数も変動していると思われる。また、特許の出願件数は、年間3件前後で安定して推移している。

90年代前半に感光性樹脂によるビルドアップ多層プリント配線板の開発に研究投資を集中し、94年以降は応用分野拡大などの研究開発の水準を維持しているとみられる。また、製造技術関係に高度の技術者がいると考えられる。

図2.17.5-1 IBMの発明者数・出願件数の年次推移

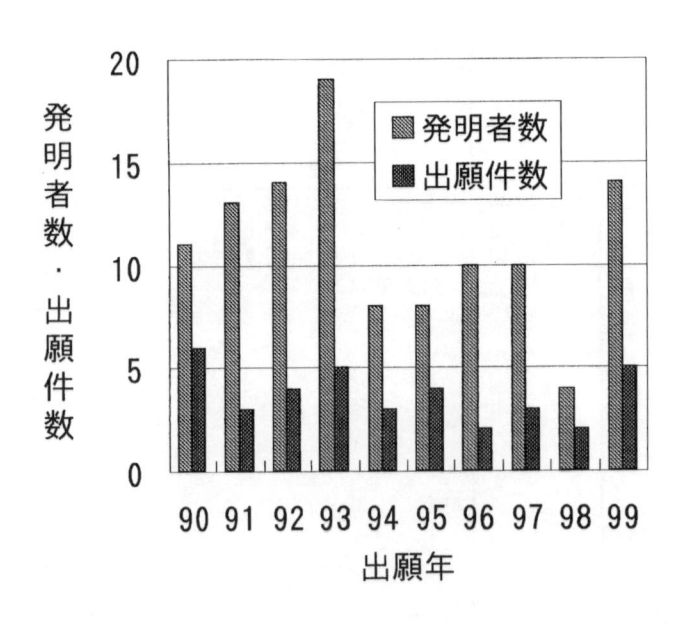

## 2.18 味の素

### 2.18.1 企業の概要

　味の素は、総合食品の最大手企業であり、発酵技術をベースに調味料から医薬品までの事業を展開している。関連会社の味の素ファインテクノでプリント配線板の絶縁材料として、エポキシ系のフィルムや樹脂付き銅箔を生産している。

　表2.18.1-1に企業概要を示す。

　なお、技術移転については、技術移転を希望する企業には、対応を取っている。その際、自社内に技術移転に関する機能があり、仲介等は不要であり、直接交渉しても構わない。

表2.18.1-1 味の素の企業概要

| 1) | 商号 | 味の素株式会社 |
|---|---|---|
| 2) | 設立年月日 | 大正14年12月17日（1925年12月17日） |
| 3) | 資本金 | 798億6,300万円（2001.8.1現在） |
| 4) | 従業員 | 5,028名（2001年3月現在） |
| 5) | 事業内容 | 食品（69%）、ファイン（21%）、その他（10%）〔国内79：海外21〕 |
| 6) | 事業所 | 本社/東京都中央区<br>工場/川崎、東海、九州、鹿島 |
| 7) | 関連会社 | 国内/味の素製油、味の素冷凍食品、味の素ファインテクノ、味の素コミュニケーションズ、味の素システムテクノ<br>海外/アメリカ味の素、味の素インテルアメリカーナ、味の素中国、味の素ユーロリジン　　連結子会社数90 |
| 8) | 業績推移<br>（百万円） | 　　　　　売上高　　経常利益　　利益<br>1999.3　609,745　　30,894　　11,284<br>2000.3　614,448　　27,643　　14,300<br>2001.3　622,927　　28,085　　▲11,145 |
| 9) | 主要製品 | 調味料、油脂、加工食品、飲料・乳製品、医薬品、家畜用飼料 |
| 10) | 主な取引先 | （販売）国分、伊藤忠食品、明治屋、菱食<br>（仕入）伊藤忠商事、三菱商事、丸紅、味の素ゼネラルフーヅ |
| 11) | 技術移転窓口 | 知的財産センター<br>神奈川県川崎市川崎区鈴木町1-1<br>TEL 044-244-7182 |

### 2.18.2 ビルドアップ多層プリント配線板に関連する製品・技術

　味の素は、半導体パッケージ基板用エポキシ樹脂絶縁材料で最大手である。

　ビルドアップ工法における工程簡略化、作業性の向上の課題に対し、その解決手段として、レーザ加工性、穴埋め性およびめっき密着性（デスミア性、粗化処理性）に優れた真空ラミネータを用いるフィルム型でエポキシ系熱硬化型絶縁材料を開発した。これにより、従来穴埋めインクを用いてコア基板のスルーホールを充填・研磨していた工程が省略される。

　また、樹脂とフィラーの最適な選択により、炭酸ガスレーザ加工に適合し、粗化処理後の樹脂表面がめっき密着性を向上するよう設計した樹脂組成を有するビルドアップ用フィ

ルム「ABF（味の素ビルドアップフィルム）」シリーズにより、課題を解決している。これは味の素ファインテクノと共同で開発した、世界で初めてフィルム化された絶縁層形成材料である。

表2.18.2-1に製品・技術を示す。

表2.18.2-1 味の素のビルドアップ多層プリント配線板に関連する製品・技術

| 用途／機種 | 製品 | 製品名 | 発表／発売時期 | 出典 |
|---|---|---|---|---|
| ビルドアップ多層配線板用絶縁材料 | 熱硬化性絶縁樹脂フィルム | [味の素ファインテクノ]<br>ビルドアップ用フィルム<br>「ABF」シリーズ（エポキシ系）<br><br>[Tg：130〜140℃]<br>■ABF-70H（膜厚70μm）<br>■ABF-45H（膜厚50μm）<br>■ABF-G（ハロゲンフリー／膜厚70μm）<br><br>[Tg：170〜180℃]<br>■ABF −70SH（膜厚70μm）<br>■ABF −45SH（膜厚50μm） | 1998年 | ①エレクトロニクス実装技術1998年6月号「ビルドアップ用層間絶縁材料」<br>②エレクトロニクス実装技術1999年6月号<br>③味の素ファインテクノ／HP1999年4月<br>http://www.ajinomoto-fine-techno.co.jp |
|  | 熱硬化性絶縁樹脂（液状） | [味の素ファインテクノ]<br>熱硬化型インキ<br>（エポキシ系）<br>■AE-2500 |  |  |
|  |  | ■AE-3000 | 1999年 |  |
| ビルドアップ多層配線板用絶縁・導体複合材料 | 熱硬化性樹脂付き銅箔（シート状） | [味の素ファインテクノ]<br>（エポキシ系）<br>■ABF-SH35<br>■BF-SH35RCC<br>（Cu18μm/樹脂35μm | 2001年 | 電子材料2001年10月号 |

### 2.18.3 技術開発課題対応保有特許の概要

ここ10年間（1991年1月1日から2001年8月までに公開された特許・実用新案）において、公開された特許・実用新案件数は13件である。

うち、係属中の特許・実用新案件数（2001年10月時点）は13件すべてである。

13件のビルドアップ多層プリント配線板技術特許のうち、

　　技術要素(1)多層の形状・構造と製造方法の特許は0件、

　　技術要素(2)絶縁材料とスルーホールを含む絶縁層形成法の特許は12件、

技術要素(3)導体材料と導体回路・層間接続形成法の特許は4件、
(技術要素(2)と(3)の両方に関連する特許が3件)である。

これらのうち、重要と判断された特許・実用新案は4件あり、表2.18.3-1の表中の概要の項に、図表付きで、その内容を示している。

味の素では、半導体パッケージ基板用の絶縁材料で最大手という特色を生かして、図2.18.3-1に示すように、技術要素(2)絶縁材料とスルーホールを含む絶縁層形成法の技術では、課題として機械的特性、熱的特性や生産性の向上を図ることを取り上げ、解決手段として絶縁材料の組成開発や絶縁層形成の方法に含まれる微細配線化のための接着フィルムの表面処理などに注力しているのが特徴である。

図2.18.3-1 味の素の技術要素(2)絶縁材料とスルーホールを含む絶縁層形成法の技術における課題と解決手段の分布

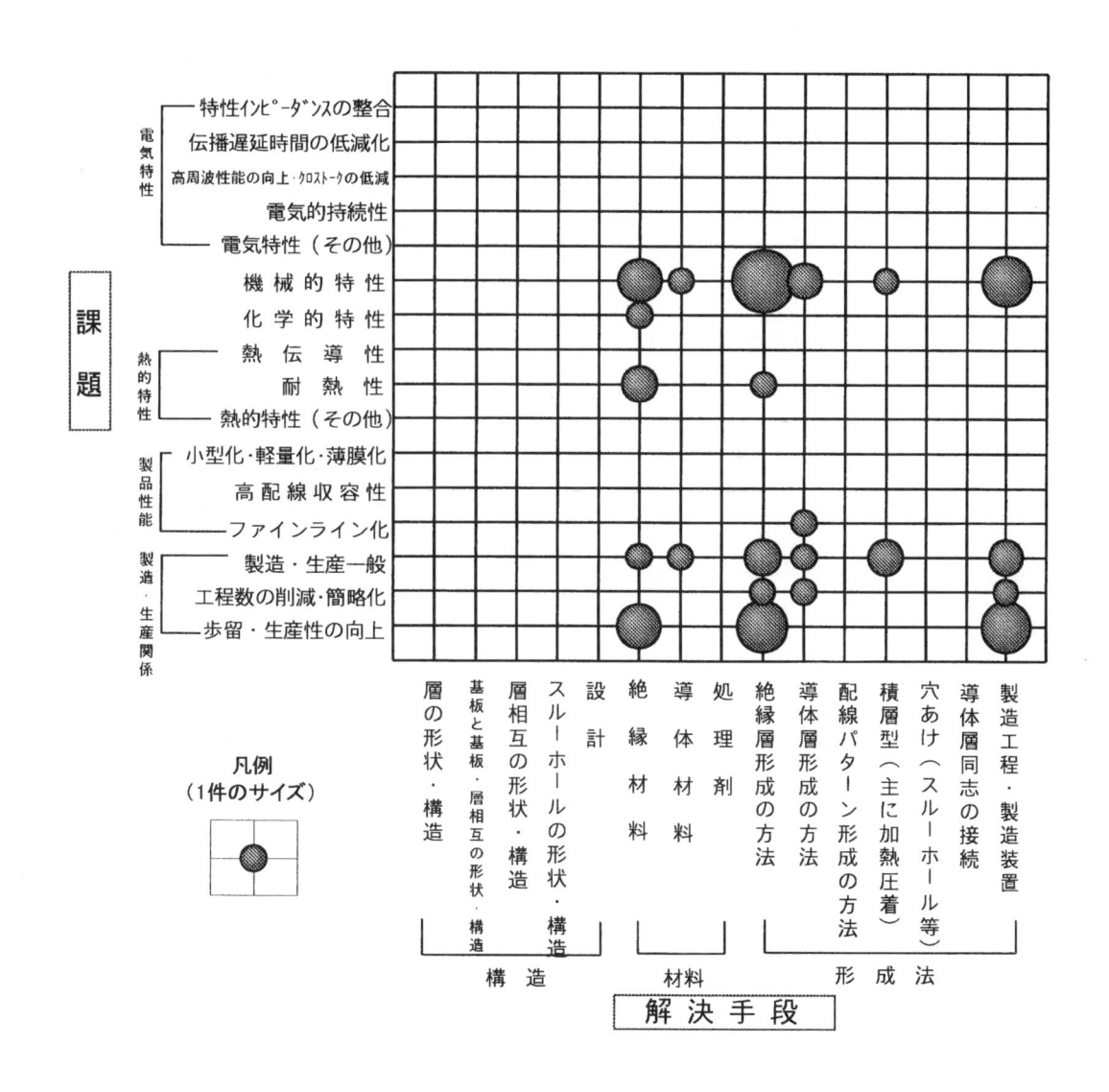

また、耐熱性エポキシ系の絶縁材料関連の特許が多いことも特徴である。

表 2.18.3-1 味の素の技術開発課題対応保有特許の概要

### (2) 絶縁材料とスルーホールを含む絶縁層形成法の技術

| 課題 | 公開番号、特許番号 | 特許分類(IPC) | 概要（解決手段要旨） |
|---|---|---|---|
| 機械的特性 | 特開2000-198907、特開2000-228581 | | |
| 歩留・生産性の向上 | 特開2001-196743 | H05K 3/46 | 離型層を有する支持ベースフィルムのついた状態で、接着フィルムを熱硬化、穴あけする。その後、剥離する。 |
| 機械的特性および耐熱性 | 特開平11-1547 | C08G 59/62, C08L 21/00, C08L 63/00, H05K 3/46 | ゴム成分を添加することにより、熱硬化後、表面に微小な凹凸を形成できるエポキシ樹脂組織物。（図面なし） |
| 機械的特性およびファインライン化および製造・生産一般 | 特開平9-296156 | C09J 7/02 JJA, C09J 7/02 JHX, C09D 7/00 JLE, H05K 3/46 | 接着フィルムの表面に蒸着法、スパッタリング法またはイオンプレーティング法により金属薄層を形成した接着剤付き銅箔。銅めっき外層金属多薄層プリント配線板の断面図。 |
| 製造・生産一般 | 特開2001-121667 | | |
| 歩留・生産性の向上 | 特開平11-87927、特開2000-101233、特開2000-269638 | | |
| 機械的特性および工程数の削減・簡略化 | 特開2000-345119 | | |
| 機械的特性および歩留・生産性の向上 | 特開平11-340625 | | |
| 化学的特性および耐熱性および製造・生産一般 | 特開平8-81670 | | |

### (3) 導体材料と導体回路・層間接続形成法の技術

| 課題 | 公開番号、特許番号 | 特許分類(IPC) | 概要（解決手段要旨） |
|---|---|---|---|
| 機械的特性 | 特開2001-181375 | C08G 59/62, C08G 59/30, C08J 5/24 CFC, H05K 3/38, H05K 3/46 | 絶縁層中に性能を悪化させる粗化成分を必要としないエポキシ樹脂組成物。（図面なし） |
| | 特開2000-198907 | | |
| 機械的特性およびファインライン化および製造・生産一般 | 特開平9-296156 | C09J 7/02 JJA, C09J 7/02 JHX, C09D 7/00 JLE, H05K 3/46 | 接着フィルムの表面に蒸着法、スパッタリング法またはイオンプレーティング法により金属薄層を形成した接着剤付き銅箔。銅めっき外層金属多薄層プリント配線板の断面図。 |
| 機械的特性および工程数の削減・簡略化 | 特開2000-345119 | | |

## 2.18.4 技術開発拠点

特許明細書に記載されている発明者の住所から調査した技術開発拠点は、2ヶ所でありいずれも神奈川県川崎市の同一住所にある。（ただし、組織変更などによって事業所名・研究者名等が現時点と異なる場合も有り得る。）

　　神奈川県川崎市：アミノサイエンス研究所
　　神奈川県川崎市：中央研究所


## 2.18.5 研究開発者

味の素の発明者・出願件数の年次推移を図2.18.5-1に示す。

該当する味の素の研究開発者は、全般に少ないと思われる。発明者数は3人程度である。また、特許の出願件数も、全般に少ないが、1999年に7件と急増している。

94年以降、主としてパッケージ基板用途の耐熱性エポキシ系絶縁樹脂の研究開発とパッケージ基板大手との共同開発に注力したとみられる。

図2.18.5-1 味の素の発明者数・出願件数の年次推移

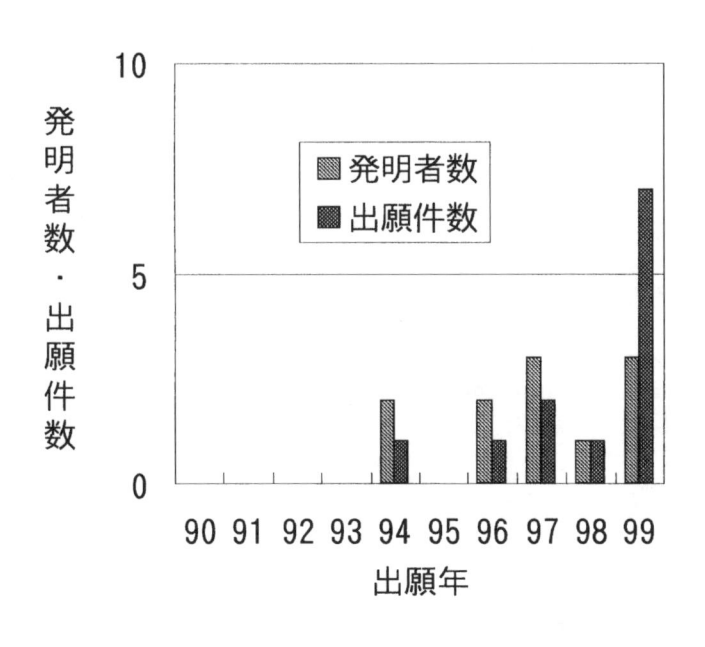

## 2.19 日本CMK

### 2.19.1 企業の概要

日本CMKはプリント配線板の専業メーカーで、自動車、電気機器向けが中心である。プリント配線板の大手企業で、売上高はイビデンに次いで2番目である。多層プリント配線板の比率は約50%である。住友ベークライト、松下電工、日立化成などが株主であり、プリント配線板材料を購入している。

表2.19.1-1に企業概要を示す。

なお、技術移転については、技術移転を希望する企業には、積極的に交渉していく対応を取っている。その際、仲介は介しても介さなくてもどちらでも可能である。

表2.19.1-1 日本CMKの企業概要

| 1) | 商号 | 日本シイエムケイ株式会社 |
|---|---|---|
| 2) | 設立年月日 | 昭和36年2月(1961年2月) |
| 3) | 資本金 | 161億1700万円(2001年8月1日現在) |
| 4) | 従業員 | 1,693名(2001年3月現在) |
| 5) | 事業内容 | プリント配線板の専業　片面プリント配線板(28%)、両面プリント配線板(21%)、多層プリント配線板(36%)、その他(15%)<br>〔国内81：海外19〕 |
| 6) | 事業所 | 本社/東京都新宿区<br>工場/伊勢崎市(Gステイション)、新潟サテライト(新潟県北蒲原郡)、SEセンター(埼玉県入間郡) |
| 7) | 関連会社 | 国内/シイエムケイ回路設計センター、シイエムケイメカニクス、エスイープロダクツ<br>海外/CMK Europe N.V.、Nippon CMK Corporation(USA) |
| 8) | 業績推移<br>(百万円) | 　　　　　売上高　　経常利益　　利益<br>1999.3　　93,070　　1,808　　　753<br>2000.3　　104,664　　4,506　　2,079<br>2001.3　　102,289　　5,620　　2,022 |
| 9) | 主要製品 | 片面プリント配線板、両面プリント配線板、多層プリント配線板 |
| 10) | 主な取引先 | (販売)松下電器産業、ソニー、東芝<br>(仕入)住友ベークライト、松下電工、日立化成 |
| 11) | 技術移転窓口 | 法務部　特許課<br>埼玉県入間郡三芳町藤久保1106<br>TEL049-266-7010 |

### 2.19.2 ビルドアップ多層プリント配線板に関連する製品・技術

日本CMKは多層プリント配線板で業界2位となっている。

1995年に携帯電話向けにレーザー方式によるビルドアップ配線板の量産を開始している。同社独自のビルドアップ工法「クラビス CLLAVIS」で市場展開してきたが、ビルドアップ多層プリント配線板市場への事業拡大を加速するため、ビルドアップ方式大手の松下電子部品より同社の「ALIVH」技術を1997年に導入している。

多層プリント配線板の高密度化の課題に対して、同社が独自に開発したレーザビア・

ビルドアップ工法による配線板「CLLAVIS」シリーズで製品化されているノートパソコン、PDA、デジタルビデオカメラ、カーナビゲーション等の小型電子機器で解決されている。表2.19.2-1に製品・技術を示す。

表2.19.2-1 日本CMKのビルドアップ多層プリント配線板に関連する製品・技術

| 用途／機種 | 製品 | 製品名 | 発表／発売時期 | 出典 |
|---|---|---|---|---|
| 小型電子機器<br>・ノートパソコン、PDA等の情報端末機器<br>・デジタルビデオカメラ等の小型AV機器<br>・カーナビゲーション等の車載用機器<br>BGA・CSP搭載用接続部品 | ビルドアップ多層プリント配線板 | ■CLLAVIS（注）<br>レーザビアビルドアップ配線板<br>「クラビスシリーズ」<br>・CLLAVIS-1（6層）<br>・CLLAVIS-2（8層）<br>・SUPER CLLAVIS-1（via on via 6層）<br>・IV-CLLAVIS（6層）<br>・E-CLLAVIS（全層ハロゲンフリー材料使用） | 2000年 | 同社製品カタログ2000年6月 |
| 小型電子機器<br>・携帯電話等の小型通信機器<br>・デジタルビデオカメラ等の小型AV機器<br>・PDA等の携帯情報端末機器 | ビルドアップ多層プリント配線板 | ■「ALIVH™」（注2）<br>全層ビア構成ビルドアップ配線板<br>■「ALIVH-C」<br>Conformal Via方式採用 | 1998年6月（量産開始） | 日刊工業新聞1997年11月21日「デバイス最前線」＊松下電子部品（株）よりALIVH技術をライセンス購入 |

（注）CMK lamination multi laser via hole system PWB


**2.19.3 技術開発課題対応保有特許の概要**

　ここ10年間（1991年1月1日から2001年8月までに公開された特許・実用新案）において、公開された特許・実用新案件数は11件である。
　うち、係属中の特許・実用新案件数（2001年10月時点）は11件すべてである。
　11件のビルドアップ多層プリント配線板技術特許のうち、
　　　技術要素(1)多層の形状・構造と製造方法の特許は2件、
　　　技術要素(2)絶縁材料とスルーホールを含む絶縁層形成法の特許は6件、
　　　技術要素(3)導体材料と導体回路・層間接続形成法の特許は3件、
である。
　これらのうち、重要と判断された特許・実用新案は1件あり、表2.19.3-1の表中の概要の項に、図表付きで、その内容を示している。
　当初は片面プリント配線板の製造より出発したが、最近では、多層プリント配線板に注力しており、ビルドアップ多層プリント配線板も各種のものを製造している。
　日本CMKの保有特許で特徴的なことは、図2.19.3-1に示すように、技術要素（2）絶

縁材料とスルーホールを含む絶縁層形成法の技術において、課題として生産技術の向上を目指しており、解決手段としてビルドアップ層の材料の開発に力を入れている点などにある。

図 2.19.3-1 日本 CMK の技術要素(2) 絶縁材料とスルーホールを含む絶縁層形成法の技術における課題と解決手段の分布

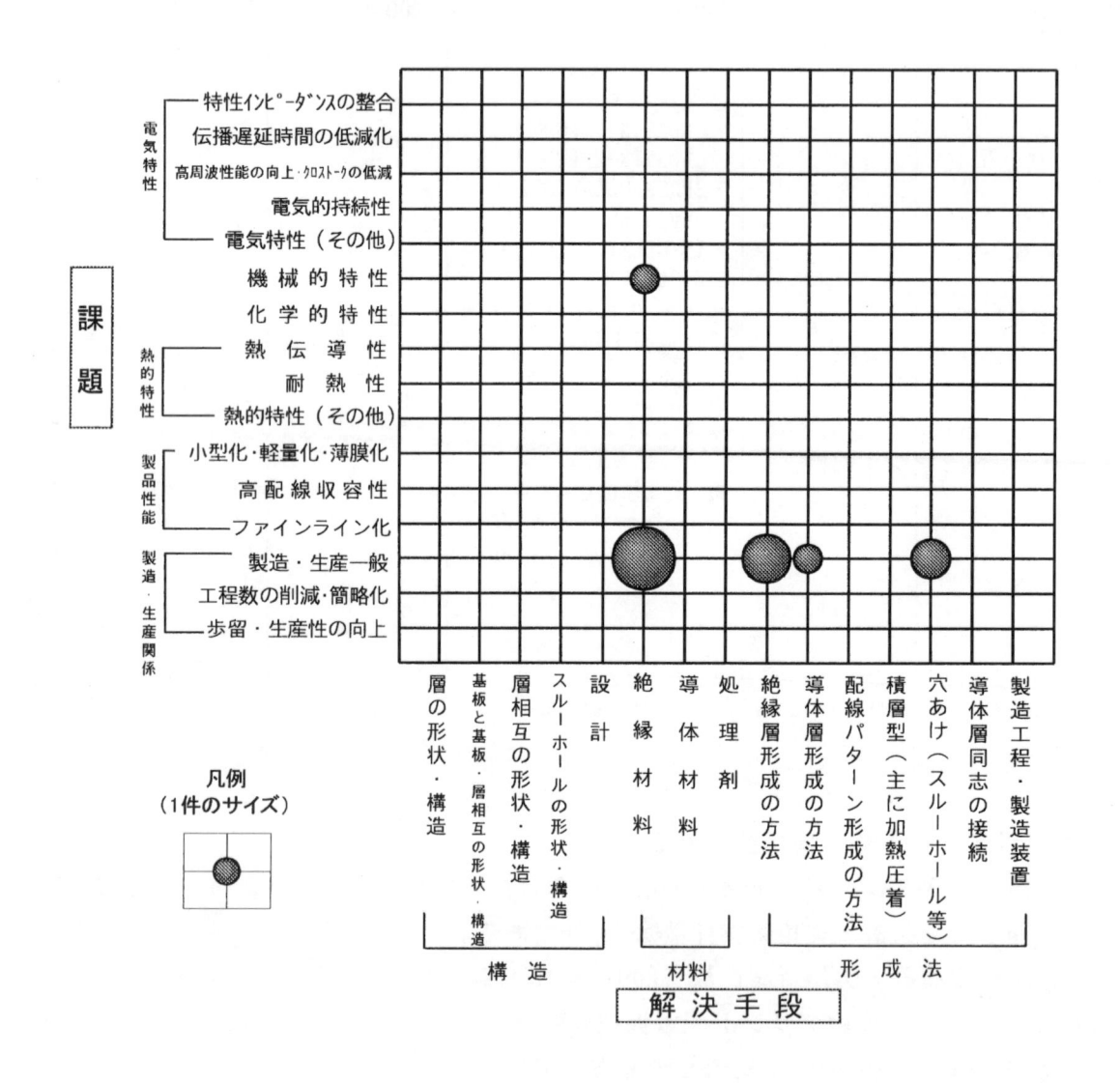

なお、日本 CMK の保有特許には、種々の特許があるが、全般的な特徴としては、製造技術に関するものが多い。

表 2.19.3-1 日本 CMK の技術開発課題対応保有特許の概要

(1) 多層の形状・構造と製造方法の技術

| 課題 | 公開番号、特許番号 | 特許分類(IPC) | 概要（解決手段要旨） |
|---|---|---|---|
| 製造・生産一般 | 特開平11-330702 | H05K 3/46 | 感光性樹脂をコートした穴のあいた片面板を、コア基板に積層、露光、現像で穴内の樹脂を除き、ここにめっきすることでビアの接続と表面のパターンを作成する。図は各工程の断面説明図。 |
| | 特開平8-186374 | | |

(2) 絶縁材料とスルーホールを含む絶縁層形成法の技術

| 課題 | 公開番号、特許番号 |
|---|---|
| 製造・生産一般 | 特開平7-202426、特開平7-330867、特開平8-186372、特開平10-326960、特開平11-274727 |
| 機械的特性および 製造・生産一般 | 特開2001-144420 |

(3) 導体材料と導体回路・層間接続形成法の技術

| 課題 | 公開番号、特許番号 |
|---|---|
| 製造・生産一般 | 特開平8-186383、特開平9-130049 |
| 工程数の削減・簡略化 | 特開平11-233947 |

## 2.19.4 技術開発拠点

特許明細書に記載されている発明者の住所から調査した技術開発拠点は、多い順に次の2ヶ所である。（ただし、組織変更などによって事業所名・研究者名等が現時点と異なる場合も有り得る。）

　　埼玉県入間郡　　：SEセンター
　　東京都新宿区　　：本社所在地


## 2.19.5　研究開発者

日本CMKの発明者・出願件数の年次推移を図2.19.5-1に示す。

日本CMKの研究開発者は、少ないと思われる。発明者数で1994年に7人でピークとなり、その後は少なくなっている。また、特許の出願件数も、97年に7件となりピークとなり、その後は少ない。

数多くのプリント配線板を製作しているが、技術者が分散しているとみられ、特許も少ないが、今後、出願が増加すると思われる。

図2.19.5-1 日本CMKの発明者数・出願件数の年次推移

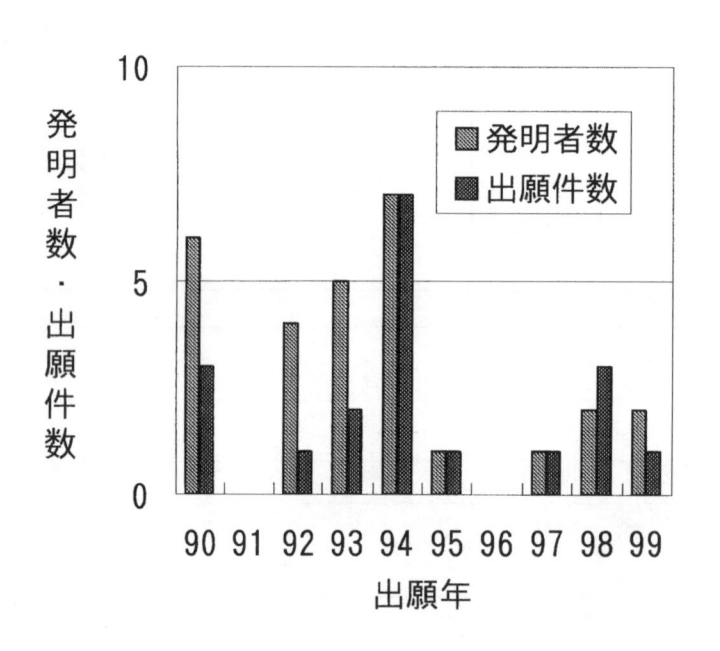

## 2.20 日本ビクター

### 2.20.1 企業の概要

日本ビクターは松下電器産業系（株式 50％以上）の音響・映像機器の大手企業である。

リストラで経営の立て直しが進んでいる。ハードの技術力とソフト（コンテンツ）の総合力を生かす戦略である。

同社のプリント配線板は、ほとんどが多層プリント配線板である。

表 2.20.1-1 に企業概要を示す。

表 2.20.1-1 日本ビクターの企業概要

| 1) | 商号 | 日本ビクター株式会社 |
|---|---|---|
| 2) | 設立年月日 | 昭和2年9月13日（1927年9月13日） |
| 3) | 資本金 | 341億1,500万円（2001年8月1日現在） |
| 4) | 従業員 | 9,969名（2001年3月現在） |
| 5) | 事業内容 | 民生用機器（64％）、産業用機器（9％）、電子デバイス（6％）、ソフト・メディア（20％）、その他（1％）〔国内39：海外61〕 |
| 6) | 事業所 | 本社/横浜市神奈川区<br>工場/横浜、横須賀、大和、林間、八王子、前橋、郡山 |
| 7) | 関連会社 | 国内/JVC アドバンストメディア、ビクター伊勢崎電子、カナリヤ電子工業、ビクター小山電子<br>海外/JVC Americas Corporation、JVC ASIA Pte.Ltd、JVC Europe Limited（英国） |
| 8) | 業績推移<br>（百万円） | 　　　　　売上高　　経常利益　　利益<br>1999.3　592,356　　　52　　　51<br>2000.3　545,842　▲14,729　▲26,435<br>2001.3　567,734　10,353　1,164 |
| 9) | 主要製品 | 民生用機器、産業用機器、電子デバイス、ソフト・メディア |
| 10) | 主な取引先 | （販売）—<br>（仕入）松下電器産業、コニカ、ユーエスシー |
| 11) | 技術移転窓口 | — |

### 2.20.2 ビルドアップ多層プリント配線板に関連する製品・技術

日本ビクターは多層プリント配線板の大手メーカーである。特に、ビルドアップ多層プリント配線板では、同社独自のビルドアップ工法を 1994 年に開発し、小型電子機器の実用化で先行した最大手である。

熱硬化性絶縁樹脂を用いたビルドアップ多層プリント配線板の開発は先駆的で、96 年頃より、自社の機器に適用している。

プリント配線板の高密度化、小型化・軽量化・薄型化の課題に対し、その解決手段として、レーザ穴あけ加工を業界で先駆けて利用し、レーザビア内めっき着き回り性および回路を形成した基板表面の平坦化の機能を両立させるため、熱硬化性液状樹脂を2層にコーティングした絶縁層を用い、めっき法で回路形成、層間接続をはかる同社独自のビルドアップ工法「VIL」を開発した。

96年に「VIL」工法で量産化した同社のVHS-Cムービーをはじめ、デジタルAV機器、ミニノートパソコンで上記課題を解決している。

1999年8月にメイコーへVIL基板技術を供与している。また、2002年1月に松下電器産業の子会社、松下電子部品の持つ技術「ALIVH」と自社技術「VIL」を融合して新構造ビルドアップ基板の共同開発・製造することを公表した。

表2.20.2-1に製品・技術を示す。

表2.20.2-1 日本ビクターのビルドアップ多層プリント配線板に関連する製品・技術

| 用途／機種 | 製品 | 製品名 | 発表／発売時期 | 出典 |
|---|---|---|---|---|
| 小型電子機器（デジタルAV、デジタルムービー、携帯電話、ページャなど） | ビルドアップ多層プリント配線板 | ビルドアップ工法<br>■「VIL」<br>（熱硬化性液状樹脂2層絶縁層*／レーザビア／めっき法）*2層絶縁層（回路凹部埋め込み層とめっき用粗化成分配合層の2層構造） | 1994年<br>工法完成 | 第13回エレクトロニクス実装学術講演大会 1999年3月「レーザビアビルドアップ多層基板"VIL"」 |
|  |  |  | 1995年<br>発売 | 同社製品カタログ<br>1995年10月 |
|  |  | ■VIL（4～8層）<br>■S-VIL（6～10層 Via on IVH）<br>■M-VIL（6～10層 IVH）<br>■「VB-2」ビルドアップ多層基板 | 2000年 | 同社製品カタログ<br>2000年現在 |
|  |  | ［環境対応型ビルドアップ基板］<br>■ハロゲンフリー<br>■鉛フリー半田対応 | 1999年<br>（発表） |  |
| デジタルAV機器 | ― | ■VIL超高密度多層基板 | 1996年<br>実用化 | ①エレクトロニクス実装技術1999年2月号（「機器の小型化を実現するレーザビアビルドアップ基板」<br>②第13回エレクトロニクス実装学術講演大会 1999年3月 |
| VHS-Cムービー（日本ビクター） | 8層（ベース基板4層＋ビルドアップ4層） | ■VIL超高密度多層基板 |  |  |
| ミニノートパソコン | 10層（ベース基板6層＋ビルドアップ4層） | ■VIL超高密度多層基板 |  |  |
| 半導体チップ実装用接続部品 | ベアチップ対応パッケージ基板（MCM） | ■VIL高密度ビルドアップパッケージ基板 | 1998年 | 同社製品カタログ<br>1998年現在 |

### 2.20.3 技術開発課題対応保有特許の概要

ここ10年間（1991年1月1日から2001年8月までに公開された特許・実用新案）において、公開された特許・実用新案件数は11件である。

うち係属中の特許・実用新案件数（2001年10月時点）は10件である。
10件のビルドアップ多層プリント配線板技術特許のうち、
　　技術要素(1)多層の形状・構造と製造方法の特許は0件、
　　技術要素(2)絶縁材料とスルーホールを含む絶縁層形成法の特許は7件、
　　技術要素(3)導体材料と導体回路・層間接続形成法の特許は4件、
　　（技術要素(2)と(3)の両方に関連する特許が1件）である。
これらのうち、重要と判断された特許・実用新案は1件あり、表2.20.3-1の表中の概要の項に、図表付きで、その内容を示している。

技術要素（2）絶縁材料とスルーホールを含む絶縁層形成法の技術では、製造・生産関係の課題に取り組み、解決手段として導体層形成の方法などに取り組んでいる。

また、日本ビクターの保有特許の特徴的なこととして、1996年頃より、熱硬化性絶縁樹脂を用いたビルドアップ多層プリント配線板の特許などがある点である。

表2.20.3-1 日本ビクターの技術開発課題対応保有特許の概要

(2) 絶縁材料とスルーホールを含む絶縁層形成法の技術

| 課題 | 公開番号、特許番号 | 特許分類（IPC） | 概要（解決手段要旨） |
|---|---|---|---|
| 機械的特性および 製造・生産一般 | 特開2000-294922 | H05K 3/38, H05K 3/46 | プラズマで粗化するため、処理速度の異なる樹脂を混在させる。これにより、めっきの密着性を向上できる。 |
| 製造・生産一般 | 特許2586777、特開平9-18150、特開平9-214135、特開平9-252182、特開2000-188479、特開2000-188480 | | |

(3) 導体材料と導体回路・層間接続形成法の技術

| 課題 | 公開番号、特許番号 |
|---|---|
| 製造・生産一般 | 特開平9-237971、特開平11-126975、特開平11-214850、特開2000-188480 |

## 2.20.4 技術開発拠点

特許明細書に記載されている発明者の住所から調査した技術開発拠点は本社がある場所である。(ただし、組織変更などによって事業所名・研究者名等が現時点と異なる場合も有り得る。)

神奈川県横浜市神奈川区:本社、横浜工場

## 2.20.5 研究開発者

日本ビクターの発明者・出願件数の年次推移を図 2.20.5-1 に示す。

日本ビクターの研究開発者は、全般に少ないと思われる。発明者数は 1996 年に 6 人でピークとなり、その前後の年では少ない。また、特許の出願件数も、全般に少なく 96 年に 6 件でピークとなり、その前後の年では少ない。

96 年頃に集中しているのは、熱硬化性絶縁樹脂を用いたビルドアップ多層プリント配線板の開発が進められたためとみられる。その後のビデオカメラへの適用以降、減少をみているものとおもわれる。しかし、多くのノウハウを持つため、今後研究開発は進むとみられる。

図 2.20.5-1 日本ビクターの発明者数・出願件数の年次推移

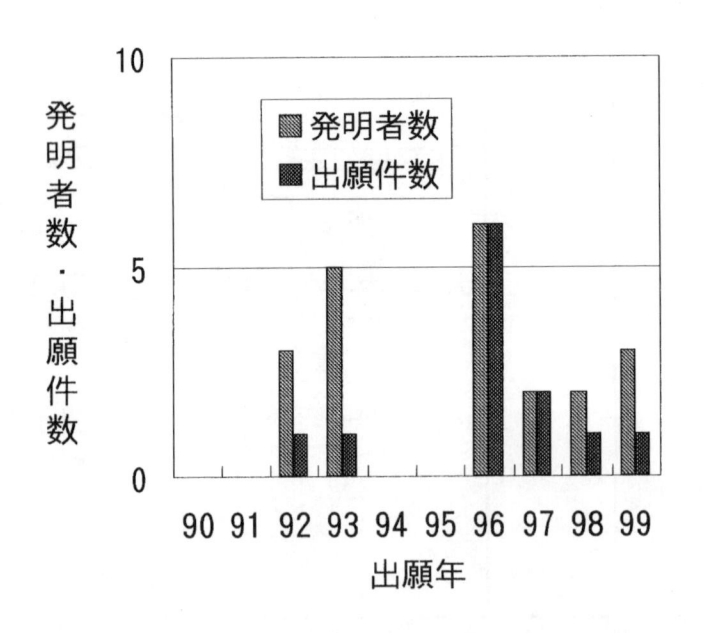

## 2.21 旭化成

### 2.21.1 企業の概要

旭化成は総合化学会社で、ケミカル、住宅・建材、繊維、エレクトロニクス、医薬・医療、酒類・サービス等の6分野がある。社内カンパニー制をとっており、プリント配線板材料の製造、販売はエレクトロニクスカンパニーの電子材料事業部で行っている。

表2.21.1-1に企業概要を示す。

表2.21.1-1 旭化成の企業概要

| | | |
|---|---|---|
| 1) | 商号 | 旭化成株式会社 |
| 2) | 設立年月日 | 昭和6年5月21日（1931年5月21日） |
| 3) | 資本金 | 1,033億8,800万円（2001年8月1日現在） |
| 4) | 従業員 | 12,218名（2001年3月現在） |
| 5) | 事業内容 | 化成品・樹脂（34%）、住宅・建材（34%）、繊維（11%）、多角化事業（21%）　〔国内86：海外14〕 |
| 6) | 事業所 | 本社/大阪市北区<br>工場/延岡、水島、川崎、富士、大仁、守山 |
| 7) | 関連会社 | 国内/旭化成マイクロシステム、旭シュエーベル、旭リサーチセンター、旭化成ホームズ、新日本ソルト、旭メディカル、旭エンジニアリング　連結子会社数102<br>海外/旭化成アメリカ、旭化成ヨーロッパ、旭化成アジア、東西石化（韓国） |
| 8) | 業績推移<br>（百万円） | 　　　　売上高　　経常利益　　利益<br>1999.3　959,624　　34,409　　18,365<br>2000.3　955,624　　62,556　　11,185<br>2001.3　990,430　　56,345　　11,710 |
| 9) | 主要製品 | プラスチック、石化原料、住宅、建材、合成繊維、電子・機能製品、医薬・医療 |
| 10) | 主な取引先 | （販売）蝶理、三菱商事、伊藤忠商事<br>（仕入）三菱化学、三井物産、三菱商事 |
| 11) | 技術移転窓口 | ― |

### 2.21.2 ビルドアップ多層プリント配線板に関連する製品・技術

旭化成は、多層プリント配線板の回路形成用感光性ドライフィルムレジストのトップメーカーである。また、子会社の旭シュエーベルは、ガラスエポキシ銅張積層板用ガラスクロスのトップメーカーで、ビルドアップ用レーザ対応ガラスクロスを開発している。

ビルドアップ多層プリント配線板分野向けに熱硬化性PPE樹脂およびアラミドフィルムをベースとした銅箔／接着樹脂の複合材料など、高機能性絶縁材料の開発で特異な位置付けにある。

MPUを搭載するパッケージ基板における伝播速度の高速化、高周波特性の向上および鉛フリー化に伴う実装時の耐熱性向上の課題に対し、その解決手段として、低誘電率、低誘電正接が優れ、かつ耐熱性の良好な熱硬化性PPE樹脂を開発し、ビルドアップ工程での作

業性の良好な熱硬化性 PPE 樹脂付き銅箔を開発し、商品名「PCC」でその課題を解決している。表 2.21.2-1 に製品・技術を示す。

表 2.21.2-1 旭化成のビルドアップ多層プリント配線板に関連する製品・技術

| 用途/機種 | 製品 | 製品名 | 発表/発売時期 | 出典 |
|---|---|---|---|---|
| ビルドアップ多層配線板用絶縁・導体複合材料 | 樹脂付き銅箔（シート状） | ■熱硬化性 PPE 樹脂付き銅箔（PCC） | 1999年 | 同社製品カタログ |
| | | ■RCC-LAM<br>・「A-PPE」樹脂:60μm<br>／銅箔:12μm、<br>（新光電気工業と共同開発品） | 1996年 | ①第 10 回 回路実装学術講演大会 1996 年 3 月 |
| | | ■PCC-PC5103 | 1999年 | ②エレクトロニクス実装技術 1999 年 6 月号 |
| ビルドアップ多層配線板用絶縁材料 | フィルム強化熱硬化性絶縁樹脂（シート状） | ■「接着剤付アラミカ（RCA）」<br>・両面エポキシ樹脂接着剤（厚み 5～60μm）付アラミドフィルム（厚み4μm） | 2001年 | 同社製品カタログ 2001年現在 |
| ビルドアップ多層配線板用絶縁・導体複合材料 | 銅箔付フィルム強化熱硬化性樹脂（シート状） | ■「銅箔付アラミカ（ACC）」<br>・銅箔／両面接着剤付アラミドフィルム複合材料 | | |

（注1）「A-PPE」：旭化成熱硬化型PPE樹脂（低誘電率、耐熱性）
（注2）「アラミカ™」：旭化成アラミドフィルム（高弾性率、低熱膨張率、耐熱性）

### 2.21.3 技術開発課題対応保有特許の概要

ここ 10 年間（1991 年 1 月 1 日から 2001 年 8 月までに公開された特許・実用新案）において、公開された特許・実用新案件数は 10 件である。

うち、係属中の特許・実用新案件数（2001 年 10 月時点）は 9 件である。

9 件のビルドアップ多層プリント配線板技術特許のうち、
　　　技術要素(1)多層の形状・構造と製造方法の特許は 0 件、
　　　技術要素(2)絶縁材料とスルーホールを含む絶縁層形成法の特許は 6 件、
　　　技術要素(3)導体材料と導体回路・層間接続形成法の特許は 8 件、
　　　（技術要素(2)と(3)の両方に関連する特許が 5 件）である。

これらのうち、重要と判断された特許・実用新案は 2 件あり、表 2.21.3-1 の表中の概要の項に、図表付きで、その内容を示している。

技術要素（2）絶縁材料とスルーホールを含む絶縁層形成法の技術が特許出願の中心である。

図 2.21.3-1 に示すように、技術要素（2）絶縁材料とスルーホールを含む絶縁層形成法の技術において、課題として機械的特性、高周波性能の向上、製造・生産関係などを取

り上げ、解決手段として絶縁材料である熱硬化性ＰＰＥ樹脂付き銅箔や積層型の形成法であり、薄膜化を図るためのものであるアラミド基材フィルムなどの開発に注力しているのが特徴である。

また、先端パッケージ基板に求められる耐熱性・低誘電率・低誘電正接などの信号速度の高速性を狙った高機能絶縁樹脂（熱硬化性PPE樹脂）関連の特許が多い。

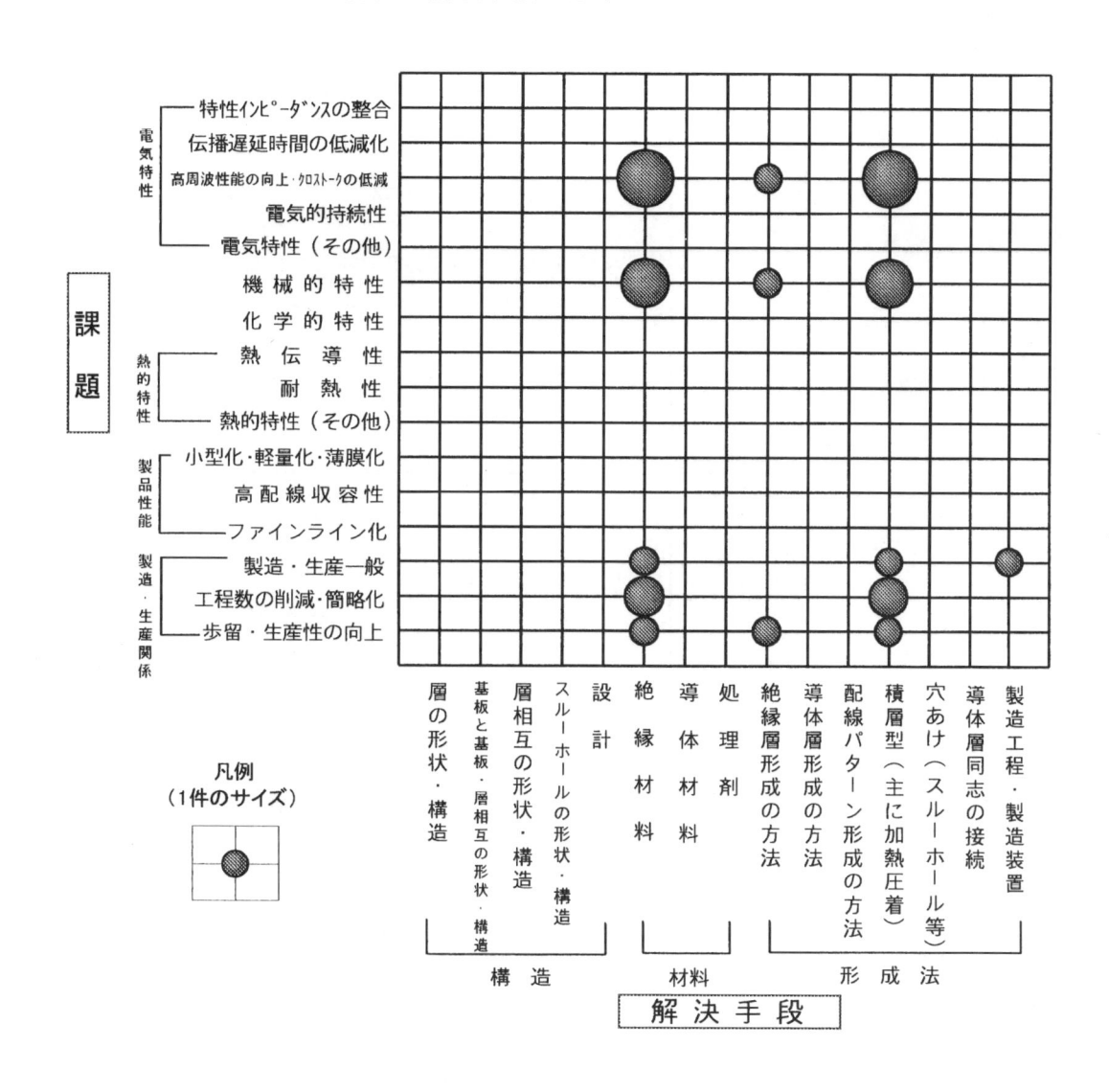

図 2.21.3-1 旭化成の技術要素（2）絶縁材料とスルーホールを含む絶縁層形成法の技術における課題と解決手段の分布

表 2.21.3-1 旭化成の技術開発課題対応保有特許の概要

(2) 絶縁材料とスルーホールを含む絶縁層形成法の技術

| 課題 | 公開番号、特許番号 | 特許分類（IPC） | 概要（解決手段要旨） |
|---|---|---|---|
| 高周波性能の向上および工程数の削減・簡略化 | 特開平9-1728 | B32B 15/08, C08K5/3477 C08L 71/12 LQP, H05K 3/46 | 熱硬化性ポリフェニレンエーテル樹脂付金属箔を作成する。 |
| 製造・生産一般 | | | 特開平10-178275、特開2001-196748 |
| 高周波性能の向上および機械的特性 | | | 特開2001-1357 |
| 高周波性能の向上および機械的特性および工程数の削減・簡略化 | | | 特開平10-335820 |
| 高周波性能の向上および機械的特性および歩留・生産性の向上 | | | 特開平11-150366 |

(3) 導体材料と導体回路・層間接続形成法の技術

| 課題 | 公開番号、特許番号 | 特許分類（IPC） | 概要（解決手段要旨） |
|---|---|---|---|
| 高周波性能の向上および工程数の削減・簡略化 | 特開平9-1728 | B32B 15/08, C08K5/3477 C08L 71/12 LQP, H05K 3/46 | 熱硬化性ポリフェニレンエーテル樹脂付金属箔を作成する。 |
| 高周波性能の向上・クロストークの低減および機械的特性 | 特開2001-24328 | H05K 3/46, H01B 1/22, H05K 1/09, H05K 1/11 | 導電性ペーストにCu-Ag合金の電導性粉末を用いる。（図面なし） |
| ファインライン化 | | | 特開平10-73920 |
| 製造・生産一般 | | | 特開平10-178275 |
| 高周波性能の向上および機械的特性 | | | 特開2001-1357 |
| 電気的接続性および化学的特性および高配線収容化 | | | 特開平8-181456 |
| 高周波性能の向上および機械的特性および工程数の削減・簡略化 | | | 特開平10-335820 |
| 高周波性能の向上および機械的特性および歩留・生産性の向上 | | | 特開平11-150366 |

## 2.21.4 技術開発拠点

特許明細書に記載されている発明者の住所から調査した技術開発拠点は多い順に次の2ヶ所である。（ただし、組織変更などによって事業所名・研究者名等が現時点と異なる場合も有り得る。）

  神奈川県川崎市：川崎支社所在地
  静岡県富士市　：富士支社所在地


## 2.21.5 研究開発者

旭化成の発明者・出願件数の年次推移を図2.21.5-1に示す。

該当する旭化成の研究開発者は、全般に少ないと思われる。発明者数は2人程度である。また、特許の出願件数も、全般に少なく年間1～2件である。

92年以降、高機能絶縁樹脂（熱硬化性 PPE 樹脂）の研究開発についてパッケージ基板大手との共同開発を行い、開発が進められているとみられる。

図2.21.5-1 旭化成の発明者数・出願件数の年次推移

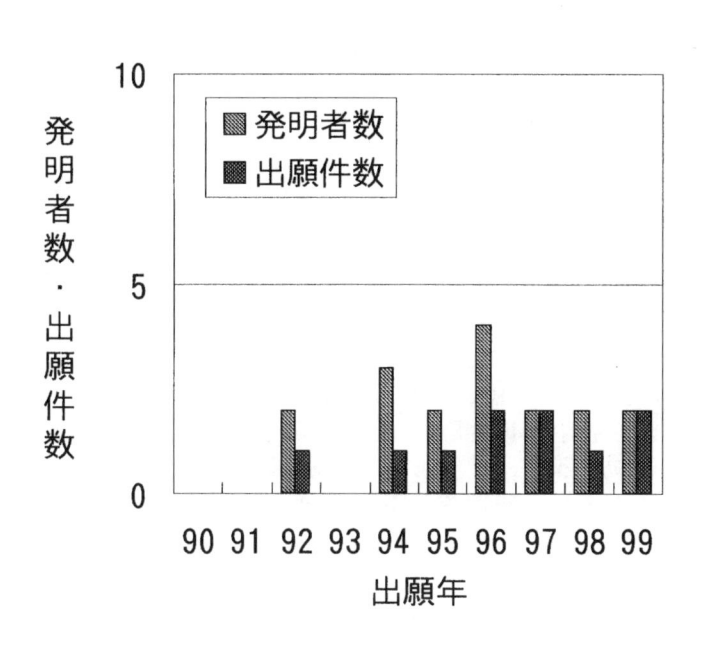

## 2.22 三井金属鉱業

### 2.22.1 企業の概要

　三井金属鉱業は亜鉛、銅などの非鉄金属、電子材料、自動車機器などの事業を行っているが、電子材料が現在の中核事業となっている。

　亜鉛の精錬は国内トップ、銅精錬は大手である。プリント配線板の材料としては、銅箔、樹脂付き銅箔などがある。銅箔は、半導体製品の発展とともにファインパターン用樹脂付き極薄銅箔などの開発などで進化を続けてきている。銅箔の販売では、世界シェアの40％近くを占める世界トップメーカーである。

　表2.22.1-1に企業概要を示す。

表2.22.1-1　三井金属鉱業の企業概要

| 1) | 商号 | 三井金属鉱業株式会社 |
|---|---|---|
| 2) | 設立年月日 | 昭和25年5月1日（1950年5月1日） |
| 3) | 資本金 | 421億2,900万円（2001年8月1日現在） |
| 4) | 従業員 | 2,383名（2001年3月現在） |
| 5) | 事業内容 | 鉱山・基礎素材（31％）、中間素材（38％）、加工・組立（22％）、エンジニアリング（3％）、不動産・サービス（6％）〔国内79：海外21〕 |
| 6) | 事業所 | 本社/東京都品川区<br>工場/上尾、大牟田、韮崎、日比、竹原 |
| 7) | 関連会社 | 国内/神岡鉱業、日比共同精錬、八戸精錬、彦島精錬、<br>　　　三井金属エンジニアリング、<br>海外/台湾銅箔、三井銅箔（マレーシア） |
| 8) | 業績推移<br>（百万円） | 　　　　　売上高　　経常利益　　利益<br>1999.3　263,420　　9,503　　3,542<br>2000.3　270,669　11,783　　5,678<br>2001.3　293,686　17,677　　6,979 |
| 9) | 主要製品 | 銅、亜鉛、貴金属、電子材料、銅箔、薄膜材料、電池材料、自動車部品、サーミスタ、触媒 |
| 10) | 主な取引先 | （販売）三井物産、本田技研、日商岩井<br>（仕入）三井物産、丸紅、日比共同精錬、三井鉱山 |
| 11) | 技術移転窓口 | ― |

### 2.22.2 ビルドアップ多層プリント配線板に関連する製品・技術

　三井金属鉱業は、プリント配線板用銅箔およびビルドアップ多層プリント配線板用樹脂付き銅箔のトップメーカーである。

　レーザビアによるビルドアップ工法において、工程を簡略化するという課題に対して、銅箔を写真法によりレジストを露光・現像で形成し、穴位置をエッチングで作成したマスク（コンフォーマルマスク法）を用いて、絶縁層にレーザビアを作成するのが従来の方法であったが、レジストおよびマスク形成肯定を省略することできる銅箔の直接レーザ穴あけ加工が可能な極薄銅箔を2000年6月に開発し、上尾銅箔工場の既設の極薄銅箔生産設備を使用して量産化技術を確立した。

　この炭酸ガスレーザダイレクト穴あけ加工対応銅箔「MicroThin™M」（厚み 3.m）で課

題を解決している。
表2.22.2-1に製品・技術を示す。

表2.22.2-1 三井金属鉱業のビルドアップ多層プリント配線板に関連する製品・技術

| 用途／機種 | 製品 | 製品名 | 発表／発売時期 | 出典 |
|---|---|---|---|---|
| ビルドアップ多層配線板用導体材料 | ビルドアップ用銅箔 | ファインパターン用低粗度銅箔（銅箔厚み3、5、12、18μm）<br>■MicroThin™M（3μm：炭酸ガスレーザダイレクト穴あけ加工対応）<br>■3EC-VLP（9、12、18μm：パッケージ基板用） | 2001年 | 同社製品カタログ 2001年6月 |
| ビルドアップ多層配線板用絶縁・導体複合材料 | 熱硬化性樹脂付き銅箔 | ■多層板用樹脂付き銅箔<br>・樹脂厚80μm、銅箔18μm | 1995年 樹脂付き銅箔「RCC」発表 | ①日経産業新聞 1995年6月6日<br>②第10回回路実装学術講演大会 1996年3月 |
| | | マイクロビア基板用樹脂付銅箔 MRシリーズ（Cu：3,5,12,18、エポキシ系樹脂：65、80μm）<br>■MR-500（汎用タイプ）<br>■MR-600（高Tgタイプ）<br>■MRG-100（ハロゲンフリー） | 2001年 | 同社製品カタログ 2001年6月 |

（注）VLP：Very Low Profile

**2.22.3 技術開発課題対応保有特許の概要**

ここ10年間（1991年1月1日から2001年8月までに公開された特許・実用新案）において、公開された特許・実用新案件数は7件である。

うち係属中の特許・実用新案件数（2001年10月時点）は6件である。

6件のビルドアップ多層プリント配線板技術特許のうち、
　　技術要素(1)多層の形状・構造と製造方法の特許は0件、
　　技術要素(2)絶縁材料とスルーホールを含む絶縁層形成法の特許は3件、
　　技術要素(3)導体材料と導体回路・層間接続形成法の特許は4件、
　　（技術要素(2)と(3)の両方に関連する特許が1件）である。

これらのうち、重要と判断された特許・実用新案は2件あり、表2.22.3-1の表中の概要の項に、図表付きで、その内容を示している。

技術要素（2）絶縁材料とスルーホールを含む絶縁層形成法の技術では、課題として工程数の削減・簡略化を取り上げ、解決手段として積層型形成法などによっている。

また、技術要素（3）導体材料と導体回路・層間接続法の技術では、課題として機械的特性や製造・生産関係を取り上げ、解決手段として配線パターン形成の方法などによっている。

三井金属鉱業の保有特許は、極薄銅箔を用いたレーザによる銅箔の直接穴あけに関したものなどに特徴がある。また、95年以降にビルドアップ用銅箔分野の特許が多い。

表 2.22.3-1 三井金属鉱業の技術開発課題対応保有特許の概要

(2) 絶縁材料とスルーホールを含む絶縁層形成法の技術

| 課題 | 公開番号、特許番号 | 特許分類(IPC) | 概要（解決手段要旨） |
|---|---|---|---|
| 工程数の削減・簡略化 | 特開2000-43188 | B32B 15/08, H05K 3/00, H05K 3/46 | 支持体金属層と極薄銅箔の間に有機系剥離層を設けた樹脂付複合箔。樹脂付複合箔の一態様を示す模式的断面図。 |
|  | 特開平10-27960 |  |  |
| 機械的特性 | 特開平8-204343 |  |  |

(3) 導体材料と導体回路・層間接続形成法の技術

| 課題 | 公開番号、特許番号 | 特許分類(IPC) | 概要（解決手段要旨） |
|---|---|---|---|
| ファインライン化 | 特開平11-346060 | H05K 3/46, B23K 26/00 330, H05K 3/00 | 外層銅箔の厚みを4μm以下とすることでレーザーによる穴あけ加工を容易にする。 |
| 工程数の削減・簡略化 | 特開2000-43188 | B32B 15/08, H05K 3/00, H05K 3/46 | 支持体金属層と極薄銅箔の間に有機系剥離層を設けた樹脂付複合箔。樹脂付複合箔の一態様を示す模式的断面図。 |
| 機械的特性 | 特開平11-274721 |  |  |
| ファインライン化および歩留・生産性の向上 | 特開2000-151067 |  |  |

## 2.22.4 技術開発拠点

特許明細書に記載されている発明者の住所から調査した技術開発拠点は、多い順に次の3ヶ所である。（ただし、組織変更などによって事業所名・研究者名等が現時点と異なる場合も有り得る。）

埼玉県上尾市：銅箔事業部
埼玉県上尾市：総合研究所
東京都品川区：本社所在地

## 2.22.5 研究開発者

三井金属鉱業の発明者・出願件数の年次推移を図2.22.5-1に示す。

三井金属鉱業の研究開発者は、急増していると思われる。発明者数では、90年代前半は少なかったが、1998～99年に増えた。また、特許の出願件数も少なかったが、99年には3件ある。

95年以降、ビルドアップ多層プリント配線板のファインライン化に対応するため、銅箔のプロファイルの改良、極薄銅箔の開発、樹脂付き極薄銅箔などの研究開発に注力したとみられる。

図2.22.5-1 三井金属鉱業の発明者数・出願件数の年次推移

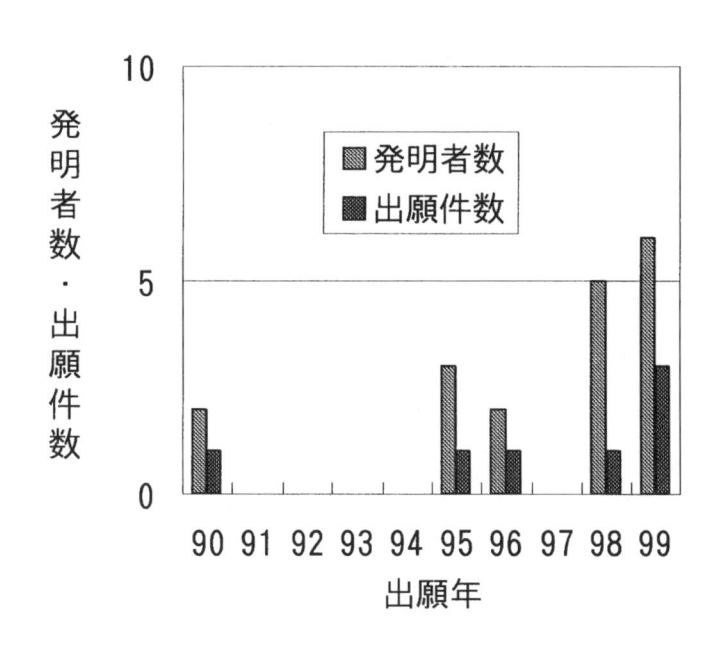

# 3．主要企業の技術開発拠点

3.1 技術要素「多層の形状・構造と製造方法」の技術開発拠点
3.2 技術要素「絶縁材料とスルーホールを含む絶縁層形成法」の技術開発拠点
3.3 技術要素「導体材料と導体回路・層間接続形成法」の技術開発拠点

> 特許流通
> 支援チャート

# 3．主要企業の技術開発拠点

発明件数ではイビデンのある岐阜県が多く、発明者数では電機メーカーのある東京都、神奈川県、茨城県などが多い。

　技術導入や売り込み先のアクセス情報の参考に資することを目的として、主要企業 22 社の技術開発拠点を特許明細書に記された発明者の住所から調査した。
　ビルドアップ多層プリント配線板の技術要素は、多層の形状・構造と製造方法、絶縁材料とスルーホールを含む絶縁層形成法、導体材料と導体回路・層間接続形成法であり、この要素技術ごとに技術開発拠点を示す。

## 3.1 技術要素「多層の形状・構造と製造方法」の技術開発拠点

　技術要素である多層の形状・構造と製造方法に関する技術開発拠点を図 3.1-1 に、また、一覧表を表 3.1-1 に示す。技術開発拠点は、関東甲信越地方、東海地方、近畿地方が主であり、他に鹿児島県にある。これらの拠点は主要企業の事業所がある場所に対応している。

図 3.1-1 多層の形状・構造と製造方法に関する技術開発拠点

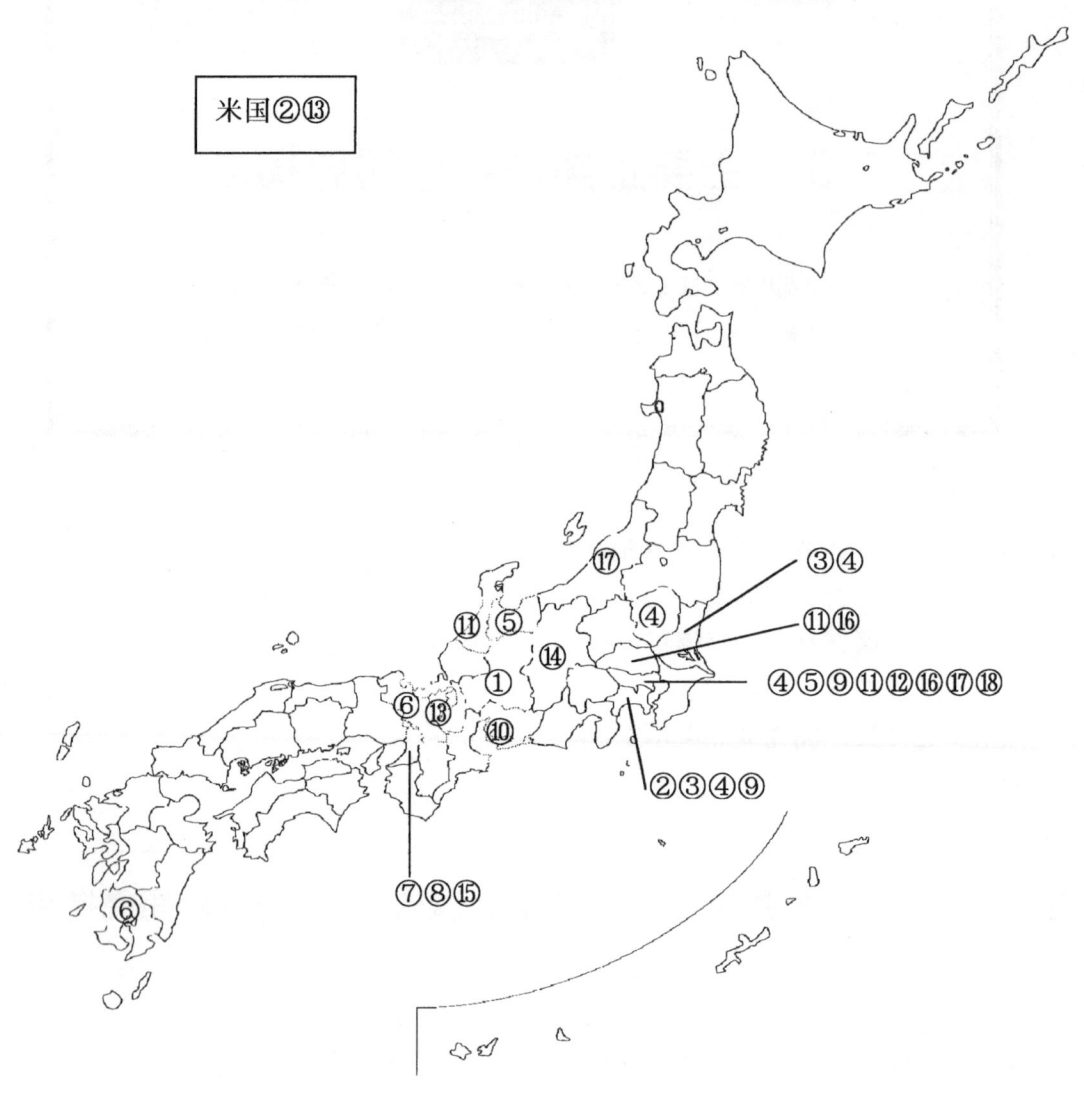

発明件数が最も多いのはイビデンの事業所がある岐阜県であるが、発明者数が最も多いのは東京都で、次いで神奈川県が多い。発明者の住所は必ずしも事業所名が記載されていないものもあり、企業によっては本社所在地で統一されている。

ビルドアップ多層プリント配線板の関連材料メーカである味の素、旭化成、三井金属鉱業などはこの技術要素に関する出願はない。よって技術開発拠点もない。

また、米国の技術開発拠点は IBM と富士通のものである。

表 3.1-1 多層の形状・構造と製造方法に関する開発拠点一覧表

| 技術要素 | 番号 | 企業名 | 特許件数 | 事業所名 | 住所 | 発明者数 |
|---|---|---|---|---|---|---|
| 1. 多層の形状・構造と製造方法 | 1 | イビデン | 83 | 大垣北工場 | 岐阜県 | 27 |
| | | | | 青柳工場 | 岐阜県 | 11 |
| | | | | 河間工場 | 岐阜県 | 13 |
| | | | | 大垣工場 | 岐阜県 | 3 |
| | 2 | 富士通 | 14 | 本店所在地 | 神奈川県 | 15 |
| | | | | 富士通米国研究所 | 米国 | 8 |
| | 3 | 日立製作所 | 13 | 生産技術研究所 | 神奈川県 | 30 |
| | | | | 日立研究所 | 茨城県 | 7 |
| | | | | エンタープライズサーバ事業部 | 神奈川県 | 6 |
| | | | | 通信システム事業本部 | 神奈川県 | 4 |
| | 4 | 日立化成工業 | 18 | 下館事業所（工場） | 茨城県 | 17 |
| | | | | 総合研究所（下館研究所） | 茨城県 | 18 |
| | | | | 筑波開発研究所 | 茨城県 | 3 |
| | | | | 日立AIC神奈川事業所 | 神奈川県 | 3 |
| | | | | 日立AIC栃木事業所 | 栃木県 | 2 |
| | | | | 日立AIC本社 | 東京都 | 8 |
| | 5 | 日本電気 | 17 | 本社所在地 | 東京都 | 18 |
| | | | | 富山NEC | 富山県 | 1 |
| | 6 | 京セラ | 11 | 総合研究所 | 鹿児島県 | 5 |
| | | | | 国分工場 | 鹿児島県 | 4 |
| | | | | 中央研究所 | 京都府 | 1 |
| | 7 | 松下電器産業 | 7 | 本社所在地 | 大阪府 | 23 |
| | 8 | 松下電工 | 7 | 本社所在地 | 大阪府 | 17 |
| | 9 | 東芝 | 19 | 小向工場 | 神奈川県 | 6 |
| | | | | 府中事業所 | 東京都 | 9 |
| | | | | 生産技術センター | 神奈川県 | 2 |
| | | | | マイクロエレクトロニクスセンター | 神奈川県 | 1 |
| | 10 | 日本特殊陶業 | 8 | 本社所在地 | 愛知県 | 13 |
| | 11 | ソニー | 6 | ソニー本社所在地 | 東京都 | 8 |
| | | | | ソニー根上 | 石川県 | 1 |
| | | | | ソニーボンソン | 埼玉県 | 2 |
| | 12 | 凸版印刷 | 13 | 本社所在地 | 東京都 | 20 |
| | 13 | IBM | 3 | IBM本社所在地 | 米国 | 5 |
| | | | | 日本IBM野洲事業所 | 滋賀県 | 3 |
| | 14 | 新光電気工業 | 12 | 本店所在地 | 長野県 | 14 |
| | 15 | シャープ | 7 | 本社所在地 | 大阪府 | 7 |
| | 16 | 日本CMK | 2 | SEセンター | 埼玉県 | 3 |
| | | | | 本社所在地 | 東京都 | 1 |
| | 17 | 沖電気工業 | 8 | 本社所在地 | 東京都 | 6 |
| | | | | 沖プリンテッドサーキット | 新潟県 | 1 |
| | 18 | 住友ベークライト | 1 | 本社所在地 | 東京都 | 3 |

## 3.2 技術要素「絶縁材料とスルーホールを含む絶縁層形成法」の技術開発拠点

技術要素である絶縁材料とスルーホールを含む絶縁層形成法に関する技術開発拠点を図 3.2-1 に、また、一覧表を表 3.2-1 に示す。技術開発拠点は、関東甲信越地方、東海地方、近畿地方が主であり、他に鹿児島県にある。拠点数が最も多いのは神奈川県であり、次いで東京都が多い。

図 3.2-1 絶縁材料とスルーホールを含む絶縁層形成法に関する技術開発拠点

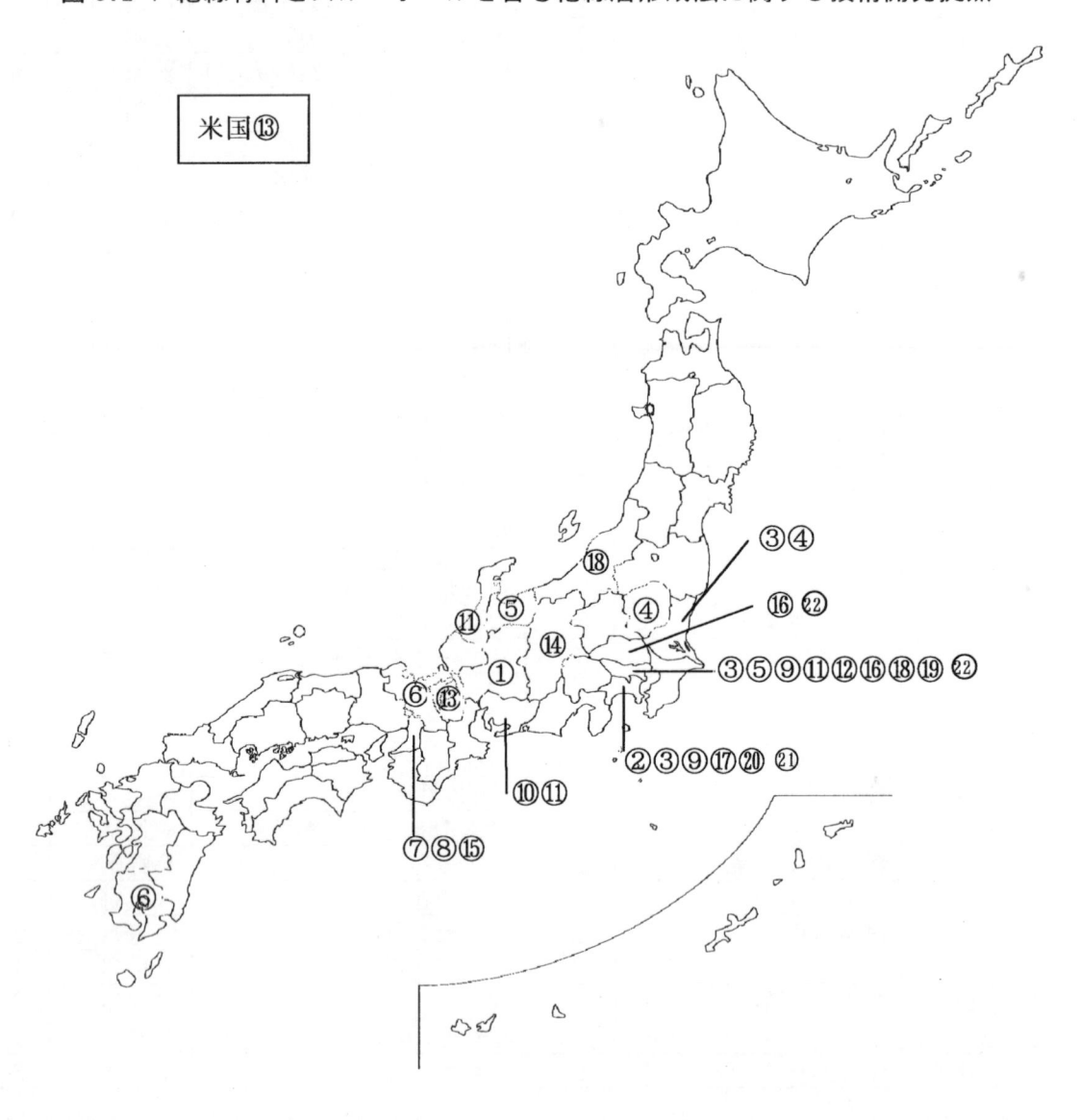

発明件数が最も多いのはイビデンの事業所がある岐阜県で、次いで日立製作所や日立化成工業の事業所がある茨城県が多い。発明者数が最も多いのは茨城県で、次いで東京都、神奈川県の順である。

表3.2-1 絶縁材料とスルーホールを含む絶縁層形成法に関する開発拠点一覧表

| 技術要素 | 番号 | 企業名 | 特許件数 | 事業所名 | 住所 | 発明者数 |
|---|---|---|---|---|---|---|
| 2.絶縁材料とスルーホールを含む絶縁層形成法 | 1 | イビデン | 107 実案2含 | 大垣北工場 | 岐阜県 | 40 |
| | | | | 青柳工場 | 岐阜県 | 17 |
| | | | | 河間工場 | 岐阜県 | 12 |
| | | | | 大垣工場 | 岐阜県 | 7 |
| | 2 | 富士通 | 14 | 本店所在地 | 神奈川県 | 18 |
| | 3 | 日立製作所 | 32 | 生産技術研究所 | 神奈川県 | 24 |
| | | | | 日立研究所 | 茨城県 | 17 |
| | | | | エンタープライズサーバ事業部 | 神奈川県 | 13 |
| | | | | 通信システム事業本部 | 神奈川県 | 11 |
| | | | | 本社 | 東京都 | 1 |
| | | | | ㈱湘南サービス | 神奈川県 | 1 |
| | 4 | 日立化成工業 | 93 | 下館事業所（工場） | 茨城県 | 28 |
| | | | | 総合研究所（下館研究所） | 茨城県 | 43 |
| | | | | 筑波開発研究所 | 茨城県 | 8 |
| | | | | 山崎事業所 | 茨城県 | 2 |
| | | | | 五所宮事業所 | 茨城県 | 2 |
| | | | | 鹿島工場 | 茨城県 | 5 |
| | | | | 日立AIC栃木事業所 | 栃木県 | 8 |
| | 5 | 日本電気 | 25 | 本社所在地 | 東京都 | 21 |
| | | | | 富山NEC | 富山県 | 6 |
| | 6 | 京セラ | 25 | 総合研究所 | 鹿児島県 | 11 |
| | | | | 国分工場 | 鹿児島県 | 9 |
| | | | | 中央研究所 | 京都府 | 3 |
| | 7 | 松下電器産業 | 10 | 本社所在地 | 大阪府 | 19 |
| | 8 | 松下電工 | 30 | 本社所在地 | 大阪府 | 49 |
| | 9 | 東芝 | 3 | 小向工場 | 神奈川県 | 1 |
| | | | | 府中事業所 | 東京都 | 1 |
| | | | | 生産技術センター | 神奈川県 | 2 |
| | 10 | 日本特殊陶業 | 12 | 本社所在地 | 愛知県 | 18 |
| | 11 | ソニー | 7 | ソニー本社所在地 | 東京都 | 10 |
| | | | | ソニー根上 | 石川県 | 1 |
| | | | | ソニー熱田 | 愛知県 | 2 |
| | 12 | 凸版印刷 | 13 | 本社所在地 | 東京都 | 25 |
| | 13 | IBM | 7 | 本社所在地 | 米国 | 4 |
| | | | | 日本IBM野洲事業所 | 滋賀県 | 8 |
| | 14 | 新光電気工業 | 6 | 本店所在地 | 長野県 | 12 |
| | 15 | シャープ | 5 | 本社所在地 | 大阪府 | 8 |
| | 16 | 日本CMK | 6 | SEセンター | 埼玉県 | 5 |
| | | | | 本社所在地 | 東京都 | 4 |
| | 17 | 日本ビクター | 7 | 本社所在地 | 神奈川県 | 7 |
| | 18 | 沖電気工業 | 7 | 本社所在地 | 東京都 | 3 |
| | | | | 沖プリンテッドサーキット | 新潟県 | 1 |
| | 19 | 住友ベークライト | 28 | 本社所在地 | 東京都 | 17 |
| | 20 | 味の素 | 14 | 中央研究所 | 神奈川県 | 5 |
| | | | | アミノサイエンス研究所 | 神奈川県 | 4 |
| | 21 | 旭化成 | 6 | 川崎支社所在地 | 神奈川県 | 6 |
| | 22 | 三井金属鉱業 | 3 | 本社所在地 | 東京都 | 1 |
| | | | | 銅箔事業部 | 埼玉県 | 5 |

## 3.3 技術要素「導体材料と導体回路・層間接続形成法」の技術開発拠点

技術要素である導体材料と導体回路・層間接続形成法に関する技術開発拠点を図3.3-1に、また、一覧表を表3.3-1に示す。技術開発拠点は、関東甲信越地方、東海地方、近畿地方が主であり、他に鹿児島県にある。拠点数が最も多いのは神奈川県であり、次いで東京都が多い。

図3.3-1 導体材料と導体回路・層間接続形成法に関する技術開発拠点

発明件数が最も多いのはイビデンの事業所がある岐阜県である。発明者数が最も多いのは日立製作所や東芝の事業所などがある神奈川県で、次いで日立製作所や日立化成工業の事業所などがある茨城県が多い。

図 3.3-1 導体材料と導体回路・層間接続形成法に関する技術開発拠点一覧表

| 技術要素 | 番号 | 企業名 | 特許件数 | 事業所名 | 住所 | 発明者数 |
|---|---|---|---|---|---|---|
| 3. 導体材料と導体回路・層間接続形成法 | 1 | イビデン | 108 | 大垣北工場 | 岐阜県 | 41 |
| | | | | 青柳工場 | 岐阜県 | 13 |
| | | | | 河間工場 | 岐阜県 | 8 |
| | | | | 大垣工場 | 岐阜県 | 3 |
| | 2 | 富士通 | 12 | 本店所在地 | 神奈川県 | 20 |
| | | | | 富士通米国研究所 | 米国 | 2 |
| | 3 | 日立製作所 | 25 | 生産技術研究所 | 神奈川県 | 35 |
| | | | | 日立研究所 | 茨城県 | 12 |
| | | | | エンタープライズサーバ事業部 | 神奈川県 | 10 |
| | | | | 通信システム事業本部 | 神奈川県 | 7 |
| | 4 | 日立化成工業 | 58 | 下館事業所（工場） | 茨城県 | 17 |
| | | | | 総合研究所（下館研究所） | 茨城県 | 38 |
| | | | | 筑波開発研究所 | 茨城県 | 11 |
| | | | | 山崎事業所 | 茨城県 | 2 |
| | | | | 日立 AIC 栃木事業所 | 栃木県 | 7 |
| | 5 | 日本電気 | 22 | 本社所在地 | 東京都 | 17 |
| | | | | 富山 NEC | 富山県 | 9 |
| | 6 | 京セラ | 17 | 総合研究所 | 鹿児島県 | 7 |
| | | | | 国分工場 | 鹿児島県 | 6 |
| | 7 | 松下電器産業 | 17 | 本社所在地 | 大阪府 | 29 |
| | 8 | 松下電工 | 31 | 本社所在地 | 大阪府 | 45 |
| | 9 | 東芝 | 9 | 小向工場 | 神奈川県 | 5 |
| | | | | 府中事業所 | 東京都 | 1 |
| | | | | 生産技術センター | 神奈川県 | 3 |
| | | | | マルチメディア研究所 | 神奈川県 | 2 |
| | | | | マイクロエレクトロニクスセンター | 神奈川県 | 2 |
| | 10 | 日本特殊陶業 | 20 | 本社所在地 | 愛知県 | 25 |
| | 11 | ソニー | 8 | ソニー本社所在地 | 東京都 | 7 |
| | | | | ソニー根上 | 石川県 | 2 |
| | | | | ソニー美濃加茂 | 岐阜県 | 3 |
| | 12 | 凸版印刷 | 7 | 本社所在地 | 東京都 | 13 |
| | 13 | IBM | 10 | 本社所在地 | 米国 | 13 |
| | | | | 日本 IBM 野洲事業所 | 滋賀県 | 9 |
| | 14 | 新光電気工業 | 8 | 本店所在地 | 長野県 | 15 |
| | 15 | シャープ | 12 | 本社所在地 | 大阪府 | 9 |
| | 16 | 日本 CMK | 3 | SE センター | 埼玉県 | 4 |
| | | | | 本社所在地 | 東京都 | 1 |
| | 17 | 日本ビクター | 4 | 本社所在地 | 神奈川県 | 5 |
| | 18 | 沖電気工業 | 9 | 本社所在地 | 東京都 | 6 |
| | | | | 沖プリンテッドサーキット | 新潟県 | 1 |
| | 19 | 住友ベークライト | 14 | 本社所在地 | 東京都 | 12 |
| | 20 | 味の素 | 3 | 中央研究所 | 神奈川県 | 2 |
| | | | | アミノサイエンス研究所 | 神奈川県 | 2 |
| | 21 | 旭化成 | 8 | 川崎支社所在地 | 神奈川県 | 5 |
| | | | | 富士支社所在地 | 静岡県 | 6 |
| | 22 | 三井金属鉱業 | 4 | 銅箔事業部 | 埼玉県 | 9 |
| | | | | 総合研究所 | 埼玉県 | 4 |

## 資料

1. 工業所有権総合情報館と特許流通促進事業
2. 特許流通アドバイザー一覧
3. 特許電子図書館情報検索指導アドバイザー一覧
4. 知的所有権センター一覧
5. 平成13年度25技術テーマの特許流通の概要
6. 特許番号一覧
7. ライセンス提供の用意のある特許

# 資料1．工業所有権総合情報館と特許流通促進事業

　特許庁工業所有権総合情報館は、明治20年に特許局官制が施行され、農商務省特許局庶務部内に図書館を置き、図書等の保管・閲覧を開始したことにより、組織上のスタートを切りました。
　その後、我が国が明治32年に「工業所有権の保護等に関するパリ同盟条約」に加入することにより、同条約に基づく公報等の閲覧を行う中央資料館として、国際的な地位を獲得しました。
　平成9年からは、工業所有権相談業務と情報流通業務を新たに加え、総合的な情報提供機関として、その役割を果たしております。さらに平成13年4月以降は、独立行政法人工業所有権総合情報館として生まれ変わり、より一層の利用者ニーズに機敏に対応する業務運営を目指し、特許公報等の情報提供及び工業所有権に関する相談等による出願人支援、審査審判協力のための図書等の提供、開放特許活用等の特許流通促進事業を推進しております。

## 1　事業の概要
### (1) 内外国公報類の収集・閲覧

　下記の公報閲覧室でどなたでも内外国公報等の調査を行うことができる環境と体制を整備しています。

| 閲覧室 | 所在地 | TEL |
|---|---|---|
| 札幌閲覧室 | 北海道札幌市北区北7条西2-8　北ビル7F | 011-747-3061 |
| 仙台閲覧室 | 宮城県仙台市青葉区本町3-4-18　太陽生命仙台本町ビル7F | 022-711-1339 |
| 第一公報閲覧室 | 東京都千代田区霞が関3-4-3　特許庁2F | 03-3580-7947 |
| 第二公報閲覧室 | 東京都千代田区霞が関1-3-1　経済産業省別館1F | 03-3581-1101（内線3819） |
| 名古屋閲覧室 | 愛知県名古屋市中区栄2-10-19　名古屋商工会議所ビルB2F | 052-223-5764 |
| 大阪閲覧室 | 大阪府大阪市天王寺区伶人町2-7　関西特許情報センター1F | 06-4305-0211 |
| 広島閲覧室 | 広島県広島市中区上八丁堀6-30　広島合同庁舎3号館 | 082-222-4595 |
| 高松閲覧室 | 香川県高松市林町2217-15　香川産業頭脳化センタービル2F | 087-869-0661 |
| 福岡閲覧室 | 福岡県福岡市博多区博多駅東2-6-23　住友博多駅前第2ビル2F | 092-414-7101 |
| 那覇閲覧室 | 沖縄県那覇市前島3-1-15　大同生命那覇ビル5F | 098-867-9610 |

### (2) 審査審判用図書等の収集・閲覧

　審査に利用する図書等を収集・整理し、特許庁の審査に提供すると同時に、「図書閲覧室（特許庁2F）」において、調査を希望する方々へ提供しています。【TEL：03-3592-2920】

### (3) 工業所有権に関する相談

　相談窓口（特許庁 2F）を開設し、工業所有権に関する一般的な相談に応じています。

手紙、電話、e-mail 等による相談も受け付けています。
　【TEL：03-3581-1101(内線 2121～2123)】【FAX：03-3502-8916】
　【e-mail：PA8102@ncipi.jpo.go.jp】

(4) 特許流通の促進
　特許権の活用を促進するための特許流通市場の整備に向け、各種事業を行っています。
(詳細は2項参照)【TEL：03-3580-6949】

## 2 特許流通促進事業
　先行き不透明な経済情勢の中、企業が生き残り、発展して行くためには、新しいビジネスの創造が重要であり、その際、知的資産の活用、とりわけ技術情報の宝庫である特許の活用がキーポイントとなりつつあります。
　また、企業が技術開発を行う場合、まず自社で開発を行うことが考えられますが、商品のライフサイクルの短縮化、技術開発のスピードアップ化が求められている今日、外部からの技術を積極的に導入することも必要になってきています。
　このような状況下、特許庁では、特許の流通を通じた技術移転・新規事業の創出を促進するため、特許流通促進事業を展開していますが、2001年4月から、これらの事業は、特許庁から独立をした「独立行政法人　工業所有権総合情報館」が引き継いでいます。

(1) 特許流通の促進
① 特許流通アドバイザー
　全国の知的所有権センター・TLO 等からの要請に応じて、知的所有権や技術移転についての豊富な知識・経験を有する専門家を特許流通アドバイザーとして派遣しています。
　知的所有権センターでは、地域の活用可能な特許の調査、当該特許の提供支援及び大学・研究機関が保有する特許と地域企業との橋渡しを行っています。(資料2参照)

② 特許流通促進説明会
　地域特性に合った特許情報の有効活用の普及・啓発を図るため、技術移転の実例を紹介しながら特許流通のプロセスや特許電子図書館を利用した特許情報検索方法等を内容とした説明会を開催しています。

(2) 開放特許情報等の提供
① 特許流通データベース
　活用可能な開放特許を産業界、特に中小・ベンチャー企業に円滑に流通させ実用化を推進していくため、企業や研究機関・大学等が保有する提供意思のある特許をデータベース化し、インターネットを通じて公開しています。(http://www.ncipi.go.jp)

② 開放特許活用例集
　特許流通データベースに登録されている開放特許の中から製品化ポテンシャルが高い案

件を選定し、これら有用な開放特許を有効に使ってもらうためのビジネスアイデア集を作成しています。

③ 特許流通支援チャート
　企業が新規事業創出時の技術導入・技術移転を図る上で指標となりうる国内特許の動向を技術テーマごとに、分析したものです。出願上位企業の特許取得状況、技術開発課題に対応した特許保有状況、技術開発拠点等を紹介しています。

④ 特許電子図書館情報検索指導アドバイザー
　知的財産権及びその情報に関する専門的知識を有するアドバイザーを全国の知的所有権センターに派遣し、特許情報の検索に必要な基礎知識から特許情報の活用の仕方まで、無料でアドバイス・相談を行っています。(資料3参照)

(3) 知的財産権取引業の育成
① 知的財産権取引業者データベース
　特許を始めとする知的財産権の取引や技術移転の促進には、欧米の技術移転先進国に見られるように、民間の仲介事業者の存在が不可欠です。こうした民間ビジネスが質・量ともに不足し、社会的認知度も低いことから、事業者の情報を収集してデータベース化し、インターネットを通じて公開しています。

② 国際セミナー・研修会等
　著名海外取引業者と我が国取引業者との情報交換、議論の場（国際セミナー）を開催しています。また、産学官の技術移転を促進して、企業の新商品開発や技術力向上を促進するために不可欠な、技術移転に携わる人材の育成を目的とした研修事業を開催しています。

## 資料2. 特許流通アドバイザー一覧 （平成14年3月1日現在）

○経済産業局特許室および知的所有権センターへの派遣

| 派遣先 | 氏名 | 所在地 | TEL |
|---|---|---|---|
| 北海道経済産業局特許室 | 杉谷 克彦 | 〒060-0807 札幌市北区北7条西2丁目8番地1北ビル7階 | 011-708-5783 |
| 北海道知的所有権センター<br>（北海道立工業試験場） | 宮本 剛汎 | 〒060-0819 札幌市北区北19条西11丁目<br>北海道立工業試験場内 | 011-747-2211 |
| 東北経済産業局特許室 | 三澤 輝起 | 〒980-0014 仙台市青葉区本町3-4-18<br>太陽生命仙台本町ビル7階 | 022-223-9761 |
| 青森県知的所有権センター<br>（(社)発明協会青森県支部） | 内藤 規雄 | 〒030-0112 青森市大字八ツ役字芦谷202-4<br>青森県産業技術開発センター内 | 017-762-3912 |
| 岩手県知的所有権センター<br>（岩手県工業技術センター） | 阿部 新喜司 | 〒020-0852 盛岡市飯岡新田3-35-2<br>岩手県工業技術センター内 | 019-635-8182 |
| 宮城県知的所有権センター<br>（宮城県産業技術総合センター） | 小野 賢悟 | 〒981-3206 仙台市泉区明通二丁目2番地<br>宮城県産業技術総合センター内 | 022-377-8725 |
| 秋田県知的所有権センター<br>（秋田県工業技術センター） | 石川 順三 | 〒010-1623 秋田市新屋町字砂奴寄4-11<br>秋田県工業技術センター内 | 018-862-3417 |
| 山形県知的所有権センター<br>（山形県工業技術センター） | 冨樫 富雄 | 〒990-2473 山形市松栄1-3-8<br>山形県産業創造支援センター内 | 023-647-8130 |
| 福島県知的所有権センター<br>（(社)発明協会福島県支部） | 相澤 正彬 | 〒963-0215 郡山市待池台1-12<br>福島県ハイテクプラザ内 | 024-959-3351 |
| 関東経済産業局特許室 | 村上 義英 | 〒330-9715 さいたま市上落合2-11<br>さいたま新都心合同庁舎1号館 | 048-600-0501 |
| 茨城県知的所有権センター<br>（(財)茨城県中小企業振興公社） | 齋藤 幸一 | 〒312-0005 ひたちなか市新光町38<br>ひたちなかテクノセンタービル内 | 029-264-2077 |
| 栃木県知的所有権センター<br>（(社)発明協会栃木県支部） | 坂本 武 | 〒322-0011 鹿沼市白桑田516-1<br>栃木県工業技術センター内 | 0289-60-1811 |
| 群馬県知的所有権センター<br>（(社)発明協会群馬県支部） | 三田 隆志 | 〒371-0845 前橋市鳥羽町190<br>群馬県工業試験場内 | 027-280-4416 |
| | 金井 澄雄 | 〒371-0845 前橋市鳥羽町190<br>群馬県工業試験場内 | 027-280-4416 |
| 埼玉県知的所有権センター<br>（埼玉県工業技術センター） | 野口 満 | 〒333-0848 川口市芝下1-1-56<br>埼玉県工業技術センター内 | 048-269-3108 |
| | 清水 修 | 〒333-0848 川口市芝下1-1-56<br>埼玉県工業技術センター内 | 048-269-3108 |
| 千葉県知的所有権センター<br>（(社)発明協会千葉県支部） | 稲谷 稔宏 | 〒260-0854 千葉市中央区長洲1-9-1<br>千葉県庁南庁舎内 | 043-223-6536 |
| | 阿草 一男 | 〒260-0854 千葉市中央区長洲1-9-1<br>千葉県庁南庁舎内 | 043-223-6536 |
| 東京都知的所有権センター<br>（東京都城南地域中小企業振興センター） | 鷹見 紀彦 | 〒144-0035 大田区南蒲田1-20-20<br>城南地域中小企業振興センター内 | 03-3737-1435 |
| 神奈川県知的所有権センター支部<br>（(財)神奈川高度技術支援財団） | 小森 幹雄 | 〒213-0012 川崎市高津区坂戸3-2-1<br>かながわサイエンスパーク内 | 044-819-2100 |
| 新潟県知的所有権センター<br>（(財)信濃川テクノポリス開発機構） | 小林 靖幸 | 〒940-2127 長岡市新産4-1-9<br>長岡地域技術開発振興センター内 | 0258-46-9711 |
| 山梨県知的所有権センター<br>（山梨県工業技術センター） | 廣川 幸生 | 〒400-0055 甲府市大津町2094<br>山梨県工業技術センター内 | 055-220-2409 |
| 長野県知的所有権センター<br>（(社)発明協会長野県支部） | 徳永 正明 | 〒380-0928 長野市若里1-18-1<br>長野県工業試験場内 | 026-229-7688 |
| 静岡県知的所有権センター<br>（(社)発明協会静岡県支部） | 神長 邦雄 | 〒421-1221 静岡市牧ヶ谷2078<br>静岡工業技術センター内 | 054-276-1516 |
| | 山田 修寧 | 〒421-1221 静岡市牧ヶ谷2078<br>静岡工業技術センター内 | 054-276-1516 |
| 中部経済産業局特許室 | 原口 邦弘 | 〒460-0008 名古屋市中区栄2-10-19<br>名古屋商工会議所ビルB2F | 052-223-6549 |
| 富山県知的所有権センター<br>（富山県工業技術センター） | 小坂 郁雄 | 〒933-0981 高岡市二上町150<br>富山県工業技術センター内 | 0766-29-2081 |
| 石川県知的所有権センター<br>（財）石川県産業創出支援機構 | 一丸 義次 | 〒920-0223 金沢市戸水町イ65番地<br>石川県地場産業振興センター新館1階 | 076-267-8117 |
| 岐阜県知的所有権センター<br>（岐阜県科学技術振興センター） | 松永 孝義 | 〒509-0108 各務原市須衛町4-179-1<br>テクノプラザ5F | 0583-79-2250 |
| | 木下 裕雄 | 〒509-0108 各務原市須衛町4-179-1<br>テクノプラザ5F | 0583-79-2250 |
| 愛知県知的所有権センター<br>（愛知県工業技術センター） | 森 孝和 | 〒448-0003 刈谷市一ツ木町西新割<br>愛知県工業技術センター内 | 0566-24-1841 |
| | 三浦 元久 | 〒448-0003 刈谷市一ツ木町西新割<br>愛知県工業技術センター内 | 0566-24-1841 |

| 派遣先 | 氏名 | 所在地 | TEL |
|---|---|---|---|
| 三重県知的所有権センター<br>(三重県工業技術総合研究所) | 馬渡 建一 | 〒514-0819 津市高茶屋5-5-45<br>三重県科学振興センター工業研究部内 | 059-234-4150 |
| 近畿経済産業局特許室 | 下田 英宣 | 〒543-0061 大阪市天王寺区伶人町2-7<br>関西特許情報センター1階 | 06-6776-8491 |
| 福井県知的所有権センター<br>(福井県工業技術センター) | 上坂 旭 | 〒910-0102 福井市川合鷲塚町61字北稲田10<br>福井県工業技術センター内 | 0776-55-2100 |
| 滋賀県知的所有権センター<br>(滋賀県工業技術センター) | 新屋 正男 | 〒520-3004 栗東市上砥山232<br>滋賀県工業技術総合センター別館内 | 077-558-4040 |
| 京都府知的所有権センター<br>((社)発明協会京都支部) | 衣川 清彦 | 〒600-8813 京都市下京区中堂寺南町17番地<br>京都リサーチパーク京都高度技術研究所ビル4階 | 075-326-0066 |
| 大阪府知的所有権センター<br>(大阪府立特許情報センター) | 大空 一博 | 〒543-0061 大阪市天王寺区伶人町2-7<br>関西特許情報センター内 | 06-6772-0704 |
|  | 梶原 淳治 | 〒577-0809 東大阪市永和1-11-10 | 06-6722-1151 |
| 兵庫県知的所有権センター<br>((財)新産業創造研究機構) | 園田 憲一 | 〒650-0047 神戸市中央区港島南町1-5-2<br>神戸キメックセンタービル6F | 078-306-6808 |
|  | 島田 一男 | 〒650-0047 神戸市中央区港島南町1-5-2<br>神戸キメックセンタービル6F | 078-306-6808 |
| 和歌山県知的所有権センター<br>((社)発明協会和歌山県支部) | 北澤 宏造 | 〒640-8214 和歌山県寄合町25<br>和歌山市発明館4階 | 073-432-0087 |
| 中国経済産業局特許室 | 木村 郁男 | 〒730-8531 広島市中区上八丁堀6-30<br>広島合同庁舎3号館1階 | 082-502-6828 |
| 鳥取県知的所有権センター<br>((社)発明協会鳥取支部) | 五十嵐 善司 | 〒689-1112 鳥取市若葉台南7-5-1<br>新産業創造センター1階 | 0857-52-6728 |
| 島根県知的所有権センター<br>((社)発明協会島根支部) | 佐野 馨 | 〒690-0816 島根県松江市北陵町1<br>テクノアークしまね内 | 0852-60-5146 |
| 岡山県知的所有権センター<br>((社)発明協会岡山支部) | 横田 悦造 | 〒701-1221 岡山市芳賀5301<br>テクノサポート岡山内 | 086-286-9102 |
| 広島県知的所有権センター<br>((社)発明協会広島支部) | 壹岐 正弘 | 〒730-0052 広島市中区千田町3-13-11<br>広島発明会館2階 | 082-544-2066 |
| 山口県知的所有権センター<br>((社)発明協会山口支部) | 滝川 尚久 | 〒753-0077 山口市熊野町1-10 NPYビル10階<br>(財)山口県産業技術開発機構内 | 083-922-9927 |
| 四国経済産業局特許室 | 鶴野 弘章 | 〒761-0301 香川県高松市林町2217-15<br>香川産業頭脳化センタービル2階 | 087-869-3790 |
| 徳島県知的所有権センター<br>((社)発明協会徳島県支部) | 武岡 明夫 | 〒770-8021 徳島市雑賀町西開11-2<br>徳島県立工業技術センター内 | 088-669-0117 |
| 香川県知的所有権センター<br>((社)発明協会香川県支部) | 谷田 吉成 | 〒761-0301 香川県高松市林町2217-15<br>香川産業頭脳化センタービル2階 | 087-869-9004 |
|  | 福家 康矩 | 〒761-0301 香川県高松市林町2217-15<br>香川産業頭脳化センタービル2階 | 087-869-9004 |
| 愛媛県知的所有権センター<br>((社)発明協会愛媛県支部) | 川野 辰己 | 〒791-1101 松山市久米窪田町337-1<br>テクノプラザ愛媛 | 089-960-1489 |
| 高知県知的所有権センター<br>((財)高知県産業振興センター) | 吉本 忠男 | 〒781-5101 高知市布師田3992-2<br>高知県中小企業会館2階 | 0888-46-7087 |
| 九州経済産業局特許室 | 簗田 克志 | 〒812-8546 福岡市博多区博多駅東2-11-1<br>福岡合同庁舎内 | 092-436-7260 |
| 福岡県知的所有権センター<br>((社)発明協会福岡県支部) | 道津 毅 | 〒812-0013 福岡市博多区博多駅東2-6-23<br>住友博多駅前第2ビル1階 | 092-415-6777 |
| 福岡県知的所有権センター北九州支部<br>((株)北九州テクノセンター) | 沖 宏治 | 〒804-0003 北九州市戸畑区中原新町2-1<br>(株)北九州テクノセンター内 | 093-873-1432 |
| 佐賀県知的所有権センター<br>(佐賀県工業技術センター) | 光武 章二 | 〒849-0932 佐賀市鍋島町大字八戸溝114<br>佐賀県工業技術センター内 | 0952-30-8161 |
|  | 村上 忠郎 | 〒849-0932 佐賀市鍋島町大字八戸溝114<br>佐賀県工業技術センター内 | 0952-30-8161 |
| 長崎県知的所有権センター<br>((社)発明協会長崎県支部) | 嶋北 正俊 | 〒856-0026 大村市池田2-1303-8<br>長崎県工業技術センター内 | 0957-52-1138 |
| 熊本県知的所有権センター<br>((社)発明協会熊本県支部) | 深見 毅 | 〒862-0901 熊本市東町3-11-38<br>熊本県工業技術センター内 | 096-331-7023 |
| 大分県知的所有権センター<br>(大分県産業科学技術センター) | 古崎 宣 | 〒870-1117 大分市高江西1-4361-10<br>大分県産業科学技術センター内 | 097-596-7121 |
| 宮崎県知的所有権センター<br>((社)発明協会宮崎県支部) | 久保田 英世 | 〒880-0303 宮崎県宮崎郡佐土原町東上那珂16500-2<br>宮崎県工業技術センター内 | 0985-74-2953 |
| 鹿児島県知的所有権センター<br>(鹿児島県工業技術センター) | 山田 式典 | 〒899-5105 鹿児島県姶良郡隼人町小田1445-1<br>鹿児島県工業技術センター内 | 0995-64-2056 |
| 沖縄総合事務局特許室 | 下司 義雄 | 〒900-0016 那覇市前島3-1-15<br>大同生命那覇ビル5階 | 098-867-3293 |
| 沖縄県知的所有権センター<br>(沖縄県工業技術センター) | 木村 薫 | 〒904-2234 具志川市州崎12-2<br>沖縄県工業技術センター内1階 | 098-939-2372 |

## ○技術移転機関(TLO)への派遣

| 派遣先 | 氏名 | 所在地 | TEL |
|---|---|---|---|
| 北海道ティー・エル・オー(株) | 山田 邦重 | 〒060-0808 札幌市北区北8条西5丁目<br>北海道大学事務局分館2館 | 011-708-3633 |
|  | 岩城 全紀 | 〒060-0808 札幌市北区北8条西5丁目<br>北海道大学事務局分館2館 | 011-708-3633 |
| (株)東北テクノアーチ | 井硲 弘 | 〒980-0845 仙台市青葉区荒巻字青葉468番地<br>東北大学未来科学技術共同センター | 022-222-3049 |
| (株)筑波リエゾン研究所 | 関 淳次 | 〒305-8577 茨城県つくば市天王台1－1－1<br>筑波大学共同研究棟A303 | 0298-50-0195 |
|  | 綾 紀元 | 〒305-8577 茨城県つくば市天王台1－1－1<br>筑波大学共同研究棟A303 | 0298-50-0195 |
| (財)日本産業技術振興協会<br>産総研イノベーションズ | 坂 光 | 〒305-8568 茨城県つくば市梅園1－1－1<br>つくば中央第二事業所D-7階 | 0298-61-5210 |
| 日本大学国際産業技術・ビジネス育成センタ | 斎藤 光史 | 〒102-8275 東京都千代田区九段南4-8-24 | 03-5275-8139 |
|  | 加根魯 和宏 | 〒102-8275 東京都千代田区九段南4-8-24 | 03-5275-8139 |
| 学校法人早稲田大学知的財産センター | 菅野 淳 | 〒162-0041 東京都新宿区早稲田鶴巻町513<br>早稲田大学研究開発センター120-1号館1F | 03-5286-9867 |
|  | 風間 孝彦 | 〒162-0041 東京都新宿区早稲田鶴巻町513<br>早稲田大学研究開発センター120-1号館1F | 03-5286-9867 |
| (財)理工学振興会 | 鷹巣 征行 | 〒226-8503 横浜市緑区長津田町4259<br>フロンティア創造共同研究センター内 | 045-921-4391 |
|  | 北川 謙一 | 〒226-8503 横浜市緑区長津田町4259<br>フロンティア創造共同研究センター内 | 045-921-4391 |
| よこはまティーエルオー(株) | 小原 郁 | 〒240-8501 横浜市保土ヶ谷区常盤台79-5<br>横浜国立大学共同研究推進センター内 | 045-339-4441 |
| 学校法人慶応義塾大学知的資産センター | 道井 敏 | 〒108-0073 港区三田2－11－15<br>三田川崎ビル3階 | 03-5427-1678 |
|  | 鈴木 泰 | 〒108-0073 港区三田2－11－15<br>三田川崎ビル3階 | 03-5427-1678 |
| 学校法人東京電機大学産官学交流センタ | 河村 幸夫 | 〒101-8457 千代田区神田錦町2－2 | 03-5280-3640 |
| タマティーエルオー(株) | 古瀬 武弘 | 〒192-0083 八王子市旭町9－1<br>八王子スクエアビル11階 | 0426-31-1325 |
| 学校法人明治大学知的資産センター | 竹田 幹男 | 〒101-8301 千代田区神田駿河台1－1 | 03-3296-4327 |
| (株)山梨ティー・エル・オー | 田中 正男 | 〒400-8511 甲府市武田4－3－11<br>山梨大学地域共同開発研究センター内 | 055-220-8760 |
| (財)浜松科学技術研究振興会 | 小野 義光 | 〒432-8561 浜松市城北3－5－1 | 053-412-6703 |
| (財)名古屋産業科学研究所 | 杉本 勝 | 〒460-0008 名古屋市中区栄二丁目十番十九号<br>名古屋商工会議所ビル | 052-223-5691 |
|  | 小西 富雅 | 〒460-0008 名古屋市中区栄二丁目十番十九号<br>名古屋商工会議所ビル | 052-223-5694 |
| 関西ティー・エル・オー(株) | 山田 富義 | 〒600-8813 京都市下京区中堂寺南町17<br>京都リサーチパークサイエンスセンタービル1号館2階 | 075-315-8250 |
|  | 斎田 雄一 | 〒600-8813 京都市下京区中堂寺南町17<br>京都リサーチパークサイエンスセンタービル1号館2階 | 075-315-8250 |
| (財)新産業創造研究機構 | 井上 勝彦 | 〒650-0047 神戸市中央区港島南町1－5－2<br>神戸キメックセンタービル6F | 078-306-6805 |
|  | 長富 弘充 | 〒650-0047 神戸市中央区港島南町1－5－2<br>神戸キメックセンタービル6F | 078-306-6805 |
| (財)大阪産業振興機構 | 有馬 秀平 | 〒565-0871 大阪府吹田市山田丘2－1<br>大阪大学先端科学技術共同研究センター4F | 06-6879-4196 |
| (有)山口ティー・エル・オー | 松本 孝三 | 〒755-8611 山口県宇部市常盤台2－16－1<br>山口大学地域共同研究開発センター内 | 0836-22-9768 |
|  | 熊原 尋美 | 〒755-8611 山口県宇部市常盤台2－16－1<br>山口大学地域共同研究開発センター内 | 0836-22-9768 |
| (株)テクノネットワーク四国 | 佐藤 博正 | 〒760-0033 香川県高松市丸の内2－5<br>ヨンデンビル別館4F | 087-811-5039 |
| (株)北九州テクノセンター | 乾 全 | 〒804-0003 北九州市戸畑区中原新町2番1号 | 093-873-1448 |
| (株)産学連携機構九州 | 堀 浩一 | 〒812-8581 福岡市東区箱崎6－10－1<br>九州大学技術移転推進室内 | 092-642-4363 |
| (財)くまもとテクノ産業財団 | 桂 真郎 | 〒861-2202 熊本県上益城郡益城町田原2081－10 | 096-289-2340 |

# 資料3. 特許電子図書館情報検索指導アドバイザー一覧 （平成14年3月1日現在）

○知的所有権センターへの派遣

| 派遣先 | 氏名 | 所在地 | TEL |
|---|---|---|---|
| 北海道知的所有権センター<br>(北海道立工業試験場) | 平野 徹 | 〒060-0819 札幌市北区北19条西11丁目 | 011-747-2211 |
| 青森県知的所有権センター<br>((社)発明協会青森県支部) | 佐々木 泰樹 | 〒030-0112 青森市第二問屋町4-11-6 | 017-762-3912 |
| 岩手県知的所有権センター<br>(岩手県工業技術センター) | 中嶋 孝弘 | 〒020-0852 盛岡市飯岡新田3-35-2 | 019-634-0684 |
| 宮城県知的所有権センター<br>(宮城県産業技術総合センター) | 小林 保 | 〒981-3206 仙台市泉区明通2-2 | 022-377-8725 |
| 秋田県知的所有権センター<br>(秋田県工業技術センター) | 田嶋 正夫 | 〒010-1623 秋田市新屋町字砂奴寄4-11 | 018-862-3417 |
| 山形県知的所有権センター<br>(山形県工業技術センター) | 大澤 忠行 | 〒990-2473 山形市松栄1-3-8 | 023-647-8130 |
| 福島県知的所有権センター<br>((社)発明協会福島県支部) | 栗田 広 | 〒963-0215 郡山市待池台1-12<br>福島県ハイテクプラザ内 | 024-963-0242 |
| 茨城県知的所有権センター<br>((財)茨城県中小企業振興公社) | 猪野 正己 | 〒312-0005 ひたちなか市新光町38<br>ひたちなかテクノセンタービル1階 | 029-264-2211 |
| 栃木県知的所有権センター<br>((社)発明協会栃木県支部) | 中里 浩 | 〒322-0011 鹿沼市白桑田516-1<br>栃木県工業技術センター内 | 0289-65-7550 |
| 群馬県知的所有権センター<br>((社)発明協会群馬県支部) | 神林 賢蔵 | 〒371-0845 前橋市鳥羽町190<br>群馬県工業試験場内 | 027-254-0627 |
| 埼玉県知的所有権センター<br>((社)発明協会埼玉県支部) | 田中 廣雅 | 〒331-8669 さいたま市桜木町1-7-5<br>ソニックシティ10階 | 048-644-4806 |
| 千葉県知的所有権センター<br>((社)発明協会千葉県支部) | 中原 照義 | 〒260-0854 千葉市中央区長洲1-9-1<br>千葉県庁南庁舎R3階 | 043-223-7748 |
| 東京都知的所有権センター<br>((社)発明協会東京支部) | 福澤 勝義 | 〒105-0001 港区虎ノ門2-9-14 | 03-3502-5521 |
| 神奈川県知的所有権センター<br>(神奈川県産業技術総合研究所) | 森 啓次 | 〒243-0435 海老名市下今泉705-1 | 046-236-1500 |
| 神奈川県知的所有権センター支部<br>((財)神奈川高度技術支援財団) | 大井 隆 | 〒213-0012 川崎市高津区坂戸3-2-1<br>かながわサイエンスパーク西棟205 | 044-819-2100 |
| 神奈川県知的所有権センター支部<br>((社)発明協会神奈川県支部) | 蓮見 亮 | 〒231-0015 横浜市中区尾上町5-80<br>神奈川中小企業センター10階 | 045-633-5055 |
| 新潟県知的所有権センター<br>((財)信濃川テクノポリス開発機構) | 石谷 速夫 | 〒940-2127 長岡市新産4-1-9 | 0258-46-9711 |
| 山梨県知的所有権センター<br>(山梨県工業技術センター) | 山下 知 | 〒400-0055 甲府市大津町2094 | 055-243-6111 |
| 長野県知的所有権センター<br>((社)発明協会長野県支部) | 岡田 光正 | 〒380-0928 長野市若里1-18-1<br>長野県工業試験場内 | 026-228-5559 |
| 静岡県知的所有権センター<br>((社)発明協会静岡県支部) | 吉井 和夫 | 〒421-1221 静岡市牧ヶ谷2078<br>静岡工業技術センター資料館内 | 054-278-6111 |
| 富山県知的所有権センター<br>(富山県工業技術センター) | 齋藤 靖雄 | 〒933-0981 高岡市二上町150 | 0766-29-1252 |
| 石川県知的所有権センター<br>(財)石川県産業創出支援機構 | 辻 寛司 | 〒920-0223 金沢市戸水町イ65番地<br>石川県地場産業振興センター | 076-267-5918 |
| 岐阜県知的所有権センター<br>(岐阜県科学技術振興センター) | 林 邦明 | 〒509-0108 各務原市須衛町4-179-1<br>テクノプラザ5F | 0583-79-2250 |
| 愛知県知的所有権センター<br>(愛知県工業技術センター) | 加藤 英昭 | 〒448-0003 刈谷市一ツ木町西新割 | 0566-24-1841 |
| 三重県知的所有権センター<br>(三重県工業技術総合研究所) | 長峰 隆 | 〒514-0819 津市高茶屋5-5-45 | 059-234-4150 |
| 福井県知的所有権センター<br>(福井県工業技術センター) | 川・好昭 | 〒910-0102 福井市川合鷲塚町61字北稲田10 | 0776-55-1195 |
| 滋賀県知的所有権センター<br>(滋賀県工業技術センター) | 森 久子 | 〒520-3004 栗東市上砥山232 | 077-558-4040 |
| 京都府知的所有権センター<br>((社)発明協会京都支部) | 中野 剛 | 〒600-8813 京都市下京区中堂寺南町17<br>京都リサーチパーク内 京都高度技研ビル4階 | 075-315-8686 |
| 大阪府知的所有権センター<br>(大阪府立特許情報センター) | 秋田 伸一 | 〒543-0061 大阪市天王寺区伶人町2-7 | 06-6771-2646 |
| 大阪府知的所有権センター支部<br>((社)発明協会大阪支部知的財産センター) | 戎 邦夫 | 〒564-0062 吹田市垂水町3-24-1<br>シンプレス江坂ビル2階 | 06-6330-7725 |
| 兵庫県知的所有権センター<br>((社)発明協会兵庫県支部) | 山口 克己 | 〒654-0037 神戸市須磨区行平町3-1-31<br>兵庫県立産業技術センター4階 | 078-731-5847 |
| 奈良県知的所有権センター<br>(奈良県工業技術センター) | 北田 友彦 | 〒630-8031 奈良市柏木町129-1 | 0742-33-0863 |

| 派遣先 | 氏名 | 所在地 | TEL |
|---|---|---|---|
| 和歌山県知的所有権センター<br>((社)発明協会和歌山県支部) | 木村 武司 | 〒640-8214 和歌山県寄合町25<br>和歌山市発明館4階 | 073-432-0087 |
| 鳥取県知的所有権センター<br>((社)発明協会鳥取県支部) | 奥村 隆一 | 〒689-1112 鳥取市若葉台南7-5-1<br>新産業創造センター1階 | 0857-52-6728 |
| 島根県知的所有権センター<br>((社)発明協会島根県支部) | 門脇 みどり | 〒690-0816 島根県松江市北陵町1番地<br>テクノアークしまね1F内 | 0852-60-5146 |
| 岡山県知的所有権センター<br>((社)発明協会岡山県支部) | 佐藤 新吾 | 〒701-1221 岡山市芳賀5301<br>テクノサポート岡山内 | 086-286-9656 |
| 広島県知的所有権センター<br>((社)発明協会広島県支部) | 若木 幸蔵 | 〒730-0052 広島市中区千田町3-13-11<br>広島発明会館内 | 082-544-0775 |
| 広島県知的所有権センター支部<br>((社)発明協会広島県支部備後支会) | 渡部 武徳 | 〒720-0067 福山市西町2-10-1 | 0849-21-2349 |
| 広島県知的所有権センター支部<br>(呉地域産業振興センター) | 三上 達矢 | 〒737-0004 呉市阿賀南2-10-1 | 0823-76-3766 |
| 山口県知的所有権センター<br>((社)発明協会山口県支部) | 大段 恭二 | 〒753-0077 山口市熊野町1-10 NPYビル10階 | 083-922-9927 |
| 徳島県知的所有権センター<br>((社)発明協会徳島県支部) | 平野 稔 | 〒770-8021 徳島市雑賀町西開11-2<br>徳島県立工業技術センター内 | 088-636-3388 |
| 香川県知的所有権センター<br>((社)発明協会香川県支部) | 中元 恒 | 〒761-0301 香川県高松市林町2217-15<br>香川産業頭脳化センタービル2階 | 087-869-9005 |
| 愛媛県知的所有権センター<br>((社)発明協会愛媛県支部) | 片山 忠徳 | 〒791-1101 松山市久米窪田町337-1<br>テクノプラザ愛媛 | 089-960-1118 |
| 高知県知的所有権センター<br>(高知県工業技術センター) | 柏井 富雄 | 〒781-5101 高知市布師田3992-3 | 088-845-7664 |
| 福岡県知的所有権センター<br>((社)発明協会福岡県支部) | 浦井 正章 | 〒812-0013 福岡市博多区博多駅東2-6-23<br>住友博多駅前第2ビル2階 | 092-474-7255 |
| 福岡県知的所有権センター北九州支部<br>((株)北九州テクノセンター) | 重藤 務 | 〒804-0003 北九州市戸畑区中原新町2-1 | 093-873-1432 |
| 佐賀県知的所有権センター<br>(佐賀県工業技術センター) | 塚島 誠一郎 | 〒849-0932 佐賀市鍋島町八戸溝114 | 0952-30-8161 |
| 長崎県知的所有権センター<br>((社)発明協会長崎支部) | 川添 早苗 | 〒856-0026 大村市池田2-1303-8<br>長崎県工業技術センター内 | 0957-52-1144 |
| 熊本県知的所有権センター<br>((社)発明協会熊本県支部) | 松山 彰雄 | 〒862-0901 熊本市東町3-11-38<br>熊本県工業技術センター内 | 096-360-3291 |
| 大分県知的所有権センター<br>(大分県産業科学技術センター) | 鎌田 正道 | 〒870-1117 大分市高江西1-4361-10 | 097-596-7121 |
| 宮崎県知的所有権センター<br>((社)発明協会宮崎県支部) | 黒田 護 | 〒880-0303 宮崎県宮崎郡佐土原町東上那珂16500-2<br>宮崎県工業技術センター内 | 0985-74-2953 |
| 鹿児島県知的所有権センター<br>(鹿児島県工業技術センター) | 大井 敏民 | 〒899-5105 鹿児島県姶良郡隼人町小田1445-1 | 0995-64-2445 |
| 沖縄県知的所有権センター<br>(沖縄県工業技術センター) | 和田 修 | 〒904-2234 具志川市字州崎12-2<br>中城湾港新港地区トロピカルテクノパーク内 | 098-929-0111 |

## 資料4．知的所有権センター一覧 (平成14年3月1日現在)

| 都道府県 | 名称 | 所在地 | TEL |
|---|---|---|---|
| 北海道 | 北海道知的所有権センター<br>(北海道立工業試験場) | 〒060-0819 札幌市北区北19条西11丁目 | 011-747-2211 |
| 青森県 | 青森県知的所有権センター<br>((社)発明協会青森県支部) | 〒030-0112 青森市第二問屋町4-11-6 | 017-762-3912 |
| 岩手県 | 岩手県知的所有権センター<br>(岩手県工業技術センター) | 〒020-0852 盛岡市飯岡新田3-35-2 | 019-634-0684 |
| 宮城県 | 宮城県知的所有権センター<br>(宮城県産業技術総合センター) | 〒981-3206 仙台市泉区明通2-2 | 022-377-8725 |
| 秋田県 | 秋田県知的所有権センター<br>(秋田県工業技術センター) | 〒010-1623 秋田市新屋町字砂奴寄4-11 | 018-862-3417 |
| 山形県 | 山形県知的所有権センター<br>(山形県工業技術センター) | 〒990-2473 山形市松栄1-3-8 | 023-647-8130 |
| 福島県 | 福島県知的所有権センター<br>((社)発明協会福島県支部) | 〒963-0215 郡山市待池台1-12<br>福島県ハイテクプラザ内 | 024-963-0242 |
| 茨城県 | 茨城県知的所有権センター<br>((財)茨城県中小企業振興公社) | 〒312-0005 ひたちなか市新光町38<br>ひたちなかテクノセンタービル1階 | 029-264-2211 |
| 栃木県 | 栃木県知的所有権センター<br>((社)発明協会栃木県支部) | 〒322-0011 鹿沼市白桑田516-1<br>栃木県工業技術センター内 | 0289-65-7550 |
| 群馬県 | 群馬県知的所有権センター<br>((社)発明協会群馬県支部) | 〒371-0845 前橋市鳥羽町190<br>群馬県工業試験場内 | 027-254-0627 |
| 埼玉県 | 埼玉県知的所有権センター<br>((社)発明協会埼玉県支部) | 〒331-8669 さいたま市桜木町1-7-5<br>ソニックシティ10階 | 048-644-4806 |
| 千葉県 | 千葉県知的所有権センター<br>((社)発明協会千葉県支部) | 〒260-0854 千葉市中央区長洲1-9-1<br>千葉県庁南庁舎R3階 | 043-223-7748 |
| 東京都 | 東京都知的所有権センター<br>((社)発明協会東京支部) | 〒105-0001 港区虎ノ門2-9-14 | 03-3502-5521 |
| 神奈川県 | 神奈川県知的所有権センター<br>(神奈川県産業技術総合研究所) | 〒243-0435 海老名市下今泉705-1 | 046-236-1500 |
| | 神奈川県知的所有権センター支部<br>((財)神奈川高度技術支援財団) | 〒213-0012 川崎市高津区坂戸3-2-1<br>かながわサイエンスパーク西棟205 | 044-819-2100 |
| | 神奈川県知的所有権センター支部<br>((社)発明協会神奈川県支部) | 〒231-0015 横浜市中区尾上町5-80<br>神奈川中小企業センター10階 | 045-633-5055 |
| 新潟県 | 新潟県知的所有権センター<br>((財)信濃川テクノポリス開発機構) | 〒940-2127 長岡市新産4-1-9 | 0258-46-9711 |
| 山梨県 | 山梨県知的所有権センター<br>(山梨県工業技術センター) | 〒400-0055 甲府市大津町2094 | 055-243-6111 |
| 長野県 | 長野県知的所有権センター<br>((社)発明協会長野県支部) | 〒380-0928 長野市若里1-18-1<br>長野県工業試験場内 | 026-228-5559 |
| 静岡県 | 静岡県知的所有権センター<br>((社)発明協会静岡県支部) | 〒421-1221 静岡市牧ヶ谷2078<br>静岡工業技術センター資料館内 | 054-278-6111 |
| 富山県 | 富山県知的所有権センター<br>(富山県工業技術センター) | 〒933-0981 高岡市二上町150 | 0766-29-1252 |
| 石川県 | 石川県知的所有権センター<br>(財)石川県産業創出支援機構 | 〒920-0223 金沢市戸水町イ65番地<br>石川県地場産業振興センター | 076-267-5918 |
| 岐阜県 | 岐阜県知的所有権センター<br>(岐阜県科学技術振興センター) | 〒509-0108 各務原市須衛町4-179-1<br>テクノプラザ5F | 0583-79-2250 |
| 愛知県 | 愛知県知的所有権センター<br>(愛知県工業技術センター) | 〒448-0003 刈谷市一ツ木町西新割 | 0566-24-1841 |
| 三重県 | 三重県知的所有権センター<br>(三重県工業技術総合研究所) | 〒514-0819 津市高茶屋5-5-45 | 059-234-4150 |
| 福井県 | 福井県知的所有権センター<br>(福井県工業技術センター) | 〒910-0102 福井市川合鷲塚町61字北稲田10 | 0776-55-1195 |
| 滋賀県 | 滋賀県知的所有権センター<br>(滋賀県工業技術センター) | 〒520-3004 栗東市上砥山232 | 077-558-4040 |
| 京都府 | 京都府知的所有権センター<br>((社)発明協会京都支部) | 〒600-8813 京都市下京区中堂寺南町17<br>京都リサーチパーク内 京都高度技研ビル4階 | 075-315-8686 |
| 大阪府 | 大阪府知的所有権センター<br>(大阪府立特許情報センター) | 〒543-0061 大阪市天王寺区伶人町2-7 | 06-6771-2646 |
| | 大阪府知的所有権センター支部<br>((社)発明協会大阪支部知的財産センター) | 〒564-0062 吹田市垂水町3-24-1<br>シンプレス江坂ビル2階 | 06-6330-7725 |
| 兵庫県 | 兵庫県知的所有権センター<br>((社)発明協会兵庫県支部) | 〒654-0037 神戸市須磨区行平町3-1-31<br>兵庫県立産業技術センター4階 | 078-731-5847 |

| 都道府県 | 名　称 | 所　在　地 | TEL |
|---|---|---|---|
| 奈良県 | 奈良県知的所有権センター<br>(奈良県工業技術センター) | 〒630-8031 奈良市柏木町129-1 | 0742-33-0863 |
| 和歌山県 | 和歌山県知的所有権センター<br>((社)発明協会和歌山県支部) | 〒640-8214 和歌山県寄合町25<br>和歌山市発明館4階 | 073-432-0087 |
| 鳥取県 | 鳥取県知的所有権センター<br>((社)発明協会鳥取県支部) | 〒689-1112 鳥取市若葉台南7-5-1<br>新産業創造センター1階 | 0857-52-6728 |
| 島根県 | 島根県知的所有権センター<br>((社)発明協会島根県支部) | 〒690-0816 島根県松江市北陵町1番地<br>テクノアークしまね1F内 | 0852-60-5146 |
| 岡山県 | 岡山県知的所有権センター<br>((社)発明協会岡山県支部) | 〒701-1221 岡山市芳賀5301<br>テクノサポート岡山内 | 086-286-9656 |
| 広島県 | 広島県知的所有権センター<br>((社)発明協会広島県支部) | 〒730-0052 広島市中区千田町3-13-11<br>広島発明会館内 | 082-544-0775 |
| | 広島県知的所有権センター支部<br>((社)発明協会広島県支部備後支会) | 〒720-0067 福山市西町2-10-1 | 0849-21-2349 |
| | 広島県知的所有権センター支部<br>(呉地域産業振興センター) | 〒737-0004 呉市阿賀南2-10-1 | 0823-76-3766 |
| 山口県 | 山口県知的所有権センター<br>((社)発明協会山口県支部) | 〒753-0077 山口市熊野町1-10 NPYビル10階 | 083-922-9927 |
| 徳島県 | 徳島県知的所有権センター<br>((社)発明協会徳島県支部) | 〒770-8021 徳島市雑賀町西開11-2<br>徳島県立工業技術センター内 | 088-636-3388 |
| 香川県 | 香川県知的所有権センター<br>((社)発明協会香川県支部) | 〒761-0301 香川県高松市林町2217-15<br>香川産業頭脳化センタービル2階 | 087-869-9005 |
| 愛媛県 | 愛媛県知的所有権センター<br>((社)発明協会愛媛県支部) | 〒791-1101 松山市久米窪田町337-1<br>テクノプラザ愛媛 | 089-960-1118 |
| 高知県 | 高知県知的所有権センター<br>(高知県工業技術センター) | 〒781-5101 高知市布師田3992-3 | 088-845-7664 |
| 福岡県 | 福岡県知的所有権センター<br>((社)発明協会福岡県支部) | 〒812-0013 福岡市博多区博多駅東2-6-23<br>住友博多駅前第2ビル2階 | 092-474-7255 |
| | 福岡県知的所有権センター北九州支部<br>((株)北九州テクノセンター) | 〒804-0003 北九州市戸畑区中原新町2-1 | 093-873-1432 |
| 佐賀県 | 佐賀県知的所有権センター<br>(佐賀県工業技術センター) | 〒849-0932 佐賀市鍋島町八戸溝114 | 0952-30-8161 |
| 長崎県 | 長崎県知的所有権センター<br>((社)発明協会長崎県支部) | 〒856-0026 大村市池田2-1303-8<br>長崎県工業技術センター内 | 0957-52-1144 |
| 熊本県 | 熊本県知的所有権センター<br>((社)発明協会熊本県支部) | 〒862-0901 熊本市東町3-11-38<br>熊本県工業技術センター内 | 096-360-3291 |
| 大分県 | 大分県知的所有権センター<br>(大分県産業科学技術センター) | 〒870-1117 大分市高江西1-4361-10 | 097-596-7121 |
| 宮崎県 | 宮崎県知的所有権センター<br>((社)発明協会宮崎県支部) | 〒880-0303 宮崎県宮崎郡佐土原町東上那珂16500-2<br>宮崎県工業技術センター内 | 0985-74-2953 |
| 鹿児島県 | 鹿児島県知的所有権センター<br>(鹿児島県工業技術センター) | 〒899-5105 鹿児島県姶良郡隼人町小田1445-1 | 0995-64-2445 |
| 沖縄県 | 沖縄県知的所有権センター<br>(沖縄県工業技術センター) | 〒904-2234 具志川市字州崎12-2<br>中城湾港新港地区トロピカルテクノパーク内 | 098-929-0111 |

## 資料5．平成13年度25技術テーマの特許流通の概要

### 5.1 アンケート送付先と回収率

平成13年度は、25の技術テーマにおいて「特許流通支援チャート」を作成し、その中で特許流通に対する意識調査として各技術テーマの出願件数上位企業を対象としてアンケート調査を行った。平成13年12月7日に郵送によりアンケートを送付し、平成14年1月31日までに回収されたものを対象に解析した。

表5.1-1に、アンケート調査表の回収状況を示す。送付数578件、回収数306件、回収率52.9%であった。

表5.1-1 アンケートの回収状況

| 送付数 | 回収数 | 未回収数 | 回収率 |
|---|---|---|---|
| 578 | 306 | 272 | 52.9% |

表5.1-2に、業種別の回収状況を示す。各業種を一般系、機械系、化学系、電気系と大きく4つに分類した。以下、「○○系」と表現する場合は、各企業の業種別に基づく分類を示す。それぞれの回収率は、一般系56.5%、機械系63.5%、化学系41.1%、電気系51.6%であった。

表5.1-2 アンケートの業種別回収件数と回収率

| 業種と回収率 | 業種 | 回収件数 |
|---|---|---|
| 一般系 48/85=56.5% | 建設 | 5 |
| | 窯業 | 12 |
| | 鉄鋼 | 6 |
| | 非鉄金属 | 17 |
| | 金属製品 | 2 |
| | その他製造業 | 6 |
| 化学系 39/95=41.1% | 食品 | 1 |
| | 繊維 | 12 |
| | 紙・パルプ | 3 |
| | 化学 | 22 |
| | 石油・ゴム | 1 |
| 機械系 73/115=63.5% | 機械 | 23 |
| | 精密機器 | 28 |
| | 輸送機器 | 22 |
| 電気系 146/283=51.6% | 電気 | 144 |
| | 通信 | 2 |

図 5.1 に、全回収件数を母数にして業種別に回収率を示す。全回収件数に占める業種別の回収率は電気系 47.7%、機械系 23.9%、一般系 15.7%、化学系 12.7%である。

図 5.1 回収件数の業種別比率

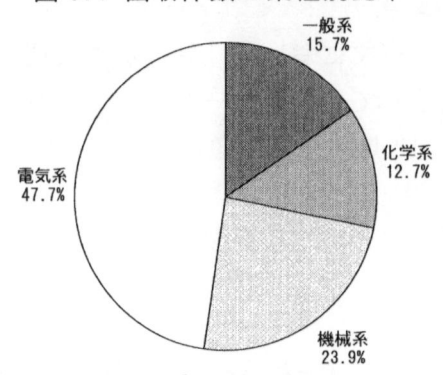

| 一般系 | 化学系 | 機械系 | 電気系 | 合計 |
|---|---|---|---|---|
| 48 | 39 | 73 | 146 | 306 |

表 5.1-3 に、技術テーマ別の回収件数と回収率を示す。この表では、技術テーマを一般分野、化学分野、機械分野、電気分野に分類した。以下、「〇〇分野」と表現する場合は、技術テーマによる分類を示す。回収率の最も良かった技術テーマは焼却炉排ガス処理技術の 71.4%で、最も悪かったのは有機 EL 素子の 34.6%である。

表 5.1-3 テーマ別の回収件数と回収率

| 分野 | 技術テーマ名 | 送付数 | 回収数 | 回収率 |
|---|---|---|---|---|
| 一般分野 | カーテンウォール | 24 | 13 | 54.2% |
| | 気体膜分離装置 | 25 | 12 | 48.0% |
| | 半導体洗浄と環境適応技術 | 23 | 14 | 60.9% |
| | 焼却炉排ガス処理技術 | 21 | 15 | 71.4% |
| | はんだ付け鉛フリー技術 | 20 | 11 | 55.0% |
| 化学分野 | プラスティックリサイクル | 25 | 15 | 60.0% |
| | バイオセンサ | 24 | 16 | 66.7% |
| | セラミックスの接合 | 23 | 12 | 52.2% |
| | 有機EL素子 | 26 | 9 | 34.6% |
| | 生分解ポリエステル | 23 | 12 | 52.2% |
| | 有機導電性ポリマー | 24 | 15 | 62.5% |
| | リチウムポリマー電池 | 29 | 13 | 44.8% |
| 機械分野 | 車いす | 21 | 12 | 57.1% |
| | 金属射出成形技術 | 28 | 14 | 50.0% |
| | 微細レーザ加工 | 20 | 10 | 50.0% |
| | ヒートパイプ | 22 | 10 | 45.5% |
| 電気分野 | 圧力センサ | 22 | 13 | 59.1% |
| | 個人照合 | 29 | 12 | 41.4% |
| | 非接触型ICカード | 21 | 10 | 47.6% |
| | ビルドアップ多層プリント配線板 | 23 | 11 | 47.8% |
| | 携帯電話表示技術 | 20 | 11 | 55.0% |
| | アクティブマトリックス液晶駆動技術 | 21 | 12 | 57.1% |
| | プログラム制御技術 | 21 | 12 | 57.1% |
| | 半導体レーザの活性層 | 22 | 11 | 50.0% |
| | 無線LAN | 21 | 11 | 52.4% |

## 5.2 アンケート結果
### 5.2.1 開放特許に関して
#### (1) 開放特許と非開放特許

他者にライセンスしてもよい特許を「開放特許」、ライセンスの可能性のない特許を「非開放特許」と定義した。その上で、各技術テーマにおける保有特許のうち、自社での実施状況と開放状況について質問を行った。

306件中257件の回答があった（回答率84.0%）。保有特許件数に対する開放特許件数の割合を開放比率とし、保有特許件数に対する非開放特許件数の割合を非開放比率と定義した。

図5.2.1-1に、業種別の特許の開放比率と非開放比率を示す。全体の開放比率は58.3%で、業種別では一般系が37.1%、化学系が20.6%、機械系が39.4%、電気系が77.4%である。化学系（20.6%）の企業の開放比率は、化学分野における開放比率（図5.2.1-2）の最低値である「生分解ポリエステル」の22.6%よりさらに低い値となっている。これは、化学分野においても、機械系、電気系の企業であれば、保有特許について比較的開放的であることを示唆している。

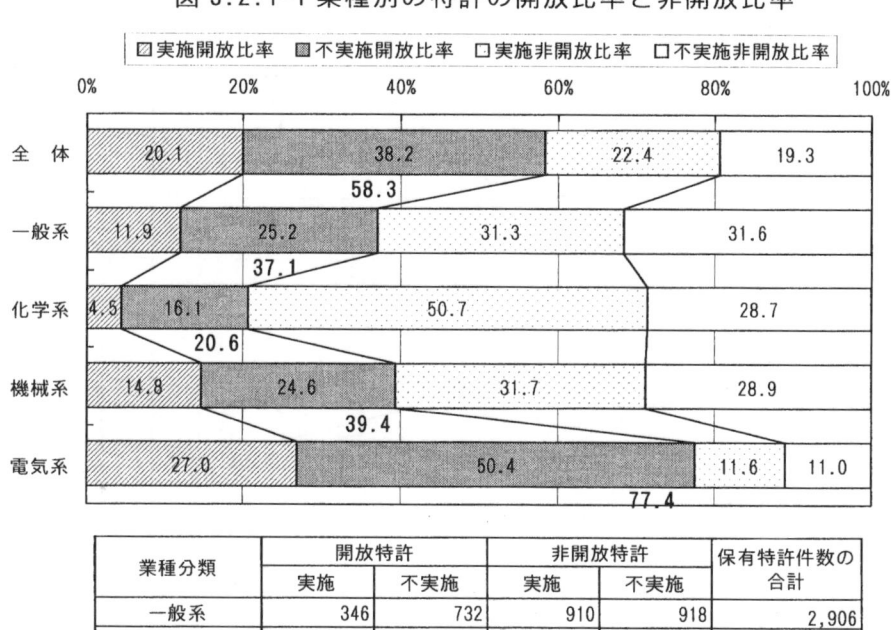

図5.2.1-1 業種別の特許の開放比率と非開放比率

| 業種分類 | 開放特許 実施 | 開放特許 不実施 | 非開放特許 実施 | 非開放特許 不実施 | 保有特許件数の合計 |
|---|---|---|---|---|---|
| 一般系 | 346 | 732 | 910 | 918 | 2,906 |
| 化学系 | 90 | 323 | 1,017 | 576 | 2,006 |
| 機械系 | 494 | 821 | 1,058 | 964 | 3,337 |
| 電気系 | 2,835 | 5,291 | 1,218 | 1,155 | 10,499 |
| 全体 | 3,765 | 7,167 | 4,203 | 3,613 | 18,748 |

図5.2.1-2に、技術テーマ別の開放比率と非開放比率を示す。

開放比率（実施開放比率と不実施開放比率を加算。）が高い技術テーマを見てみると、最高値は「個人照合」の84.7%で、次いで「はんだ付け鉛フリー技術」の83.2%、「無線LAN」の82.4%、「携帯電話表示技術」の80.0%となっている。一方、低い方から見ると、「生分解ポリエステル」の22.6%で、次いで「カーテンウォール」の29.3%、「有機EL」の30.5%である。

## 図5.2.1-2 技術テーマ別の開放比率と非開放比率

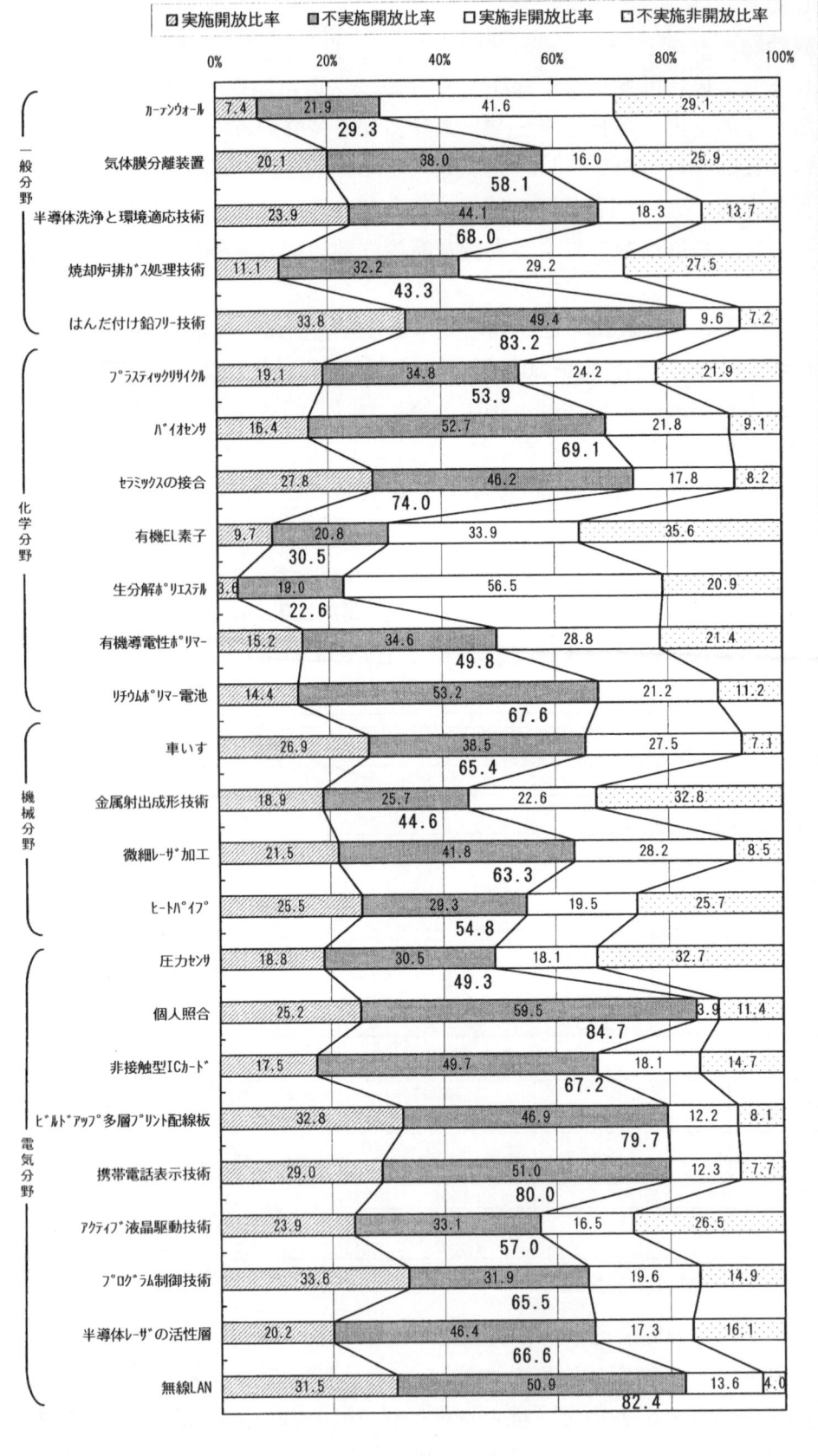

凡例: ■実施開放比率　□不実施開放比率　□実施非開放比率　□不実施非開放比率

| 技術テーマ | 実施開放比率 | 不実施開放比率 | 実施非開放比率 | 不実施非開放比率 | 開放計 | 開放特許 実施 | 開放特許 不実施 | 非開放特許 実施 | 非開放特許 不実施 | 保有特許件数の合計 |
|---|---|---|---|---|---|---|---|---|---|---|
| 一般分野 カーテンウォール | 7.4 | 21.9 | 41.6 | 29.1 | 29.3 | 67 | 198 | 376 | 264 | 905 |
| 気体膜分離装置 | 20.1 | 38.0 | 16.0 | 25.9 | 58.1 | 88 | 166 | 70 | 113 | 437 |
| 半導体洗浄と環境適応技術 | 23.9 | 44.1 | 18.3 | 13.7 | 68.0 | 155 | 286 | 119 | 89 | 649 |
| 焼却炉排ガス処理技術 | 11.1 | 32.2 | 29.2 | 27.5 | 43.3 | 133 | 387 | 351 | 330 | 1,201 |
| はんだ付け鉛フリー技術 | 33.8 | 49.4 | 9.6 | 7.2 | 83.2 | 139 | 204 | 40 | 30 | 413 |
| 化学分野 プラスティックリサイクル | 19.1 | 34.8 | 24.2 | 21.9 | 53.9 | 196 | 357 | 248 | 225 | 1,026 |
| バイオセンサ | 16.4 | 52.7 | 21.8 | 9.1 | 69.1 | 106 | 340 | 141 | 59 | 646 |
| セラミックスの接合 | 27.8 | 46.2 | 17.8 | 8.2 | 74.0 | 145 | 241 | 93 | 42 | 521 |
| 有機EL素子 | 9.7 | 20.8 | 33.9 | 35.6 | 30.5 | 90 | 193 | 316 | 332 | 931 |
| 生分解ポリエステル | 3.6 | 19.0 | 56.5 | 20.9 | 22.6 | 28 | 147 | 437 | 162 | 774 |
| 有機導電性ポリマー | 15.2 | 34.6 | 28.8 | 21.4 | 49.8 | 125 | 285 | 237 | 176 | 823 |
| リチウムポリマー電池 | 14.4 | 53.2 | 21.2 | 11.2 | 67.6 | 140 | 515 | 205 | 108 | 968 |
| 機械分野 車いす | 26.9 | 38.5 | 27.5 | 7.1 | 65.4 | 107 | 154 | 110 | 28 | 399 |
| 金属射出成形技術 | 18.9 | 25.7 | 22.6 | 32.8 | 44.6 | 147 | 200 | 175 | 255 | 777 |
| 微細レーザ加工 | 21.5 | 41.8 | 28.2 | 8.5 | 63.3 | 68 | 133 | 89 | 27 | 317 |
| ヒートパイプ | 25.5 | 29.3 | 19.5 | 25.7 | 54.8 | 215 | 248 | 164 | 217 | 844 |
| 電気分野 圧力センサ | 18.8 | 30.5 | 18.1 | 32.7 | 49.3 | 164 | 267 | 158 | 286 | 875 |
| 個人照合 | 25.2 | 59.5 | 3.9 | 11.4 | 84.7 | 220 | 521 | 34 | 100 | 875 |
| 非接触型ICカード | 17.5 | 49.7 | 18.1 | 14.7 | 67.2 | 140 | 398 | 145 | 117 | 800 |
| ビルドアップ多層プリント配線板 | 32.8 | 46.9 | 12.2 | 8.1 | 79.7 | 177 | 254 | 66 | 44 | 541 |
| 携帯電話表示技術 | 29.0 | 51.0 | 12.3 | 7.7 | 80.0 | 235 | 414 | 100 | 62 | 811 |
| アクティブ液晶駆動技術 | 23.9 | 33.1 | 16.5 | 26.5 | 57.0 | 252 | 349 | 174 | 278 | 1,053 |
| プログラム制御技術 | 33.6 | 31.9 | 19.6 | 14.9 | 65.5 | 280 | 265 | 163 | 124 | 832 |
| 半導体レーザの活性層 | 20.2 | 46.4 | 17.3 | 16.1 | 66.6 | 123 | 282 | 105 | 99 | 609 |
| 無線LAN | 31.5 | 50.9 | 13.6 | 4.0 | 82.4 | 227 | 367 | 98 | 29 | 721 |
| 合計 |  |  |  |  |  | 3,767 | 7,171 | 4,214 | 3,596 | 18,748 |

図5.2.1-3は、業種別に、各企業の特許の開放比率を示したものである。

開放比率は、化学系で最も低く、電気系で最も高い。機械系と一般系はその中間に位置する。推測するに、化学系の企業では、保有特許は「物質特許」である場合が多く、自社の市場独占を確保するため、特許を開放しづらい状況にあるのではないかと思われる。逆に、電気・機械系の企業は、商品のライフサイクルが短いため、せっかく取得した特許も短期間で新技術と入れ替える必要があり、不実施となった特許を開放特許として供出やすい環境にあるのではないかと考えられる。また、より効率性の高い技術開発を進めるべく他社とのアライアンスを目的とした開放特許戦略を採るケースも、最近出てきているのではないだろうか。

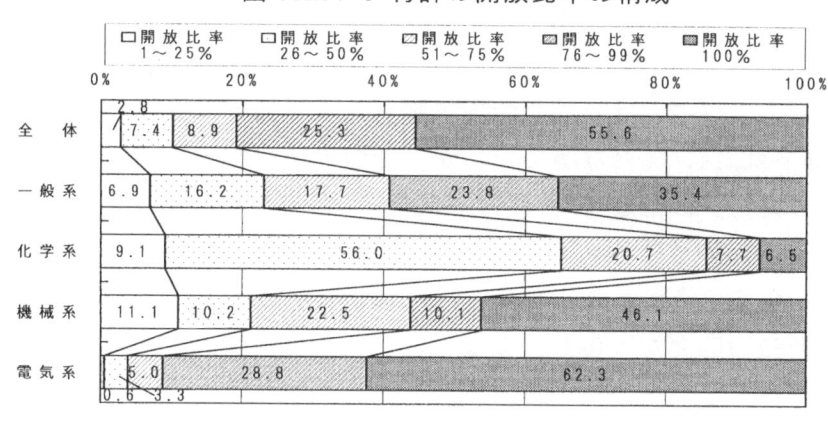

図5.2.1-3 特許の開放比率の構成

| | 開放比率 1〜25% | 開放比率 26〜50% | 開放比率 51〜75% | 開放比率 76〜99% | 開放比率 100% |
|---|---|---|---|---|---|
| 全体 | 7.4 | 8.9 | 25.3 | 55.6 | 2.8 |
| 一般系 | 6.9 | 16.2 | 17.7 | 23.8 | 35.4 |
| 化学系 | 9.1 | 56.0 | 20.7 | 7.7 | 6.5 |
| 機械系 | 11.1 | 10.2 | 22.5 | 10.1 | 46.1 |
| 電気系 | 0.6 / 3.3 | 5.0 | 28.8 | 62.3 | |

図5.2.1-4に、業種別の自社実施比率と不実施比率を示す。全体の自社実施比率は42.5%で、業種別では化学系55.2%、機械系46.5%、一般系43.2%、電気系38.6%である。化学系の企業は、自社実施比率が高く開放比率が低い。電気・機械系の企業は、その逆で自社実施比率が低く開放比率は高い。自社実施比率と開放比率は、反比例の関係にあるといえる。

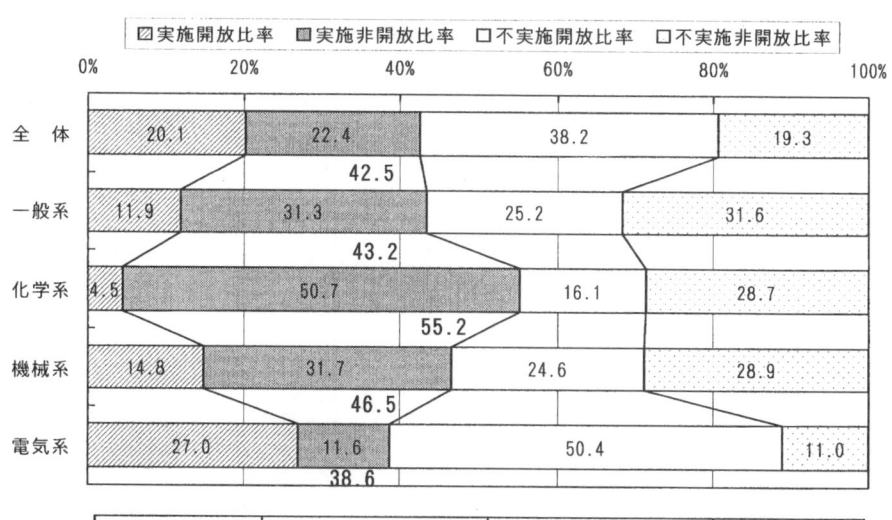

図5.2.1-4 自社実施比率と無実施比率

| | 実施開放比率 | 実施非開放比率 | 不実施開放比率 | 不実施非開放比率 | 自社実施比率 |
|---|---|---|---|---|---|
| 全体 | 20.1 | 22.4 | 38.2 | 19.3 | 42.5 |
| 一般系 | 11.9 | 31.3 | 25.2 | 31.6 | 43.2 |
| 化学系 | 4.5 | 50.7 | 16.1 | 28.7 | 55.2 |
| 機械系 | 14.8 | 31.7 | 24.6 | 28.9 | 46.5 |
| 電気系 | 27.0 | 11.6 | 50.4 | 11.0 | 38.6 |

| 業種分類 | 実施 開放 | 実施 非開放 | 不実施 開放 | 不実施 非開放 | 保有特許件数の合計 |
|---|---|---|---|---|---|
| 一般系 | 346 | 910 | 732 | 918 | 2,906 |
| 化学系 | 90 | 1,017 | 323 | 576 | 2,006 |
| 機械系 | 494 | 1,058 | 821 | 964 | 3,337 |
| 電気系 | 2,835 | 1,218 | 5,291 | 1,155 | 10,499 |
| 全体 | 3,765 | 4,203 | 7,167 | 3,613 | 18,748 |

## (2) 非開放特許の理由

開放可能性のない特許の理由を質問した（複数回答）。

| 質問内容 | 一般系 | 化学系 | 機械系 | 電気系 | 全体 |
|---|---|---|---|---|---|
| ・独占的排他権の行使により、ライバル企業を排除するため（ライバル企業排除） | 36.3% | 36.7% | 36.4% | 34.5% | 36.0% |
| ・他社に対する技術の優位性の喪失（優位性喪失） | 31.9% | 31.6% | 30.5% | 29.9% | 30.9% |
| ・技術の価値評価が困難なため（価値評価困難） | 12.1% | 16.5% | 15.3% | 13.8% | 14.4% |
| ・企業秘密がもれるから（企業秘密） | 5.5% | 7.6% | 3.4% | 14.9% | 7.5% |
| ・相手先を見つけるのが困難であるため（相手先探し） | 7.7% | 5.1% | 8.5% | 2.3% | 6.1% |
| ・ライセンス経験不足等のため提供に不安があるから（経験不足） | 4.4% | 0.0% | 0.8% | 0.0% | 1.3% |
| ・その他 | 2.1% | 2.5% | 5.1% | 4.6% | 3.8% |

図5.2.1-5は非開放特許の理由の内容を示す。

「ライバル企業の排除」が最も多く36.0%、次いで「優位性喪失」が30.9%と高かった。特許権を「技術の市場における排他的独占権」として充分に行使していることが伺える。「価値評価困難」は14.4%となっているが、今回の「特許流通支援チャート」作成にあたり分析対象とした特許は直近10年間だったため、登録前の特許が多く、権利範囲が未確定なものが多かったためと思われる。

電気系の企業で「企業秘密がもれるから」という理由が14.9%と高いのは、技術のライフサイクルが短く新技術開発が激化しており、さらに、技術自体が模倣されやすいことが原因であるのではないだろうか。

化学系の企業で「企業秘密がもれるから」という理由が7.6%と高いのは、物質特許のノウハウ漏洩に細心の注意を払う必要があるためと思われる。

機械系や一般系の企業で「相手先探し」が、それぞれ8.5%、7.7%と高いことは、これらの分野で技術移転を仲介する者の活躍できる潜在性が高いことを示している。

なお、その他の理由としては、「共同出願先との調整」が12件と多かった。

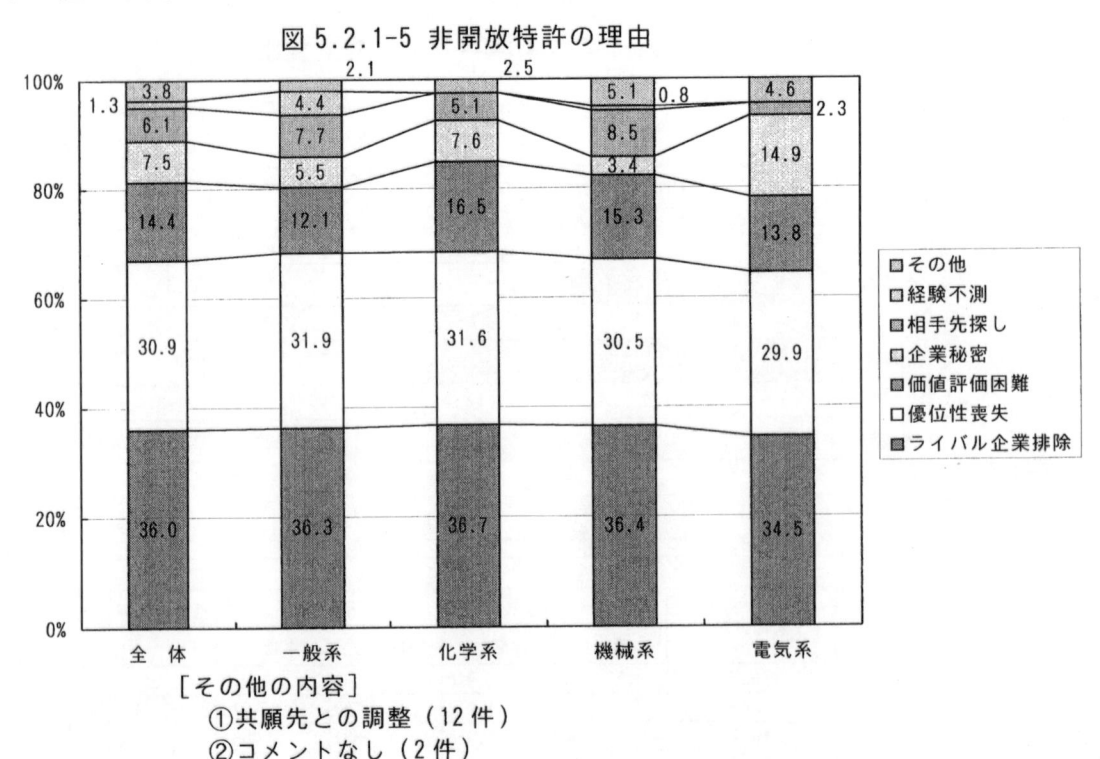

図5.2.1-5 非開放特許の理由

[その他の内容]
① 共願先との調整（12件）
② コメントなし（2件）

## 5.2.2 ライセンス供与に関して
### (1) ライセンス活動

ライセンス供与の活動姿勢の質問を行った。

| 質問内容 | 一般系 | 化学系 | 機械系 | 電気系 | 全体 |
|---|---|---|---|---|---|
| ・特許ライセンス供与のための活動を積極的に行っている（積極的） | 2.0% | 15.8% | 4.3% | 8.9% | 7.5% |
| ・特許ライセンス供与のための活動を行っている（普通） | 36.7% | 15.8% | 25.7% | 57.7% | 41.2% |
| ・特許ライセンス供与のための活動はやや消極的である（消極的） | 24.5% | 13.2% | 14.3% | 10.4% | 14.0% |
| ・特許ライセンス供与のための活動を行っていない（しない） | 36.8% | 55.2% | 55.7% | 23.0% | 37.3% |

その結果を、図5.2.2-1 ライセンス活動に示す。306件中295件の回答であった（回答率96.4％）。

何らかの形で特許ライセンス活動を行っている企業は62.7％を占めた。そのうち、比較的積極的に活動を行っている企業は48.7％に上る（「積極的」＋「普通」）。これは、技術移転を仲介する者の活躍できる潜在性がかなり高いことを示唆している。

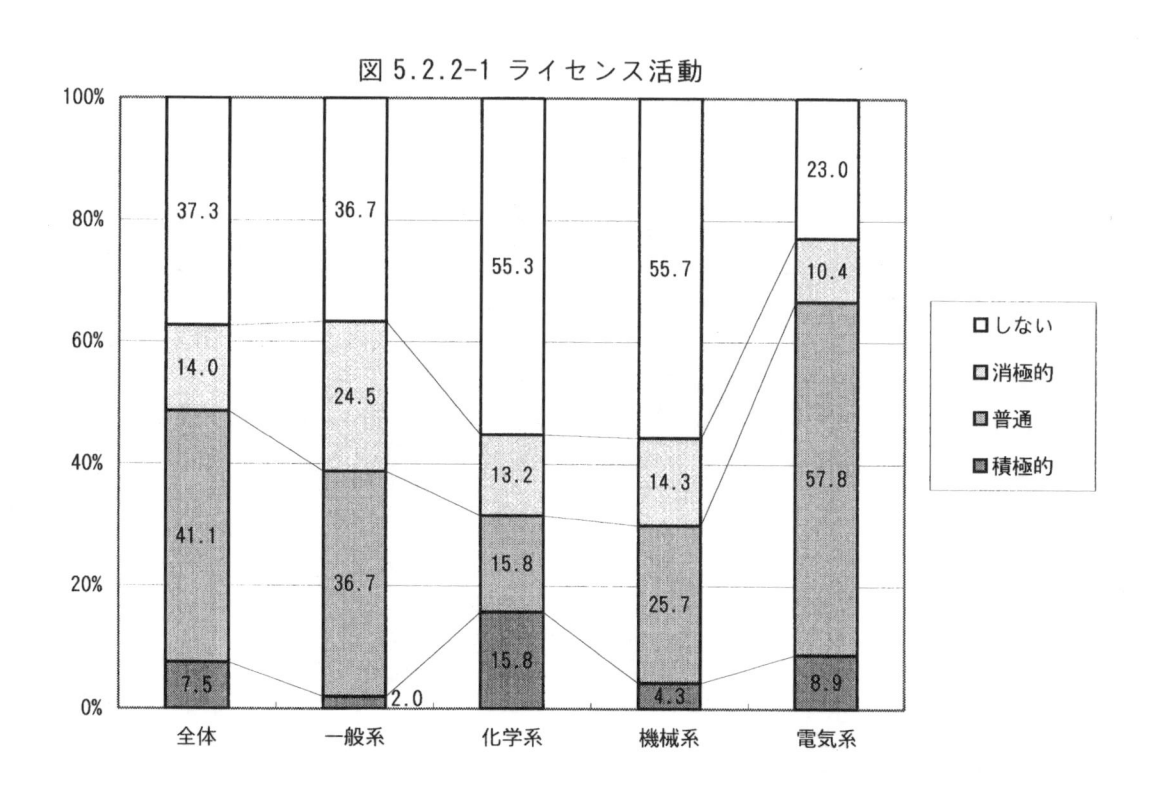

図5.2.2-1 ライセンス活動

## (2) ライセンス実績

ライセンス供与の実績について質問をした。

| 質問内容 | 一般系 | 化学系 | 機械系 | 電気系 | 全体 |
|---|---|---|---|---|---|
| ・供与実績はないが今後も行う方針（実績無し今後も実施） | 54.5% | 48.0% | 43.6% | 74.6% | 58.3% |
| ・供与実績があり今後も行う方針（実績有り今後も実施） | 72.2% | 61.5% | 95.5% | 67.3% | 73.5% |
| ・供与実績はなく今後は不明（実績無し今後は不明） | 36.4% | 24.0% | 46.1% | 20.3% | 30.8% |
| ・供与実績はあるが今後は不明（実績有り今後は不明） | 27.8% | 38.5% | 4.5% | 30.7% | 25.5% |
| ・供与実績はなく今後も行わない方針（実績無し今後も実施せず） | 9.1% | 28.0% | 10.3% | 5.1% | 10.9% |
| ・供与実績はあるが今後は行わない方針（実績有り今後は実施せず） | 0.0% | 0.0% | 0.0% | 2.0% | 1.0% |

図 5.2.2-2 に、ライセンス実績を示す。306 件中 295 件の回答があった（回答率 96.4%）。ライセンス実績有りとライセンス実績無しを分けて示す。

「供与実績があり、今後も実施」は 73.5% と非常に高い割合であり、特許ライセンスの有効性を認識した企業はさらにライセンス活動を活発化させる傾向にあるといえる。また、「供与実績はないが、今後は実施」が 58.3% あり、ライセンスに対する関心の高まりが感じられる。

機械系や一般系の企業で「実績有り今後も実施」がそれぞれ 90%、70% を越えており、他業種の企業よりもライセンスに対する関心が非常に高いことがわかる。

図 5.2.2-2 ライセンス実績

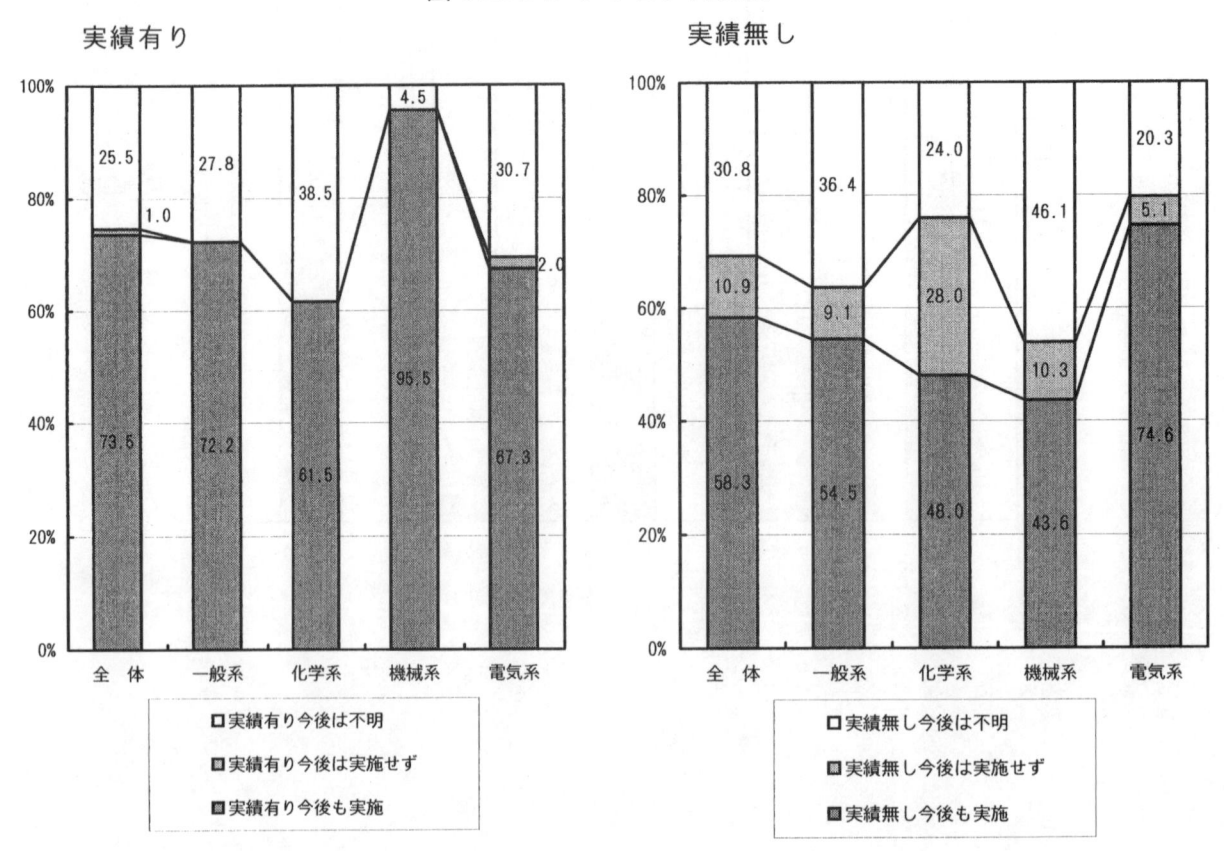

## (3) ライセンス先の見つけ方

ライセンス供与の実績があると(2)項で回答したテーマ出願人にライセンス先の見つけ方の質問を行った(複数回答)。

| 質問内容 | 一般系 | 化学系 | 機械系 | 電気系 | 全体 |
|---|---|---|---|---|---|
| ・先方からの申し入れ(申入れ) | 27.8% | 43.2% | 37.7% | 32.0% | 33.7% |
| ・権利侵害調査の結果(侵害発) | 22.2% | 10.8% | 17.4% | 21.3% | 19.3% |
| ・系列企業の情報網(内部情報) | 9.7% | 10.8% | 11.6% | 11.5% | 11.0% |
| ・系列企業を除く取引先企業(外部情報) | 2.8% | 10.8% | 8.7% | 10.7% | 8.3% |
| ・新聞、雑誌、TV、インターネット等(メディア) | 5.6% | 2.7% | 2.9% | 12.3% | 7.3% |
| ・イベント、展示会等(展示会) | 12.5% | 5.4% | 7.2% | 3.3% | 6.7% |
| ・特許公報 | 5.6% | 5.4% | 2.9% | 1.6% | 3.3% |
| ・相手先に相談できる人がいた等(人的ネットワーク) | 1.4% | 8.2% | 7.3% | 0.8% | 3.3% |
| ・学会発表、学会誌(学会) | 5.6% | 8.2% | 1.4% | 1.6% | 2.7% |
| ・データベース(DB) | 6.8% | 2.7% | 0.0% | 0.0% | 1.7% |
| ・国・公立研究機関(官公庁) | 0.0% | 0.0% | 0.0% | 3.3% | 1.3% |
| ・弁理士、特許事務所(特許事務所) | 0.0% | 0.0% | 2.9% | 0.0% | 0.7% |
| ・その他 | 0.0% | 0.0% | 0.0% | 1.6% | 0.7% |

その結果を、図 5.2.2-3 ライセンス先の見つけ方に示す。「申入れ」が 33.7%と最も多く、次いで侵害警告を発した「侵害発」が 19.3%、「内部情報」によりものが 11.0%、「外部情報」によるものが 8.3%であった。特許流通データベースなどの「DB」からは 1.7%であった。化学系において、「申入れ」が 40%を越えている。

図 5.2.2-3 ライセンス先の見つけ方

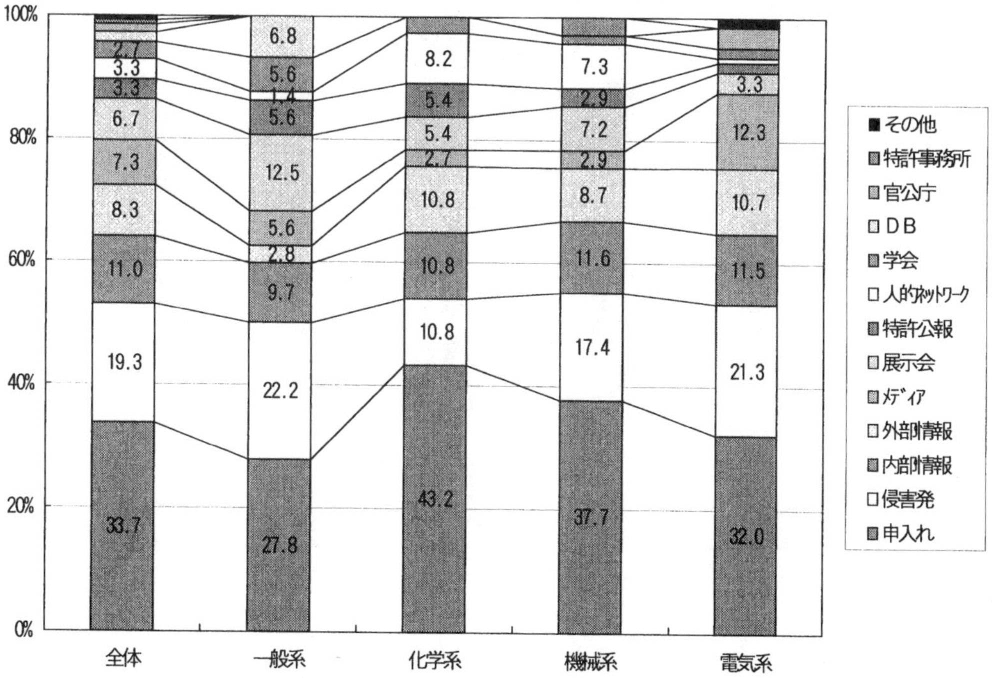

〔その他の内容〕
①関係団体(2件)

## (4) ライセンス供与の不成功理由

(1)項でライセンス活動をしていると答えて、ライセンス実績の無いテーマ出願人に、その不成功理由を質問した。

| 質問内容 | 一般系 | 化学系 | 機械系 | 電気系 | 全体 |
|---|---|---|---|---|---|
| ・相手先が見つからない（相手先探し） | 58.8% | 57.9% | 68.0% | 73.0% | 66.7% |
| ・情勢（業績・経営方針・市場など）が変化した（情勢変化） | 8.8% | 10.5% | 16.0% | 0.0% | 6.4% |
| ・ロイヤリティーの折り合いがつかなかった（ロイヤリティー） | 11.8% | 5.3% | 4.0% | 4.8% | 6.4% |
| ・当該特許だけでは、製品化が困難と思われるから（製品化困難） | 3.2% | 5.0% | 7.7% | 1.6% | 3.6% |
| ・供与に伴う技術移転（試作や実証試験等）に時間がかかっており、まだ、供与までに至らない（時間浪費） | 0.0% | 0.0% | 0.0% | 4.8% | 2.1% |
| ・ロイヤリティー以外の契約条件で折り合いがつかなかった（契約条件） | 3.2% | 5.0% | 0.0% | 0.0% | 1.4% |
| ・相手先の技術消化力が低かった（技術消化力不足） | 0.0% | 10.0% | 0.0% | 0.0% | 1.4% |
| ・新技術が出現した（新技術） | 3.2% | 5.3% | 0.0% | 0.0% | 1.3% |
| ・相手先の秘密保持に信頼が置けなかった（機密漏洩） | 3.2% | 0.0% | 0.0% | 0.0% | 0.7% |
| ・相手先がグランド・バックを認めなかった（グランドバック） | 0.0% | 0.0% | 0.0% | 0.0% | 0.0% |
| ・交渉過程で不信感が生まれた（不信感） | 0.0% | 0.0% | 0.0% | 0.0% | 0.0% |
| ・競合技術に遅れをとった（競合技術） | 0.0% | 0.0% | 0.0% | 0.0% | 0.0% |
| ・その他 | 9.7% | 0.0% | 3.9% | 15.8% | 10.0% |

その結果を、図5.2.2-4 ライセンス供与の不成功理由に示す。約66.7%は「相手先探し」と回答している。このことから、相手先を探す仲介者および仲介を行うデータベース等のインフラの充実が必要と思われる。電気系の「相手先探し」は73.0%を占めていて他の業種より多い。

図5.2.2-4 ライセンス供与の不成功理由

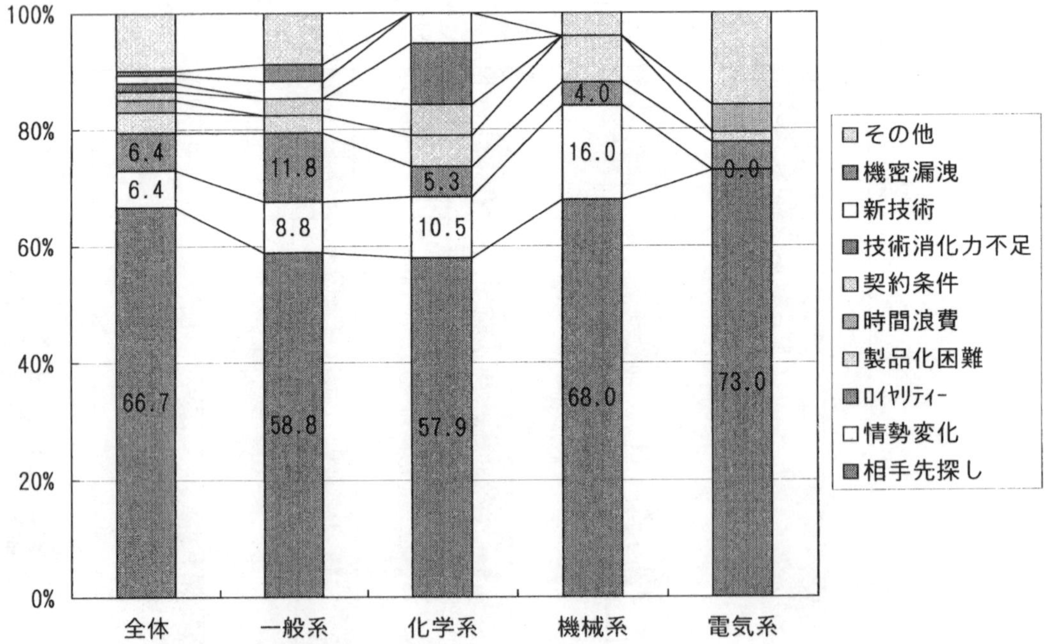

〔その他の内容〕
①単独での技術供与でない
②活動を開始してから時間が経っていない
③当該分野では未登録が多い（3件）
④市場未熟
⑤業界の動向（規格等）
⑥コメントなし（6件）

### 5.2.3 技術移転の対応
#### (1) 申し入れ対応

技術移転してもらいたいと申し入れがあった時、どのように対応するかを質問した。

| 質問内容 | 一般系 | 化学系 | 機械系 | 電気系 | 全体 |
| --- | --- | --- | --- | --- | --- |
| ・とりあえず、話を聞く(話を聞く) | 44.3% | 70.3% | 54.9% | 56.8% | 55.8% |
| ・積積極的に交渉していく(積極交渉) | 51.9% | 27.0% | 39.5% | 40.7% | 40.6% |
| ・他社への特許ライセンスの供与は考えていないので、断る(断る) | 3.8% | 2.7% | 2.8% | 2.5% | 2.9% |
| ・その他 | 0.0% | 0.0% | 2.8% | 0.0% | 0.7% |

その結果を、図 5.2.3-1 ライセンス申し入れ対応に示す。「話を聞く」が 55.8％であった。次いで「積極交渉」が 40.6％であった。「話を聞く」と「積極交渉」で 96.4％という高率であり、中小企業側からみた場合は、ライセンス供与の申し入れを積極的に行っても断られるのはわずか 2.9％しかないということを示している。一般系の「積極交渉」が他の業種より高い。

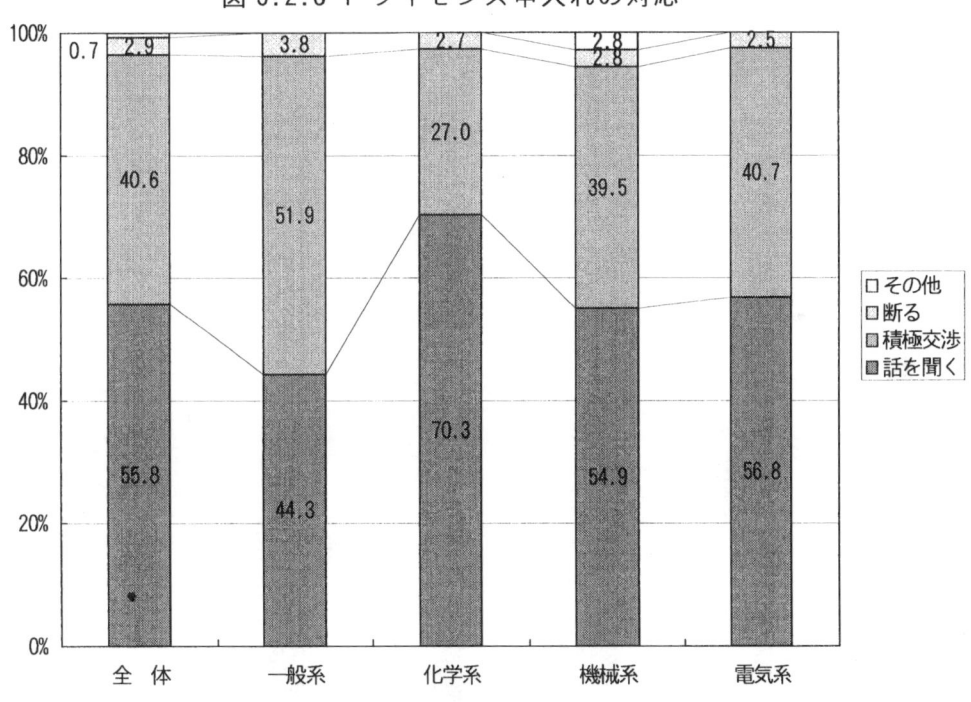

図 5.2.3-1 ライセンス申入れの対応

## （2）仲介の必要性

ライセンスの仲介の必要性があるか質問をした。

| 質問内容 | 一般系 | 化学系 | 機械系 | 電気系 | 全体 |
|---|---|---|---|---|---|
| ・自社内にそれに相当する機能があるから不要（社内機能あるから不要） | 36.6% | 48.7% | 62.4% | 53.8% | 52.0% |
| ・現在はレベルが低いので不要（低レベル仲介で不要） | 1.9% | 0.0% | 1.4% | 1.7% | 1.5% |
| ・適切な仲介者がいれば使っても良い（適切な仲介者で検討） | 44.2% | 45.9% | 27.5% | 40.2% | 38.5% |
| ・公的支援機関に仲介等を必要とする（公的仲介が必要） | 17.3% | 5.4% | 8.7% | 3.4% | 7.6% |
| ・民間仲介業者に仲介等を必要とする（民間仲介が必要） | 0.0% | 0.0% | 0.0% | 0.9% | 0.4% |

図 5.2.3-2 に仲介の必要性の内訳を示す。「社内機能あるから不要」が 52.0％を占め、最も多い。アンケートの配布先は大手企業が大部分であったため、自社において知財管理、技術移転機能が整備されている企業が 50％以上を占めることを意味している。

次いで「適切な仲介者で検討」が 38.5％、「公的仲介が必要」が 7.6％、「民間仲介が必要」が 0.4％となっている。これらを加えると仲介の必要を感じている企業は 46.5％に上る。

自前で知財管理や知財戦略を立てることができない中小企業や一部の大企業では、技術移転・仲介者の存在が必要であると推測される。

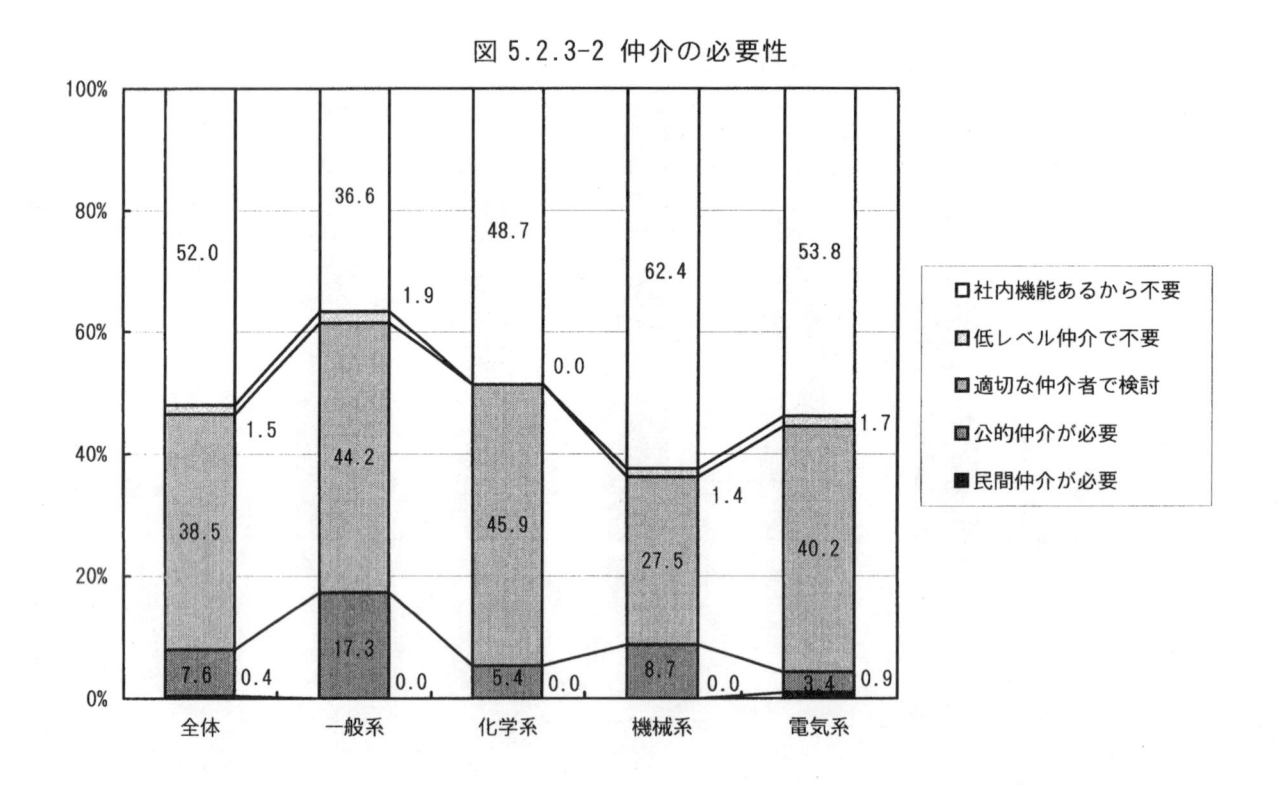

図 5.2.3-2 仲介の必要性

5.2.4 具体的事例
(1) テーマ特許の供与実績

技術テーマの分析の対象となった特許一覧表を掲載し(テーマ特許)、具体的にどの特許の供与実績があるかを質問した。

| 質問内容 | 一般系 | 化学系 | 機械系 | 電気系 | 全体 |
|---|---|---|---|---|---|
| ・有る | 12.8% | 12.9% | 13.6% | 18.8% | 15.7% |
| ・無い | 72.3% | 48.4% | 39.4% | 34.2% | 44.1% |
| ・回答できない(回答不可) | 14.9% | 38.7% | 47.0% | 47.0% | 40.2% |

図5.2.4-1に、テーマ特許の供与実績を示す。

「有る」と回答した企業が15.7%であった。「無い」と回答した企業が44.1%あった。「回答不可」と回答した企業が40.2%とかなり多かった。これは個別案件ごとにアンケートを行ったためと思われる。ライセンス自体、企業秘密であり、他者に情報を漏洩しない場合が多い。

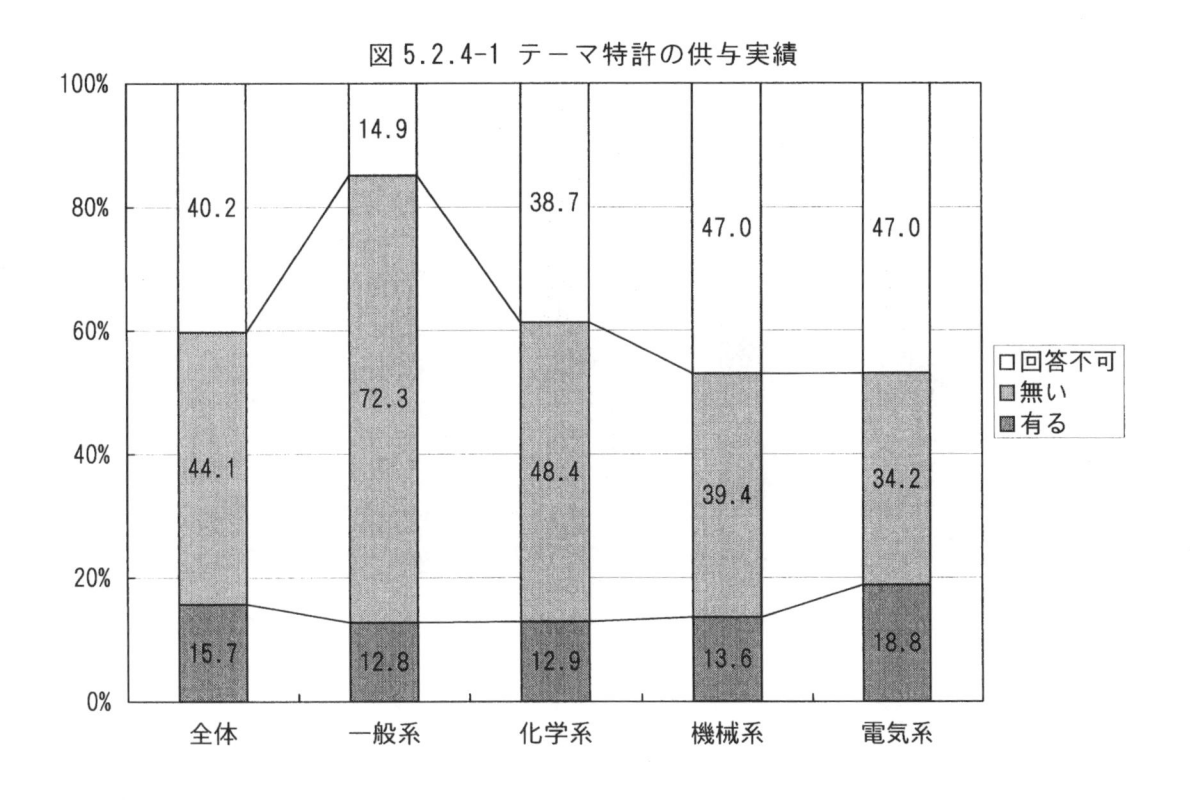

図5.2.4-1 テーマ特許の供与実績

| | 全体 | 一般系 | 化学系 | 機械系 | 電気系 |
|---|---|---|---|---|---|
| 回答不可 | 40.2 | 14.9 | 38.7 | 47.0 | 47.0 |
| 無い | 44.1 | 72.3 | 48.4 | 39.4 | 34.2 |
| 有る | 15.7 | 12.8 | 12.9 | 13.6 | 18.8 |

## (2) テーマ特許を適用した製品

「特許流通支援チャート」に収蔵した特許（出願）を適用した製品の有無について質問した。

| 質問内容 | 一般系 | 化学系 | 機械系 | 電気系 | 全体 |
|---|---|---|---|---|---|
| ・回答できない(回答不可) | 27.9% | 34.4% | 44.3% | 53.2% | 44.6% |
| ・有る。 | 51.2% | 43.8% | 39.3% | 37.1% | 40.8% |
| ・無い。 | 20.9% | 21.8% | 16.4% | 9.7% | 14.6% |

図5.2.4-2に、テーマ特許を適用した製品の有無について結果を示す。

「有る」が40.8%、「回答不可」が44.6%、「無い」が14.6%であった。一般系と化学系で「有る」と回答した企業が多かった。

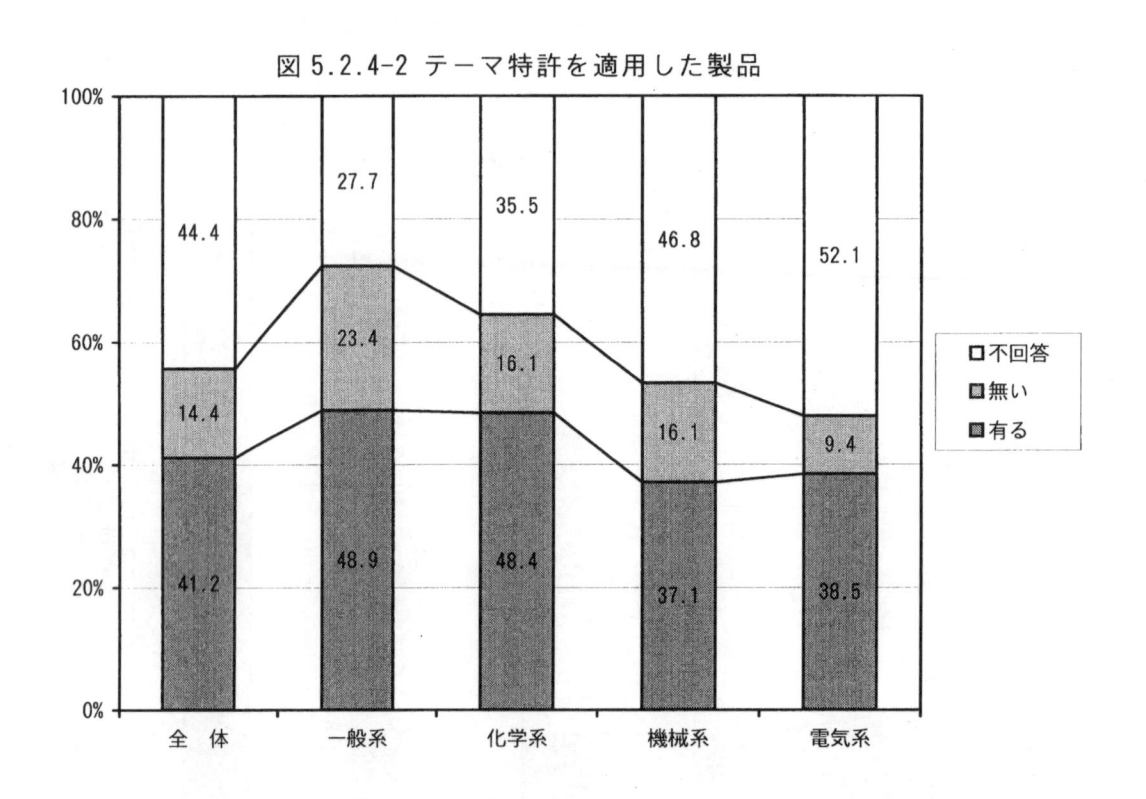

図5.2.4-2 テーマ特許を適用した製品

| | 全体 | 一般系 | 化学系 | 機械系 | 電気系 |
|---|---|---|---|---|---|
| 不回答 | 44.4 | 27.7 | 35.5 | 46.8 | 52.1 |
| 無い | 14.4 | 23.4 | 16.1 | 16.1 | 9.4 |
| 有る | 41.2 | 48.9 | 48.4 | 37.1 | 38.5 |

## 5.3 ヒアリング調査

アンケートによる調査において、5.2.2の(2)項でライセンス実績に関する質問を行った。その結果306件中295件の回答を得、そのうち「供与実績あり、今後も積極的な供与活動を実施したい」という回答が全テーマ合計で25.4%(延べ75出願人)あった。これから重複を排除すると43出願人となった。

この43出願人を候補として、ライセンスの実態に関するヒアリング調査を行うこととした。ヒアリングの目的は技術移転が成功した理由をできるだけ明らかにすることにある。

表5.3にヒアリング出願人の件数を示す。43出願人のうちヒアリングに応じてくれた出願人は11出願人(26.5%)であった。テーマ別且つ出願人別では延べ15出願人であった。ヒアリングは平成14年2月中旬から下旬にかけて行った。

表5.3 ヒアリング出願人の件数

| ヒアリング候補<br>出願人数 | ヒアリング<br>出願人数 | ヒアリング<br>テーマ出願人数 |
|---|---|---|
| 43 | 11 | 15 |

### 5.3.1 ヒアリング総括

表5.3に示したようにヒアリングに応じてくれた出願人が43出願人中わずか11出願人（25.6%）と非常に少なかったのは、ライセンス状況およびその経緯に関する情報は企業秘密に属し、通常は外部に公表しないためであろう。さらに、11出願人に対するヒアリング結果も、具体的なライセンス料やロイヤリティーなど核心部分については充分な回答をもらうことができなかった。

このため、今回のヒアリング調査は、対象母数が少なく、その結果も特許流通および技術移転プロセスについて全体の傾向をあらわすまでには至っておらず、いくつかのライセンス実績の事例を紹介するに留まらざるを得なかった。

### 5.3.2 ヒアリング結果

表5.3.2-1にヒアリング結果を示す。

技術移転のライセンサーはすべて大企業であった。

ライセンシーは、大企業が8件、中小企業が3件、子会社が1件、海外が1件、不明が2件であった。

技術移転の形態は、ライセンサーからの「申し出」によるものと、ライセンシーからの「申し入れ」によるものの2つに大別される。「申し出」が3件、「申し入れ」が7件、「不明」が2件であった。

「申し出」の理由は、3件とも事業移管や事業中止に伴いライセンサーが技術を使わなくなったことによるものであった。このうち1件は、中小企業に対するライセンスであった。この中小企業は保有技術の水準が高かったため、スムーズにライセンスが行われたとのことであった。

「ノウハウを伴わない」技術移転は3件で、「ノウハウを伴う」技術移転は4件であった。

「ノウハウを伴わない」場合のライセンシーは、3件のうち1件は海外の会社、1件が

中小企業、残り1件が同業種の大企業であった。

　大手同士の技術移転だと、技術水準が似通っている場合が多いこと、特許性の評価やノウハウの要・不要、ライセンス料やロイヤリティー額の決定などについて経験に基づき判断できるため、スムーズに話が進むという意見があった。

　中小企業への移転は、ライセンサーもライセンシーも同業種で技術水準も似通っていたため、ノウハウの供与の必要はなかった。中小企業と技術移転を行う場合、ノウハウ供与を伴う必要があることが、交渉の障害となるケースが多いとの意見があった。

　「ノウハウを伴う」場合の4件のライセンサーはすべて大企業であった。ライセンシーは大企業が1件、中小企業が1件、不明が2件であった。

　「ノウハウを伴う」ことについて、ライセンサーは、時間や人員が避けないという理由で難色を示すところが多い。このため、中小企業に技術移転を行う場合は、ライセンシー側の技術水準を重視すると回答したところが多かった。

　ロイヤリティーは、イニシャルとランニングに分かれる。イニシャルだけの場合は4件、ランニングだけの場合は6件、双方とも含んでいる場合は4件であった。ロイヤリティーの形態は、双方の企業の合意に基づき決定されるため、技術移転の内容によりケースバイケースであると回答した企業がほとんどであった。

　中小企業へ技術移転を行う場合には、イニシャルロイヤリティーを低く抑えており、ランニングロイヤリティーとセットしている。

　ランニングロイヤリティーのみと回答した6件の企業であっても、「ノウハウを伴う」技術移転の場合にはイニシャルロイヤリティーを必ず要求するとすべての企業が回答している。中小企業への技術移転を行う際に、このイニシャルロイヤリティーの額をどうするか折り合いがつかず、不成功になった経験を持っていた。

表 5.3.2-1 ヒアリング結果

| 導入企業 | 移転の申入れ | ノウハウ込み | イニシャル | ランニング |
|---|---|---|---|---|
| — | ライセンシー | ○ | 普通 | — |
| — | — | ○ | 普通 | — |
| 中小 | ライセンシー | × | 低 | 普通 |
| 海外 | ライセンシー | × | 普通 | — |
| 大手 | ライセンシー | — | — | 普通 |
| 大手 | ライセンシー | — | — | 普通 |
| 大手 | ライセンシー | — | — | 普通 |
| 大手 | — | — | — | 普通 |
| 中小 | ライセンサー | — | — | 普通 |
| 大手 | — | — | 普通 | 低 |
| 大手 | — | ○ | 普通 | 普通 |
| 大手 | ライセンサー | — | 普通 | — |
| 子会社 | ライセンサー | — | — | — |
| 中小 | — | ○ | 低 | 高 |
| 大手 | ライセンシー | × | — | 普通 |

＊特許技術提供企業はすべて大手企業である。

(注)
　ヒアリングの結果に関する個別のお問い合わせについては、回答をいただいた企業とのお約束があるため、応じることはできません。予めご了承ください。

# 資料6．特許番号一覧

## 6.1 出願件数上位50社の出願リスト

表6.1-1に出願件数上位50社の出願リストを示す。
ただし、第2章で記載の主要企業出願分は除く。

表6.1-1 出願件数上位50社の出願リスト（その1）

| 技術要素 | 課題 | 概要（解決手段要旨） ||||
|---|---|---|---|---|---|
| 1)多層の形状・構造と製造方法 | 電気特性 | 特開2001-156457(51) | 太陽誘電： | LSIチップを樹脂で埋込み、その上にビルドアップ配線を行ってパッケージとする。 ||
| | | 特開2001-77538(30) | | | |
| | 高周波性能の向上 | 特開2000-312103(18) | 三菱電機： | マイクロ波用で最外層に高誘電率材料を使用。 ||
| | 電気的接続性 | 特開平11-233678(27) | 住友金属エレクトロデバイス： | コア材にICチップを埋込み、その上にビルドアップ層を形成。 ||
| | | 特開平9-232760(32) | 日本アビオニクス： | スタッフビアのプロセス。 ||
| | | 特開平5-183271(18) | | | |
| | 機械的特性 | 特開平5-198953(18) | 三菱電機： | ビルドアップ層の最外層を繊維強化樹脂としたもの。 ||
| | | 特開2000-217548(39) | 日立電線： | 金属箔上にバンプ形成、樹脂コート、圧接接着を繰返す。 ||
| | | 特開2000-294930(18) | 特開平10-126058(32) | | |
| | 熱伝導性(熱放散性) | 特開平9-36553(46) | 特開2000-277917(18) | 特開平9-167882(49) | |
| | ファインライン化 | 特開平11-307931(18) | 三菱電機： | 高分子導電膜で柱状めっきを作成、樹脂で埋めた上にパターン。 ||
| | 製造・生産一般 | 特開2001-36250(18) | 三菱電機： | 層間接続した両面板バンプを設計、一括積層。 ||
| | | 特開2001-111211(18) | 三菱電機： | 突起のある支持体にめっき、基板にパターン、樹脂層を形成したところに加圧、圧接、支持体除去。（B²itの変形） ||
| | | 特開平11-13590(32) | 日本アビオニクス： | ビアスルーホールのめっきを先に行い、表面はレジストを別にして形成。 ||
| | | 特開2000-223833(32) | 日本アビオニクス： | 下層のビア、基準穴を測定上層のパターンを補正してビルドアップを速める。 ||
| | | 特開2001-85836(32) | 日本アビオニクス： | 樹脂付き銅箔の一部をくり抜き、下層パターンを露光し、これをもとに補正したマスターを作成する。 ||
| | | 特開平11-261236(44) | エルナー： | ビアを表裏同一位置に設ける。 ||
| | | 特開平11-274739(11) | 特開平11-298140(11) | 特開2000-91748(11) | 特開2000-91716(11) |
| | | 特開2000-91719(11) | 特開2000-22331(27) | 特開平5-63368(37) | 特開平11-313172(44) |
| | 工程数の削減簡略化 | 特開平11-307931(18) | 三菱電機： | 高分子導電膜で柱状めっきを作成、樹脂で埋めた上にパターン。 ||
| 2)絶縁材料とスルーホールを含む絶縁層形成法 | 電気特性 | 特開平11-316457(35) | | | |
| | 電気的接続性 | 特開2001-36238(46) | 日東電工： | 絶縁層の厚みと同じ高さまで金属めっきしたビアホールを含む絶縁層上面全体に金属薄膜を形成する方法。 ||
| | | 特開2001-119151(53) | 新神戸電機： | ビルドアップ絶縁層の芯材にP-フェニレンジフェニルエーテルテレフタルアミド不織布を使用する。 ||
| | | 特開平4-211189(41) | 特開平11-163532(53) | 特開平8-181440(26) | 特開2001-5178(30) |
| | | 特開2001-24325(30) | | | |
| | 機械的特性 | 特開平11-233941(20) | 東芝ケミカル： | ガラス布のフィラメント径が5μm以下で100μ秒以下にパルス発振させた炭酸ガスレーザを用いる。 ||

255

表 6.1-1 出願件数上位 50 社の出願リスト（その 2）

| 技術要素 | 課題 | 概要（解決手段要旨） ||||
|---|---|---|---|---|---|
| 2) 絶縁材料とスルーホールを含む絶縁層形成法 | 機械的特性 | 特開11平-330707(20) | 東芝ケミカル： | ポリミドフィルム、アラミドフィルムなどの有機基材を支持体とする絶縁層をビルドアップ層とする。 ||
| | | 特開2000-82878(25) | 東亜合成： | 粗化処理した絶縁層表面およびブラインドビアホールの壁面に金属水酸化物コロイドを吸着還元して活性金属を生成する。 ||
| | | 特開平11-323099(26) | 住友金属工業： | 縮合多環多核芳香族樹脂及び特定の粒状樹脂を含有することでアルカー効果のある絶縁材料を形成する。 ||
| | | 特開平11-87914(30) | 富士写真フィルム： | 粗面化され水／アルカリ現像可能な樹脂層状に感光性転写シートを用いる。 ||
| | | 特開平11-74662(30) | 富士写真フィルム： | 水／アルカリ可溶な微粒子を含むシートと2層構造の感光性転写シートを用いる。 ||
| | | 特開平2000-3039(30) | 富士写真フィルム： | バインダーポリマーに共電合可能なエチレン性不飽和基を有するリン酸エステル化合物を成分とする。 ||
| | | 特開平9-148748(35) | 太陽インキ製造： | 現像可能な光／熱硬化性樹脂　絶縁層と粗化可能なゴム成分／又はフィラーを含む光／熱硬性樹脂縁層の組み合せ。 ||
| | | 特開平8-250857(21) | 村田製作所： | セミアディティブ法でパターン作成　平坦化材を塗布。 ||
| | | 特開平9-162549(32) | 日本アビオニクス： | 半硬化で無電解銅めっき、電解めっきとして後硬化させピールアップ。 ||
| | | 特開2000-68645(20) | 特開2001-196746(20) | 特開2001-196747(20) | 特開平8-316642(25) |
| | | 特開平10-324821(25) | 特開平11-354922(25) | 特開2000-22332(25) | 特開2000-186217(25) |
| | | 特開平8-181440(26) | 特開2000-199955(26) | 特開平11-74643(30) | 特開2000-133936(30) |
| | | 特開2000-183537(30) | 特開2000-191926(30) | 特開2000-330279(30) | 特開2001-7453(30) |
| | | 特開平7-304933(35) | 特開平7-304931(35) | 特開平9-64545(35) | 特開平9-235355(35) |
| | | 特開平2001-24336(35) | 特開平11-97844(47) | 特開2001-156461(47) | 特開2001-177257(47) |
| | | 特開2001-85840(35) | 特開平10-145045(18) | 特開2000-13033(22) | 特開2000-349438(27) |
| | | 特開2001-118950(27) | 特開平11-163532(53) | 特開2000-252631(53) | |
| | 化学的特性 | 特開2001-49087(20) | | | |
| | 熱的特性（その他） | 特開平9-307240(20) | 東芝ケミカル： | ハロゲンを含まないビルドアップ法用エポキシ樹脂組成物。 ||
| | | 特開2000-269649(20) | 東芝ケミカル： | エポキシ樹脂絶縁層にチッ素含有樹脂硬化剤及びリン酸エステルを含めることでハロゲンを含まずに難燃化する。 ||
| | | 特開2000-17133(25) | 東亜合成： | アルカリ可溶性硬化性樹脂にゴム成分とベレゾグアナミン樹脂微粒子を添加する。 ||
| | | 特開平2000-3039(30) | 富士写真フィルム： | バインダーポリマーに共電合可能なエチレン性不飽和基を有するリン酸エステル化合物を成分とする。 ||
| | | 特開平9-307241(20) | 特開2001-49090(20) | 特開2001-49091(20) | 特開2001-181371(20) |
| | | 特開2001-192566(20) | 特開2000-186217(25) | 特開2000-252631(53) | |
| | 耐熱性 | 特開平11-330707(20) | 東芝ケミカル： | ポリミドフィルム、アラミドフィルムなどの有機基材を支持体とする絶縁層をビルドアップ層とする。 ||
| | | 特開平10-324821(25) | 特開2000-183523(30) | 特開平7-304933(35) | 特開平7-304931(35) |
| | | 特開平11-171975(35) | 特開平11-97844(47) | 特開2001-49087(20) | 特開2001-49125(20) |
| | | 特開平11-163532(53) | | | |
| | 高配線収容性 | 特開2001-196712(47) | | | |
| | ファインライン化 | 特開平8-250857(21) | 村田製作所： | セミアディティブ法でパターン作成、平坦化材を塗布。 ||
| | | 特開2000-199955(26) | 特開平11-54913(47) | 特開平11-54914(47) | |

表 6.1-1 出願件数上位 50 社の出願リスト（その 3）

| 技術要素 | 課題 | 概要（解決手段要旨） ||||
|---|---|---|---|---|---|
| 2) 絶縁材料とスルーホールを含む絶縁層形成法 | 製造・生産一般 | 特開平10-242655(44) | エルナー： | シランカップリングを塗布。 ||
| | | 特開平9-64545(35) | 特開2000-29212(35) | 特開2001-44583(46) | 特開2000-269648(20) |
| | | 特開平11-87913(30) | 特開2001-196712(47) | 特開2000-101238(11) | 特開2001-7516(27) |
| | | 特開2001-135931(27) | 特開2001-24324(32) | 特開平8-8541(44) | 特開平10-200268(44) |
| | | 特開平11-348177(44) | 特開平5-7081(49) | 特開平5-7079(49) | 特開2001-94253(53) |
| | 工程数の削減簡略化 | 特開平3-148195(35) | イーアイデュポン： | 絶縁シートにレーザで穴あけされたビアホールに導電材料を充填することにより、絶縁層と層間絶縁導体を一体化する。 ||
| | | 特開平9-92998(20) | 特開平11-54923(20) | 特開平10-41628(25) | 特開平11-145621(26) |
| | | 特開2001-177257(47) ||||
| | 歩留・生産性の向上 | 特開平2000-17133(25) | 東亜合成： | アルカリ可溶性硬化性樹脂にゴム成分とベンゾグアナミン樹脂微粒子を添加する。 ||
| | | 特開2000-82878(25) | 東亜合成： | 粗化処理した絶縁層表面およびブラインドビアホールの壁面に金属水酸化物コロイドを吸着還元して活性金属を生成する。 ||
| | | 特開平9-148748(35) | 太陽インキ製造： | 現像可能な光／熱硬化性樹脂 絶縁層と粗化可能なゴム成分／またはフィラーを含む光／熱硬化性樹脂縁層の組み合せ。 ||
| | | 特開平8-288661(20) | 特開平11-233940(20) | 特開2000-124611(20) | 特開2001-196746(20) |
| | | 特開2000-114718(20) | 特開2000-183522(25) | 特開平8-174755(25) | 特開平8-316642(25) |
| | | 特開2000-17133(25) | 特開2001-7453(30) | 特開2001-5178(30) | 特開平9-235355(35) |
| | | 特開2000-186217(25) ||||
| 3) 導体材料と導体回路・層間接続形成法 | 電気的接続性 | 特開平2001-203463(35) | 太陽インキ製造： | 導電性ペースト中に磁性を有する導電性フィラを用い、磁場による配向により連鎖的に接続する。 ||
| | | 特開平2001-36238(46) | 日東電工： | 絶縁層の厚みと同じ高さまで金属めっきしたビアホールを含む絶縁層上面全体に金属薄膜を形成する方法。 ||
| | | 特開平10-270850(32) | 日本アビオニクス： | 2層以上の貫通バイアの形成法。 ||
| | | 特開2001-156415(18) | 特開平11-68311(27) | 特開平7-231165(39) | 特開2000-101252(41) |
| | | 特開平11-54936(25) | 特開2001-24325(30) | 特開平8-181440(26) ||
| | 機械的特性 | 特開2000-82878(25) | 東亜合成： | 粗化処理した絶縁層表面及びブラインドビアホールの壁面に金属水酸化物コロイドを吸着還元して、活性金属を生成する。 ||
| | | 特開平8-236934(21) | 村田製作所： | ビアと外層部を導通化しレジストで表面パターン作成。 ||
| | | 特開平8-250857(21) | 村田製作所： | セミアディティブ法でパターン作成、平坦化材を塗布。 ||
| | | 特開平8-181440(26) | 特開2000-68645(20) | 特開2001-196746(20) | 特開2001-196747(20) |
| | | 特開平2001-24336(35) | 特開平2001-349198(46) | 特開2000-22332(25) | 特開2000-183537(30) |
| | | 特開平9-64545(35) | 特開平9-235355(35) | 特開2001-156415(18) | 特開平11-214848(22) |
| | | 特開平11-68311(27) | 特開2000-286556(27) | 特開2000-332417(27) | 特開2000-349438(27) |
| | | 特開2000-91743(27) | 特開2001-53439(27) | 特開2001-111238(27) | 特開2001-118950(27) |
| | | 特開平10-200266(32) | 特開2000-349418(32) | 特開2000-252631(53) | 特開平11-54936(25) |
| | 熱的特性 | 特開平9-307240(20) | 東芝ケミカル： | ハロゲンを含まないビルドアップ用エポキシ樹脂組成物。 ||
| | | 特開平9-307241(20) | 特開2000-252631(53) |||
| | 耐熱性 | 特開2000-183523(30) ||||
| | 高配線収容性 | 特開2001-177250(11) ||||

表6.1-1 出願件数上位50社の出願リスト（その4）

| 技術要素 | 課題 | 概要（解決手段要旨） ||||
|---|---|---|---|---|---|
| 3）導体材料と導体回路・層間接続形成法 | ファインライン化 | 特開平8-236934(21) | 村田製作所： | ビアと外層部を導通化し、レジストで表面パ ||
| | | 特開平8-250857(21) | 村田製作所： | セミアディティブ法でパターン作成、平坦化材を塗布。 ||
| | | 特開2000-332424(30) | 特開平11-54913(47) | | |
| | 製造・生産一般 | 特開平8-236934(21) | 村田製作所： | ビアと外層部を導通化しレジストで表面パターン作成。 ||
| | | 特開平9-331152(36) | 徳山曹達： | めっきスルーホールに導電性ペーストを埋め込む。 ||
| | | 特開平8-83962(25) | 特開平9-64545(35) | 特開2000-269648(20) | 特開平5-160573(11) |
| | | 特開平6-164108(11) | 特開平8-116172(11) | 特開平9-130048(11) | 特開2001-177250(11) |
| | | 特開2000-101238(11) | 特開2000-59033(27) | 特開2001-53439(27) | 特開平10-224036(32) |
| | | 特開平11-284340(32) | 特開2000-349418(32) | 特開2001-24329(32) | 特開平7-240581(37) |
| | | 特開平8-298369(37) | 特開平7-231165(39) | 特開2000-315865(41) | 特開平8-125332(21) |
| | 工程数の削減簡略化 | 特開平8-330736(23) | 東レ： | 2枚のフレキシブル基板の一方に突起又はパッドを形成し、層間に異方導電性フィルムを介在させて圧着する。 ||
| | | 特開平3-148195(35) | イーアイデュポン： | 絶縁シートにレーザで穴あけされたビアホールに導電材料を充填することにより、絶縁層と層間絶縁導体を一体化する。 ||
| | | 特開平9-92998(20) | 特開平8-307058(25) | 特開平11-145621(26) | |
| | 歩留・生産性の向上 | 特開2000-82878(25) | 東亜合成： | 粗化処理した絶縁層表面及びブラインドビアホールの壁面に金属水酸化物コロイドを吸着還元して活性金属を生成する。 ||
| | | 特開平11-233940(20) | 特開2000-124611(20) | 特開2001-77234(20) | 特開2001-196746(20) |
| | | 特開2001-94260(20) | 特開2000-114718(20) | 特開平8-83980(25) | 特開2000-183522(25) |
| | | 特開平9-235355(35) | | | |

## 6.2 出願件数上位50社の連絡先

表6.2-1に出願件数上位50社の連絡先を示す。

表6.2-1 出願件数上位50社の連絡先一覧（その１）

| No. | 企業名 | 出願件数 | 住所（本社等の代表的住所） | TEL |
|---|---|---|---|---|
| 1 | イビデン | 295 | 岐阜県大垣市神田町2-1 | 0584-81-3111 |
| 2 | 日立化成工業、日立エーアイシー | 173 | 東京都新宿区西新宿2-1-1 | 03-3346-3111 |
| 3 | 日立製作所 | 77 | 東京都千代田区神田駿河台4-6 | 03-3258-1111 |
| 4 | 日本電気、富山日本電気 | 76 | 東京都港区芝5-7-1 | 03-3454-1111 |
| 5 | 松下電工 | 59 | 大阪府門真市大字門真1048 | 06-6908-1131 |
| 6 | 富士通 | 52 | 東京都千代田区丸の内1-6-1 | 03-3216-3211 |
| 7 | 京セラ | 47 | 京都市伏見区竹田鳥羽殿町6 | 075-604-3500 |
| 8 | 日本特殊陶業 | 39 | 愛知県名古屋市瑞穂区高辻町14-18 | 052-872-5915 |
| 9 | 松下電器産業 | 36 | 大阪府門真市大字門真1006 | 06-6908-1121 |
| 10 | 凸版印刷 | 35 | 東京都千代田区神田和泉町1 | 03-3835-5111 |
| 11 | 東芝 | 34 | 東京都港区芝浦1-1-1 | 0120-81-1048 |
| 12 | 住友ベークライト | 31 | 東京都品川区東品川2-5-8 | 03-5462-4111 |
| 13 | 新光電気工業 | 26 | 長野県長野市小島田町80 | 026-283-1000 |
| 14 | ソニー | 24 | 東京都品川区北品川6-7-35 | 03-5448-2111 |
| 15 | シヤープ | 24 | 大阪府大阪市阿倍野区長池町22-22 | 06-6621-1221 |
| 16 | 東芝ケミカル | 24 | 東京都港区新橋3-3-9 | 03-3502-3212 |
| 17 | 沖電気工業、沖プリンテッドサーキット | 21 | 東京都港区虎ノ門1-7-12 | 03-3501-3111 |
| 18 | ＩＢＭ（日本ＩＢＭ） | 18 | 東京都港区六本木3-2-12 | 03-3586-1111 |
| 19 | 富士写真フィルム | 16 | 東京都港区西麻布2-26-30 | 03-3406-2111 |
| 20 | 東亜合成 | 15 | 東京都港区西新橋1-14-1 | 03-3597-7215 |
| 21 | 味の素 | 13 | 東京都中央区京橋1-15-1 | 03-5250-8111 |
| 22 | 三菱電機 | 13 | 東京都千代田区丸の内2-2-3 | 03-3218-2111 |
| 23 | 住友金属エレクトロデバイス | 13 | 東京都中央区晴海1-8-11 | 03-4416-6751 |
| 24 | 日本アビオニクス | 13 | 東京都港区西新橋3-20-1 | 03-5401-7351 |
| 25 | 大日本印刷 | 12 | 東京都新宿区市谷加賀町1-1-1 | 03-3266-2111 |
| 26 | 日本シイエムケイ | 11 | 東京都新宿区西新宿6-5-1 | 03-5323-0231 |
| 27 | 日本ビクター | 11 | 神奈川県横浜市神奈川区守屋町3-12 | 045-450-1580 |
| 28 | 太陽インキ製造 | 11 | 東京都練馬区羽沢町2-7-1 | 03-5999-1511 |
| 29 | 旭化成 | 10 | 大阪府大阪市北区堂島浜1-2-6 | 06-6347-3111 |
| 30 | トクヤマ | 9 | 山口県徳山市御影町1-1 | 0834-21-4326 |
| 31 | 住友金属鉱山 | 7 | 東京都港区新橋5-11-3 | 03-3436-7704 |
| 32 | 三井金属鉱業 | 6 | 東京都品川区大崎1-11-1 | 03-5437-8000 |
| 33 | 住友金属工業 | 6 | 大阪府大阪市中央区北浜4-5-33 | 06-6220-5111 |
| 34 | 三菱瓦斯化学 | 6 | 東京都千代田区丸の内2-5-2 | 03-3283-5000 |
| 35 | エルナー | 6 | 神奈川県横浜市港北区新横浜3-8-11 | 045-470-7251 |
| 36 | 日本メクトロン | 6 | 東京都港区芝大門1-12-15 | 03-3438-3604 |
| 37 | アサヒ化学研究所 | 5 | 東京都八王子市諏訪町251 | 0426-51-5131 |
| 38 | 三井化学 | 5 | 東京都千代田区霞ヶ関3-2-5 | 03-3592-4105 |
| 39 | 渡辺　智司 | 5 | 埼玉県日高市横手1-19-2 | ― |
| 40 | 日東電工 | 4 | 大阪府茨木市下穂積1-1-2 | 0726-22-2981 |

表 6.2-1 出願件数上位 50 社の連絡先一覧（その２）

| No. | 企業名 | 出願件数 | 住所（本社等の代表的住所） | TEL |
|---|---|---|---|---|
| 41 | 茨城日本電気 | 4 | 茨城県真壁郡関城町関館367-2 | 0296-37-4511 |
| 42 | クローバー電子工業 | 4 | 埼玉県岩槻市上野4-5-15 | 048-794-8711 |
| 43 | 野田スクリーン | 4 | 愛知県小牧市大字本庄字大坪415 | 0568-79-0222 |
| 44 | 利昌工業 | 4 | 大阪市北区堂島2-1-9 | 06-6345-8337 |
| 45 | 新神戸電機 | 3 | 東京都中央区日本橋本町2-8-7 | 03-5695-6111 |
| 46 | 村田製作所 | 3 | 京都府長岡京市天神2-26-10 | 075-951-9111 |
| 47 | 日立電線 | 3 | 東京都千代田区大手町1-6-1 | 03-3216-1611 |
| 48 | キヤノン | 3 | 東京都大田区下丸子3-30-2 | 03-3758-2111 |
| 49 | 三洋電機 | 3 | 大阪府守口市京阪本通2-5-5 | 06-6991-1181 |
| 50 | 関西日本電気 | 3 | 滋賀県大津市晴嵐2-9-1 | 077-537-7500 |

## 資料7. ライセンス提供の用意のある特許

特許流通データベースおよびPATOLISを利用し、ビルドアップ多層プリント配線板に関する特許でライセンス提供の用意のあるものを求めた。特許流通データベースによるもの26件、PATOLISによるもの 0件、合計26件となっている。

これら特許がビルドアップ多層プリント配線板のどの技術に関わるものかを付記して表4.2-1に示す。

表4.2-1 ライセンス提供の用意のあるビルドアップ多層プリント配線板関係特許

| 公報番号 | 発明の名称 | 出願人 | 技術要素1 | 技術要素2 | 技術要素3 |
|---|---|---|---|---|---|
| 特許2720865 | 多層印刷配線板および製造方法 | 日立エーアイシー |  | ○ |  |
| 特許2830820 | 多層プリント配線板および多層プリント配線板の製造方法 | 日立エーアイシー |  | ○ |  |
| 特許2865048 | 多層プリント配線板および多層プリント配線板の製造方法 | 日立エーアイシー |  | ○ |  |
| 特許2950234 | 多層プリント配線板 | 日立エーアイシー | ○ |  |  |
| 特公平4-3676 | 多層印刷回路板の製造方法 | 日立製作所 | ○ |  |  |
| 特公平6-44673 | プリント配線板の製造方法 | 日立製作所 | ○ |  |  |
| 特公平6-34448 | 多層プリント配線板及びその製造方法 | 日立製作所 |  |  | ○ |
| 特公平6-73948 | 多層プリント板のボイドレス接着プレス | 日立製作所 | ○ |  |  |
| 特公平7-13165 | 熱硬化性樹脂組成物、それを用いた積層板及びその製造方法 | 日立製作所 |  | ○ |  |
| 特許2607679 | 多層プリント基板の製造方法及び測定治具板 | 日立製作所 | ○ |  |  |
| 特許2614917 | 多層プリント板の製造方法および装置 | 日立製作所 | ○ |  |  |
| 特公平6-60938 | 多層プリント配線板の製造方法 | 日本電気 | ○ |  |  |
| 特公平6-101627 | 多層プリント配線板及びその製造方法 | 日本電気 | ○ |  |  |
| 特公平8-17274 | 多層プリント配線板の積層組立監視装置 | 日本電気 | ○ |  |  |
| 特公平8-28576 | プリント配線板の製造方法 | 日本電気 | ○ |  |  |
| 特公平8-31692 | プリント配線板の製造方法 | 日本電気 | ○ |  |  |
| 特公平8-8414 | 多層プリント配線基板 | 松下電工 | ○ |  |  |
| 特許2810604 | 多層プリント配線板の製法 | 松下電工 | ○ |  |  |
| 特許2721570 | 多層フレキシブルプリント配線板 | 富士通 |  |  | ○ |
| 特許3077949 | 非貫通孔を有するプリント配線板の浸漬処理方法 | 富士通 | ○ |  |  |
| 特公平1-45417 | 熱伝導性銅張り積層板 | 三菱電機 |  |  | ○ |
| 特公平2-6240 | 多層プリント配線板の製造方法 | 三菱電機 | ○ |  |  |
| 特公平5-65076 | 多層基板の製造方法および装置 | 三菱電機 | ○ |  |  |
| 特公平5-65077 | 多層基板の製造方法および装置 | 三菱電機 | ○ |  |  |
| 特公平6-17029 | 多層板の製造法 | 新神戸電機 | ○ |  |  |
| 特公平8-31693 | 多層プリント配線板 | 新神戸電機 |  | ○ |  |

注）技術要素1：多層の形状・構造と製造方法の技術
　　技術要素2：絶縁材料とスルーホールを含む絶縁層形成法の技術
　　技術要素3：導体材料と導体回路・層間接続形成法の技術

特許流通支援チャート 電気4
# ビルドアップ多層プリント配線板

2002年（平成14年）6月29日　初 版 発 行

編　集　　独立行政法人
©2002　　工業所有権総合情報館
発　行　　社団法人　発明協会

発行所　　社団法人　発明協会

〒105-0001　東京都港区虎ノ門2-9-14
電　話　　03（3502）5433（編集）
電　話　　03（3502）5491（販売）
Ｆａｘ　　03（5512）7567（販売）

ISBN4-8271-0662-2 C3033　印刷：株式会社　丸井工文社
Printed in Japan

乱丁・落丁本はお取替えいたします。

本書の全部または一部の無断複写複製
を禁じます（著作権法上の例外を除く）。

発明協会HP：http://www.jiii.or.jp/

平成13年度「特許流通支援チャート」作成一覧

| 電気 | 技術テーマ名 |
|---|---|
| 1 | 非接触型ICカード |
| 2 | 圧力センサ |
| 3 | 個人照合 |
| 4 | ビルドアップ多層プリント配線板 |
| 5 | 携帯電話表示技術 |
| 6 | アクティブマトリクス液晶駆動技術 |
| 7 | プログラム制御技術 |
| 8 | 半導体レーザの活性層 |
| 9 | 無線LAN |

| 機械 | 技術テーマ名 |
|---|---|
| 1 | 車いす |
| 2 | 金属射出成形技術 |
| 3 | 微細レーザ加工 |
| 4 | ヒートパイプ |

| 化学 | 技術テーマ名 |
|---|---|
| 1 | プラスチックリサイクル |
| 2 | バイオセンサ |
| 3 | セラミックスの接合 |
| 4 | 有機EL素子 |
| 5 | 生分解性ポリエステル |
| 6 | 有機導電性ポリマー |
| 7 | リチウムポリマー電池 |

| 一般 | 技術テーマ名 |
|---|---|
| 1 | カーテンウォール |
| 2 | 気体膜分離装置 |
| 3 | 半導体洗浄と環境適応技術 |
| 4 | 焼却炉排ガス処理技術 |
| 5 | はんだ付け鉛フリー技術 |